बीज एवं पौध संवर्धन सामग्री

बीज एवं पौध संवर्धन सामग्री

ऋषि पाल सिंह

सुप्रिया सिंह

श्रीनिवास गिरि

निदेशालय बीज एवम् प्रक्षेत्र

बिरसा कृषि विश्वविद्यालय, राँची

2010

SSPH

SATISH SERIAL PUBLISHING HOUSE

403, Express Tower, Commercial Complex, Azadpur, Delhi-110033 (India)

Phone : 011-27672852, Fax : 91-11-27672046

E-mail :info@satishserial.com, hkjain1975@yahoo.com

Website : www.satishserial.com

Published by :

SATISH SERIAL PUBLISHING HOUSE
403, Express Tower, Commercial Complex, Azadpur, Delhi-110033 (INDIA)
Phone : 011-27672852 Fax : 91-11-27672046
E-mail : info@satishserial.com, hkjain1975@yahoo.com

ISBN 81-89304-82-8

Typeset at: **Harminder** *for* **Laxmi Art Creations** # 98 11 48 23 28
Printed at: Salasar Imaging Systems, Delhi-35

Tel. : 0651-2450500 (O)
0651-2450623 (R)
0651-2450866 (R)
9431118655 (M)
Fax : 0651-2450850
0651-2450623

BIRSA AGRICULTURAL UNIVERSITY, RANCHI

P.O. - Kanke, Ranchi-834 006, JHARKHAND, INDIA

Dr. N. N. Singh
VICE CHANCELLOR

Ref. No. : 382 /BAU
Date 25-01-2010

प्राक्कथन

बीजोत्पादन एक मूल्य संवर्धन कृषि प्रणाली है, जिसके प्रत्येक स्तर (बीजोत्पादन, कटाई–गहाई, प्रसंस्करण एवं भंडारण) पर तकनीकी ज्ञान की आवश्यकता होती है। बीज, जिसमें कि आनुवांशिक शुद्धता, भौतिक शुद्धता, उच्च अंकुरण क्षमता तथा अन्य बीजरोगजनित व्याधियों एवं अन्य फसलों/खरपतवारों से मुक्त उच्च कोटि के बीजों के उत्पादन हेतु मानकों का निर्धारण किया गया है जो बीज की श्रेणियों (प्रजनक, आधार, प्रमाणित, सत्यापित बीज इत्यादि) में भिन्न है। बीज श्रृंखला को सुचारु रुप से चलाने हेतु प्रजनक/आधार बीज की समय पर उपलब्धता सुनिश्चित कराना जिसके परिणामस्वरुप बीज ग्रामों द्वारा प्रमाणित बीजों का उत्पादन किया जा सके। बीजोत्पादन ग्राम स्तर पर एक वाणिज्य उपक्रम है, जिसमें विभिन्न प्रकार के संघटकों का समावेश निहित है। इस उद्यम को अपनाकर ही ग्रामीण स्वरोजगार एवं रोजगार के सुअवसरों का सृजन, श्रम पलायन पर प्रतिबन्ध तथा किसानों की आय में वृद्धि तथा सर्वांगीण विकास हेतु उच्च स्तरीय उद्यम है। भारतीय बीज उद्योग में निजी उद्योग एवं सार्वजनिक संगठनों की भूमिका बीजोत्पादन से सम्बंधित महत्पूर्ण बीज ग्राम योजना का प्रभावी रुप से क्रियान्वयन कराना। वर्तमान परिस्थितियों के संदर्भ में विश्व व्यापार संगठन, बौद्धिक संपदा अधिकारों का संरक्षण, उदारीकरण, वैश्वीकरण एवं निजीकरण के युग में तथा बहुराष्ट्रीय कंपनियों के आगमन के पश्चात "बीज" का महत्व भारतीय कृषि के परिपेक्ष में काफी बढ़ गया है। ऊत्तक संवर्धन विधियों द्वारा उत्पन्न उच्च गुणवत्ता युक्त फल वृक्षों हेतु पौध संवर्धन सामग्री के प्रमाणीकरण मानकों के महत्व में भी वृद्धि हुई है। इसके अतिरिक्त बीज अधिनियम तथा अन्य भारतीय कानून जोकि बीज उद्योग को प्रत्यक्ष या परोक्ष रुप से प्रभावित करते हैं, जिनके साथ–साथ अन्तर्राष्ट्रीय संधियों का पालन करना भी नितान्त आवश्यक है। नई किस्मों का विकास, विमोचन तथा पंजीकरण, बीज विकास की नई नीति, बीज प्रभंजन, किस्मों का डी.यू.एस. परीक्षण के अतिरिक्त अल्प एवं मध्यम अवधि तक बीजों को सुरक्षित रखने की महत्वपूर्ण भूमिका, बिरसा कृषि विश्वविद्यालय के वैज्ञानिकों, डॉ0 ऋषि पाल सिंह, सुप्रिया सिंह एवं श्री निवास गिरि द्वारा रचित पुस्तक **"बीज एवं पौध संवर्धन सामग्री"** में बीज सम्बन्धित विभिन्न विधाओं पर विस्तृत प्रकाश डाला गया है। प्रस्तुत पुस्तक में बीज से सम्बन्धित अक्सर पूछे जाने वाले प्रश्नों एवं उनके उत्तरों का भी समावेश के साथ ऊत्तक संवर्धन विधियों द्वारा उत्पन्न पौध संवर्धन सामग्री के प्रमाणीकरण मानको का भी उल्लेख किया गया है। मुझे आशा ही नहीं पूर्ण विश्वास है कि बीज से सम्बन्धित विभिन्न नीति निर्धारक, प्रशासनिक अधिकारी, उत्पादन में संलग्न वैज्ञानिक, बीज प्रमाणीकरण अधिकारी, निरीक्षक, बीज प्रसंस्करण, बीज भंडारण, बीज विपणन से सम्बन्धित अधिकारी एवं कृषकों के लिए यह पुस्तक अतिउपयोगी होगी।

नरसिंह नारायण सिंह
25/1/10
(नरसिंह नारायण सिंह)

Website : www.baujharkhand.org* e-mail : vc_bau@rediffmail.com

प्रस्तावना

कृषि में सफल फसलोत्पादन की प्रक्रिया में गुणवत्तायुक्त बीज एक महत्वपूर्ण कारक है जिसके आस पास अन्य प्रयुक्त कारकों का प्रभाव पड़ता है। उन्नत प्रजातियों के गुणवत्तायुक्त बीजों के प्रयोग से उत्पादकता में 15–20 प्रतिशत तक की वृद्धि सम्भव है जिसको कुशल प्रबंधन के द्वारा 45 प्रतिशत तक बढ़ाया जा सकता है। भारतवर्ष में विगत 30 वर्षों में बीज उद्योग का वृहत स्तर पर विकास हुआ है। वर्तमान में भारतीय बीज उद्योग में 14 प्रतिशत वार्षिक की दर से वृद्धि हो रही है। भारत सरकार द्वारा समय समय पर बीज गतिविधियों से सम्बन्धित विभिन्न नीतियों एवं अधिनियमों जैसे बीज अधिनियम, बीज नियंत्रण आदेश, बीज विकास की नई नीति, बीज बैंक परियोजना, राष्ट्रीय बीज नीति, बीज विधेयक, राष्ट्रीय खाद्य सुरक्षा मिशन इत्यादि संशोधित एवं बनाये जाते हैं जिससे भारतीय बीज उद्योग का पुर्नसंरचनात्मक सुधार सम्भव हो सके। केवल सरकारी माध्यम से उचित मात्रा में उन्नत बीज को समय पर उपलब्ध कराया जाना संभव नहीं है। इसके लिए किसानों को स्वयं आगे आना होगा तथा राज्य सरकार की बीज उत्पादन योजना का क्रियान्वयन करना होगा। कृषि विश्वविद्यालय तथा कृषि विभाग के विशेषज्ञों एवं पदाधिकारियों की देख–रेख एवं तकनीकी मार्गदर्शन में किसानों को अपने गांवों में ही विभिन्न फसलों के उन्नत बीज का उत्पादन करना होगा। इस कार्य हेतु ग्राम स्तर पर बीज उत्पादन की कार्ययोजना बनानी होगी। उच्च गुणवत्तायुक्त बीज की समय पर सही मात्रा में, उचित मूल्यों पर उपलब्धता सुनिश्चित करना, ग्राम स्तर पर उन्नत एवं गुणवत्तायुक्त बीजोत्पादन हेतु संरचना का विकास, उद्धमी स्तर से बीजोत्पादन को प्रोत्साहित इत्यादि लक्ष्य की पूर्ति हेतु एक विचारणीय विषय है।

बीजोत्पादन एक मूल्य संवर्धन कृषि प्रणाली है, जिसके प्रत्येक स्तर (बीजोत्पादन, कटाई–गहाई, प्रसंस्करण एवं भंडारण) पर तकनीकी ज्ञान की आवश्यकता होती है। बीज, जिसमें कि आनुवांशिक शुद्धता, भौतिक शुद्धता, उच्च अंकुरण क्षमता तथा बीमारियों एवं अन्य बीजरोगजनित व्याधियों एवं अन्य फसलों/खरपतवारों के बीजों से मुक्त हो, उत्तम बीज कहलाता है। इस प्रकार के उच्च कोटि के बीजों के उत्पादन हेतु विभिन्न प्रकार के मानकों का निर्धारण किया गया है, ये मानक विभिन्न बीज की सन्तती (प्रजनक, आधार, प्रमाणीकृत, सत्यापित बीज इत्यादि) में अलग–अलग होते हैं, जिनके अनुरुप ही सीमित गुणक के द्वारा उच्च कोटि के बीजों की अधिक मात्रा प्राप्त कर सकते हैं, जिसको अपनाकर ही तकनीकी रुप से शुद्ध बीजों का उत्पादन सम्भव है। बीजोत्पादन एक वाणिज्य उपक्रम है, जिसमें विभिन्न प्रकार के संघटकों का समावेश निहित है, को अपनाकर ही ग्रामीण रोजगार के सुअवसरों का सृजन, श्रम पलायन पर प्रतिबद्ध तथा किसानों की आय में वृद्धि तथा सर्वांगीण विकास हेतु एक उच्च स्तरीय उद्यम है।

भारतीय बीज अधिनियम सन् 1966 के अनुसार भारत वर्ष में बेचे जाने वाले बीजों की गुणवत्ता को अनिवार्य चिन्हन (Compulsory Labelling) एवं ऐच्छित प्रमाणीकरण (Voluntary Certification) के द्वारा नियंत्रित किया जाता है, साथ ही साथ अधिनियम के अनुसार किसी भी अधिसूचित किस्म (Notified Variety) का बीज बेचने वाले प्रत्येक व्यक्ति को यह सुनिश्चित करना होगा। बीज के अंकुरण एवं उसकी शुद्धता का स्तर निम्नतम सीमाओं के अनुरुप हो, बीज पात्र निर्धारित स्वरुप में चिन्हित हो तथा बीज पात्र से लगे चिन्हक में दिया गया विवरण इस पात्र में मौजूद बीज की वास्तविक स्थिति को दर्शाये। पादप किस्म सुरक्षा एवं कृषि अधिकार अधिनियम (Protection of Plant Variety and Farmers Rights Act) 2001 में लागू किया गया, जिसके अन्तर्गत पौधों की किस्म का संरक्षण तथा भारतीय कृषि एवं कृषकों के हितों की रक्षा के लिए इस कानून को बनाया गया जिससे इस अधिनियम के अन्तर्गत सूई जेनेरिस (Sui Generis) व्यवस्था लागू की गई है जिसमें कृषकों तथा प्रजनकों को बीजों के विनिमय का पूरा अधिकार दिया गया है तथा किस्म की नवीनता (Novelty), विशिष्ठता (Distinctness), एकरुपता (Uniformity) तथा स्थायित्व (Stability) परिक्षण (NDUS Testing) की जाँच के बारे में विस्तारपूर्वक वर्णन इस पुस्तक में किया गया है।

प्रस्तुत पुस्तक "**बीज एवं पौध संवर्धन सामग्री**" में बीजोत्पादन हेतु तकनीकी ज्ञान, विभिन्न मानकों का वर्णन एवं उच्च कोटि के बीजोत्पादन हेतु क्रियाओं का वर्णन किया गया है। हमें पूर्ण विश्वास है कि इस पुस्तिका के ज्ञान से न केवल विद्यार्थीगण, शिक्षकगण बल्कि बीज ग्राम के बीज उद्धमी, विश्वविद्यालय के विषय वस्तु विशेषज्ञ, राज्य सरकार के पदाधिकारी, प्रशिक्षणार्थी एवं अन्य अधिकारी भी लाभप्रद होंगे।

आपका सुझाव हमेशा प्राप्त किया जायेगा तथा स्वागत योग्य होगा ताकि आपका सहयोग एवं सुझाव ही हमें साहसपूर्ण बनायेगा जिससे द्वितीय संस्करण में त्रुटियों को सुधार कर सुदृढ़ बनाया जा सके।

फरवरी 2, 2010

ऋषि पाल सिंह, सुप्रिया सिंह
एवं श्रीनिवास गिरी

[illegible] (2004) [illegible] and marketing of seed and seed material. Published by [illegible], Hyderabad.

Saxena, S. and Singh, A.K. (2006). Revisit to definitions and need for inventorization or registration of land race, folk, farmers and traditional varieties. *Current Science*, 91 (11): 1451-1454.

Sen, S. and Ghosh, N. (1999). Seed Science and Technology. [illegible] Publishers, [illegible]

Singh, [illegible] (2010) [illegible] Technology. Published by Kalyani Publishers, New Delhi.

Sinha, S.N. (1999). Safe storage of seeds. In: Insect pest management. IARI, Regional Station, Karnal (Haryana). Published by Venus Printers and Publishers, New Delhi.

Sreenath, L. and Sreenath, M.R. available at http://ssrn.com/abstract=976671

Stored-Grain Insects. United States Department of Agriculture, Agricultural Research Service. Agriculture Handbook Number 500.

Tandon, J.P. and Sharma, S.P. (2002). Guidelines for crop variety testing under All India Coordinated Crop Improvement Projects. Seed Science and Technology Division, IARI, New Delhi, India.

Tansey, G. and Rajotte, T. (2008). The future control of food. Published by Earthscan in the UK and USA.

The Gazette of India: Extraordinary, Part II, Section 1, No. 64, New Delhi. Registered No. DL-33004/2001. Tuesday, October 30, 2001 Kartika 8, 1923.

Tripp, R. (2001). Seed provision and agricultural development: The institutions of rural change. ISBN 0-85255-[illegible]

[illegible]menko, B.G.V. (1982). Plant growing in the tropics and subtropics. English translation from Russian by Viktorov, MIR Publishers, Moscow.

Tsai, W.K.L. and Ramanna, A. (2007). Global convergence, institutional divergence: intellectual property in Indian seed market. *Journal of Technology Management*, 39 (3-4).

अनुक्रमणिका

1

बीज (Seed)

वानस्पतिक परिभाषा के अनुसार सामान्य आवरण युक्त परिपक्व बीजाण्ड जिसमें नये पौधों को विकसित करने की सभी आवश्यक संरचनायें निहित होती हैं किन्तु, कृषि की परिभाषा के अनुसार सभी प्रकार की संवर्धन सामग्री जैसे– पौध कंद, शल्य कंद, प्रकंद, जड़ें, कलमें एवं अन्य प्रवर्धन सामग्री भी बीज की श्रेणी में ही आते हैं।

बीज क्या है ? (What is Seed ?)

कृषि की दृष्टि से कोई भी जैविक सामग्री जो स्वयं में गुणन/संवर्धन की क्षमता रखती हो, बीज की श्रेणी में आती है।

(क) पौध का एक भाग (A Part of Plant) – वनस्पति विज्ञान में बीज का तात्पर्य एक परिपक्व बीजाण्ड (Ripened ovule) से लगाया जाता है, जिसमें स्थित भ्रूण (Embryo), भ्रूणकोष (Endosperm) तथा बीजपत्रों (Cotyledons) में उपस्थित भोजन को लेकर प्रारंभिक वृद्धि करता है और नये पौध को जन्म देता है। लेकिन बहुत–सी फसलों के बीज केवल परिपक्व बीजाण्ड नहीं

होते, उनमें कुछ अन्य पादप अंग भी जुड़े रहते हैं; जैसे गेहूँ, धान, मक्का, सूरजमुखी आदि। ये बीज वानस्पतिक दृष्टि से बीज न होकर एक बीजपत्तीय फल हैं, जिनमें बीजावरण तथा फलभित्ति (Pericarp) परस्पर जुड़े रहते हैं।

(ख) प्रवर्धन सामग्री (Plant Propagating Material) – कुछ पौधों में अगली फसल का उत्पादन बीज के अलावा पौध के अन्य वानस्पतिक भागों – जड़, तने एवं पत्तियों आदि से भी किया जाता है, जैसे– पौध कंद, शल्य कंद, प्रकंद, जड़, कलमें तथा अन्य प्रवर्धन सामग्री (Planting Material), अतः बीज प्रौद्योगिकी में बीज के साथ–साथ फल तना, जड़ व अन्य प्रवर्धन सामग्री (Propagating Material) से है। बीज अधिनियम, 1966 में बीज को इसी प्रकार परिभाषित किया गया है।

बीज एक छोटी जीवित संरचना है, जिसमें भ्रूणीय पौध (Embryonic Plant) ऊतको (Tissues) की विभिन्न परतों से ढका हुआ सुषुप्त (Dormant) अवस्था में रहता है, जो अनुकूल वातावरणीय परिस्थितियों– नमी, ताप, वायु एवं प्रकाश की सुलभता तथा मृदा के सम्पर्क से नये पौध के रूप में विकसित हो जाता है। वस्तुतः बीज एक सूक्ष्म पौधा है।

गुणवत्तायुक्त बीजो का महत्व (Importance of Quality Seed)

बीज की महत्ता को भारतवर्ष में अनादि काल से ही अनुभव किया गया है। तथा पारसहारा (400 BC) के मतानुसार अधिक उपज, उत्तम बीज से ही उत्पन्न होती है। जबकि मनु (200 BC) के कथनानुसार अच्छा बीज, अच्छी भूमि में अत्यधिक उपज देता है।

उन्नत प्रजातियों के उत्तम गुण वाले बीजों के प्रयोग द्वारा 45 प्रतिशत तक फसल उत्पादन में वृद्धि की जा सकती है। केवल उत्तम गुणवत्ता वाले बीजों के प्रयोग द्वारा ही 20 प्रतिशत तक फसलोत्पादन में वृद्धि सम्भव हो सकती है। उपरोक्त कारकों के समुचित एवं समन्वित प्रबन्ध द्वारा ही अपेक्षित उत्पादन सम्भव हो सकता है। यद्यपि उत्पादन में बीज केवल 20 प्रतिशत की सहभागिता रखता है, किन्तु, उत्तम गुणवत्ता एवं उन्नत प्रजातियो के बीज के अभाव में अपेक्षित उत्पादन प्राप्त कर पाना सम्भव नहीं है। क्योंकि उत्पादन बढ़ाने में बीज के अतिरिक्त अन्य निवेश सहयोगी कारक की भूमिका अदा करते हैं।

बीज, फसल उत्पादन में प्रयुक्त विभिन्न कारकों में एक बहुत ही महत्वपूर्ण कारक है, जोकि उत्प्रेरक का कार्य करने के अतिरिक्त अन्य कारकों के प्रभाव को क्रियाशील कराने हेतु प्रारम्भिक बिन्दु है। राष्ट्रीय कृषि अनुसंधान प्रणाली (NARS) के अन्तर्गत भारतीय कृषि अनुसंधान परिषद (ICAR), राज्य कृषि विश्वविद्यालय (SAUs) सतत् रुप से कृषकों की बदलती हुई आवश्यकताओं के अनुरुप कार्यरत है। इस प्रणाली द्वारा विभिन्न कृषि एवं शाकीय, उद्यानिक फसलों तथा सुगन्धित औषधिय पौधो की लगभग 5349 प्रजातियाँ विकसित कर अधिसूचित/संस्तुति की जा चुकी है।

बीज के महत्व को ट्रिप (2001) के कथनानुसार, इस प्रकार से समझा जा सकता है कि कोई भी कृषि या कृषि में बदलाव से संबन्धित वार्तालाप बीज को सम्मिलित कर के ही सम्पन्न होती है। यह भी जान लेना आवश्यक है कि भारत में 120 मिलियन किसान परिवार हैं जिनकी संख्या यू.एस.ए., आस्ट्रेलिया, यूरोप एवं जापान इत्यादि राष्ट्रों की कुल जनसंख्या से भी अधिक है। किसानों को अधिक उत्पादकता प्राप्ति हेतु गुणवत्तायुक्त बीज को सही मात्रा में सही समय पर उचित मूल्यों के साथ उपलब्धता सुनिश्चित कराना प्रमुख है। कृषि में प्रयुक्त अन्य कारकों में बीज की लागत 5 प्रतिशत के लगभग ही आती है परिणामस्वरुप गुणवत्तायुक्त बीज के प्रयोग से उचित अंकुरण प्रतिशत, कीट एवं व्याधियो से मुक्ति के साथ अन्य जैविक तथा अजैविक वातावरणीय कारकों के प्रति सहनशीलता में वृद्धि के साथ अधिक उत्पादकता प्राप्त की जा सकती है। जोकि अन्ततः सुरक्षित खाद्य प्राणाली का अभिन्न अंग है (Anonymous, 2008)।

गुणवत्तायुक्त बीजो की विशेषताएँ (Characteristics of a Quality Seed)

अच्छा बीज वह है जो उन्नत व उत्तम हो–

(क) उन्नत बीज की विशेषताएँ (Characteristics of Improved Seeds)

बीज उन्नत किस्म का हो, जो स्थानीय किस्मों से बेहतर हो–

(1) अधिक उपज (High Yielding Varieties)– बीज निम्नतम लागत से प्रति इकाई क्षेत्र प्रतिदिन की दर से अधिक उपज दे।

(2) अच्छी गुणयुक्त (Better Quality)– किस्म, पोषण व स्वाद में उत्तमता के साथ–साथ उपभोक्ता, बाजार व उद्योग की आवश्यकताओं के अनुरुप हो, जैसे– गन्ने में चीनी, तिलहनों में तेल तथा कपास में रेशे की गुणवत्ता।

(3) कृषि क्रियाओं में अच्छी सुविधा (Better Suited to Agronomic Practices) – कृषि कार्यों, जैसे– सिंचाई, उर्वरकों का प्रयोग, निकाई–गुड़ाई एवं मशीन से कटाई आदि में आसानी हो।

(4) संवेदनशील (Responsiveness)– उन्नत किस्म वह है जो अधिक खाद व पानी का अधिकाधिक लाभ उठा सके, जैसे – गेहूँ, धान, मक्का, ज्वार व बाजरे की बौनी किस्में (Dwarf varieties)।

(5) अधिक अनुकूलता (Wider Adaptability) – उन्नत किस्म, विभिन्न भूमियों एवं जलवायु वाले क्षेत्रों में अच्छी क्षमता प्रदर्शित करें।

(6) विपरीत स्थितियों में प्रतिरोधिता (Resistance to Adverse Conditions) – उन्नत किस्म वह है, जिसमें विपरीत परिस्थितियों, जैसे– बीमारियों, कीड़ों, सूखा, बाढ़, पाला, गर्मी तथा ऊसरता आदि से लड़ने की क्षमता हो।

(7) सही परिपक्वता (Proper and Synchronous Maturity) – किस्म क्षेत्र की जलवायु के अनुसार सही समय पर पकने वाली हो तथा उसमें एकरुपता हो।

(ख) गुणवत्तायुक्त बीज की विशेषताएँ (Characteristics of Quality Seeds)

(1) भौतिक शुद्धता (Physical Purity) – बीज में अन्य फसलों व खरपतवारों के बीज एवं कंकड़, मिट्टी आदि न हों। बीज में शुद्ध बीज की मात्रा अधिक होने से खेत के इकाई क्षेत्र में पौधों की संख्या (Plant Stand) बढ़ेगी जिससे पैदावार बढ़ती है।

(2) उचित नमी (Optimum Moisture) – उत्तम बीज वह है, जिसमें उचित मात्रा में नमी हो, जिससे अन्य व्याधियों का प्रभाव न पड़े।

(3) आनुवांशिक शुद्धता (Genetic Purity) – बीज आनुवांशिक रुप से उसी किस्म का हो, तथा आनुवांशिक रुप से शुद्ध होना चाहिए।

(4) समरुपता (Uniformity) – बीज रंग, रुप एवं आकार में समान हो।

(5) जीवन शक्ति (Viability) – बीज की अंकुरण क्षमता अधिक परम आवश्यक है जोकि फसल विशेष के अनुसार निर्धारित की गई है।

(6) बीज स्वास्थ्य (Seed Health) – बीज बीमारियों तथा कीड़ों से सुरक्षित हो, अर्थात् वह अच्छी तरह से उपचारित किया गया हो।

अनाज एवं बीज में अन्तर (Difference between Seed & Grain)

अनाज तथा बीज के उपयोग का क्षेत्र अलग–अलग है, इसीलिये उनके उत्पादन, संसाधन, उपचार तथा भंडारण की विधियों में अंतर होता है। बीज तथा अनाज के अन्तर को समझने हेतु यह नितान्त आवश्यक है कि बीज (अउपचारित) का प्रयोग अनाज के रुप में कर सकते हैं, परन्तु अनाज का प्रयोग, बीज के रुप में करने से वांछित उपज नहीं प्राप्त होती है।

1. उद्‌देश्य (Objective)– अनाज के लिये उगायी जाने वाली फसलों में अधिकाधिक उत्पादन प्राप्त करना ही प्रमुख लक्ष्य है। अतः बीज गुणों के संबन्ध में कोई भी जानकारी प्राप्त नहीं की जाती, जबकि बीज उत्पादन के लिये किसी स्वीकृत या मान्य स्त्रोत से आधार या प्रजनक बीज प्राप्त किया जाता है और बीज फसल को उगाने और कटाई के बाद संसाधन व भंडारण आदि क्रियाओं के दौरान संदूषण के सभी स्त्रोतों और कारकों को यथासंभव दूर रखने का प्रयत्न किया जाता है, साथ ही, बीज उत्पादन की सभी मानक विधियाँ अपनाना आवश्यक होता हैं, जिसमे उत्पादित बीज उच्च गुणवत्तायुक्त (भौतिक एवं आनुवांशिक शुद्धता, अंकुरण प्रतिशत आदि) हो सके।

2. गुणवत्ता (Quality)– अनाज के लिये उसकी आनुवांशिक शुद्धता, अंकुरण प्रतिशत कीट–क्षति आदि के विषय में कोई ध्यान नहीं दिया जाता है, जिसकी आनुवांशिक शुद्धता शत–प्रतिशत हो, अंकुरण क्षमता अच्छी हो, भौतिक शुद्धता भी अच्छी हो अर्थात् उसमें, अन्य बीज व अक्रिय पदार्थ (Inert matter) न हों, कीड़ों और रोगों से मुक्त हो तथा उसमें जीवन क्षमता (Viability) व ओज (Vigour) भरपूर हों।

3. उपचार (Treatment)– बीज को बोने के लिये प्रयोग किया जाता है, खाने के लिये नहीं। अतः उसे ऐसे विषाक्त रसायनों से उपचारित किया जाता है, जो बीज को नष्ट करने वाले कीड़ों, बीमारियों तथा जीव–जन्तुओं से बीज को बचाते हैं, जबकि अनाज, खाने के उपयोग में आता है, इसलिये उसको सुरक्षित रखने के लिये ऐसे रसायन का प्रयोग किया जाता है, जो कीड़ों एवं रोगों से बचा सकें, लेकिन मनुष्य पर कुप्रभाव न डालते हों।

बीज की किस्में (Types of Seeds)

बीज को कई प्रकार से वर्गीकृत किया जा सकता है–

(क) जनन विधि (Method of Reproduction) के आधार पर

प्रजनन की विधियों के अनुसार बीज के दो प्रकार होते हैं–

1. लैंगिक जनन द्वारा उत्पन्न बीज (Sexually Reproduced Seeds) – साधरणतयः लैंगिक जनन द्वारा उत्पन्न बीज (Sexually Reproduced Seeds) जिसमें आवश्यक जैविक क्रियाएं (परागण एवं निषेचन), नर एवं मादा युग्मकों के आपस में विलय के समावेष पश्चात् उत्पन बीज वानस्पतिक रुप से सत्य बीज (True seed) कहलाता है।

   परन्तु कभी–कभी अगली फसल उगाने के लिये बीज के अलावा अन्य पादप सामग्री (वानस्पतिक भाग), जड़, तने व पत्ती आदि प्रयोग में लायी जाती हैं, तो वह बीज ही कहलाती है; जैसे–

(i) भूमिगत तने (Undergroud stems)–

प्रकंद (Rhizome) – अदरक, हल्दी, केला आदि।

कंद (Tuber) – आलू।

घनकंद (Corm) – अरवी, जिमीकंद आदि।

शल्क कंद (Bulb) – प्याज, लहसुन आदि।

(ii) अर्द्धवायनीय तने (Sub-aerial Stems)

उपरिभूस्तारी (Runner) – दूब, घास, ब्रह्मी बूटी आदि।

अन्तःभूस्तारी (Sucker) – पोदीना, गुलदावदी आदि।

भूस्तारिका (Offset) – जलकुंभी, सिंघाड़ा आदि।

भूस्तारी (Stolon) – स्ट्राबेरी।

(iii) पत्तियाँ (Leaves) – दर्दमार, बिगोनिया आदि।

(iv) पत्र प्रकलिका (Bulbils) – लहसुन, रतालू आदि।

(v) असंग जनित बीज (Apomictic Seeds) – आम, तम्बाकू आदि।

(vi) कृत्रिम प्रवर्धन (Artificial Propagation)

जड़ कलमें (Root Cuttings)	–	नींबू, संतरा आदि।
तना कलमें (Stem Cuttings)	–	गन्ना, शकरकंद आदि।
कलम बंधन (Grafting)	–	आम, लीची आदि।
दाब लगाना (Layering)	–	नींबू, अंगूर, गुलाब आदि।
गूटी (Gootee)	–	रबड़, नींबू आदि।

(ख) बीजों के आयुकाल (Longevity of Seeds) के आधार पर

कुछ बीजों को यदि कटाई के तुरंत बाद बोया जाये तो उनमें अंकुरण हो जाता है, लेकिन कुछ जातियों के बीज उचित नमी, ताप व वायु के मिलने पर भी परिपक्वता के तुरंत बाद नहीं उगते। ऐसा प्रसुप्ति (Dormancy) के कारण होता है। ऐसे बीजों में कुछ समय के लिये विश्राम काल (Rest Period) रहता है, लेकिन कुछ बीज तो बरसों जमीन में पड़े रहने के बाद भी जीवनक्षमता (Viable) बनाये रखते हैं।

एवर्ट (1908) ने बीजों को आयुकाल के आधार पर तीन वर्गों में विभाजित किया है–

1. अल्पायुजीवी बीज (Microbiotic Seeds)– इस वर्ग में वे बीज आते हैं, जिनकी आयु लगभग 3 वर्ष तक हो, जैसे– *मालवेसी व लेग्युमिनेंसी* कुल के पौधों के बीज।

2. मध्यम आयुजीवी बीज (Mesobiotic Seeds)– ऐसे बीज, जिनकी आयु 3 से 15 वर्ष तक होती है, अधिकतर बीज इसी श्रेणी में आते हैं।

3. दीर्घायुजीवी बीज (Macrobiotic Seeds)– इनकी आयु 15 से 100 वर्ष और कभी–कभी इससे भी अधिक होती है। ओहगा (1926) ने मंचूरिया स्थित एक पुरानी झील से, जिसका पानी सूख चुका था, कुछ कमल के बीज एकत्र किये, जो जीवन मे सक्षम पाये गये। आयुकाल की 14–सी कालानुमान विधि (C^{14} Dating Method) से ज्ञात हुआ कि ये बीज एक हजार वर्ष से अधिक पुराने थे। बेकरेल (1934) ने पेरिस (फ्रांस) के राष्ट्रीय संग्रहालय से प्राप्त 500 जातियों के बीजों को, जिनकी आयु 25 से 136 वर्ष तक मानी गई थी, अंकुरित कराया तो इनमें से केवल *लेग्युमिनेंसी, मालवेसी, लेबियेटी* तथा

निम्फियेसी कुलों के बीज अंकुरित हुए। कनाडा संग्रहालय के वनस्पतिशास्त्रियों ने ऐसे कुछ बीजों में अंकुरण कराया जो कनाडा के पीट दलदल में लगभग 10,000 साल पहले से दबे पड़े थे। ऐसे बीज जल के प्रति अपारगम्यता (Impermeability) के कारण सैकड़ों, हजारों वर्ष जीवनशाक्ति बनाये रखते हैं।

(ग) भंडारण क्षमता (Storability) के आधार पर

उचित परिस्थितियों में अनेक जातियों के बीजों का 50–100 वर्ष सुरक्षित भंडारण किया जा सकता है। बीज में नमी की मात्रा निर्धारित स्तर से 1 प्रतिशत घटाकर नियंत्रित भंडारण करने से बीज का आयुकाल दोगुना हो जाता है। रॉबर्ट्स (1973) ने बीजों को उनकी भंडारण क्षमता के आधार पर दो वर्गों में बांटा है–

1. सरल बीज (Orthodox Seeds)– इस वर्ग के बीजों में उपस्थित नमी अंश को उनकी जीवन क्षमता में कमी किये बिना 5 प्रतिशत अथवा इससे भी कम किया जा सकता है, साथ ही ये बीज अवशीतन (Freezing) भी सहन कर सकते हैं, जिससे उन्हें आसानी से लम्बे समय तक भंडारित किया जा सकता है। अधिकतर फसल वाले पौधे इस वर्ग में आते हैं।

2. अड़ियल बीज (Recalcitrant Seeds)– इस वर्ग के बीजों में नमी स्तर 12–13 प्रतिशत से नीचे लाने पर उनकी जीवन क्षमता में बड़ी तेजी से कमी आती है और ये अवशीतन (Freezing) भी सहन नहीं कर सकते, जिससे इनके भंडारणमें कठिनाई आती है। अनेक वन वृक्ष, फल वृक्ष व उष्ण कटिबंधीय फसलों, जैसे– नींबू जाति, आम, कटहल, नारियल, चाय, कहवा, रबड़ आदि के बीज इनके उदाहरण हैं।

(घ) पीढ़ी पद्धति (Generation System) के आधार पर वर्गीकरण

अन्तर्राष्ट्रीय शस्य उन्नयन संघ [International Crop Improvement Association (ICIA)] द्वारा सन् 1946 में चारा फसलों के लिये शुद्ध बीज के चार वर्ग निर्धारित किये गये, जो बाद में (1968) दाने वाली फसलों के लिये भी लागू हुए। वास्तव में ये बीज के वर्धन (Multiplication) की विभिन्न अवस्थाएँ (Stages) हैं, जिनमें उत्तरोत्तर पीढ़ी (Successive Generation) में बीज की भौतिक एवं आनुवांशिक शुद्धता में कमी आ जाती है।

सारणी 1.1: विभिन्न बीज उत्पादक देशों एवं संस्थाओं में प्रमाणीकरण में उपयुक्त बीज की श्रेणियाँ

अधिकारिक बीज प्रमाणीकरण अभिकरण संघ [Association of Official Seed Certifying Agencies (AOSCA)]	:	प्रजनक (Breeder), चयनित आधार (Select Foundation), पंजीकृत (Registered), प्रमाणित (Certified)
आर्थिक सहयोग एवं विकास संगठन [Organization of economic cooperation & development (OECD)]	:	प्रजनक (Breeder), मौलिक (Basic) प्रमाणित बीज (Ist Generation) प्रमाणित बीज (IInd Generation)
संयुक्त राज्य अमेरिका (USA)	:	प्रजनक (Breeder), आधार बीज (Foundation seed), पंजीकृत (Registered), प्रमाणित (Certified)
कनाडा (Canada)	:	प्रजनक (Breeder), चयनित बीज (Select seed) आधार बीज (Foundation seed), पंजीकृत (Registered), प्रमाणित (Certified)

कनाडा में चयनित बीज वर्ग (Select seed class) केवल धान्य फसलों में प्रयोग की जाती है जोकि एक विशेष प्रमाणीकरण प्रणाली है। यह प्रजनक या चयनित बीज की स्वीकृत संतति है जोकि इस प्रकार से बीज उत्पादकों को प्रमाणीकरण संस्था द्वारा अधिकृत हों, उनके द्वारा उत्पन्न की जाती है जिससे विशेष पहचान एवं भुद्धता को सुनिश्चित किया जा सके। चयनित बीज वर्ग (Select seed class) व्यवसायिक उद्देश्यों (Commercial purpose) के लिए प्रयुक्त नहीं होता है।

विभिन्न एशियाई विकासशील देशों में बीज की विभिन्न श्रेणियों का वर्गीकरण अलग–अलग तरीके से किया गया है जिनका संक्षिप्त विवरण निम्नलिखित तालिका में दर्शाया गया है।

सारणी 1.2: एशियाई विकासशील देशों में बीज की विभिन्न श्रेणियों का वर्गीकरण

परिभाषा **Definition**	गुणन चरण **Multi-plication step**	चीन, इंडोनेशिया जापान एवं थाइलैण्ड	भारत	कोरिया, फीलीपाइन्स एवं श्रीलंका	नेपाल	पाकिस्तान
प्रथम संतति प्रजनक द्वारा बीज गुणन हेतु आपूर्ति बीज	–	प्रजनक बीज (Breeder seed)	नाभिकीय बीज (Nuclears seed)	प्रजनक बीज (Breeder seed)	प्रजनक बीज (Breeder seed)	आधारपूर्व बीज (Prebasic seed)
द्वितीय संतति गुणन हेतु आपूर्ति	प्रथम चरण	आधार बीज (Foundat-ion seed)	प्रजनक बीज (Breeder seed)	आधार बीज (Foundat ion seed)	आधार बीज (Foundat ion seed)	आधार बीज (Basic seed)
तृतीय संतति बीज प्रक्षेत्रों द्वारा आपूर्ति	द्वितीय चरण	स्टॉक बीज (Stock seed)	आधार बीज (Foundat-ion seed)	पंजीकृत बीज (Regist-ered seed)	प्रमाणित बीज (Certified seed)	स्वीकृत बीज (Approved seed)
चतुर्थ संतति बीज उत्पादको द्वारा आपूर्ति	तृतीय चरण	प्रसार बीज (Exten-sion seed)	प्रमाणित बीज (Certified seed)	प्रमाणित बीज (Certified seed)	प्रमाणित बीज (Certified seed)	प्रमाणित बीज (Certified seed)

स्रोत: Pray & Ramaswami (1991)

केन्द्रक नाभिकीय बीज (Nucleus Seed)

एक पादप प्रजनक का प्रयास रहता है कि एक किस्म के सभी पौधे समरुप हों, लेकिन यह आवश्यक नहीं है कि किस्म सभी लक्षणों के लिये शुद्ध हो। स्वपरागित फसल किस्मों फसलों में किस्म की शुद्धता, उसकी उत्पत्ति की विधि और आनुवांशिक स्थिरता (Genetic stability) पर निर्भर करती है। इन फसलों में किस्में प्रायः शुद्ध वंशानुक्रम (एक पौधे की संतति) अथवा पुंज वरण (अनेक आनुवांशिक रुपों का मिश्रण) से उत्पन्न की जाती है जबकि पर–परागित फसलों में किस्म के घटक पौधे स्वयं में विषमजननांशी (Heterozygous) होते हैं। अतः इनमें शुद्धता कम रहती है। इस प्रकार पर–परागित फसलों में एक किस्म का स्वरुप स्वपरागित फसलों से भिन्न होता है। ऐसी स्थितियों में आगामी पीढ़ियों में

काफी भिन्न पौधे (Off types) निकल आते हैं। अतः विभिन्न पौधों से प्राप्त बीज से अलग–अलग कतारें (Progeny rows) उगायी जाती हैं और उन संततियों के बीजों को, जो समरुप हों, एक साथ मिला लिया जाता है। इस प्रकार प्राप्त बीज नाभिकीय बीज (Nucleus Seed) कहलाता है। इस बीज की श्रेणी को केन्द्रक बीज भी कहते हैं।

प्रजनक बीज (Breeder Seed)

किसी भी किस्म का प्रजनक बीज (Breeder Seed) उस किस्म को विकसित करने वाले प्रजनक (Breeder) या संस्थान द्वारा (आवश्यक होने पर, अन्य कृषि विश्वविद्यालयों द्वारा) उत्पादित किया जाता है। इसकी आनुवांशिक शुद्धता (Genetic Purity) शत–प्रतिशत होती है। स्वपरागित फसलों की किस्मों की शुद्धता बनाए रखने के लिए उनमें प्रत्येक वर्ष या प्रत्येक कुछ वर्षों बाद समूह वरण (Mass Selection), संतक्रम परीक्षण (Progeny Test) के साथ किया जाता है। इस प्रकार के समूह वरण से प्राप्त शुद्ध बीज को मौलिक बीज (Basic Seed) कहते हैं। मौलिक बीज सम्बन्धित प्रजनक द्वारा उत्पन्न किया जाता है, और यह किसी भी किस्म के अन्य सभी प्रकार के बीजों का श्रोत होता है। प्रजनक बीज से आधार बीज (Foundation Seed) का उत्पादन किया जाता है।

आधार बीज (Foundation Seed)

यह प्रजनक बीज (Breeder Seed) के गुणन (Multiplication) से प्राप्त होता है। इसका उत्पादन राष्ट्रीय बीज निगम (National Seeds Corporation) के अतिरिक्त कृषि विश्वविद्यालयों, सरकारी प्रक्षेत्रो तथा प्रगतिशील किसानों के खेतों पर किया जाता है। इसकी आनुवांशिक शुद्धता (Genetic Purity) लगभग शत–प्रतिशत होती है। आधार बीज का उत्पादन प्रजनक बीज से अधिसूचित प्रमाणीकरण संस्था की देखरेख में इस प्रकार किया जाता है कि उसकी आनुवांशिक शुद्धता एवं गुणवक्ता में ह्रास न हो। इसके लिये उसे उचित पृथक दूरी, बाह्य–परागण, याँत्रिक संदूषण से बचाव के अतिरिक्त वैज्ञानिक शस्य क्रियाओं को अपनाया जाता है।

पंजीकृत बीज (Registered Seed)

यह आधार बीज या पंजीकृत बीज के गुणन से प्राप्त होता है। यह भी आनुवांशिक रूप से शुद्ध होता है। भारतवर्ष में बीज की इस श्रेणी का उत्पादन नहीं किया जाता है।

प्रमाणित बीज (Certified Seed)

प्रमाणित बीज (Certified Seed) का उत्पादन आधार, पंजीकृत या प्रमाणित बीज के गुणन द्वारा होता है। इसका उत्पादन प्रादेशिक बीज निगम (State Seeds Corporation) के अतिरिक्त अधिसूचित प्रमाणीकरण संस्थाओं के निरीक्षण में राजकीय प्रक्षेत्रों, कृषि विज्ञान केन्द्रों, विभिन्न बीज ग्रामों, सहकारी संस्थाओं, गैर सरकारी संस्थाएं एवं प्रगतिशील किसानों के प्रक्षेत्रों पर होता है। *इसकी गुणवत्ता की जाँच प्रमाणीकरण (certification) द्वारा की जाती है। इसीलिए इसे प्रमाणित बीज कहते हैं।* बीज की यही श्रेणी किसानों को फसल उगाने के लिए उपलब्ध होती है। भारतवर्ष में सामान्यता प्रमाणित बीज सीधे आधार बीज के गुणन से प्राप्त होता है।

प्रमाणित बीज, जो विक्रय के लिए उपलब्ध हैं उन्हें न्यूनतम मानक के अनुरुप होना चाहिए तथा उनमें अधिसूचित राज्य प्रमाणीकरण एजेन्सी (State Certifying Agency) (SCA) का प्रमाणीकरण टैग (Certification Tag), मुहर एवं चिन्हित होना चाहिए।

बीज अधिनियम के अन्तर्गत बिक्री हेतु बीज का चिन्ह अनिवार्य है (Compulsory Labelling) जबकि प्रमाणीकरण एक ऐच्छिक प्रक्रिया है

भारतीय बीज अधिनियम (1966) 2 अक्टूबर, 1969 से लागू है, इसका उद्देश्य भारतवर्ष में बेचे जाने वाले बीज की गुणवत्ता को अनिवार्य चिन्हन (Compulsory Labelling) एवं ऐच्छिक प्रमाणीकरण (Voluntary Certification) के द्वारा नियंत्रित करना है। बीज नियमों को वर्ष 1973 एवं 1974 पूनः संशोधित किया गया तथा जिसके अन्तर्गत बीज अधिनियम में 25 धारायें एवं 11 खंड बीज नियम में हैं।

बीज अधिनियम (1966) के अनुसार किसी भी अधिसूचित किस्म (Notified Variety) का बीज बेचने वाले प्रत्येक व्यक्ति को निम्नलिखित बातें सुनिश्चित करनी चाहिए।

1. बीज के अंकुरण एवं उसकी शुद्धता का स्तर निम्नतम सीमाओं के अनुरूप होना चाहिए।
2. बीज पात्र (Seed Container) निर्धारित स्वरूप में चिन्हित किया गया हो।
3. बीज पात्र से लगे चिन्हक (Label) में दिया गया विवरण इस पात्र में मौजूद बीज की वास्तविक स्थिति दर्शाता हो।

ऐच्छिक प्रमाणीकरण (Voluntary Certification)

जो भी बीज बेचा जा रहा है या बिक्री योग्य है, विक्रीय योग्य बीजों को उससे सम्बन्धित राज्य बीज प्रमाणीकरण एजेन्सी (State Seed Certification Agency, SSCA) द्वारा प्रमाणित कराया जा सकता है लेकिन बीज बेचने के लिए यह अनिवार्य शर्त नहीं है। जहाँ पर किसी अधिसूचित (Notified) किस्म का प्रमाणित बीज उत्पादित करने के लिए राज्य बीज प्रमाणीकरण एजेंसी को आवेदन देना होता है। इसके बाद यह एजेंसी प्रमाणीकरण के लिए जरूरी प्रक्षेत्र निरीक्षण (Field Inspection) एवं बीज परीक्षण (Seed Test) करती है। यदि इन निरीक्षणों एवं परीक्षणों के परिणाम संतोषजनक रहे, तो बीज प्रमाणीकरण के टैग (Tag) बीज उत्पादक को देती है, जिन्हें उस बीज के पात्रों से संलग्न किया जाता है।

सत्यापित बीज (Truthfull Labelled Seed)

प्रायः यह देखा गया है कि वास्तव में प्रमाणित बीज की मांग आपूर्ति/उपलब्धता से अधिक है। इसके निदान हेतु बीज अधिनियम में सत्यापित बीज को अत्याधिक मात्रा में उत्पन्न करने का प्रावधान किया गया है। बीज अधिनियम के अनुसार सत्यापित बीज भारतीय न्यूनतम बीज प्रमाणीकरण मानक स्तरों के अनुरुप होना चाहिए। इस प्रकार का बीज भी चिन्हित (Tagging) होना चाहिए तथा उस पर निर्धारक मानकों के अनुरुप विशलेषण अंकित होना चाहिए। सत्यापित बीज की विचारधारा से न्यूनतम बीज प्रमाणीकरण मानकों के ह्रास को बीज उद्योग द्वारा रोकने में बल मिलता है। यदि बीज प्रमाणीकृत नहीं है तथा न्युनतम निर्धारित मानक स्तरों (अंकुरण प्रतिशत एवं शुद्धता) से अधिक है, सत्यापित बीज के रुप में विपनण किया जा सकता है। जिस बीज का प्रमाणीकरण अधिसूचित संस्था द्वारा प्रमाणीकरण नहीं किया गया हो, किन्तु वह बीज अंकुरण, उपयुक्त प्रजातिक शुद्धता आदि की दृष्टि से प्रमाणित बीज के समतुल्य हो तथा कृषकों द्वारा प्रमाणित एवं टैगयुक्त उपयुक्त प्रजाति का उत्पादन अवांछित/व्याधिग्रस्त पौधों को निकालकर विधान/ग्रेडिंग के उपरान्त परीक्षण कर निर्धारित अंकुरण क्षमता सुनिश्चित की गयी हो, वह सत्यापित बीज की श्रेणी में आता है।

सत्यापित बीज का चिन्हन (Labelling): बीजों की शुद्धता एवं अंकुरण निर्धारित न्यूनतम मानकों के अनुरुप होना चाहिए तथा उनका चिन्ह निम्न प्रकार से हैं:

1. प्रकार (Kind)
2. प्रभेद/किस्म (Variety)

3. लॉट नं0
4. परीक्षण की तिथि
5. निर्जीव पदार्थ
6. शुद्ध बीज (%) (Pure Seed)
7. अन्य फसलों के बीज (Other Crop Seeds)
8. खर–पतवार बीज (Weed Seed)
9. अंकुरण (%) (Germination)
10. पूर्ण मात्रा (Net Content)
11. बिक्रीकर्ता का नाम एवं पता
12. यदि उपचारित हो तो नीचे लिखे कथनों में से उपयुक्त कथन को अवश्य वर्णित करें।

"खाद्य एवं तेल के रुप में प्रयोग न करें" अथवा "जहर"

यदि डब्बे में बीज की मात्रा 250 ग्राम या उससे कम है, तब ऊपर वर्णित 5 से 9 क्रमांक में दिये गये तथ्यों की जगह पर निम्नलिखित बातें लिखें:

"इस डब्बे में उपलब्ध बीज की शुद्धता एवं अंकुरण, बीज अधिनियम की निर्धारित न्यूनतम मानक के अनुरुप है"।

बीज श्रेणियों का चिन्हन (Tagging/ labeling of different classes of seed)

बीजों के प्रकार	लेबल का रंग	लेबल का आकार	शुद्धता की मात्रा	अभ्युक्ति
प्रजनक बीज	गोल्डन येलो सं. 356 (Golden yellowshade IS: 5-1978)	12 से.मी. X 6 से.मी.	100 प्रतिशत	अधिसूचना के आधार पर न्यूनतम शुद्धता एवं अंकुरण
आधार बीज I & II	सफेद (White)	15 से.मी. X 7.5 से.मी.	कम से कम 98 प्रतिशत	
प्रमाणित बीज	अजोर ब्लु (Azure blue) (Shade ISI No.104)	15 से.मी. X 7.5 से.मी.	कम से कम 96 प्रतिशत	
सत्यापित बीज	ओपेल ग्रीन (Opel green) (Shade IS 275)	15 से.मी. X 10 से.मी.	94 प्रतिशत से कम नहीं	

सारणी 1.3: प्रमाणित एवं सत्यापित बीज के मानक

फसल		शुद्धता % (न्यूनतम) प्रमाणित	सत्यापित	अंकुरण % (न्यूनतम) प्रमाणित	सत्यापित
जौ, चना, जई	Barley, chickpea. oats	98	97	85	75
मूंगफली	Groundnut	98	97	70	70
कपास	Cotton	98	95	60	55
अरंडी, सूर्यमुखी	Castor, sunflower	98	98	70	70
जूट, तिल	Jute, Sesamum	97	97	80	80
मक्का (संकर)	Maize (hybrid)	98	97	90	80
सरसो	Mustard	98	97	90	80
बाजरा, मूंग, उरद	Pearl millet, Greengram, blackgram	98	96	75	70
धान, रागी, ज्वार, कुसुम, तीसी	Rice, Ragi, Sorghum, Safflower, Linseed	98	97	80	70
सोयाबीन	Soybean	97	96	70	70
गेहूँ, चना	Wheat, Gram	98	97	85	80
शाकीय	**Vegetables:**				
बीट, गाजर, पालक, पत्ता गोभी, प्याज, मूली, बैंगन, टमाटर, शलगम	Beet, carrot, spinach, cabbage, onion, radish, brinjal, tomato, turnip	98	97	70	65
फूलगोभी	Cauliflwer	98	97	65	60
मिर्च, शिमला मिर्च	Chilli, capsicum	98	97	60	55
लोबिया	Cowpea	98	97	75	70
मटर	Garden pea	98	96	75	70
मेथी, सलाद	Methi, lettuce	98	96	70	65
भिंडी	Okra	99	98	65	60
तरबूज, खरबूज	Watermelon, muskmelon	99	98	65	60

स्रोत: सेन एवं घोष (1999)

सारणी 1.4: सत्यापित बीज के बीज मानक

फसल		न्यूनतम अंकुरण (%)	न्यूनतम शुद्धता (%)
जौ	Barley	85	98
जई	Oat	85	98
गेहूँ	Wheat	85	98
धान	Rice	80	98
मोटे अनाज	Common millet	75	97
मडुवा/रागी	Fingermillet	75	97
कंगनी या काकुल	Italian millet	75	97
कोदो या डच मिलेट	Kodo millet	75	97
कुटकी	Little millet	75	97
सांवा	Barnyard millet	75	97
बाजरा	Perlmillet	75	98
मक्का	Maize	80	98
ज्वार	Sorghum	75	98
सरसो	Rapeseed & mustard	85	97
तिल	Sesamum	80	97
मूंगफली	Groundnut	70	97
सोयाबीन	Soybean	70	97
ग्रीष्म स्क्वाश	Summer squash	60	99
शीत स्क्वाश	Winter squash	60	99
फूल गोभी	Cauliflower	65	98
पत्ता गोभी	Cabbage	70	98
गांठ गोभी	Knol-khol	70	98
चाईनीज पत्ता गोभी	Chinese cabbage	70	98
गाजर	Carrot	60	95

Contd...

मूली	Radish	70	98
शलगम	Turnip	70	98
बैगन	Brinjal	70	98
टमाटर	Tomato	70	98
मिर्च	Chilli	60	98
शिमला मिर्च	Capsicum	60	98
चौलाई	Amaranthus	70	98
सलाद	Lettuce	70	98
मेथी	Methi	70	98
पालक	Spinach beet	60	96
चुकन्दर	Garden beet	60	96
प्याज	Onion	70	98
सूर्यमुखी	Sunflower	60	98
कुसुम	Safflower	80	98
सरगुजा	Niger	80	98
तीसी	Linseed	80	98
उरद	Blackgram	75	98
लोबिया	Cowpea	75	98
चना	Chickpea	85	98
मूंग	Greengram	75	98
अरहर	Pigeonpea	75	98
कुलथी	Horsegram	75	98
मसूर	Lentil	75	98
खेसारी	Khesari	75	98
कपास	Cotton	60	98
जूट	Jute	80	97
बरसीम	Berseem	80	98
सेन्जी	Indian clover	65	96

Contd...

लुसर्न	Lucerne	80	98
मार्वल घास	Marvel grass	40	95
सुडान घास	Sudan grass	75	98
ग्वार	Clusterbean	70	98
सेम	Dolichos-bean	75	98
फारस बीन	French bean	75	98
मटर	Pea	75	98
भिंडी	Okra	65	99
करेला	Bittergourd	60	99
लौकी	Bottlegourd	60	99
खीरा	Cucumber	60	99
झिंगी/तोरिया	Ridgegourd	60	99
नेनुआ	Spongegourd	60	99
चिचिंडा	Snakegourd	60	99
टिंडा	Indian squash	60	99
ककड़ी/लॉंगमेलन	Longmelon	60	99
खरबूज	Muskmelon	60	99
तरबूज	Watermelon	60	99
सीताफल	Pumpkin	60	99
पेठा/ग्रीष्म स्क्वाश	Summer squash	60	99
शीत स्क्वाश	Winter squash	60	99
फूल गोभी	Cauliflower	65	98
पत्तागोभी	Cabbage	70	98
गाँठ गोभी	Knol-khol	70	98
चाईनीज पत्ता गोभी	Chinese cabbage	70	98
गाजर	Carrot	60	95
मूली	Radish	70	98
शलगम	Turnip	70	98

Contd...

बैंगन	Brinjal	70	98
टमाटर	Tomato	70	98
मिर्च	Chilli	60	98
शिमला मिर्च	Capsicum	60	98
चौलई	Amranthus	70	98
सलाद	Lettuce	70	98
मेथी	Methi	70	98
पालक	Spinach beet (palak)	60	96
चुकन्दर	Garden beet	60	96
प्याज	Onion	70	98

स्रोतः: अग्रवाल (2006)

— xxx —

- प्राकृतिक आपदा के समय बीजों की विशेष आवश्यकता का विशेष ध्यान देना।
- गुणवत्ता बीज के उत्पादन एवं वितरण हेतु [illegible] सुविधाओं को [illegible] करना।

इस योजना का कार्यान्वयन आन्ध्र प्रदेश, असम, छत्तीसगढ़, गुजरात, हरियाणा, कर्नाटक, मध्य प्रदेश, पंजाब, राजस्थान, उत्तर प्रदेश, महाराष्ट्र एवं उड़ीसा [illegible] में NSC, SFCI, एवं बीज निगमों के द्वारा किया जा रहा है तथा इस योजना [illegible]

[illegible] किया जाता है ताकि जैसे सूखा, बाढ़ जैसी आकस्मिक स्थिति उत्पन्न होने पर विषम परिस्थिति से निपटा जा सके।

बीज ग्राम योजना (Seed Villages) — [illegible] के उद्देश्य से [illegible] बीज कार्यक्रम के कार्यान्वयन के बावजूद बीज प्रतिस्थापन दर सिर्फ 15 प्रतिशत ही पहुँच पाया है। राष्ट्र में अभी भी 85 प्रतिशत किसानों द्वारा संरक्षित फसलों के बीज का ही उपयोग किया जाता है [illegible] अतः यह आवश्यक है कि किसानों द्वारा संरक्षित बीजों के [illegible] इसके लिए [illegible]

[illegible] किसानों द्वारा [illegible] बीज [illegible] के लिए वित्तीय सहायता उपलब्ध कराने की [illegible] आधार / प्रमाणित बीजों का वितरण 50 प्रतिशत बीज मूल्य पर किया जाए जिससे ग्राम स्तर पर प्रमाणित / गुणवत्ता बीजों का उत्पादन संभव हो सके।

बीज फसल बीमा योजना (Seed Crop Insurance Scheme) — फसल बीमा योजना शुरु की गई है। इस योजना में निम्नलिखित फसलों की पहचान की गई है जैसे धान, गेहूँ, मक्का, ज्वार, बाजरा, चना, अरहर, मूंगफली, सोयाबीन, सूर्यमुखी और कपास जो आन्ध्र प्रदेश, गुजरात, हरियाणा, कर्नाटका, मध्य प्रदेश, महाराष्ट्र, उड़ीसा, पंजाब, राजस्थान एवं उत्तर प्रदेश में शुरू किया गया है ताकि जो [illegible] बीज प्रजनक / उत्पादक [illegible] उनका मनोबल और निश्चय [illegible] हो। यह [illegible] 1999–2000 के रबी मौसम से शुरू प्रजनकों / उत्पादकों को वित्तीय सुरक्षा प्रदान करती है। इस योजना में फसलों को प्रजनक, आधार एवं प्रमाणित बीज के निम्नलिखित चरणों में प्राकृतिक आपदाओं के जोखिम रक्षा बीमा है।

2

भारतीय बीज उद्योग में प्रभावी नियम/कानून

भारत में, डॉ0 एस0 ई0 जोन्सन के नेतृत्व में प्रथम बाार भारत–अमेरिकन कृषि उत्पादन मंडली (1959) द्वारा बीज परीक्षण प्रयोगशालाओं, समरुपेण बीज प्रमाणीकरण मानक एवं बीज अधिनियम की सिफारिश की गई थी। डॉ0 रन्धावा द्वारा वर्ष 1960 में द्वितीय संयुक्त भारत–अमेरिकन मण्डली ने प्रथम मण्डली के अवलोकन की पुष्टि की जिसके परिणामस्वरुप 29 दिसम्बर 1966 में बीज अधिनियम (Seed Act) को भारत के राष्ट्रपति द्वारा मंजूरी दी गई तत्पश्चात् भारत गणराज्य के राजपत्र (Gazette of India) द्वारा दिनांक 30 दिसम्बर 1966 को प्रकाशित किया गया। इस अधिनियम का मुख्य उद्देश्य देश में प्रमाणित बीजों के विक्रय को नियमित करना तथा क्रेता को जोखिम क्रय से बचाना है। अधिनियम के धारा 25 के अन्तर्गत दिये गये अधिकारों को देखते हुए, केन्द्र सरकार ने बीज नियमों (Seed Rules) को बनाया जिसकी अधिसूचना 2 सितम्बर 1968 को भारत गणराज्य के राजपत्र (Gazette of India) में प्रकाशित हुई। वर्ष 1972 में बीज अधिनियम को पूनः संशोधित किया गया तथा सरकार को पहले से भी अधिक उत्तरदायित्व एवं अधिकार दिये गये जिससे बीज अधिनियम को सफलतापूर्वक लागू किया जा सके।

सारणी 2.1: बीज अधिनियम एवं बीज नियमों की कूंजी

विषय	अधिनियम की धारा(यें)	संबंधित धारा अथवा नियम	प्रपत्र
(I) बीज गुणवत्ता नियंत्रण	4	भाग III-5	
(A) बीज परीक्षण प्रयोगशाला			
(B) लेबलिंग प्रावधान	6, 7	भाग V-7 to 12 भाग VI-13	
(C) बीज विश्लेषक	12, 6	भाग IX-20, 21, 33, 35	VII
(D) बीज निरीक्षक	13, 14, 15	भाग IX-22, 23 भाग X-24, 25, 26, 27, 28, 29, 30, 31, 32, 34, 37, 38, 39	III, IV, V, VI, VIII
(E) दंड	19		
(F) सामान्य	1,2,3,5,20,21, 23,24,25	भाग I-1, 2 भाग II-3, 4	
(II) बीज प्रमाणीकरण	8,9,10,11,18	भाग IV-6 भाग VI-14 भाग VII-15, 16, 17 भाग VIII-18, 19	I, II

बीज अधिनियम की मुख्य विशेषताएँ

1. उपयुक्तता (Applicability)

बीज अधिनियम के अन्तर्गत सरकारी संस्थाएँ, सहकारी समिति, कृषि उद्योग, निगम एवं कोई भी बीज व्यापारी अधिसूचित प्रभेदों की बिक्री करते हो।

2. सलाहकार समितियों का निर्माण (Formation of Advisory Bodies)

अधिनियम के अन्तर्गत केन्द्रीय बीज समिति, केन्द्रीय बीज प्रमाणीकरण परिषद, राज्य बीज प्रमाणीकरण संस्थाओं एवं परीक्षण प्रयोगशालाओं की स्थापना की जाती है।

3. कार्य नियंत्रण (Regulating Functions)

अधिसूचना नियामक, बीज का विक्रय, बीज अधिनियम को लागू करने, उचित यंत्र की स्थापना तथा निरीक्षक, विश्लेषक, अधिकारी की नियुक्ति एवं नियमों का

उलंघन करने वाले को दंड देना, साथ ही, केन्द्रीय एवं राज्य बीज प्रयोगशालाओं को अधिसूचित करने का प्रावधान है।

संशोधित बीज अधिनियम {Brief Account of Seed (Amendment) Act, 1972}

- इसमें मुख्य रुप से 25 धाराएं हैं।
- धारा 1 एवं 2 में विषय एवं परिभाषाएं हैं, बीज सामग्री का परिभाषा में जूट बीज को भी सम्मिलित किया गया है।
- धार 3, में केन्द्रीय बीज समिति है, जिसके सभापति को केन्द्र सरकार द्वारा नामित किया जाता है तथा इसमें 8 नामित सदस्य हैं।
- धारा 4, में केन्द्रीय बीज प्रयोगशाला है जिसका कार्य अधिनियम के अन्तर्गत कार्य करना है। राज्य सरकार राज्य के प्रयोगशाला को अधिसूचित करती है।
- धारा 5 एवं 6 के अन्तर्गत केन्द्र सरकार को यह अधिकृत करती है कि वह प्रभेदों की अधिूसचना राज पत्र में जारी करें।
- धारा 7 में सरकार अधिसूचित किस्म/प्रभेदों के बीज के विक्रय को नियमित करना।
- धारा 8 में संशोधन लाया गया है, जिसमें धारा 8 A से 8 E तक सम्मिलित किया गया है। इसके अन्तर्गत केन्द्र सरकार केन्द्रीय बीज प्रमाणीकरण परिषद को स्थापित किया।
- धारा 9 एवं 10 के अन्तर्गत प्रमाणीकरण संस्था द्वारा प्रमाण पत्र देना।
- धारा 12 के अन्तर्गत राज्य सरकार को अधिकार दिया जाता है कि वह योग्य बीज विश्लेषक की नियुक्ति करे।
- धारा 13, 14 एवं 15 में बीज निरीक्षक के अधिकार एवं कार्य प्रणाली से सम्बन्धित है।
- धारा 16 बीज विश्लेषक के प्रतिवेदन से सम्बन्धित है।
- धारा 17 में अधिसूचित किस्म/प्रभेदों के आयात एवं निर्यात में लगाये गए अंकुश से सम्बन्धित है।

- धारा 18, के अर्न्तगत विदेशी बीज प्रमाणीकरण संस्थाओं को मान्यता देना है।
- धारा 19 एवं 20 दंड से सम्बन्धित है।
- धारा 21, कम्पनियों के द्वारा नियमों के उलंघन से सम्बन्धित।
- धारा 22, के अनुसार किसी भी सरकार या सरकारी अधिकारी पर कानूनी कार्यवाई नहीं की जायेगी यदि कार्य शैली अच्छी हो।
- धारा 23, मे केन्द्र एवं राज्य सरकार को यह निर्देश देती है कि वह बीज अधिनियम एवं बीज नियमों के प्रावधान को सुचारु रुप से कार्यान्वित करे।
- धारा 24, में यह प्रावधान है कि किसान अधिसूचित प्रभेदों के बीजों की बिक्री अपने क्षेत्र में किसी दूसरे व्यक्ति को नहीं कर सकते हैं।
- धारा 25 के अन्तर्गत केन्द्र सरकार को यह अधिकार है कि ऐसे नियमों को बनायें जिससे अधिनियम के उद्देश्य को सूचारु रुप से कर सकें तथा इसकी अधिसूचना सरकारी राज पत्र में प्रकाशित हो जिसमें समितियों के कार्य, प्रयोगशालाओं, प्रमाणीकरण संस्थाएं, लेबिलंग की प्रक्रिया, आवेदनों के विभिन्न प्रपत्र, अभिलेखों का रख–रखाव एवं बीज मानक तथा ऐसे कोई भी अन्य कार्य जिसका उल्लेख किया जा सके।

बीज नियम (Seed Rules, 1968)

बीज अधिनियम की धारा 25 के अन्तर्गत केन्द्र सरकार अपने अधिकारों को कार्यान्वित करने के लिए वर्ष 1968 में बीज नियमों का निमार्ण किया, जिसमें कुल 11 भाग हैं।

भाग 1 : विषय एवं परिभाषा

भाग 2 : केन्द्रीय बीज समिति

भाग 3 : केन्द्रीय बीज प्रयोगशाला

भाग 4 : बीज प्रमाणीकरण संस्था

भाग 5 : लेबलिंग

भाग 6 : व्यापारी द्वारा मांगों को एकत्रित करना

भाग 7 : बीजों के प्रमाणीकरण से सम्बन्धित

भाग 8 : बीज प्रमाणीकरण संस्था अथवा बीज निरीक्षक द्वारा प्रताड़ित व्यक्ति का पुनःआवेदन।

भाग 9 : बीज विश्लेषक एवं बीज निरीक्षक से सम्बन्धित।

भाग 10: बीजों का मुहरबंदी, कसना, भेजना एवं प्रतिदर्शों का विश्लेषण।

भाग 11 : अन्य कार्य, जैसे व्यापारी द्वारा रखे गये अभिलेखों का रख–रखाव।

बीज अधिनियम

बीज अधिनियम (1966) के अन्तर्गत बीज को 'आवश्यक सामग्री' (Essential Commdity) वर्ग में लाने की घोषणा'

भारत सरकार द्वारा 24 फरवरी 1983 को खाद्य फसलों के बीज, फलवृक्षों, शाक–सब्जियाँ, कपास के बीज तथा चारा फसलों के बीज एवं जूट के बीज को आवश्यक सामग्री एक्ट 1955 (1955 का 10) की धारा 2 के अन्तर्गत बीज को एक आवश्यक सामग्री के वर्ग में घोषित किया गया। तत्पश्चात वर्ष 1983 के दिसम्बर माह में बीज (नियंत्रण) आदेश जारी की गई। इस आदेश के अन्तर्गत बीज विक्रेता एवं बीज उत्पादकों के ऊपर नियंत्रण रखने हेतु है ताकि बीज का सही उत्पादन, आपूर्ति तथा वितरण किया जा सके।

बीज (नियंत्रण) आदेश (1983) (Seed Control Order, 1983)

बीज (नियंत्रण) आदेश 1983, आवश्यक सामग्री अधिनियम के अन्तर्गत 1955 में लाया गया, जिसका मुख्य कार्य बीज विक्रेताओं का पंजीकरण के लिए तंत्र विकसित करना, पूरे देश में बीज उत्पादन, बिक्री तथा आपूर्ति सुनिश्चित करने के बारे में जानकारी नियमित रुप से प्राप्त करते रहने की है।

- यह आदेश सत्यापित बीज सहित सारे बीज वर्गों का नमूना लेने की स्वीकृति प्रदान करता है तथा साथ ही, केवल अधिसूचित बीजों की बिक्री ही की जानी चाहिए, इसकी पुष्टि नहीं करता है।
- इस आदेश की धारा 3 के अन्तर्गत बीज डीलरों पर यह दायित्व दिया जाता है की वे लाइसेंस प्राप्त करें।
- धारा (clause) 8 के अन्तर्गत स्टॉक बोर्ड एवं मूल्य सूची को प्रदर्शित करने के सम्बन्ध में है।
- धारा 9 में खरीदार को नकद या क्रेता के लिए ऋण का ज्ञापन देने के सम्बन्ध में है।

- धारा 18 के अन्तर्गत रिकार्ड का रख–रखाव तथा रिपोर्ट जमा करने के बारे में है।
- धारा 10 के अन्तर्गत उचित बीज के वितरण को सुनिश्चित कराने के सम्बन्ध में है।

बीज (नियंत्रण) आदेश, राज्य सरकार को विभिन्न शक्ति प्रदान करती है जैसेः

- धारा 3 के अन्तर्गत बीज डीलरों को स्वयं को पंजीकृत कराकर लाइसेंस दिलवाने के लिए अनिवार्य कराता है।
- धारा 13 के अन्तर्गत बीज डीलरों से जानकारी लेने के सम्बन्ध में है।
- धारा 15 के अन्तर्गत किसी भी उल्लंघन के मामले में लाइसेंस को रद्द कराने के सम्बन्ध में है।
- धारा 10 के अन्तर्गत बीज के विपणन के विनियम के लिए दिशा निर्देश देना।
- धारा 13 (b) के अन्तर्गत किसी भी परिसर में जहाँ बीज भंडारित हो अथवा बिक्री के लिए प्रदर्शित रखे गए हों, वहां जाकर जांच करना।
- बीज नमूना लेना/जब्त करना/राज्याधीन करना (confiscate)/बीज स्टॉक पर रोक लगाना ताकि अनुपालन हो सके।
- आवश्यक सामग्री अधिनियम 1955 में दिए गए निर्धारित प्रावधानों के उल्लंघन करने पर डीलरों के खिलाफ अपराधिक कार्रवाई करना।

बीज (नियंत्रण) आदेश 1983 गैरईमानदार व्यापारियों (dealers) की गतिविधियों पर रोक लगाता है तथा इस आदेश के अन्तर्गत जो बीज का नमूना लिया गया है उसे लेबल पर दिए गए गुणवत्ता के मानकों के अनुरुप होना चाहिए।

सन् 1974 में राष्ट्रीय बीज निगम द्वारा बीज प्रमाणीकरण का कार्य राष्ट्रीय बीज कार्यक्रम (National Seed Programme, NSP) के अर्न्तगत राज्य निगमों को सौंप दिया गया। सन् 1966 में बीज अधिनियम (Seed Act) के अन्तर्गत बीजों के स्वैच्छिक प्रमाणीकरण (Voluntary Certification) तथा बीज थैलों पर अनिवार्य लेबलिंग (Compulsory Labelling) व्यवस्था जारी की गई, जिससे बीज के गुणवत्ता पर नियंत्रण हो सके। इस सम्बन्ध में सन् 1971 में बीज प्रमाणीकरण के मानक निर्धारित किये गये। भारत सरकार ने सन् 1969 में 12 केन्द्रीय कृषि प्रक्षेत्रो (दो बाद में शामिल) को मिलाकर एक भारतीय राज्य प्रक्षेत्र निगम

(State Farm Corporation of India) की स्थापना की जो विभिन्न फसलों के उन्नत बीज उत्पादन में सक्रिय है। भारत में सन् 1971 में बीज प्रौद्योगिकी के क्षेत्र में अनुसंधान के लिये, बीज प्रौद्योगिकी की एक समिति (Indian Society of Seed Technology) बनी जो अंग्रेजी में एक वार्षिक पत्र 'सीड रिसर्च' (Seed Research) तथा एक त्रैमासिक पत्रिका 'सीड टैक्नोलोजी न्यूज' (Seed Technology News) प्रकाशित करती है। सन् 1983 में बीज नियंत्रण आदेश (Seed Control Order) जारी किया गया, जिसके द्वारा बीजों को आवश्यक सामग्री में शामिल कर लिया गया है, और अब बीजों के विक्रय, आयात व निर्यात के लिये अनुज्ञप्ति (Licence) लेना आवश्यक हो गया है। सन् **1988 में नई बीज नीति** (New Seed Policy) बनी, जिसके अन्तर्गत किसी नई किस्म को जारी करने का अधिकार केन्द्र सरकार को होगा। नई बीज नीति के अन्तर्गत किसानों को विश्व के किसी भी जगह से सर्वोत्तम बीज उपलब्ध कराने की व्यवस्था की गई है। इस नीति के तहत विदेशी कम्पनियाँ भी बीज का आयात कर सकती हैं। इस नीति में बीज परीक्षण प्रयोगशालाओं में गुणवत्ता नियंत्रण पर अधिक बल दिया गया है। सरकार ने वर्ष 1991 में घोषित नई **औद्योगिक नीति** (Industrial Policy) में अधिक उपज देने वाले संकर बीजों व कृत्रिम बीज उद्योग में विदेशी निवेश के द्वारा तकनीक हस्तानांतरण, विपणन दक्षता, आधुनिक प्रबंधकीय तकनीक और निर्यात को बढ़ावा देने का मार्ग प्रशस्त हो। औद्योगिक व अर्थिक सहयोग के बदलते विश्व परिदृश्य में यह एक आवश्यक कार्य है। **विश्व व्यापार संगठन (World Trade Organization)** की व्यवस्थाओं के तहत भारत सरकार ने **पादप किस्म सुरक्षा एवं कृषक अधिकार अधिनियम (Protection of Plant Varieties and Farmers Rights Act), 2001** लागू किया है, जिसके तहत पौधों की किस्मों का संरक्षण तथा भारतीय कृषि तथा कृषकों के हितों की रक्षा की जा सकेगी। इस अधिनियम के तहत ***सुई जेनेरिस* (*Sui Generis*)** व्यवस्था लागू की गई है जिसमें कृषकों तथा पादप प्रजनकों को बीजों के विनिमय का पूरा अधिकार होगा।

बीज से सम्बन्धित कानून : भारतीय कृषि क्षेत्र में बीज से सम्बन्धित लगभग 30 कानून हैं जैसे बीज अधिनियम 1966, आवश्यक सामग्री अधिनियम 1955, जैव विविधता अधिनियम 2002, पादप किस्मों का संरक्षण एवं कृषक अधिकार अधिनियम 2001, पेटेंट संशोधन अधिनियम 2005, पर्यावरण संरक्षण अधिनियम, 1986, उपभोक्ता संरक्षण अधिनियम 1986, वस्तु के भौगोलिक संकेत अधिनियम 1999, पौधों, फसलों और बीजों (भारत में आयात का विनियमन) पर आदेश 1989 इत्यादि।

बीज उन्नयन कार्यक्रम के लिये बीज प्रौद्योगिकी के विभिन्न पहलुओं के विशेषज्ञ कार्यकर्ताओं की बढ़ती हुई आवश्यकता को देखते हुए भारतीय कृषि अनुसंधान संस्थान, नई दिल्ली व राष्ट्रीय बीज निगम के सहयोग से प्रशिक्षण पाठ्क्रम प्रारम्भ किये गये। देश के केन्द्रीय व राज्य कृषि विश्वविद्यालय, अनेक सामान्य विश्वविद्यालय, कृषि कॉलेज एवं भारतीय कृषि अनुसंधान परिषद् के अधीनस्थ संस्थान बीज अनुसंधान में कार्यरत हैं। राष्ट्रीय बीज कार्यक्रम के अन्तर्गत 14 बीज प्रौद्योगिकी अनुसंधान केन्द्र, विभिन्न कृषि विश्वविद्यालयों में स्थापित किये जा चुके हैं। अखिल भारतीय समन्वित बीज प्रौद्योगिकी अनुसंधान कार्यक्रम भी प्रारम्भ किया जा चुका है। अनेक कृषि एवं सामान्य विश्वविद्यालयों ने बीज प्रौद्योगिकी के शिक्षण हेतु स्नातक तथा स्नातकोत्तर पाठ्क्रम प्रारम्भ किये हैं।

भारत सरकार द्वारा घोषित **राष्ट्रीय बीज नीति 2002 (National Seed Policy)** में किसानों की सुरक्षा के लिये अपनी फसल में से बीज बचाने, उसका प्रयोग करने, उसका विनिमय तथा उसे कृषि उत्पाद के रुप में विक्रय का भी अधिकार होगा, लेकिन वे इस बीज की बिक्री किसी ब्रांड नाम से नहीं कर सकेंगे। **पादप प्रजनकों के बौद्धिक संपदा अधिकारों (Intellectual Property Rights)** के लिये की गई ***सुई जेनेरिस*** व्यवस्था इस नीति के तहत लागू की जायेगी। बीज की नई किस्मों के उत्पादन एवं विपणन के लिये अनुज्ञप्ति (Licence) लेना अनिवार्य होगा। इस नीति के अन्तर्गत बीज प्रतिस्थापन की दर (Seed Replacement Rate, SRR) स्वपरागित परागित फसलों में 25 प्रतिशत, पर–परागित फसलों में 33 पतिशत तथा संकर प्रजातियों (Hybrids) में शत–प्रतिशत प्रति वर्ष के स्तर पर लाना है। इस नीति के अन्तर्गत एक राष्ट्रीय बीज बोर्ड का गठन किया जायेगा, जो केन्द्रीय बीज समिति तथा केन्द्रीय बीज प्रमाणीकरण का स्थान लेगा और नीति के प्रावधानों को लागू करने के लिये सरकार को सलाह देगा। इस बोर्ड को कुछ जातियों का पंजीकरण न करने का अधिकार भी रहेगा। बीज उत्पादन तथा विकास को बढ़ावा देने के उद्देश्य से इस नीति के तहत वाराणसी में एक राष्ट्रीय बीज शोध एवं प्रशिक्षण केन्द्र की स्थापना की गई है। साथ ही, एक राष्ट्रीय बीज ढाँचा (National Seed Grid) की स्थापना की जायेगी, जो जिला स्तर पर बीज की आवश्यकता व वितरण की जानकारी एकत्रित कर उसके अनुरुप उत्पादन की निगरानी रखेगा। बीज संसाधन के लिये आवश्यक उपकरणों के आयात को शुल्क मुक्त करने व ''बीज ग्राम योजना'' (Seed Village Plan) के अन्तर्गत वित्तीय सहायता का भी प्रावधान किया जा रहा है। बीज बैंकों व राष्ट्रीय बीज सूचना केन्द्रों की स्थापना भी की जा रही है।

बीज उद्योग को प्रभावित करने वाले अधिनियम (Legislations Affecting Seed Industry in India)

व्यापार (Trade)	उद्योग (Industry)	वातावरणीय (Environmental)	अधिकारी/कर्मचारी (Employee)	व्कृषक/उपभेक्ता (Farmers/Consumers)
▪ पौधे, फल एवं बीज आदेश 1989 The Plants, Fruits and Seeds Order, 1989 (Regulation of Import into India, order made under Section 3 of the Destructive Insects and Pests Act, 1914) ▪ बीज विधेयक 2004 Seed Bill 2004 (will replace the existing seed act 1966) ▪ विदेश व्यापार नीति 2004–09 Foreign Trade Policy 2004-09 (Import of seeds, bulb, tubers and planting material liberalized) ▪ आयात/निर्यात नीति एवं विनियमन Export/Import Policies and Regulations	▪ बीज विधेयक 2004 Seeds Bills, 2004 (proposed, will replace Seed Act 1966) ▪ बीज अधिनियम 1966, वर्ष 1972, 1973, 1974 के संशोधन के साथ, बीज नियम 1968, वर्ष 1974 के शुद्धिपत्र तथा 1981 के संशोधन के साथ The Seeds Act 1966 with Amendments of 1972, 1973, 1974, Seed rules 1968 with Corrigendum, 1974 and Amendments, 1981 ▪ बीज नियंत्रण आदेश 1983 (Seeds Control Order 1983) ▪ बीज विकास की नई नीति, 1988 New Policy on Seed Development of 1988	▪ पर्यावरण संरक्षण अधिनियम 1986 (वर्ष 1989 में GMO की नई नियम के साथ Environment Protection Act, 1986 (with its 1989 Rules pertaining to Genetically Modified Organisms) ▪ सामग्रीयों के भौगोलिक संकेत अधिनियम 1999 Geographical Indication of Goods Act, 1999 ▪ जैव विविधता अधिनियम 2002 The Biological Diversity Act, 2002 ▪ वायु (निवारण एवं प्रदूषण नियंत्रण) अधिनियम 1981 Air (Prevention and Control of Pollution) Act, 1981 ▪ जल (निवारण एवं प्रदूषण नियंत्रण) अधिनियम 1981 Water (Prevention and Control of Pollution) Act, 1974	▪ कर्मचारी पेंशन योजना, 1995 Employees Pension Scheme, 1995 ▪ कर्मचारी भविष्य निधि एवं विविध प्रावधान अधिनियम, 1952 Employees Provident Fund and Miscellaneous Provisions Act, 1952 ▪ कर्मचारी राज्य बीमा अधिनियम, 1948 Employees State Insurance Act, 1948 ▪ समान वेतन अधिनियम, 1976 Equal Remuneration Act, 1976 ▪ कर्मचारी क्षतिपूर्ति अधिनियम, 1976 Workmen Compensation Act, 1923	▪ आवश्यक सामग्रीयों अधिनियम, 1955 (Essential Commodities Act, 1955) ▪ उपभेक्ता संरक्षण अधिनियम, 1986 Consumer Protection Act, 1986 ▪ पौध, किस्म संरक्षण एवं किसानों के अधिकार अधिनियम, 2001 Plant Varieties Protection and Farmers' Rights Act, 2001 ▪ माप एवं तौल मानक अधिनियम, 1976 Standards of Weights and Measures Act 1976

Contd...

▪ नई आर्थिक नीति 1991 New Economic Policy, 1991 ▪ राज्य अधिनियम/नियंत्रण एवं बीज की आवाजाही के लिए आदेश State Acts/Orders for control and movement of seeds	▪ औद्योगिक नीति 1991 Industrial Policy 1991 ▪ राष्ट्रीय बीज नीति 2002 National Seed Policy 2002 ▪ राष्ट्रीय बीज योजना 2005 National Seed Plan, 2005 ▪ पेटेन्ट संशोधन अधिनियम 2002 एवं 2005 Patents Amendment Act, 2002 & 2005 ▪ कारखाना अधिनियम 1948 Factories Act, 1948 ▪ औद्योगिक विवाद अधिनियम 1948 Industrial Disputes Act, 1947 ▪ पौधा किस्म संरक्षण एवं कृषक अधिकार अधिनियम PPV & FR Act 2001 ▪ IMSCS (1988)	▪ कीटनाशी अधिनियम, 1968 Insecticides Act, 1968	▪ मजदूरी भुगतान अधिनियम, 1936 Payment of Wages Act, 1936 ▪ न्यूनतम मजदूरी अधिनियम, 1936 Minimum Wages Act, 1948 ▪ अधिलाभ भुगतान अधिनियम, 1965 Payment of Bonous Act, 1965 ▪ ग्रेच्यूटी भुगतान अधिनियम, 1972 Payment of Gratuity Act, 1972 ▪ अनुबंध श्रम (विनियमन एवं उन्मूलन, 1970 Contract Labour (Regulation and Abolition) Act, 1970	▪ पैकेज सामग्रीयों आदेश, 1975 Package Commodities Order 1975 ▪ शहरी भूमि हदबंदी कानून, 1976 Urban Land Ceiling Act 1976 ▪ राज्य भूमि अधिग्रहण अधिनियम/भूमि उपयोग State Acts of land acquisition/land use

PVP एवं DUS परीक्षण की तैयारी सम्बंधी परियोजनाः विश्व व्यापार संगठन (WTO) के प्रावधानों के अन्तर्गत राष्ट्रीय बौद्धिक संपदा, जैसे पादप प्रजनक अधिकार एवं कृषकों के बीच सम्बंधी अधिकार की संरक्षा के लिए देश में विकसित की जा रही पादप किस्मों के वाह्य गुणों का पंजीकरण अनिवार्य है। इस दिशा में समस्त प्रचलित किस्मों के स्पष्ट, विशिष्ट एवं स्थिरता सम्बंधी गुणों के चिन्हांक के लिए इस परियोजना के तहत 53 शोध केन्द्रों पर कार्य सम्पादित किया जा रहा है। अब तक 35 फसलों की किस्मों के 'राष्ट्रीय परीक्षण निर्देशिका' विकसित की जा चूकी है।

किस्म की विशिष्टता (Distinctness), समरुपता (Uniformity) तथा स्थायित्व (Stability) परीक्षण (DUS Testing) की जांच

पीपीवी एवं एफआर अधिनियम (PPV&FR Act, 2001) के अनुसार किस्म की जांच विशिष्टता, समरुपता तथा स्थायित्व मानदण्डों के अनुपालन हेतु की जाए। यहां पुनः विस्तार से यह स्पष्ट किया जाता है कि जांच के दौरान डी.यू.एस. (DUS) परीक्षण केन्द्र तथा प्राधिकरण किस्म को उगाए अथवा अन्य आवश्यक परीक्षण करें, किस्म को उगाने एवं अन्य आवश्यक परीक्षण करने या परीक्षणों अथवा अन्य ट्रायल के परिणामों जिन्हें पहले ही किया जा चुका है, उनका लेखा रखना।

डी.यू.एस. परीक्षण (DUS Test) : एक किस्म दूसरी किस्मों से भिन्न लक्षण रखती है (Distinctness), सभी पौधों के लक्षणें में समरुपता (Uniformity) होती है तथा लक्षणों में पीढ़ी तथा विभिन्न जलवायु वाले क्षेत्रों में अंतर आता (Stability)। किस्म के इन्हीं गुणों के निर्धारण के लिये यह परीक्षण किया जाता है। यह परीक्षण मृदा तथा जलवायु की अनुकूल परिस्थितियों में आवश्यकतानुसार खाद पानी देकर किया जाता है। किस्म को अन्य किस्मों के साथ उगाकर बीज एवं पौधे के आकारिकीय तथा शरीर क्रियात्मक लक्षणों की जाँच की जाती है। स्वपरागित–परागित फसलों में 2 वर्ष तथा पर–परागित फसलों में 3 वर्ष तक यह परीक्षण किया जाता है। किस्म में 1–2 प्रतिशत से अधिक भिन्न पौधे नहीं होने चाहिए और परीक्षण के अंत में किस्म की 150 संततियों में 8 से अधिक रुपांन्तर (Variants) नहीं मिलने चाहिए।

डी.यू.एस. (DUS) जांच हेतु आधार के रुप में गुण

संरक्षण योग्य किसी भी किस्म को सर्वप्रथम स्पष्ट रुप से परिभाषित किया जाए। किस्म परिभाषित किए जाने के उपरांत ही उसे संरक्षण के लिए आवश्यक

डी.यू.एस. (DUS) मापदण्डों की पूर्ति हेतु अंतिम रुप से जांचा जा सकता है। पीपीवी एवं एफआर अधिनियम, 2001 की धारा (15) के तहत एक किस्म को उसके गुणों के आधार पर परिभाषित किया जाता है तथा वही गुण उसका आधारतत्व होते हैं जिन पर किसी किस्म की जांच डी.यू.एस. परीक्षण के लिए की जा सकती है।

गुणों का चयन

मूल अपेक्षाएं जिन्हें गुणों द्वारा डी.यू.एस. परीक्षण में प्रयुक्त किया जाना चाहिए अथवा किस्म विवरण देने से पूर्व पूरा किया जाना चाहिए –

(क) दिए गए जीन प्रारुप अथवा जीन प्रारुपों के संयोजन से प्राप्त परिणाम,

(ख) वे विशेष पर्यावरण में पर्याप्त अनुकूल तथा दोहराने योग्य हो,

(ग) विशिष्टता स्थापित करने में सक्षम किस्मों के बीच पर्याप्त विशिष्टता दर्शाना,

(घ) सुस्पष्ट परिभाषा और मान्यता हेतु सक्षम हो,

(ड.) एकरुपता सम्बन्धी वांछित आवश्यकताओं को पूरा करते हो,

(च) स्थायित्वया सम्बन्धी वांछित आवश्यकताओं को पूरा करते हो अर्थात इससे दोहराए गए प्रवर्धन जहां उचित हो, प्रवर्धन के प्रत्येक चक्र के अंत में, इससे समुचित अनुकूल तथा दोहराए जाने वाले परिणाम पैदा होते हो।

विशिष्टता की जांच (Test of Distinctiveness)

पी.पी.वी. और एफ. आर. अधिनियम (PPV&FR, 2001) की अपेक्षाएं

पी.पी.वी. और एफ. आर. अधिनियम, 2001 के अनुसार विशिष्टता की अपेक्षाओं को पूरा करने के लिए विशिष्ट किस्म, अन्य किसी भी ज्ञात किस्म से स्पष्ट रुप से अलग होनी चाहिए।

सामान्य जानकारी वाली किस्में

किसी भी संभावित किस्म के सम्बन्ध में यह निर्धारण करने के लिए कि वह सामान्य जानकारी की किस्म है, मुख्य पहलू नीचे दिए गए हैं। ये लक्षण सभी प्रकार की किस्मों, चाहे वह संरक्षित हों या नहीं, पर समान रुप से लागू होते हैं। सामान्य जानकारी की किस्मों से सम्बन्धित मुद्दों का अधिक विस्तारपूर्वक स्पष्टीकरण नीचे इस प्रकार दिया गया है।

किस्म के लिए मानदंड (Critiria)

ऐसी किस्म जिसे सामान्य जानकारी की किस्म माना जा सकता है वह पी.पी.वी. और एफ.आर. 2001 के अनुच्छेद–2 (i) (iii) के अन्तर्गत दी गई किस्म की परिभाषा के अनुसार होनी चाहिए, लेकिन इसके लिए अधिनियम के अन्तर्गत पंजीकरण प्रदान करने हेतु अपेक्षित डी.यू.एस. मानदण्डों को पूरा करना अनिवार्य नहीं है। यदि उप–नियम के अन्तर्गत उप–बंधो का प्रयोग करना आवश्यक समझा जाए, तो ऐसा परीक्षण प्राधिकरण द्वारा स्पष्ट रुप से विशिष्ट लक्षण प्राप्त करने के कारणों से किया जा सकता है।

सामान्य जानकारी

किसी भी किस्म को सामान्य जानकारी के रुप में स्थापित करने के लिए शामिल किए जाने वाले कुछ विशिष्ट पहलू नीचे दिए गए हैं:

(क) किस्म के प्रवर्धन या कटी हुई फसल के वाणिज्यकरण, या इसके विस्तृत विवरण को प्रकाशित करना,

(ख) प्रजनक को अधिकार प्रदान करने के लिए आवेदन प्रस्तुत करना या पी.पी.वी. और एफ.आर. अधिनियम 2001, के अन्तर्गत 'किस्मों के सरकारी रजिस्टर' में किस्म की प्रविष्टि दर्ज करना, जिससे यह माना जाता है कि आवेदन की तारीख से वह किस्म सामान्य जानकारी की मानी जाएगी, किन्तु जैसी भी स्थिति हो, या तो आवेदन पत्र प्रजनक के अधिकार के अनुदान के लिए हो या किस्मों के सरकारी रजिस्टर में किस्म की प्रविष्टि के लिए हो,

(ग) सार्वजनिक पहुँच के पादप संग्रहणों में सजीव पादप सामग्री की मौजूदगी।

समरुपता की जांच (Test of uniformity)

अधिनियम, 2001 की अपेक्षाएं

पी.पी.वी. और एफ.आर. अधिनियम की धारा 15(3)(ग) के अनुसार कोई सामग्री तब एकरुप होती है, जब इसके प्रवर्धन के विशेष लक्षणों में भिन्नता की आशा की जाती हो, लेकिन इसके अनिवार्य लक्षणों में पर्याप्त रुप से समरुपता हो। अतः यह स्पष्ट है कि समरुपता की जांच के लिए गुण ही मूल आधार है।

प्रासंगिक गुण

पी.पी.वी. और एफ.आर. अधिनियम 2001 के उद्देश्यों के लिए प्रासंगिक गुण के अर्थ को स्पष्ट करना अनिवार्य है। किस्म के प्रासंगिक गुणों में डी.यू.एस. की जांच के लिए प्रयोग किए जाने वाले सभी गुण आते हैं या उस किस्म को संरक्षण प्रदान करने की तारीख का निर्धारित किए गए किस्म के विवरण में शामिल गुण आते हैं। इसलिए किसी भी स्पष्ट गुण को प्रासंगिक माना जा सकता है, भले ही वह विशिष्ट मार्गदर्शन में आता हो या न आता हो।

प्रवर्धन के विशेष लक्षणों के अनुसार समरुपता का स्तर

इसमें किस्म की एकरुपता सम्बन्धी आवश्यकताओं को इसके प्रवर्धन के विशेष लक्षणों से जोड़ा जाता है। इसका अर्थ यह है कि वास्तविक स्व–परागित किस्मों के लिए मुख्यतः स्व–परागित किस्मों, हाइब्रिड किस्मों के अन्तःप्रजात वंशक्रम, वानस्पतिक रुप से प्रवर्धित किस्मों, पर–परागित किस्मों, मुख्य पर–परागित किस्मों, संश्लेषी किस्मों, कम्पोजिट बहुवंशक्रम और हाइब्रिड किस्मों, के लिए अपेक्षित एकरुपता का स्तर सामान्यतः भिन्न होगा। तर्कसंगत रुप से पी.पी.वी. और एफ. आर. प्राधिकरण एकरुपता के इन क्रियाविधि विवरणों से सहमत है।

स्थायित्व की जांच (Test of Stability)

पी.पी.वी. और एफ.आर. अधिनियम 2001 की अपेक्षाएं

अधिनियम की धारा–15 (3) (घ) में कहा गया है कि कोई भी किस्म स्थायी है यदि इसके अनिवार्य गुण पुनः किए जाने वाले प्रवर्धन के बाद या प्रत्येक चक्र के अन्त में प्रवर्धन के विशेष चक्र में भी अपरिवर्तनीय रहते हैं।

प्रासंगिक/अनिवार्य गुण

प्रासंगिक या अनिवार्य गुणों में डी.यू.एस. की जांच के लिए इस्तेमाल किए जाने वाले कम से कम सभी गुणों को शामिल किया गया है या उस किस्म को संरक्षण प्रदान करने की तारीख को स्थापित किए गए किस्म के विवरण में शामिल किया गया है। इसलिए सभी स्पष्ट गुणों पर इस बात पर ध्यान दिए बिना कि वे परीक्षण के दिशा–निर्देशों में आते हैं या नहीं, विचार किया जाना चाहिए।

वी. सी0 यू. परीक्षण (VCU Test) : इस परीक्षण में भी किसी नई विकसित किस्म का 2–3 वर्षों तक दूसरी किस्मों के साथ उपज, पुष्पण तथा परिपक्वता के

समय, प्रतिकूल दशाओं के लिये रोधिता तथा गुणवक्ता आदि के लिये विभिन्न जलवायु क्षेत्रों में परीक्षण किया जाता है, जिससे उसकी उपयोगिता का निर्धारण हो सके। रोगों के प्रति किस्म की प्रतिक्रिया का पता लगाने के लिये किस्म को एक वर्ष बिना सुरक्षा उपायों (Plant Protection Measures) के उगाया जाता है तथा दूसरे वर्ष दोनों दशाओं (सुरक्षा व असुरक्षा) की स्थितियों में कई प्रतिकृतियों (Replications) में उगाया जाता है।

राष्ट्रीय बीज नीति 2002: भारत सरकार ने नई किस्मों को बौद्धिक संपदा संरक्षण प्रदान करने के लिए एक नई राष्ट्रीय बीज नीति की मंजूरी दे दी है और इस क्षेत्र के नियोजित विकास के लिए खाद्य उत्पादन को दोगुना करने और भारत को भूख–मुक्त बनाने के उद्देश्य प्राप्त करना ही महत्पूर्ण उपकरण रहेगा जिसके लिए नए संस्थानों की स्थापना की जाएगी। इस नीति के अन्तर्गत बीज बैंको की स्थापना करना जिसके द्वारा प्राकृतिक आपदा/प्रतिकूल वातावरणीय परिस्थितियों में किसानों को सही समय पर, सही मात्रा में, उचित मूल्य पर बीज की उपलब्धता सुनिश्चित की जा सके। इस नीति का मुख्य उद्देश्य बीजों को विश्वव्यापार (निर्यात) में वर्तमान हिस्सेदारी को एक प्रतिशत से बढ़ाकर 2015 तक 10 प्रतिशत के स्तर तक ले जाना है।

नई बीज नीति 2002 में "बीज ग्राम योजना" (Seed Village Plan) को स्थानीय स्तर पर प्रोत्साहित किया जाएगा ताकि फसलों/प्रभेदों का बीज समय पर उपलब्ध हो सके और साथ ही उत्पादन में भी वृद्धि हो। इसमें विशेष तौर पर आधार बीज गुणन के लिए उपलब्ध कराया जाएगा ताकि प्रमाणित/गुणवत्ता बीज का पर्याप्त भंडार का निमार्ण किया जा सके। बीज ग्रामों के द्वारा जो बीज उत्पादन होगा उन्हें अगले बिजाई के मौसम तक संरक्षित रखना होगा। किसानों में बीज को प्रोत्साहित करने के लिए सरकार द्वारा वित्तीय सहायता भी (पूसाबीन, मिट्टी की बीन/पेपर पल्प द्वारा उत्पादित बीन) प्रदान की जाएगी ताकि वे अपनी आवश्यकतानुसार भंडारण बना लें और उत्पादित बीजों को अपने खेतों में ही ढंग से संरक्षित कर लें।

बीज बैंक (Seed Bank): बीज बैंक की स्थापना एवं अनुरक्षण (Maintenance) वर्ष 1999–2000 में केन्द्रीय क्षेत्र योजना के अन्तर्गत किया गया है। इसका मुख्य उद्देश्य है आकस्मिक स्थिति के लिए बीजों को उपलब्ध तथा साथ ही बीज भंडारण हेतु बुनियादी सुविधाओं का विकास कराना। इसकी मुख्य विशेषताएं हैं:

- विभिन्न फसलों के आधार एवं प्रमाणित बीजों का अनुरक्षण कर किसानों को समय पर उन्हें उपलब्ध कराना है।

- प्राकृतिक आपदा के समय बीजों की विशेष आवश्यकता का विशेष ध्यान देना
- गुणवत्ता बीज के उत्पादन एवं वितरण हेतु बुनयादी सुविधाओं का निमार्ण करना

इस योजना का कार्यान्वयन आन्ध्र प्रदेश, असम, उड़ीसा, गुजरात, हरियाणा, कर्नाटक, मध्य प्रदेश, पंजाब, राजस्थान, उत्तर प्रदेश, महाराष्ट्र एवं पश्चिम बंगाल के NSC, SFCI, एवं बीज निगमों के द्वारा किया जा रहा है तथा इस योजना का लाभ पूरे देश के लिए उपलब्ध है। 17 फसलों के विभिन्न प्रभेदों के बीज, जो देश के विभिन्न कृषि जलवायु क्षेत्र के लिए उपयुक्त हैं, इन्हें बीज बैंक में अनुरक्षित किया जाता है ताकि यदि सूखे या बाढ़ से कोई आकस्मिक स्थिति उत्पन्न हो तो उस विषम परिस्थिति से निकला जा सके।

बीज ग्राम योजना (Seed Villages) : मध्यतः 60 के दशक में संगठित बीज कार्यक्रम के कार्यान्वयन के बावजूद बीज विस्थापन दर सिर्फ 15 प्रतिशत ही पहुँच पाया है। राष्ट्र में अभी भी 85 प्रतिशत किसानों द्वारा संरक्षित फसलों के बीजों को ही उपयोग में लाया जा रहा है। इसलिए यह अत्यन्त ही आवश्यक हो गया है कि किसानों द्वारा संरक्षित बीजों के स्टॉक में सुधार लाया जाए। इसके लिए हमें किसानों के स्तर पर बीज उत्पादन, बीज वितरण तथा अन्य जुड़े हुए पहलुओं पर सुधार एवं सुदृढ़ीकरण करना आवश्यक है। इन्हीं सब बातों को ध्यान में रखते हुए किसानों द्वारा संरक्षित बीज की गुणवत्ता को बढ़ाने के लिए वित्तीय सहायता को उपलब्ध करने की बात चल रही है, ताकि आधार/प्रमाणित बीजों का वितरण 50 प्रतिशत बीज मूल्य पर किया जाए जिससे ग्राम स्तर पर प्रमाणित/गुणवत्ता बीजों का उत्पादन संभव हो सके।

बीज फसल बीमा योजना (Seed Crop Insurance Scheme): फसल बीमा योजना शुरु की गई है। इस योजना में निम्नलिखित फसलों की पहचान की गई है जैसे धान, गेहूँ, मक्का, ज्वार, बाजरा, चना, अरहर, मूंगफली, सोयाबीन, सूर्यमुखी और कपास, जो आन्ध्र प्रदेश, गुजरात, हरियाणा, कर्नाटका, मध्य प्रदेश, महाराष्ट्र, उड़ीसा, पंजाब, राजस्थान एवं उत्तर प्रदेश में शुरु किया गया है ताकि जो मौजूदा बीज प्रजनक/उत्पादक है, उनका मनोबल और विश्वास मजबूत हो, साथ ही वर्ष 1999–2000 के रबी मौसम से यह प्रजनकों/उत्पादकों को वित्तीय सुरक्षा भी प्रदान करती है। इस योजना में फसलों की प्रजनक, आधार एवं प्रमाणित बीज में निम्नलिखित चरणों में प्राकृतिक आपदाओं के जोखिम रक्षा बीमा हैं।

- यदि बीज फसल में पूर्ण रुप से अथवा आंशिक रुप से किसी प्राकृतिक आपदा के कारण उसके अनुमानित कच्ची बीज उपज (Raw seed yield) में क्षति हुई हो,
- कटाई उपरान्त यदि बीज फसल में नुकसान हो
- बीज प्रमाणीकरण चरण पर, यदि नुकसान हुआ हो।

जो बीमा में देय राशि है वह पिछले तीन/पाँच वर्षों में आधार एवं प्रमाणित बीज की उपज जो किसी पहचानी हुई/चयनित इकाई क्षेत्र में है उसके गुणो पिछले वर्ष की राष्ट्रीय बीज निगम द्वारा बीज फसल के प्रभेद की, जो पूर्ववर्तिय मूल्य प्राप्ति (Procurement price) से की जाती है, उसके औसत के समकक्ष है। गेहूँ एवं मूंगफली बीज पर 2 प्रतिशत (प्रीमियम दरः सूर्यमुखी में 2.5 प्रतिशत, धान 3 प्रतिशत, ज्वार 3.5 प्रतिशत तथा चना, अरहर, बाजरा, सोयाबीन एवं मक्का के बीज पर 5 प्रतिशत) (स्रोतः Indiabudget.nic) है।

बीज विधेयक 2004: राष्ट्रीय बीज विधेयक 2004 को पहले राज्य सभा में वर्ष 2004 के दिसम्बर माह में परिचय के लिए भेजा गया। यह विधेयक वर्ष 1966 के बीज विधेयक के स्थानापन्न का एक प्रयास है। प्रारुप विधेयक के प्रसंग को इस रुप में बता रहे हैं कि 'बीज की गुणवत्ता के विनियमितता प्रदान करना ताकि बीजों की बिक्री, आयात, निर्यात बीज उत्पादन को बढ़ावा देना एवं गुणवत्ता बीज की आपूर्ति तथा अन्य जुड़े मामलों या आकस्मिक प्रासंगिक मामले" यह प्रसंग काफी विवादों में आ गया है।

बीज विधेयक 2004 (Seed Bill 2004)

राष्ट्रीय बीज योजना (2005): इस योजना का मुख्य उद्देश्य है कि बीज विस्थापन दर स्व परागित फसलों में 25 प्रतिशत हो तथा पर–परागित फसलों में यह 35 प्रतिशत एवं संकर के लिए 100 प्रतिशत की हो ताकि उच्च उत्पादकता की प्राप्ति हो सके। बीज विस्थापन के इन निर्धारित लक्ष्यों की पूर्ति हेतु वर्ष 2012 तक 254 लाख कुन्टल गुणवत्तायुक्त बीज की आवश्यकता होगी।

वर्ष 1966 से कृषि के बीज क्षेत्र में काफी बदलाव हो रहा है। वर्तमान में जो बीज अधिनियम 1966 लागू है वह पूर्ण रुप से बीज क्षेत्र में हुए बदलाव के लिए उपयुक्त नहीं है। अतः यह महसूस किया जाने लगा है कि इस अधिनियम में भी बदलाव लाया जाए। जिसके फलस्वरुप पुराने अधिनियम की जगह उपयुक्त

विधेयक कानून को लागू करने का प्रस्ताव रखा गया है। इसी उपलक्ष में वर्ष 2004 में नया बीज विधेयक को सांसद में पेश किया गया है ताकि वह वर्तमान की बीज अधिनियम को पुनर्निरीक्षण (revise) कर सके।

इसका मुख्य उद्देश्य हैः

- बीज अधिनियम 1966 में कमियों को दूर कर सके,
- विभिन्न फसलों के बीज विस्थापन दर (SRR) में वृद्धि करना,
- संगठित बीज उद्योग का सुदृढ़ीकरण करना,
- बीज निर्यात में वृद्धि करना तथा लाभदायक एवं महत्वपूर्ण जनकों/जननद्रव्य का आयात करना, और
- अनुसंधान हेतु अनुकूल वातावरण उत्पन्न करना तथा इस दिशा में निवेश में वृद्धि करना।

सारणी 2.2: बीज विधेयक 2004 एवं बीज अधिनियम 1966 का तुल्नात्मक विवरण

	बीज विधेयक 2004	बीज अधिनियम 1966
परीभाषा	''कृषि'' की परिभाषा में उद्यान, वानिकी, पौध रोपित फसलें (Plantation crops) एवं औषधीय एवं सुगंधित पौधों की खेती सम्मिलित है।	कृषि की परिभाषा में उद्यान सम्मिलित है।
	''बीज'' एवं ''प्रभेद'' की परिभाषा में बदलाव लाया गया है ताकि वे विशिष्ट एवं तकनीकी लगे।	
	''व्यापारी'' (Dealer) अनिवार्य रुप से व्यूत्पन किस्म (Essentially derived variety) एक्सटेंट किस्म (Extant variety) ''कृषक'', उद्यान नर्सरी (Horticulture nursery), ''मिसब्रान्डेड'' (Misbranded), खराब बीज एवं ''पराजीनी किस्म'' (Transgenic variety), इन सारे शब्दों की भी परिभाषा दी गई है।	इनकी कोई परिभाषा व्यक्त नहीं की गई है।
पंजीकरण	विक्रय के लिए जो बीज उपलब्ध है उनका पंजीकरण आवश्यक है।	सिर्फ जिन प्रभेदों को सरकार के द्वारा अधिसूचित किया गया है उनको पंजीकरण की आवश्यकता होती है।

Contd...

बीज समिति	इनके अन्तर्गत केन्द्रीय एवं राजकीय बीज समितियां हैं। पंजीकरण उपसमिति द्वारा सभी प्रभेदों के बीजों का पंजीकरण किया जाएगा।	इनके अन्तर्गत केन्द्रीय बीज समिति है। बीज की गुणवत्ता को विनियमित कराने के लिए केन्द्र सरकार CSC से विचार विमर्श करने के बाद बीज की अधिसूचना करते हैं।
पराजीनी प्रभेद	पराजीनी प्रभेदों के बीजों के पंजीकरण के लिए विशेष प्रावधान दिए गए हैं।	पराजीनी प्रभेदों के बीजों के लिए कोई प्रावधान नहीं है।
कृषकों की क्षतिपूर्ति	यदि किसी बीज का प्रदर्शन अच्छा नहीं होता है तब उपभोक्ता संरक्षण अधिनियम 1966 के अन्तर्गत कृषकों को क्षतिपूर्ति उपलब्ध कराई जाएगी।	इस अधिनियम के अन्तर्गत क्षतिपूर्ति का कोई प्रावधान नहीं दिया गया है।
आयात एवं निर्यात	जिसको भी बीज आयात किए जाते हैं वे सारे 2003, पादप संगरोध आदेश (भारत में आयात का विनियमन) अथवा कोई भी संलग्नित आदेश जो 1914 की विनाशकारी कीट एवं व्याधि अधिनियम के द्वारा विनियमित है तथा उन्हें न्यूनतम अंकुरण मानकों इत्यादि की पुष्टि भी करनी होगी। यदि देश की खाद्य सुरक्षा पर प्रतिकूल असर पड़ेगा तब निर्यात पर प्रतिबंध लगाया जाएगा।	किसी भी व्यक्ति द्वारा कोई भी अधिसूचित बीजों को आयात और निर्यात पर प्रतिबंध तब तक रहता है जब तक कि उसके अंकुरण इत्यादि की न्यूनतम मानक की पुष्टि नहीं हो जाती है।
दंड	यदि कोई भी व्यक्ति अधिनियम के किसी भी प्रावधान का उल्लंघन करता है या ऐसे बीज जो मिसब्रांडेड या जिनका पंजीकरण नहीं किया गया हो, आयात करता है अथवा भंडारण करता है, उन्हें 5000 से 25000 रु0 तक का जुर्माना दंड के रुप में देय होगा तथा यदि गलत जानकारी दी जाएगी तब छः महीने तक का कारावास एवं/अथवा 50000 रु0 तक का जुर्माना देना होगा।	यदि कोई भी व्यक्ति अधिनियम के किसी भी प्रावधान का उल्लंघन करता है, बीज निरीक्षकों को नमुना लेने इत्यादि से रोकता है, यदि यह गलती पहली बार होगी तब 500 रु0 तक का जुर्माना भुगतान करना पड़ेगा तथा यदि वह गलती को दोहराता है तब उसे छः माह तक का कारावास तथा/या 1000 रु0 तक का जुर्माना देना होगा।

पौध प्रभेद संरक्षण एवं कृषक अधिकार अधिनियम (PPV & FR) 2001 तथा नियमावली (2003)

कृषि में व्यवस्थित फसल उत्पादन का इतिहास लगभग 12,000 वर्ष पुराना है। उसी समय से विभिन्न पौधों को खेती के उपयुक्त बनाने का प्रचलन प्रारम्भ हुआ। जंगली प्रजातियों से विभिन्न पौधों का चयन लोगों ने अपनी आवश्यकताओं के आधार पर करते हुए फसलों के प्रभेदों का सतत् संवर्धन एवं संरक्षण किया। इसी का परिणाम है कि दुनिया भर में सिर्फ धान की लगभग 1,20,000 से अधिक किस्में

पाई जाती है। इसी प्रकार अन्य फसलों की शस्य क्रियाओं से सम्बन्धित ज्ञान एवं कौशल का निरंतर परिमार्जन किसानों के हजारों वर्ष के प्रयोग, अनुभव एवं परिश्रम के ही परिणाम हैं। जाहिर है, इस महत्वपूर्ण योगदान का पूरा श्रेय ग्रामीण एवं आदिवासी समुदायों को जाता है।

इसके विपरीत, आधुनिक विज्ञान एवं तकनीकी के आधार पर पौधों/फसलों की नवीन किस्मों के विकास का इतिहास सिर्फ 100 वर्ष पुराना है। भारत में फसलों की नई किस्मों का प्रचलन महज 1960 के दशक से ही प्रारम्भ हुआ। इनकी अधिक उपजशील उन्नत एवं संकर किस्मों का लाभ भारतीय कृषि को हरित क्रांति के रूप में मिला जो देश को खाद्यान्न के मामले में आत्मनिर्भर बनाने में सक्षम सिद्ध हुआ। पारम्परिक किस्मों की तुलना में नवीन किस्मों से किसानों को अधिक उत्पादन एवं आय मिलने के परिणामस्वरूप इन किस्मों की माँग भी काफी बढ़ी। परन्तु उस समय इन किस्मों के प्रजनकों द्वारा मालिकाना हक की माँग भी काफी बढ़ी। परन्तु उस समय इन किस्मों के प्रजनकों द्वारा मालिकाना हक की माँग सामने नहीं आई। हालाँकि युरोप एवं उत्तरी अमेरिका के कई देशों ने बीसवीं सदी के प्रारम्भ से ही व्यवसायिक प्रजनकों को उनके द्वारा विकसित किस्मों पर मालिकाना अधिकार के कानून पास कर दिये थे। उस समय किसानों द्वारा पौधों की प्रजातियों के विकास एवं संरक्षण के लिए उनके हजारों वर्ष के योगदान हेतु किसी प्रकार के मालिकाना अधिकार देने की बात किसी ने सोची भी नहीं थी। जबकि यथार्थ तो यह है कि आधुनिक प्रजनकों ने नई किस्मों का विकास करने में किसानों द्वारा चयनित एवं संरक्षित पारम्परिक बीजों को ही पैतृक आधार बनाया।

कृषक अधिकार की दिशा में प्रथम प्रयास

इस दिशा में प्रथम प्रयास डॉ0 एम0एस0 स्वामीनाथन द्वारा 1980 के दशक में प्रारम्भ किया गया। तब वे संयुक्तराष्ट्र संघ के खाद्य एवं कृषि संगठन के अध्यक्ष थे। उसी समय पौधा आनुवांशिक संसाधन आयोग का गठन किया गया तथा किसानों के अधिकारों की अवधारण को उसमें सर्वप्रथम सम्मिलित किया गया। इस आयोग की अनुशंसा पर वर्ष 2001 में खाद्य एवं कृषि संगठन के सम्मेलन के दौरान पौध आनुवांशिक संसाधन पर एक अन्तर्राष्ट्रीय समझौता हुआ जो अब नियम के रूप में आ गया है। इस समझौते में किसानों एवं उनके समुदायों द्वारा पौध प्रजातियों के विकास एवं संरक्षण में किये गये योगदान को स्वीकारा गया। इसी आधार पर किसानों के अधिकारों की रक्षा की बात तय की गई। इसमें उनके पारम्परिक ज्ञान, प्रजनित पौधे प्रजातियों से होने वाले लाभ में हिस्सेदारी एवं राष्ट्रीय

निर्णय प्रक्रिया में भागीदारी शामिल हैं। इसी प्रकार का एक प्रस्ताव वर्ष 1962 में रियो डी जनेरियों (Riyo D Janerio) में जैव विविधता पर हुआ सम्मेलन में भी पारित किया, जिसमें पौध प्रजातियों के संरक्षण में ग्रामीण एवं आदिवासी समुदायों द्वारा किये गये योगदान को महत्वपूर्ण रूप से स्वीकारा गया।

सारणी 2.3: बीज विधेयक (Seed Bill) 2004 एवं पौध प्रभेद संरक्षण एवं कृषक अधिकार अधिनियम (PPV & FR) 2001 तथा नियामावली (2003) का तुलनात्मक विवरण

	बीज विधेयक (Seed Bill) 2004	**पौध प्रभेद संरक्षण एवं कृषक अधिकार अधिनियम (PPV&FR) 2001**
परिभाषा	''कृषक'' का अर्थ वैसे किसी भी व्यक्ति से है जो फसलों को खुद से भूमि पर उगाता है या फिर किसी अन्य व्यक्ति द्वारा उगवाता है परन्तु कोई ऐसा व्यक्ति, व्यापारी/डीलर जो व्यवसायिक रुप से खेती और विक्रय में है वे सम्मिलित नहीं हैं।	''कृषक'' का अर्थ उस व्यक्ति से है जो भूमि पर खेती खुद से करे या खेती किसी निगरानी में करवाए या किसी अन्य व्यक्ति द्वारा करवाए या किसी भी जंगली जाति या पारम्परिक प्रभेदों का संरक्षण साथ मिलकर या किसी अन्य व्यक्ति द्वारा करे अथवा वरण एवं उपयोगी गुणों की पहचान के द्वारा उस जंगली जाति या पारंपरिक प्रभेदों का मूल्यवर्धन करने में एकल रुप से या सहभागी बनकर करे।
पंजीकरण	पंजीकरण उपसमिति का गठन किया गया है जो बीजों को राष्ट्रीय स्तर पर अनुरक्षित करेगा।	पादप प्रभेदों के पंजीकरण (Registry) का गठन किया गया है जो पादप प्रभेदों की एक राष्ट्रीय रजिस्टर का अनुरक्षण करेंगे।
	प्रभेद की वंशावली (Parentage) के विषय पर कोई विशेषांक नहीं है।	यह पूर्ण विवरण देती है जिसके अन्तर्गत प्रभेद का पंजीकरण किया जाएगा। जिस जननक्रमों (Parental lines) से प्रभेद को व्यूत्पत किया गया है उसका पूर्ण पासपोर्ट डाटा रहता है साथ ही भौगोलिक क्षेत्र की भी जानकारी रहती है।

Contd...

	वार्षिक/द्विवर्षीय (Annuals Biennial) फसलों के लिए पंजीकरण 15 वर्ष तक है तथा लंबी अवधि वाले बहुवर्षी (Perennials) के लिए 18 वर्ष है। जब अवधि समाप्त हो जाती है तब उतने ही समय के लिए पंजीकरण को नवीनीकरण किया जाता है।	वार्षिक/द्विवर्षीय (Biennial) फसलों के लिए 15 वर्ष तथा लंबी अवधि वाले बहुवर्षीय (Perennials) के लिए 18 वर्ष है। पंजीकरण का नवीकरण नहीं होता है।
	जो कृषक अपने प्रभेदों का बहुक्षेत्र ट्रायल (Multilocation trial) नहीं करते है, वे अपने प्रभेदों का पंजीकरण नहीं कर सकते हैं।	प्रजीकरण के लिए प्रभेद के प्रजननकर्ता/उत्पादक/विकासकर्ताओं को प्रभेद का NDUS विशेषताओं का प्रदर्शन कर दिखाना होगा।
	PPV&FR की लाईसेन्स प्रक्रिया के समान नहीं है। धारा 16 के अन्तर्गत यदि कोई प्रभेद पंजीकरण डाटा के समान प्रदर्शन नहीं करता है तब पंजीकरण उपसमिति को यह अधिकार है कि वह उसे निरस्त कर दे।	लाईसेन्स की प्रक्रिया को अनिवार्य बनाया गया है जिससे "अधिकार ग्रहणकर्ता' (Right holder)" पर ऐसा दबाव बनाया जा सकता है जिससे उत्पादन में वृद्धि लाई जा सकती है अथवा मूल्यों में कमी लाई जा सकती है।
कृषकों के अधिकार	कृषक अपनी सामग्री को संरक्षित कर रख सकता है, फेर–बदल (Exchange) कर सकता है, आपस में बांट सकता है या अपने बीजों को या संवर्धन सामग्रियों का विक्रय भी कर सकता है, परन्तु उपने बीजों को किसी ब्रांड नाम से नहीं बेच सकता है। अधिनियम में निर्दिष्ट न्यूनतम अंकुरण, भौतिक शुद्धता एवं आनुवांशिक शुद्धता वाले बीजों की पुष्टि करनी होगी।	कृषक को यह अधिकार है कि वह अपने खेतों से उत्पन प्रभेदों के बीज को बेच सकता है, उपयोग कर सकता है, बिजाई कर सकता है, पुनर्बिजाइ के लिए उपयोग कर सकता है, आपस में फेर बलद (Exchange) कर सकता है, बांट सकता है या उसे सुरक्षित रख सकता है तथा यह उन प्रभेदों के लिए भी है जो इस अधिनियम के अन्तर्गत संरक्षित है तथा जब यह अधिनियम लागू नहीं हुआ या तब भी है। वह प्रभेद की "ब्रांडेड सीड" के नाम पर उसे नहीं बेच सकता है।
क्षतिपूर्ति	किसी वातावरण में उस प्रभेद का कैसा प्रदर्शन होगा इस बीज उत्पादक, वितरणकर्ता या क्रेता (Vendor) को बताना होगा। उपभोक्ता संरक्षण अधिनियम 1966 के अन्तर्गत यदि बीज अपने अनुमानित	जब कोई प्रजननकर्ता ऐसे प्रभेद को कृषक को बेचता है जिसमें उसने संवर्धन सामग्री उपयोग किया है और वह अधिनियम के अन्तर्गत पंजीकृत है तब यह उसके लिए आवश्यक है कि वह

Contd...

	मानकों से खराब प्रदर्शन करेगा तब कृषक डीलर से क्षतिपूर्ति का दावा कर सकता है।	कृषक को उस प्रभेद को उस वातावरण में जो अनुमानित प्रदर्शन होगा उसे बताए तथा यदि वह संवर्धन सामग्री निर्दिष्ट प्रदर्शन नहीं कर पाता है, तब कृषक PPVFR प्राधिकरण के समक्ष अपनी क्षतिपूर्ति का दावा निर्दिष्ट तरीके से कर सकता है।
जुर्माना/ दंड	यदि कोई भी व्यक्ति अधिनियम के किसी भी प्रावधान का उल्लंघन करता है या ऐसे बीज जो मिसब्रांडेड या जिनका पंजीकरण नहीं किया गया हो, आयात करता अथवा भंडारण करता हो, उन्हें 5000 से 25000 रु0 तक का जुर्माना दंड के रुप में देय है तथा यदि गलत जानकारी दी जाएगी तब छः महीने तक का कारावास अथवा 50,000 रु0 तक का जुर्माना देना होगा।	यदि कोई व्यक्ति प्रभेद का गलत नाम दे (Demoniation) रहा है तब दो वर्ष तक का कारावास अथवा 50000 रु0 से लेकर 5 लाख रु0 तक का जुर्माना होगा। यदि किसी प्रभेद को पंजीकरण में गलत रुप से दर्शाया जाए तब 3 वर्ष तक का कारावास अथवा 1 लाख से 5 लाख रु0 तक या दोनों, का जुर्माना देय होगा। यदि वह गलती फिर से करेगा तब 3 वर्ष तक का कारावास अथवा 2 लाख से लेकर 20 लाख रु0 तक का जुर्माना दंड के रुप में देय होगा।

— xxx —

	वार्षिक / द्विवर्षीय (Annuals Biennial) फसलों के लिए पंजीकरण 15 वर्ष तक है तथा लंबी अवधि [illegible] (Perennials) के लिए [illegible] जब अवधि समाप्त हो [illegible] उसके [illegible] नवीनीकरण किया [illegible] है। [illegible] ट्रायल (Multilocation trial) [illegible]	वार्षिक / द्विवर्षीय (Biennial) फसलों के लिए 15 वर्ष तथा [illegible] (Perennials) के लिए 18 वर्ष [illegible] पंजीकरण [illegible] प्रजनक / उत्पादक [illegible] NDUS [illegible]
	PPV & FR [illegible] समान नहीं है। [illegible] सम्पूर्ण प्रदर्शन नहीं [illegible] पंजीकरण [illegible] है कि [illegible]	[illegible] Folder पर [illegible]
कृषकों के अधिकार	कृषक अपना [illegible] (Exchange) [illegible] संवर्धन सामग्री [illegible] कर सकता है परन्तु [illegible] किसी ब्रांड नाम से नहीं बेच सकता है। अधिनियम [illegible] अनुरूप [illegible] अनुवांशिक शुद्धता [illegible] की पुष्टि करनी होगी।	कृषक को यह अधिकार है कि [illegible] (Exchange) [illegible] सुरक्षित रख सकता है तथा यह [illegible]
क्षतिपूर्ति	किसी [illegible] प्रदर्शित [illegible] उत्पादक, वितरक [illegible] (Vendor) को [illegible] उपभोक्ता [illegible] अन्तर्गत यदि [illegible]	[illegible] उसने संवर्धन सामग्री उपयोग किया है और वह अधिनियम के अन्तर्गत पंजीकृत है तथा यह इसके लिए आवश्यक है कि वह

Contd...

3

पादप प्रभेदों का परीक्षण, विमोचन तथा अधिसूचना हेतु भारतीय विनियामक प्रणाली (Indian Regulatory System for Plant Variety Testing, Release & Notification)

भारतीय कृषि का उदभव एवं विकास पूर्वकाल में मनुष्य अपने द्वारा संरक्षित बीजों के द्वारा ही फसलोत्पादन का कार्य किया करते थे। पुनःस्थापन (Introduction) तथा समुह वरण (Mass Selection) द्वारा फसलों में सुधार लाया जाता था, इनमें बीजों को भंडारण के पूर्व उनके बाहरी रंग, आकार, ओज (Vigour) तथा स्वास्थ के आधार पर चयनित कर संरक्षित किया जाता था। तत्पश्चात् संकरण विधि अपनाकर नए पुनर्योगजकों (Recombinants) तथा वरण की विभिन्न तकनीकों का विकास किया गया जिससे उच्च श्रेणी के नये जीनप्रारुपों (Genotypes) को पृथक (Isolate) कर व्यवसायीकरण किया जा सके।

सन् 1960 के पूर्व प्रभेद विकास कार्यक्रम (Varietal Devleopment Programme) राज्य/व्यक्तिगत/संगठन/वैज्ञानिक विशेष हुआ करता था। प्रजननकर्ता अच्छे जीनप्रारुपों की पहचान अपने प्रक्षेत्र में उपज परीक्षण (Yield Trial) द्वारा करते थे तदोपरान्त उसे राज्य प्रत्यक्षण प्रक्षेत्रों में प्रभेद के रुप में प्रचलित करते थे। पंजीकृत बीज उत्पादनकर्ता बीजों का गुणन कर राज्य के कृषि विभाग, बीज भंडार अथवा सहकारी समितियों द्वारा बीजों का वितरण कराते थे। वर्ष 1957 में फसलोत्पादन

में सुधार लाने के दृष्टिकोण से समन्वित (Integrated) बहु संकाय (Multi Disciplinary Approach) प्रणाली का प्रारम्भ हुआ जिसके अन्तर्गत अखिल भारतीय मक्का सुधार परियोजना (All India Coordinated Crop Improvement Project in Maize) की स्थापना की गई, तत्पश्चात् प्रत्येक राज्य में कृषि महाविद्यालय की स्थापना हुई। राजकीय कृषि महाविद्यालय विभिन्न फसलावार प्रभेदों को विकसित करने में एकत्रित हुए तथा कृषि वैज्ञानिकों के अथक प्रयत्न द्वारा उन्नत प्रभेदों का विकास संभव हुआ। जब प्रत्येक राज्यों से प्रभेदों का विकास होना प्रारम्भ हुआ तब वैज्ञानिकों को यह अनुभव हुआ कि कुछ ऐसी व्यवस्था बनाई जाये जिसके द्वारा प्रभेदों का मानक एवं समरुपेण परीक्षण तथा विमोचन प्रक्रिया संभव हो सके। फलस्वरुप फसलों की अधिकारिक विमोचन की पद्धति की स्थापना अक्टूबर 1964 में हुई जिसके अन्तर्गत **केन्द्रीय प्रभेद विमोचन समिति** (Central Variety Release Committee) तथा राज्य प्रभेद विमोचन समिति (State Variety Release Committee) का गठन विभिन्न राज्यों में हुआ। वर्ष 1969 में केन्द्रीय प्रभेद विमोचन समिति (Central Variety Release Committee) का कार्यभार केन्द्रीय बीज समिति (Central Seed Committee) को दे दिया गया। जिसके पश्चात् प्रभेदों की अधिसूचना का कार्य आरम्भ हुआ। भारत सरकार ने वर्ष 1966 में बीज अधिनियम का सम्पादन (Enactment) किया। तत्पश्चात् बीज नियमों (Seed Rules) का प्रतिपादन किया गया तथा बीज अधिनियम वर्ष 1968 में कार्यान्वित हुआ। बीज अधिनियम शुरुवात होने के बाद भारत सरकार ने केन्द्रीय बीज समिति (Central Seed Committee) का गठन किया, जिसे केन्द्रीय एवं राज्य सरकार को बीज अधिनियम के कार्यान्वयन में प्रशासनिक कार्यों में परामर्श देना था। इस प्रणाली में 8 कार्यकर्ता, एक सभापति (भारत सरकार द्वारा मनोनित) तथा प्रत्येक राज्य सरकार एक व्यक्ति को नामित करता था। केन्द्रीय बीज समिति अपने कार्य को कराने के लिए केन्द्रीय बीज उप–समिति (Central Seed Sub-Committee) को नियुक्त की, जो फसल मानकों, अधिसूचना तथा प्रभेद के विमोचन का कार्य देखती थी। प्रथम अधिसूचना 24 सितम्बर 1969 में आदेश संख्या 4025 दिनांक 24.9.1969 जारी की गई थी (विर्क, 1998)। जब प्रभेदों का विमोचन तथा अधिसूचना का कार्य सूचारु रुप से आगे बढ़ने लगा तब ऐसी आवश्यकता महसूस होने लगी कि बीज प्रमाणीकरण द्वारा उन्नत प्रभेदों के बीजों की गुणवत्ता का निरीक्षण हो सके। फसलों के उन्नत प्रभेदों के बीजों का वितरण राष्ट्रीय बीज निगम के द्वारा (जिसकी स्थापना 1963 में हुई) किया जाने लगा। राज्य स्तर पर बीजों का गुणन तथा वितरण राज्य कृषि विश्वविद्यालयों (State Agricultural Universities, SAUs) तथा

राज्य बीज निगमों (SSC) द्वारा होने लगा। वर्ष 1960 में प्रथम राज्य कृषि विश्वविद्यालय की स्थापना पंतनगर (तब उत्तर प्रदेश में हुआ करता था) में हुई। कालान्तर में प्रत्येक राज्यों में एक अथवा एक से अधिक SAUs की स्थापना हुई।

फसल मानकों के निर्धारण, किस्मों के विमोचन एवं अधिसूचना हेतु केन्द्रीय बीज समिति एवं केन्द्रीय उप–समिति की भूमिका (Central Seed Committee and Central Sub-Committee on Crops Standard Release and Notification of Varieties)

केन्द्रीय बीज समिति (Central Seed Committee, CSC) एक संवैधानिक निकाय है, जिसका गठन कृषि मंत्रालय, कृषि एवं सहकारिता विभाग, भारत सरकार द्वारा किया गया है। इसका मुख्य कार्य बीज अधिनियम (1966) को लागू करने से सम्बन्धित मामलों पर केन्द्र एवं राज्य सरकारों को सलाह देना साथ ही बीज अधिनियम के अन्तर्गत अथवा उनके द्वारा सौंपे गए अन्य कार्यों को भी कार्यान्वित करना। इस समिति में निम्नलिखित सदस्य हैं: अध्यक्ष, जो भारत सरकार द्वारा नामांकित किया गया हो, आठ सदस्य जो केन्द्र सरकार द्वारा नामित किए गए हों उन्हें सरकार अपने हितों के लिए प्रतिनिधित्व कराते हैं, इनमें से कम से कम दो बीज उत्पादकों के प्रतिनिधि हैं, एक व्यक्ति प्रत्येक राज्य सरकार द्वारा नामित हो। आमतौर पर CSC को कृषि मंत्रालय, कृषि एवं सहकारिता विभाग के आदेश जो 29 अक्टूबर, 1993 से प्रभावी है, इसमें निम्नलिखित सदस्यगण हैं, जिनका निर्धारित अवधि काल दो वर्षों का होता है तथा पुनः नामित होने के लिए योग्य है।

अध्यक्ष – कृषि एवं सहकारिता विभाग, कृषि मंत्रालय, भारत सरकार, केन्द्र सरकार द्वारा मनोनित[2]।

नौ सदस्य – अपर सचिव (प्रभारी बीज के साथ), कृषि मंत्रालय, कृषि आयुक्त, भारत सरकार, उप महानिदेशक (फसल विज्ञान), आई. सी. ए. आर., संयुक्त सचिव (प्रभारी बीज), कृषि मंत्रालय, भारत सरकार तथा चार प्रगतिशील किसान/बीज उत्पादक, जो केन्द्र सरकार द्वारा नामित होते है[3]।

---

2 खंड 3 के उप–खंड 2 में धारा (i) के अन्तर्गत बीज अधिनियम 1966 के केन्द्रीय बीज समिति के सम्बन्ध में।

3 खंड 3 के उप–खंड 2 में धारा (ii) के अन्तर्गत बीज अधिनियम 1966 के केन्द्रीय बीज समिति के सम्बन्ध में।

राज्य सरकार के 31 सदस्य जो राज्य कृषि विभाग, कृषि प्रशासक तथा सम्बन्धित मंत्रालय से[4] एक सचिव, राष्ट्रीय बीज परियोजना, कृषि मंत्रालय, भारत सरकार[5]।

केन्द्रीय बीज समिति उप समितियों की नियुक्ति कर सकते हैं। उन्होंने एक केन्द्रीय उप समिति नियुक्त किया है जो फसल मानकों, अधिसूचना तथा किस्मों का विमोचन[6] के कार्य को देखती है। केन्द्रीय उप समिति 1994 (जो भविष्य में केन्द्रीय उप समिति से संदर्भित किया गया है) की संरचना इस प्रकार है:

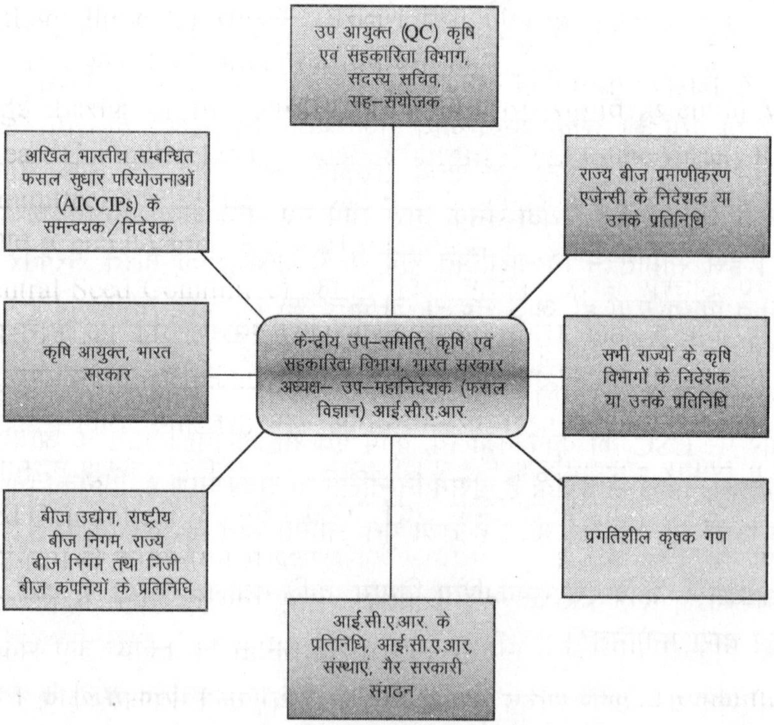

फसल मानक अधिसूचना एवं किस्मों के विमोचन पर 1994 में गठित केन्द्रीय उप समिति। समिति में एक अध्यक्ष तथा 17 सदस्य है।

---

4 खंड 3 के उप–खंड 2 में धारा (iii) के अन्तर्गत बीज अधिनियम 1966 के केन्द्रीय बीज समिति के सम्बन्ध में।

5 खंड 3 के उप–खंड 7 के अन्तर्गत बीज अधिनियम 1966 के केन्द्रीय बीज समिति के सम्बन्ध में।

6 बीज अधिनियम 1966 धारा 3(5) के अन्तर्गत गठित।

केन्द्रीय उप–समिति के कार्यक्षेत्र के संदर्भ में:

- अखिल भारतीय समन्वित फसल सुधार परियोजनाओं (AICCIP) केन्द्रीय अनुसंधान संस्थान, निजी क्षेत्रों तथा अन्य किस्मों के विमोचन की स्वीकृति देना किन्तु वह प्रभेद/प्रभेदों की उपयुक्तता एक से अधिक राज्य के लिए होनी चाहिए।
- राज्य प्रभेद विमोचन समिति (SVRC)/राज्य बीज उप–समिति (SSSC) से प्राप्त प्रस्तावों को स्वीकृत करना। ये प्रभेद राज्य अनुसंधान संस्थान द्वारा विकसित होना चाहिए साथ ही राज्य से बाहर के क्षेत्रों के लिए भी उपयुक्त होने चाहिए।
- जिन प्रभेदों की खेती के लिए विमोचन की स्वीकृति दी गई हो उनके क्षेत्र की सीमा निर्धारित करना।
- भारतीय कृषि अनुसंधान परिषद (ICAR) को स्वीकृत किस्मों के राष्ट्रीय रजिस्टर को सही तरीके से अनुरक्षण करने की सलाह देना तथा प्रभेदों के मानक वर्णन पर सुझाव देना।
- बीज अधिनियम के प्रयोजन के लिए प्रभेदों/प्रकारों को अधिसूचित करना तथा अधिसूचना के क्षेत्र को देखना है।
- अधिसूचित प्रकार/प्रभेदों के बीजों की न्यूनतम अंकुरण और शुद्धता सीमा को निर्दृष्टि करना।
- अधिसूचित प्रकार/किस्मों के सम्बन्ध में 'चिन्ह' या 'लेबल' को निर्दृष्टि करना।

केन्द्रीय उपसमिति, क्षेत्रीय/राष्ट्रीय महत्व के बीजों में जो प्रभेद लाभदायक हैं उनका विमोचन करती है। नवीनतम विकसित किए गए प्रभेदों का विमोचन इस उद्देश्य से किया जाता है ताकि वह प्रभेद आम व्यक्ति को अपने क्षेत्रों में जहां वह प्रभेद उपयुक्त है, उस स्थान में सामान्य खेती के लिए उपलब्ध हो सके।

केन्द्रीय बीज समिति ने केन्द्रीय उपसमिति को यह अधिकार दिया है कि वह अपनी अधिसूचना सरकारी राजपत्र में बीज अधिनियम के प्रयोजन हेतु प्रकार/किस्मों की अधिसूचना जारी करें साथ ही जिन क्षेत्रों के लिए वे उपयुक्त है, उन्हें भी अधिसूचित करें। राजकीय बीज उप समिति द्वारा विमोचित प्रभेदों को भी केन्द्रीय

उप समिति को औपचारिक आवेदन देने के पश्चात् केन्द्रीय स्तर पर अधिसूचित किया जाता है। अधिसूचना द्वारा बीज अधिनियम के प्रावधानों को लागू कर बीज की गुणवत्ता को विनियमित किया जाता है। कोई भी बीज गुणनकर्ता द्वारा किसी भी प्रभेद का प्रमाणित बीज का गुणन, तब तक संभव नहीं होगा जब तक वह प्रभेद अधिसूचित नहीं किया जाएगा। अधिसूचना द्वारा निजी एवं सरकारी बीज गुणन संगठन पूरे देश में प्रमाणित बीज के उत्पादन को अधिकृत करता है।

राज्य बीज उप समिति (State Seed Sub-Committee, SSSC)

राज्य बीज उप समिति का गठन केन्द्रीय बीज समिति के द्वारा कराया जाता है, जिसके अन्तर्गत एक राज्य बीज प्रमाणीकरण अभिकरण (SSCA) राज्य बीज परीक्षण प्रयोगशाला, आग्रह (Appeal) प्राधिकरण, बीज विश्लेषकों तथा बीज निरीक्षकों की नियुक्ति करना है। राज्य बीज उप समिति के निम्नलिखित कार्य हैं:

- राज्य सरकार को बीज अधिनियम के कार्यान्वयन से सम्बन्धित सभी मामलों पर सलाह देना।
- राज्य में लागू किए गए बीज अधिनियम की समीक्षा करना तथा समय–समय पर राज्य सरकार तथा केन्द्रीय बीज समिति को रिपोर्ट भेजने का कार्य।
- राज्य बीज परीक्षण प्रयोगशाला का निरीक्षण तथा उसका रिपोर्ट करना।
- बीज अधिनियम को समझने के लिए शिक्षा और प्रोत्साहन इत्यादि उपायों पर उचित सलाह देना।
- फसलों के विभिन्न किस्मों को राज्य के विभिन्न क्षेत्रों में लगाने की योजना बनाना तथा बीज की आवश्यकताओं के आकलन की समीक्षा करना।
- राज्य के लिए नई किस्मों के विमोचन पर विचार करना एवं केन्द्रीय बीज समिति को उसकी अधिसूचित होने की सिफारिश करना।
- राज्य में हाल में जारी की गई नई किस्मों के प्रदर्शन का निरीक्षण करना।

राज्य बीज उप समिति के लिए यह आवश्यक है कि वह (SSSC) राज्य बीज निगम और बीज प्रमाणीकरण अभिकरण के साथ कम से कम प्रत्येक तीन माह में मिलकर आपसी सहयोग के साथ योजना की रणनीति तैयार करे। राज्य बीज उप समिति, राज्य के कृषि विश्वविद्यालय द्वारा एकत्रित किये हुए किसी किस्म/प्रभेद पर डाटा (Data) के आधार पर उस प्रभेद को अपने ही राज्य में विमोचन (Release)

की जिम्मेदारी लेती है। राज्य के पादप प्रजननकर्ता, अन्य संकाय के वैज्ञानिकों के साथ तीन वर्ष तक किसी प्रभेद पर अनुसंधान कार्य करते हैं तथा सारे आंकड़े विस्तृत रुप से VCU तथा प्रभेद की अन्य महत्वपूर्ण विशेषताओं पर कार्य करती है तथा साथ ही प्रसार कार्य में लगी एजेंसियां उस प्रभेद को एक वर्ष तक प्रक्षेत्रों में परीक्षण (On farm trial) के आंकड़ों को भी इकट्ठा करती है, हालांकि सभी राज्यों में ऐसा नहीं किया जाता है। राज्य की कृषि विश्वविद्यालय, प्रभेद के विमोचन हेतु प्रस्ताव को बैठकों की विभिन्न ऋंखला में विचार विमर्श करने के पश्चात ही उसके विमोचन के प्रस्ताव की सिफारिश राज्य बीज उप समिति को करती है।

एक बार जब राज्य बीज उप–समिति द्वारा किसी प्रभेद को उस राज्य में विमोचन की मंजूरी मिल जाती है तब यह आवश्यक हो जाता है कि केन्द्रीय उप–समिति, प्रभेद की अधिसूचना बीज उत्पादन के उद्देश्य हेतु करें। राज्य की कृषि विश्वविद्यालय निर्धारित प्रोफार्मा में प्रभेद के अधिसूचना प्रस्ताव को राज्य बीज उप समिति के माध्यम से ज्ञापन सौंपती है। इस अधिसूचना के प्रोफार्मा में विशेष रुप से यह आवश्यक होता है की उस प्रभेद को विभिन्न AICCIP परीक्षणों में कम से कम एक वर्ष के लिए रखा गया हो तथा AICCIP की प्रभेद पहचान समिति (AICCIP Varietal Identification Committee) द्वारा राज्य में विमोचन (Release) हेतु सिफारिश की गई हो। इसी तरह, यदि कोई अधिसूचित प्रभेद, राज्य के किसी भी भाग में यदि संतोशजनक प्रदर्शन नहीं कर रहा हो या उसकी मांग भी अधिक नहीं हो अथवा यदि वह 15 वर्षों से अधिक खेती में लगातार ली जा रही है, तो उसे सामान्य रुप से उनकी अधिसूचना को रद्द करने की सिफारिश की जा सकती है।

अधिसूचना (Notification)

फसलों की किसी भी किस्म (Variety) के बीज के प्रमाणीकरण (Certification) के लिए उस किस्म का केन्द्रीय या प्रादेशिक किस्म विमोचन समिति (Central or State Variety Release Committee) द्वारा विमोचित (Release) होना तथा भारत सरकार द्वारा उसका अधिसूचित (Notify) होना अनिवार्य है। बिना अधिसूचित हुए किसी भी किस्म के बीज का प्रमाणीकरण (Certification) नहीं हो सकता।

सारणी 3.1: बीज उद्योग में शामिल संस्थाएं/उपक्रम के कार्यों का संक्षिप्त विवरण

संगठन	गतिविधियां
राजकीय कृषि विश्वविद्यालय, भारतीय कृषि अनुसंधान परिषद (ICAR) अन्तर्गत संस्थाएं, निजी कम्पनियां, अंतर्राष्ट्रीय संस्थाएं	पौधा प्रजनन
राजकीय कृषि विश्वविद्यालय, अखिल भारतीय समन्वित फसल सुधार परियोजनाओं (AICCIP), आइ.सी.ए.आर.	विमोचन हेतु पहचान
केन्द्रीय बीज उप समिति एवं राजकीय बीज उपसमिति कृषि विभाग राज्य सरकार, राजकीय कृषि –	विमोचन तथा अधिसूचना
विश्वविद्यालय, स्वयं सेवी संस्थाएं, निजी कम्पनियां	प्रचार प्रसार (लोकप्रिय बनाना)
राष्ट्रीय बीज निगम, राज्य बीज निगम, राज्य कृषि विश्वविद्यालय, निजी कम्पनियां, कृषि संस्थाएं तथा स्वयं सेवी संस्थाएं।	बीज उत्पादन
राज्य बीज प्रमाणीकरण एजेन्सी	बीज प्रमाणीकरण
राष्ट्रीय बीज निगम, भारतीय राज्य फार्म निगम लिमिटेड, राज्य बीज निगम, राजकीय कृषि विश्वविद्यालय, सहकारी समितियां, निजी कम्पनियां, बीज व्यापारी, कृषक संघ	वितरण

स्रोतः Virk (1998)

सारणी 3.2 : प्रभेद पहचान समिति की संरचना

1.	डी. डी. जी. (शस्य विज्ञान) अथवा उनके नामित	– सभापति
2.	राज्य कृषि विश्वविद्यालय के अनुसंधान निदेशक	– सदस्य
3.	कृषि आयुक्त (कृषि विभाग)	– सदस्य
4.	कृषि निदेशक (राज्य सरकार)	– सदस्य
5.	बीज संगठन के प्रतिनिधि (NSC, SFCI, SSC)	– सदस्य

Contd...

6. सम्बन्धित फसल प्रसंस्करण/उत्पादन उद्योगों के प्रतिनिधि	–	सदस्य
7. निजी बीज एजेन्सियों के एक प्रतिनिधि	–	सदस्य
8. दो प्रतिष्ठित वैज्ञानिक	–	सदस्य
9. परियोजना समन्वयक (बीज प्रौद्यौगिकी)	–	सदस्य
10. परियोजना निदेशक/परियोजना समन्व्यक	–	सदस्य सचिव

स्रोतः Tandon & Sharma, (2002)

सारणी 3.3: अखिल भारतीय फसल सुधार परियोजनाओं से संबंधित क्षेत्रों का विवरण

फसल	क्षेत्र
गेहूँ	उत्तरी पहाड़ी क्षेत्र, उत्तर पश्चिमी मैदानी क्षेत्र, उत्तर पूर्वी मैदानी क्षेत्र, मध्य क्षेत्र, प्रायद्वीपीय क्षेत्र एवं दक्षिणी पहाड़ी क्षेत्र
धान	क्षेत्र – I (उत्तर पश्चिमी मैदानी एवं दक्षिणी राज्य), क्षेत्र – II (उत्तर पूर्वी राज्य), क्षेत्र – III (उत्तर पहाड़ी क्षेत्र)
कपास	उत्तरी क्षेत्र, मध्य क्षेत्र एवं दक्षिणी क्षेत्र
मक्का	क्षेत्र – I (हिमालयी क्षेत्र उत्तर पूर्वी पहाड़ी क्षेत्र के साथ) क्षेत्र – II (उत्तर पश्चिम मैदानी क्षेत्र), क्षेत्र – III (उत्तर पूर्वी मैदानी क्षेत्र) क्षेत्र – IV (प्रायद्वीपीय क्षेत्र) एवं क्षेत्र – V (मध्य भारत)
बाजरा	क्षेत्र – A (400 मि0मी0 से कम वर्षा वाले क्षेत्र) एवं क्षेत्र – B (400 मि0मी0 से अधिक वर्षा वाले क्षेत्र)
गन्ना	उत्तर पश्चिमी क्षेत्र, उत्तर मध्य क्षेत्र, उत्तर पूर्वी क्षेत्र एवं प्रायद्वीपीय क्षेत्र
तिलहन	तोरिया एवं सरसों: 6 क्षेत्र
तिल	4 क्षेत्र
तीसी एवं सूर्यमुखी	3 क्षेत्र जैसे सूर्यमुखी: उत्तरी क्षेत्र, मध्य क्षेत्र, दक्षिणी क्षेत्र
मूंगफली	1 क्षेत्र
दलहन	उत्तरी पहाड़ी क्षेत्र, उत्तर पश्चिम मैदानी क्षेत्र, उत्तर पूर्वी मैदानी क्षेत्र, मध्य क्षेत्र एवं दक्षिणी क्षेत्र
चारा	पहाड़ी क्षेत्र, उत्तर पूर्वी क्षेत्र, उत्तर पश्चिमी क्षेत्र मध्य क्षेत्र एव पश्चिमी दक्षिणी क्षेत्र

स्रोतः Gill (1992)

राज्य प्रभेद परीक्षण प्रणाली (State varietal testing system)

- राज्य प्रभेद परीक्षण प्रणाली एकल राज्य में परीक्षण कार्य करती है जबकि अखिल भारतीय समन्वित फसल सुधार परियोजना (AICCIP) प्रणाली का कोई चिन्हित भौगोलिक क्षेत्र नहीं है, यह पूरे देश के कृषि जलवायु क्षेत्र में कार्य करती है।
- यदि तीन वर्षों के परीक्षण के पश्चात् उच्च कोटि का प्रविष्ट (Entry) दिखता है तब उसके चिन्हन एवं विमोचन प्रस्ताव के लिए निश्चित प्रारुप तैयार किया जाता है तथा उसकी 25 प्रतिलिपि राज्य प्रभेद मूल्यांकन समिति (SVEC) में जमा की जाती है।
- जब प्रविष्ट उच्च कोटि का पाया जाता है तब SVEC उसकी संस्तुति राज्य बीज उप समिति करती है तथा राज्य बीज उप–समिति इसकी संस्तुति फसल मानकों, अधिसूचना एवं विमोचन के केन्द्रीय बीज उप–समिति को तब करती है जब प्रभेद की अखिल भारतीय समन्वित फसल सुधार परियोजना (AICCIP) में सिर्फ रोग प्रतिक्रिया के लिए एक वर्ष तक परीक्षण कर लिया जाता है। प्रासंगिक आकड़ों की 50 प्रतिलिपियां तथा विमोचन प्रस्ताव की 10 प्रतिलिपियों के साथ अधिसूचना के लिए जमा किया जाता है।
- राज्य स्तर पर बीज उपसमिति (State Seed Sub-Committee, SSSC) को यह अधिकार है कि वह प्रभेद का विमोचन कर सके तथा उसकी अधिसूचना (Notification) के लिए केन्द्रीय बीज उपसमिति (CSSC) को संस्तुति करना।
- राष्ट्र में प्रभेदों के बीजों का गुणन तथा उसके प्रमाणीकरण के लिए उस प्रभेद को भारत सरकार द्वारा अधिसूचित होना अनिवार्य है। राज्य बीज उपसमिति (SSSC) को अपने राज्य में प्रभेद के विमोचन का अधिकार है किंतु अपने राज्य में भी उस प्रभेद को बीज प्रमाणीकरण के लिए अधिसूचित (Notify) करने का अधिकार प्रदान नहीं किया गया है।
- राज्य स्तर पर विमोचित प्रभेद केन्द्रीय रुप से अधिसूचित तब होते हैं जब उनका औपचारिक आवेदन केन्द्रीय उपसमिति के पास जाता है। अधिसूचित प्रभेद (Notified variety) के बीजों को प्रमाणीकरण (Certification) तथा व्यवसायिक बीज उत्पादन के लिए देश के किसी भी स्थान में किया जा सकता है।

सारणी 3.4: प्रभेदों के विमोचन एवं अधिसूचना में अंतर (Differences between notification and release)

अधिसूचना (Notification)	विमोचन (Release)
प्रभेदों की अधिसूचना फसल मानकों, विमोचन एवं अधिसूचना की केन्द्रीय उप–समिति (Central Sub-Committee on crops standard release and notification of varieties) द्वारा की जाती है।	केन्द्रीय उप–समिति (Central Sub-Committee) या राज्य बीज उप–समिति (State Seed Sub-Committtee) द्वारा किया जाता है।
साधारणतया केवल विमोचित किस्मों को ही अधिसूचित किया जाता है।	सभी विमोचित किस्मों को अधिसूचित नहीं किया जाता है।
बीज अधिनियम को सुचारु रुप से क्रियान्वयन हेतु सुनिश्चित किया जाता है।	प्रभेदों के विमोचन का मुख्य उद्देश्य उसके बड़े पैमाने पर उत्पादन करने से है।
किस्म/प्रभेद एवं प्रकार दोनों को अधिसूचित किया जा सकता है।	केवल प्रभेद को ही विमोचित किया जाता है।

स्रोत: http://seednet.gov.in/Material/Release_Notification.pdf (Translated in Hindi)

सारणी 3.5: विश्व स्तर पर विभिन्न फसलों में संकर प्रभेदों का प्रादुभाव

वर्ष	स्पेसीज
1960	मक्का
1962	चुकन्दर
1970	शाकीय फसलें
1970	कपास
1973	धान
1984	राई
1985	सरसो (Oilseed seed mustard rape)
1998	अल्फाल्फा

स्रोत: Buanec (2008)

सारणी 3.6: भारत में कृषि हेतु विभिन्न फसलों की विमोचित प्रजाति/संकर प्रभेदों की संख्या

क्र.सं.	फसल	विमोचित प्रभेदों की संख्या
(क)	**वर्ष 2000–04 से पूर्व**	
1	धान्य फसलें/मिलेटस्	1333
2	दलहनी	466
3	तिलहनी	400
4	खाद्य फसलें	92
5	रेशे वाली फसलें	385
6	अन्य फसले	20
	योग (क)	**2442**
(ख)	**शाकीय फसलें**	**372**
	योग (क एवं ख)	**2814**
(ग)	**वर्ष 2000–04 एवं इसके पश्चात**	**515**
	कुल योग (क, ख एवं ग)	**3429**

स्रोत: Lal (2008)

सारणी 3.7: शाकीय फसलों में संकर प्रभेदों का विकास

फसल	संस्थागत	निजी उद्योग	आयातित
टमाटर	3	160	90
बैंगन	8	218	12
मिर्च	2	73	48
शिमला मिर्च	1	31	9
फूलगोभी	1	35	45
पत्तागोभी	–	20	95
मूली	–	5	10

Contd...

प्याज	1	6	6
भिंडी	2	32	5
खरबूज	2	14	4
तरबूज	2	25	15
खीरा	2	10	10
लौकी, तोरी, करेला इत्यादि (Gourd)	6	80	15
कुल योग	29	709	364

स्रोत: http://www.scribd.com/doc/5463820/VEGETABLE-SEED-INDUSTRY

भारत में प्रजनक बीज उत्पादन को नियमित करने की पद्धति (Regulatory System for Breeder Seed Production in India)

भारतीय पद्धति तीन बीज पीढ़ियों (Generations of seed multiplication) को मान्यता देती है: प्रजनक (Breeder), आधार (Foundation) तथा प्रमाणित (Certified) बीज। प्रजनक बीजों की नियमित पद्धति सिर्फ ऐसे प्रभेदों के बारे में है जिनकी अधिसूचना (Notification) हो गई है। भारत में बीज अधिनियम (Seed Act) के अन्तर्गत बीजों की प्रमाणीकरण (विपणन के पूर्व बीज नियंत्रण) आवश्यक नहीं है। अधिनियम के अनुसार "कोई भी व्यक्ति, जो बीज विक्रय करेगा, विक्रय के लिए रखेगा, विनिमय करेगा अथवा किसी भी अधिसूचित प्रभेद/प्रकार के बीजों की आपूर्ति करेगा, यदि वह इसकी इच्छा रखता है तो प्रमाणीकरण एजेन्सी में अपना आवेदन कर सकता है ताकि उसे उस कार्य के लिए प्रमाण–पत्र मिल सके"। किंतु बीज विधान (Seed Legislation) के अन्तर्गत "कोई भी व्यक्ति खुद या अपने स्थान पर किसी अन्य व्यक्ति द्वारा, बीज विक्रय का कारोबार, विक्रय के लिए रखेगा, विनिमय करेगा अथवा किसी भी अधिसूचित प्रभेद/प्रकार के बीजों की आपूर्ति तब तक न करे जबतक की बीज पहचान अपने किस्म या प्रभेद से न हो, तथा बीज के डब्बों में निर्धारित प्रकार से लेबल अंकित हों तथा बीज अधिनियम के अन्तर्गत विशिष्ट जानकारी हो"। जिस व्यक्ति/संस्था/उपक्रम का नाम, लेबल पर अंकित होगा वह व्यक्ति जानकारी की पुष्टि के लिए जिम्मेदार होगा।

प्रजनक बीज की मांग

प्रजनक बीज नाभिकीय बीज की संतति है इसलिए प्रजनक बीज के उत्पादनकर्ता को चाहिए कि नाभिकीय बीज की मांग को पहले से सुनिश्चित कर लेना चाहिए, यदि नाभिकीय बीज आवश्यकता अनुसार नहीं मिल पाए उस स्थिति

में प्रजनक बीज का गुणन प्रजनक बीज द्वारा उत्पादन सुनिश्चित करना चाहिए। परन्तु इसके लिए उप महानिदेशक (फसल) भारतीय कृषि अनुसंधान परिषद (DDG, crops) से विशेष अनुमति की आवश्यकता होती है, ताकि प्रजनक बीज की गुणता का ह्रास न हो। यह सिर्फ एक बार ही संभव है क्योंकि जब प्रजनक बीज का प्रजनक बीज द्वारा उत्पादन किया जाता है तो उसे एक ही बार स्त्रोत के उपयोग में लाया जा सकता है।

जैसे ही, प्रभेद की अधिसूचना हो जाती है बीज उत्पादन ऐजेन्सी जैसे बीज निगम, सहकारी संस्थाएँ तथा अन्य राज्य कृषि संकाय अपनी मांग पत्रों को बीज विभाग, बीज संकाय एवं सहकारिता मंत्रालय, भारत सरकार को भेजती है। निजी कम्पनी एवं व्यक्ति विशेष अपने प्रजनक बीज की मांग को भारतीय बीज संगठन (Seed Association of India, SAI) को दे सकते हैं। भारतीय बीज संगठन (SAI) निजी बीज कम्पनियों की सूची को बीज विभाग, बीज संकाय एवं सहकारिता मंत्रालय, भारत सरकार को पेश करती है। कृषि एवं सहकारिता विभाग, भारत सरकार सारे मांग–पत्रों को फसल, प्रभेद, राज्य एवं एजेन्सी के क्रमानुसार एकत्रित कर भारतीय कृषि अनुसंधान परिषद (Indian Council of Agricultural Research, ICAR) को भेजती है। तत्पश्चात् ICAR उसे फसलवार परियोजना समन्वयकों एवं विभिन्न राज्यों के कृषि महाविद्यालयों के शोध निदेशक को भेजती है, जो प्रजनक बीज उत्पादन का कार्यक्रम करते हैं।

प्रजनक बीज की गुणवत्ता नियंत्रण

प्रजनक बीज (Breeder seed), **बीज प्रमाणीकरण प्रणाली क्षेत्र के अन्तर्गत नहीं है** इसलिए प्रजनक बीज उत्पादन कार्यक्रम की उचित मूल्यांकन के लिए फसल के समन्वयक (AICCIP, Coordinator) प्रजनक बीज की निरीक्षण मंडली (Breeder Seed Monitoring Team) का गठन करते हैं, जिसके अन्तर्गत प्रभेद के प्रजननकर्ता, सम्बन्धित परियोजना निदेशक/समन्वयक अथवा उसके प्रतिनिधि, राज्य बीज प्रमाणीकरण एजेन्सी के प्रतिनिधि तथा राष्ट्रीय बीज निगम के प्रतिनिधि मंडली के मुख्य सदस्य होते हैं। निरीक्षण मंडली प्रजनक बीज उत्पादन क्षेत्र को 2–3 बार निरीक्षण करते हैं तथा अपने प्रतिवेदन को मंत्रालय में निश्चित प्रारुप (BSP-III) में जमा करते हैं प्रजनक बीज की अपनी कोई निर्धारित प्रमाणीकरण मानक नहीं हैं किन्तु भारतीय न्यूनतम बीज प्रमाणीकरण मानकों के अनुसार प्रजनक बीज को आनुवांशिक रुप से इतना शुद्ध होना चाहिए कि अपने बाद की पीढ़ियों (जैसे–प्रमाणित आधार बीज श्रेणी भी निर्धारित आनुवांशिक शुद्धता की मानक की पुष्टि करे) को सुनिश्चित कर सके।

सारणी 3.8: प्रजनक बीज प्रारुप (Breeder Seed Proforma)

प्रारुप नं.	विषय–सूची	जमाकर्ता	टिप्पणी
BSP I	प्रजनक बीज उत्पादन का विनियोजन (राष्ट्रीय प्रभेद)	सम्बन्धित फसल के परियोजना समन्वयक / परियोजना	परिषद पत्रांक सं0 33(1) / 78–FII, dt. 26th March, 1979 के आलोक में निरीक्षण मण्डली के सदस्य भी सम्मिलत हों।
BSP II	प्रजनक बीज का उत्पादन तथा प्रत्याशित उपलब्धता की समय सारणी	निदेशक द्वारा प्रजननकर्ता द्वारा	
BSP III	निरीक्षण मण्डली का प्रतिवेदन (राष्ट्रीय प्रभेद)	प्रजननकर्ता द्वारा पेश	प्रजनक बीज उत्पादन कार्यक्रम में उक्त प्रभेदों के भौतिक एवं दैहिक विशेषताओं का विवरण तथा मुख्य चिन्हित लक्षणों की प्रतिलिपियां निरीक्षण मण्डली को दें। निरीक्षण प्रतिवेदन की मूलप्रति भारतीय कृषि अनुसंधान परिषद (ICAR) से सम्बन्धित संस्था / कृषि विश्वविद्यालय (SAU) के निदेशक / अनुसंधान निदेशक के कार्यालय में सुरक्षित ढंग से अनुरक्षित रखें।
BSP IV	प्रभेद अनुसार प्रजनक बीज का वास्तविक उत्पादन	प्रजननकर्ता द्वारा	
BSP V	ग्रॉ–आउट परीक्षण (Grow out test, GOT) प्रतिवेदन (राष्ट्रीय प्रभेद)		ग्रॉ आउट परीक्षण (GOT) को Hand book of seed testing में दिये गये प्रक्रिया के अनुसार करना चाहिए। निरीक्षण प्रतिवेदन की मूलप्रति को भारतीय कृषि अनुसंधान परिषद (ICAR) से सम्बन्धित संस्था / कृषि विश्वविद्यालय / अनुशंधान स्टेशन के निदेशक / अनुसंधान निदेशक के कार्यालय में अनुरक्षित रखें।
BSP VI	प्रजनक बीज वितरण (राष्ट्रीय प्रभेद)		प्रजनक बीज की गुणवत्ता के लिए प्रजननकर्ता ही उत्तरदायी रहेंगे।

प्रजनक बीज आवंटन

कृषि एवं सहकारिता विभाग (Department of Agriculture and Co-operation, DAC) भारत सरकार एवं राज्य के कृषि निदेशक, मांग–पत्र भेजने वाले की सूची

प्रजनक बीज़ के प्रजननकर्ता को भेजते हैं। ग्राही/इन्डैंट्र्स सीधे प्रजननकर्ता के पास से प्रजनक बीज ले सकते हैं। अगर कोई घोषित तारिख तक बीज नहीं लेता है तो प्रजननकर्ता उसे किसी भी जरुरतमंद संस्था/व्यक्ति विशेष को निर्धारित दाम पर दे सकती है।

सारणी 3.9: मुख्य फसलों की प्रजनक बीजों के उत्पादन तथा विनियोजन की गतिविधियों का तिथिपत्र

क्र.सं.	क्रिया	कार्य समाप्त करने की अंतिम तिथि	
		खरीफ	**रबी**
1.	प्रजनक बीज के मांग–पत्र को उद्यान निदेशक/कृषि निदेशक के पास उस राज्य के बीज उत्पादक ऐजेन्सी एवं केन्द्र एजेन्सी (जैसे एन. एस.सी., एस.एफ.सी.आई) ये अपने मांग–पत्र को सीधे बीज विभाग कृषि मंत्रालय, भारत सरकार को भेज सकते हैं।	जनवरी का पहला सप्ताह	
2.	चुने गए मांग–पत्रों को एकत्रित करके राज्य के उद्यान निदेशक/कृषि निदेशक/एस.ए.आई (प्राइवेट पार्टी) बीज विभाग, कृषि मंत्रालय, भारत सरकार को प्रेषित करना।	जनवरी का तीसरा सप्ताह	
3.	एकत्रित मांग–पत्रों को बीज विभाग, कृषि मंत्रालय, भारत सरकार द्वारा आई.सी.ए.आर. के मुख्यालय को प्रेषित करना।	15 मार्च	15 जुलाई
4.	आई.सी.ए.आर द्वारा प्रजनक बीज उत्पादन कार्य योजना BSP-I को बीज विभाग, कृषि मंत्रालय, भारत सरकार को प्रेषित करना।	15 मई	15 अक्टूबर
5.	प्रजननकर्ता द्वारा BSP-2 को बीज विभाग, कृषि मंत्रालय, भारत सरकार को प्रेषित करना।	प्रजनक बीज फसल के सही बीजाई के 15 दिनों बाद	

Contd...

6.	प्रजननकर्ता द्वारा BSP-3 को बीज विभाग, कृषि मंत्रालय, भारत सरकार को प्रेषित करना।	संयुक्त निरीक्षण मण्डली के प्रजनक बीज फसल के सही निरीक्षण के 15 दिनों बाद	
7.	**BSP - IV**		
8.	आई.सी.ए.आर. द्वारा BSP-5 में प्रजनक बीज की अंतिम उत्पादन गणना को बीज विभाग, कृषि मंत्रालय, भारत सरकार को प्रेषित करना।	15 फरवरी	31 जुलाई
9.	बीज विभाग, कृषि मंत्रालय, भारत सरकार द्वारा प्रजनक बीज का आवंटन राज्य के कृषि निदेशक/उद्यान निदेशक को प्रेषित करना	31 मार्च	15 सितम्बर

सारणी 3.10: सब्जी वर्गीय फसलों की प्रजनक बीजों का उत्पादन तथा विनियोजन की गतिविधियों का तिथिपत्र (कैलेन्डर)

क्र.सं.	क्रिया	कार्य समाप्त करने की अंतिम तिथि	
		खरीफ	रबी
1.	प्रजनक बीज के मांग–पत्र को उद्यान निदेशक/कृषि निदेशक के पास उस राज्य के बीज उत्पादक ऐजेन्सी एवं केन्द्र एजेन्सी (जैसे एन.एस.सी., एस.एफ.सी.आई) ये अपने मांग–पत्र को सीधे बीज विभाग कृषि मंत्रालय, भारत सरकार को भेज सकते हैं।	दोनो मौसम के लिए 15 अक्टूबर	
2.	चुने गए मांग–पत्रों को एकत्रित करके राज्य के उद्यान निदेशक/कृषि निदेशक/एस.ए.आई (प्राइवेट पार्टी) बीज विभाग, कृषि मंत्रालय, भारत सरकार को प्रेषित करना।	31 अक्टूबर	
3.	एकत्रित मांग–पत्रों को बीज विभाग, कृषि मंत्रालय, भारत सरकार द्वारा आई.सी.ए.आर. के मुख्यालय को प्रेषित करना।	15 दिसम्बर	
4.	आई.सी.ए.आर द्वारा प्रजनक बीज उत्पादन कार्य योजना BSP-I को बीज विभाग, कृषि मंत्रालय, भारत सरकार को प्रेषित करना।	31 मई	15 अक्टूबर
5.	प्रजननकर्ता द्वारा BSP-2 को बीज विभाग, कृषि मंत्रालय, भारत सरकार को प्रेषित करना।	प्रजनक बीज के सही बिजाई के 15 दिन बाद	

Contd...

6.	प्रजननकर्ता द्वारा BSP-3 को बीज विभाग, कृषि मंत्रालय, भारत सरकार को प्रेषित करना।	संयुक्त निरीक्षण मण्डली के प्रजनक बीज फसल के सही निरीक्षण के 15 दिनों बाद	
7.	**BSP – IV**		
8.	आई.सी.ए.आर. द्वारा BSP-5 में प्रजनक बीज की अंतिम उत्पादन गणना को बीज विभाग, कृषि मंत्रालय, भारत सरकार को प्रेषित करना।	31 अक्टूबर	31 जुलाई
9.	बीज विभाग, कृषि मंत्रालय, भारत सरकार द्वारा प्रजनक बीज का आवंटन राज्य के कृषि निदेशक/उद्यान निदेशक को प्रेषित करना	31 जनवरी	31 अगस्त

प्रजनक बीजों में अंकन–पत्र (लेबलिंग)

केन्द्र बीज प्रमाणीकरण समिति से परामर्श के बाद भारत सरकार ने यह तय किया कि प्रजनक बीजों को प्रजननकर्ता ऐसे पात्र, जिनमें मोहर लगा हुआ हो, जो सिला हुआ तथा उनपर **सुनहरे पीले रंग** का लेबल 12 से.मी. X 6 से.मी. **(as per No. 356 of ISI: 5-1978)** लगा होना चाहिए। यह टैग प्रजनककर्ता के द्वारा ही दिया जाता है जो उस बीज का उत्पादन किए हैं। इस टैग पर निम्नलिखित जानकारी होनी चाहिए:

लॉट संख्या .... टैग सं0 : ....

फसल .... प्रभेदः ....

आनुवांशिक शुद्धता (प्रतिशत): .... अंकुरण (प्रतिशत): ....

भौतिक शुद्धता (प्रतिशत): .... उत्पादन का वर्षः ....

जाँच की तिथिः.. वैद्यता की तिथिः ....

कुल वजन (कि.ग्रा.):.................................. रसायन का नाम (यदि व्यवहारिक हो):............

उत्पादन का स्थानः..................................

प्रजननकर्ता का हस्ताक्षर

— xxx —

4

भारतीय बीज उद्योग (Indian Seed Industry)

भारत में बीज उद्योग का इतिहास (History of Seed Industry in India)

बीसवीं सदी के प्रारम्भिक वर्षों में कृषि विद्यालयों व अनुसंधान केन्द्रों में गेहूँ, कपास व मूंगफली आदि फसलों पर शोध कार्य प्रारम्भ होने के परिणामस्वरुप इन फसलों की कुछ उन्नत किस्मों के बीजों के वितरण के लिये राज्य कृषि विभागों ने बीजों के छोटे–छोटे पैकेट अधिकाधिक किसानों में इस आशय से बाँटे कि वे अपना बीज स्वयं तैयार कर लेंगे, लेकिन इससे नई किस्मों के प्रसार में आशानुकूल सफलता नहीं मिली।

उत्तर प्रदेश में कृषि विभाग के प्रबन्ध में बीज वर्धन प्रयोगशालाएँ स्थापित की गईं, जिनमें उत्पन्न बीजों का वर्धन बहुत से जमींदारों व बड़े किसानों द्वारा भी कराया गया और इस बीज के वितरण कार्य कृषि विभाग के बीज भंडारों द्वारा किया गया। इसमें कुछ अन्य संस्थाओं ने भी योगदान किया। इन संस्थाओं और कृषि विभाग ने यथासंभव वित्तीय सहायता भी की, नई किस्मों के प्रदर्शन किये तथा विभिन्न प्रयोगशालाओं में गुणवत्ता परीक्षण कर, गुणवत्ता पर नियंत्रण भी किया

गया। उत्तर प्रदेश सरकार ने सर्वप्रथम सन् 1922 में पहले तहसील स्तर पर ऐसे बीज भंडार बनाये, जिनमें बाद के वर्षों में वृद्धि की गई।

सन् 1925 में भारत सरकार द्वारा कृषि में सुधार हेतु रॉयल आयोग (Royal Commission on Agriculture) की स्थापना की गई, जिसने कृषि के अन्य कार्यकलापों के साथ–साथ बीज उत्पादन एवं वितरण कार्य की समीक्षा भी की, जिसकी सिफारिश पर भारत में कृषि अनुसंधान तंत्र, भारतीय कृषि अनुसंधान परिषद् (Indian Council of Agricultural Research) द्वारा अनुसंधान के उन्नयन व समन्वयन कार्य के फलस्वरुप नकदी फसलों जैसे– गन्ना, कपास व जूट तथा खाद्यान्न फसलों में गेहूँ व धान की उन्नत किस्मों का विकास हुआ, परन्तु अनुसंधान के साथ–साथ बीज वर्धन एवं वितरण (Seed Multiplication and Distribution) कार्य गति से नहीं चल सका। रॉयल आयोग की समीक्षा के पश्चात कालान्तर में बीज की स्थिति पर भी विस्तार पूर्वक समीक्षायें की गई। जिनमें सर जॉन रसैल (1937), भारतीय कृषि अनुसंधान परिषद, ICAR (1940), डॉ बर्न प्रतिवेदन (1944), अकाल जाँच आयोग (Famine Inquiry Commission, 1944) तथा खाद्य अनाज नीति समिति (Food Grain Policy Committee, 1944) प्रमुख हैं।

सन् 1945 में कुछ निजी बीज कम्पनियाँ, जैसे सटन्स, पोचा आदि ने क्वेटा तथा कश्मीर घाटी में सब्जियों के बीजों का उत्पादन प्रारम्भ किया और सन् 1946 में इन सब्जी बीज उत्पादकों ने देशी सब्जियों के बीजों के विकास, उत्पादन और विपणन की उचित व्यवस्था करने के उद्देश्य से एक अखिल भारतीय सब्जी बीज उत्पादक संघ (All India Vegetable Seed Producer's Association) की स्थापना की गई।

सन् 1952 में भारतीय कृषि अनुसंधान परिषद् (ICAR) द्वारा गठित एक विशेष अनुसंधान समिति ने रॉकफेलर फाउण्डेशन (Rockfeller Foundation) के सहयोग से अखिल भारतीय समन्वित मक्का उन्नयन परियोजना (All India Co-ordinated Maize Improvement Project) प्रारंभ की जिसके अन्तर्गत सन् 1961 में चार संकर किस्मों (Hybrids) का विकास हुआ। सन् 1960 में ज्वार एवं बाजरे के विकास हेतु भी ऐसी परियोजनाएँ प्रारम्भ की गई और प्रथम बार, क्रमशः सन् 1964 व 1967 में इनकी भी कुछ संकर किस्में निकलीं। इन परियोजनओं की आशातीत सफलता के आधार पर अब लगभग सभी फसलों की समन्वित उन्नयन परियोजनाओं को अपना लिया गया है। सन् 1961 में, रॉकफेलर फॉउण्डेशन की सहायता से ही भारतीय कृषि अनुसंधान संस्थान (Indian Agricultural Research Institute, I.A.R.I.),

नई दिल्ली में एक बीज परीक्षण प्रयोगशाला की स्थापना हुई, जिसको बाद में बीज अधिनियम, 1966 लागू होने पर एक केन्द्रीय बीज परीक्षण प्रयोगशाला के रुप में अपना लिया गया। बाद में प्रत्येक राज्य में प्रयोगशालाएँ स्थापित हुई। इस समय देश में 100 से अधिक परीक्षण प्रयोगशालाएँ हैं जिनमें से 62 अधिसूचित (Notified) हैं। सन् 1961 में ही भारत, अर्न्तराष्ट्रीय बीज परीक्षण संघ (International Seed Testing Association, ISTA) का सदस्य बना।

सन् 1960 में भारतीय कृषि अनुसंधान परिषद् (ICAR) द्वारा स्थापित एक समिति ने एक सुदृढ़ बीज कार्यक्रम की संस्तुति की। परिणामस्वरुप, सन् 1963 में राष्ट्रीय बीज निगम (National Seeds Corporation) की स्थापना हुई, जिसने बीज उद्योग के विकास में महत्वपूर्ण भूमिका निभाई और इसके प्रयास से किसानों में प्रमाणित बीज अधिक लोकप्रिय हुए। इसके बाद राज्यों ने भी ऐसे बीज निगम स्थापित किये। इस समय देश में 22 बीज प्रमाणीकरण संस्थाएँ काम कर रही हैं। तत्कालीन उत्तर प्रदेश में सन् 1969 में स्थापित तराई बीज विकास निगम (Tarai Seeds Development Corporation) की स्थापना हुई, जिसका नाम बाद में (सन् 1978) उत्तर प्रदेश बीज एवं तराई विकास निगम हो गया। उत्तर प्रदेश में इस निगम तथा पंतनगर कृषि विश्वविद्यालय ने इस दिशा में महत्वपूर्ण कार्य किया। पंतनगर बीज किसानों में खूब प्रचलित हुए। वर्ष 2000 में उत्तराखंड राज्य के पुनर्गठन के पश्चात इसका नाम उत्तरांचल तराई बीज निगम रखा गया ।

पाल एवं सहयोगी (2007) के अनुसार बीज प्रतिस्थापन की दर (SRR) वर्तमान में वर्ष 2006–2007 में आच्छादित क्षेत्रफल को आधार मानकर निर्धारित की गयी है। भविष्य में आच्छादित क्षेत्रफल में परिवर्तन होने पर बीज प्रतिस्थापन दर/ बीज की मात्रा में आमूल्य परिवर्तन संभव हो सकता है।

सारणी 4.1: भारतवर्ष में बीज विस्थापन दर के आधार पर किसानों का वर्गीकरण

1	प्रत्येक वर्ष	30 प्रतिशत
2	एक वर्ष छोड़कर	32 प्रतिशत
3	तीन वर्ष	21 प्रतिशत
4	चार वर्ष	17 प्रतिशत

स्रोतः Pal et al. (2007)

भारत में बीज उद्योग का कालानुक्रम इतिहास

सारणी 4.2: बीज अधिनियम संस्था एवं गुणवत्ता नियंत्रण

क्र. सं.		क्रियान्वयन वर्ष	टिप्पणी
1.	राष्ट्रीय बीज निगम (National Seed Corporation) कृषि मंत्रालय, भारत सरकार	1963 (कम्पनी अधिनियम 1956)	बीज उद्योग के विकास के लिए उत्तरदायी/उत्पादन, प्रसंस्करण, भंडारण एवं विपणन तथा बीज प्रमाणीकरण, माध्यम द्वारा गुणवत्ता नियंत्रण। वर्तमान में 79 प्रमुख फसलों की 560 से अधिक प्रजातियों का बीजोत्पादन।
2.	बीज अधिनियम (Seed Act)	1966	इस अधिनियम से बीज गुणवत्ता के नियंत्रण के लिए स्वाधीन राज्य बीज प्रमाणीकरण संस्थाओं की स्थापना सम्बन्धित राज्य के कृषि विभाग के अधीन किया गया।
3.	राष्ट्रीय बीज कार्यक्रम (National Seed Programme)	1967	विश्व बैंक द्वारा संचालित (स्तर I, II और III)
4.	बीज नियमावली (Seed Rules)	1968	1966 का बीज अधिनियम कार्यान्वित करने के लिए, बीज नियमावली जो गुणवत्ता को अनुरक्षित रख सके, स्थापना की गई।
5.	तराई विकास निगम (Tarai Development Corporation)	1969	विश्व बैंक द्वारा संचालित (यू.एस.ए. 13 मिलियन)
6.	भारतीय राज्य फार्म निगम लिमिटेड (State Farm Corporation Limited, (SFCL) कृषि मंत्रालय, भारत सरकार।	1969 (कम्पनी अधिनियम 1956)	वर्तमान में 8 राज्यों के 12 बड़े एवं यांत्रिक प्रक्षेत्रों पर 40–50 फसलों के 400 से 500 प्रभेदों के उपर बीजोत्पादन का कार्य चल रहा है।
7.	राज्य बीज निगम (State Seed Corporation, SSC)	1970–80	विश्व बैंक की मदद से राज्य बीज नियमों की स्थापना, बीज उत्पादन एवं सम्बन्धित राज्यों में बीज की देख–रेख तथा बीज प्राप्ति एवं विक्रय भाव तथा प्रभेद के मांग तथा उसकी पूर्ति के लिए राष्ट्रीय बीज निगम के साथ समन्वय स्थापित करना।

Contd...

8.	बीज (नियंत्रण) आदेश (Seed Quality Control Order)	1983	भारत सरकार द्वारा बीज को 'आवश्यक सामग्री' की गिनती में सम्मिलित करना तथा इसके अन्तर्गत समस्त फसलों के बीज जिनकी अधिसूचना की हुई हो अथवा नहीं हुई हो उन्हें अधिनियम के तहत लाना।
9.	जैव प्रौद्योगिकी विभाग (Department of Biotechnology)	1986	केन्द्र एजेंसी को जैव प्रौद्योगिकी की नीति के लिए उत्तरदायी है तथा शोध तथा विकास के कार्यों को बढ़ावा देना एवं अंतर्राष्ट्रीय सहयोग के लिए कार्य करना।
10.	नई उदारीकरण बीज विकास नीति (New Liberalized Policy on Seed Development)	1988	घरेलू बाजार में निजी क्षेत्रों को बढ़ावा देने में मदद करना। (150 मि. डालर)

राष्ट्रीय बीज कार्यक्रम (National Seed Programme, NSP)

प्रजनक बीज का उत्पादन इस कार्यक्रम के अन्तर्गत किया जाता है। बीज समीक्षा समिति (Seed Review Committee, 1968) तथा कमीशन ऑन एग्रीकल्चर (NCA 1971, 1976) के सुझाव को देखते हुए भारत सरकार ने 1974 में बीज उद्योग को पुनः संगठित एवं विस्तार करने का फैसला किया, जिसके तहत राष्ट्रीय बीज कार्यक्रम (NSP) विश्व बैंक की सहायता से प्रारम्भ हुआ। NSP अवस्था–I को 1975–84 में कार्यान्वित किया गया जिसके तहत वास्तविक उत्पादन 1976 में शुरु हुआ। NSP अवस्था–I के दौरान (राज्य बीज निगम) स्टेट सीड्स कॉरपोरेशन की स्थापना चार राज्यों–पंजाब, हरियाणा, महाराष्ट्र एवं आन्ध्र प्रदेश में हुई। NSP-I को वर्ष 1984 में बंद कर दिया गया था। इस कार्यक्रम का विस्तार अवस्था–II में पुनः हुआ तथा 5 अन्य राज्यों में कर्नाटक, राजस्थान, बिहार, उत्तर प्रदेश तथा उड़ीसा में हुआ (विस्तार अवस्था I एवं II पर विश्व बैंक द्वारा 41 मिलियन डालर का ऋण भारत को दिया गया)। NSP-I एवं II में जो लक्ष्य तय किया गया था वो ज्यादातर पूर्ण हुआ।

वर्ष (1980–85) छठी पंच वर्षीय योजना के अन्तर्गत प्रजनक बीज उत्पादन तथा वितरण के कार्य का विस्तार किया गया। बीज नियंत्रण आदेश (Seed Control Order) वर्ष 1983 को इसकी घोषणा की गई जिसके तहत बीज को आवश्यक सामग्री माना गया।

वर्ष 1981 में विश्व बैंक द्वारा गठित निरीक्षण समिति ने अनुभव किया कि 3 लाख मेट्रिक टन बीजोत्पादन के लक्ष्य में सिर्फ 1.72 लाख मेट्रिक टन की ही प्राप्ति

हुई। जो मुद्रा आवंटित किया गया था, NSP अवस्था–I एवं II (यू. एस. मिलियन डालर तथा 16 मिलियन डालर) उसका भी पूर्ण उपयोग नहीं हो पाया था, अवस्था–I में सिर्फ 2.5 मिलियन यू.एस. डालर तथा अवस्था–II में 0.5 मिलियन यू.एस. डालर उपयोग में आया। समिति द्वारा बहुत से उपायों का सुझाव दिया गया जिससे उत्पादन को बढ़ाया जा सके।

वर्ष 1985–90, सातवीं पंचवर्षीय योजना के दौरान और भी ज्यादा उत्पादन लक्ष्य रखा गया। इन वर्षों में जो विकास हुआ उसका वर्णन इस प्रकार हैः

1. आधारभूत संरचनाओं का सुदृढ़ीकरण करना तथा सरकारी एवं निजी बीज उत्पादन केन्द्रों की सुविधाओं का विकास।

2- NSP अवस्था–III के दौरान 4 अन्य राज्यों असम, पश्चिम बंगाल, मध्य प्रदेश तथा गुजरात में राज्य निगम की स्थापना।

3. बीज तकनीकी के शोध कार्यों तथा परीक्षण की सुविधाओं को भी प्रोत्साहन दिया जाना।

NSP-III परियोजना की शुरुआत मार्च 1990 के मार्च में हुई कुल लागत 236. 01 करोड़ रु0 का था जिसमें विश्व बैंक से 150 मिलियन यू. एय. डालर राशि की सहायता मिली इसका मुख्य उद्देश्य भारत में बीज उद्योग को और आगे बढ़ाना तथा सुदृढ़ करना। इस लक्ष्य प्राप्ति हेतु मुख्य कार्य बीज के सरकारी निगमों जैसेः राष्ट्रीय बीज निगम (National Seed Corporation, NSC), भारतीय राज्य फार्म निगम लिमिटेड (State Farm Corporation of India Ltd., SFCI) एवं राजकीय बीज निगम (State Seed Corporation, SSC's) जो बीज उत्पादन एवं वितरण की मुख्य ऐजेन्सी हैं, उन्हें नया रुप प्रदान करने का था। इस परियोजना के तहत निजी बीज कम्पनियों को भी आर्थिक सहायता देकर प्रोत्साहित किया गया। फलस्वरुप इस परियोजना द्वारा राष्ट्रीय बीज निगम (National Seed Corporation, NSC), भारतीय राज्य फार्म निगम लिमिटेड (State Farm Corporation of India Ltd., SFCI) तथा राज्य बीज निगम (State Seed Corporation, SSC's) लाभान्वित हुए जो मुख्यतः 11 राज्यों में कार्यरत थे जैसे– आन्ध्र प्रदेश, असाम, बिहार, गुजरात, मध्य प्रदेश, महाराष्ट्र, उत्तर प्रदेश, उड़ीसा, राजस्थान एवं पश्चिम बंगाल। भारतीय कृषि अनुसंधान परिषद (ICAR) के 32 संस्थानों एवं कृषि विश्वविद्यालय जो उस राज्य के अन्तर्गत हैं, भी लाभान्वित हुए। वर्तमान में भारतवर्ष में 35 केन्द्रों पर यह

कार्यक्रम चल रहा है। इस कार्यक्रम के तहत राज्य बीज निगम तथा अन्य सरकारी संस्था बीज उत्पादन के कार्यों में लग गई।

यदि राष्ट्रीय बीज कार्यक्रम (National Seed Programme, NSP) को पूर्णरुप से देखा जाए तो ज्ञात होता है कि इस परियोजना के मुख्यतया दो अंग हैं: परियोजना अंग जिसमें 87.51 करोड़ रु0 (विश्व बैंक से 40 मिलियन यू.एस. डॉलर की सहायता मिली) व्यय करने के लिए दिया गया था तथा द्वितीय अंग कार्यक्रम अंग था, जिसमें 148.50 करोड़ रु0 (विश्व बैंक से 110 यू.एस. मिलियन डॉलर की सहायता प्राप्त हुई थी) की धन–राशि व्यय करने के लिए दिया गया था। परियोजना अंग के लिए संचित धन कोभा निम्नलिखित माध्यम द्वारा दिया गया :–

1. सरकारी एवं निजी बीज कम्पनियो को राष्ट्रीय कृषि एवं ग्रामीण विकास बैंक (National Bank for Agriculture and Rural Development, NABARD) के द्वारा पूँजी निवेश के लिए दिया गया
2. भारतीय कृषि अनुसंधान परिषद (ICAR)/राज्य कृषि विश्वविद्यालय के द्वारा प्रभेदों/किस्मों के विकास तथा प्रजनक बीज उत्पादन
3. बीज प्रमाणीकरण अभिकरण का सुदृढ़ीकरण
4. गतिशील बीज प्रसंस्करण इकाई का उपलब्धिकरण
5. संस्थानों की सुदृढ़ीकरण एवं प्रशिक्षण।

कार्यक्रम अंग के तहत धनराशि राज्य बीज निगम (State Seed Corporation, SSC's), राष्ट्रीय बीज निगम (National Seed Corporation, NSC) एवं भारतीय राज्य फार्म निगम लिमिटेड (State Farm Corporation of India Ltd., SFCI) को वित्तीय ढंग से नया रुप दिया जा सके एवं अधिकारी/कर्मचारी स्तरों पर अनुपातिक समयोजन हो ताकि निगम वित्तीय रुप से जीवन क्षम हो। प्रजनक बीज उत्पादन कार्यक्रम को सभी ICAR संस्थानों तथा कृषि विश्वविद्यालयों में सरकारी एवं निजी बीज कम्पनियों को राष्ट्रीय कृषि एवं ग्रामीण विकास बैंक (National Bank for Agriculture and Rural Development, NABARD) के 24.31 करोड़ रुपये (प्रभेद विकास के लिए) सुदृढ़ बनाया गया।

भारतीय कृषि अनुसंधान परिषद – राज्य कृषि विश्वविद्यालय प्रणाली (ICAR-SAUs) सभी अधिसूचित प्रजातियों के प्रजनक बीजों की उपलब्धता को सुनिश्चित कराने हेतु सतत रुप में प्रयासरत है। यह प्रजनक बीज एक श्रृंखला के रुप में

गुणन होने के पश्चात उच्च गुणवत्ता युक्त बीज किसानों को उपलब्ध कराया जाता है। प्रजनक बीजोत्पादन योजना वर्तमान में राष्ट्रीय बीज योजना के अन्तर्गत भारतवर्ष में 36 केन्द्रों पर प्रमुख फसलों के फसल एवं सब्जियों के प्रजनक बीज तथा 24 केन्दों पर तिलहनी फसलें जैसे मूंगफली, सूर्यमुखी तथा सोयाबीन इत्यादि जोकि विभिन्न राज्यों के कृषि विश्वविद्यालयों तथा भारतीय कृषि अनुसंधान परिषद में कार्यरत हैं। इस कार्यक्रम के तहत राज्य बीज निगम तथा अन्य सरकारी संस्था बीज उत्पादन के कार्यों में लग गई।

सारणी 4.3: राष्ट्रीय बीज परियोजना के अन्तर्गत विभिन्न राज्यों को आवन्टित धनराशि

वर्ष	अवस्था	राज्य	धनराशि (रु0 करोड़)
1975–84	अवस्था–I	आन्ध्र प्रदेश, हरियाणा, महाराष्ट्र एवं पंजाब	50.50 तथा विश्व बैंक की सहायता 21.34 यू.एस. मिलियन डॉलर
1978	अवस्था–II	बिहार, कर्नाटक, उड़ीसा, राजस्थान एवं उत्तर प्रदेश	38.91 तथा विश्व बैंक की सहायता 16.00 यू.एस. मिलियन डॉलर
मार्च 1990	अवस्था–III	असम, पश्चिम बंगाल, मध्य प्रदेश एवं गुजरात	236.01 तथा विश्व बैंक की सहायता 150.00 यू. एस. मिलियन डॉलर

भारतीय बीज प्रणाली (Indian Seed System)

भारतवर्ष में दो तिहाई से अधिक किसान अपने खेत से उत्पन्न उपज के एक भाग को बीज के रुप में प्रयोग करते हैं। यह अधिकाधिक संख्या यूरोपीय, अमेरिकी व अन्य विकसित देशों की तुलना में बहुत ज्यादा है। उदाहरणतया यूरोप में 10–50 प्रतिशत तक किसान खेतों से उत्पन्न उपज को बीज के रुप में प्रयोग करते हैं। भारतवर्ष में वर्षा आधारित कृषि प्रणाली में किसानों द्वारा उत्पन्न बीजों के प्रयोग का प्रचलन बहुत ज्यादा है, जबकि कपास, सूर्यमुखी, मक्का, बाजरा, सब्जियाँ तथा पुष्प इत्यादि जिनमें संकर बीजों का प्रचलन ज्यादा है, प्रतिवर्ष नये बीजों द्वारा विस्थापन करते हैं।

वर्षा आधारित बीज प्रणाली को समझने के लिए पिनोटी (2005) के अनुसार निम्नलिखित तीन प्रकार की प्रणाली प्रचलित है।

1. **किसानों की प्रजातियों के बीजः** किसानों के बीज स्थानीय प्रजातियों से उत्पन्न होते हैं ये प्रजातियां एक विशेष क्षेत्र में 30 वर्षों या इससे भी अधिक

से प्रचलित हैं। ये किसान प्रजातियां पारम्परिक कृषि तंत्र का अटूट अंग है। ये प्रजातियां प्रारम्भ में व्यवसायिक पादप प्रजनकों द्वारा विकसित की गई। कालान्तर में किसानों के द्वारा इन प्रजातियों में से चयनीकरण प्रक्रिया के द्वारा स्थानीय अनुकूलता हेतु नई प्रजातियां विकसित कर ली गई। ये प्रजातियां कई पीढ़ियों से प्रचलन में हैं।

2. **किसानों द्वारा सुरक्षित बीजः** किसानों के द्वारा अपने ही खेतों से उत्पन्न बीजों से विकसित एवं प्रचलित है। ये प्रजातियां सरकारी माध्यम उपक्रमों द्वारा विकसित की जाती है, साथ ही कुछ प्रजातियां व्यक्तिगत प्रजनकों/गैर सरकारी संस्थाओं/अन्तर्राष्ट्रीय संस्थाओं द्वारा भी विकसित एवं प्रचलित की जाती है। इन नई प्रजातियों को दो प्रकार से प्राप्त कर सकते हैं। एक विक्रेता से खरीदकर या अन्य किसान जो कि पहले से ही प्रजाति विशेष को उगा रहे हैं, उनसे लेकर। किसी भी परिस्थिति में किसान इन प्रजातियों को अपने खेतों में उगाते हैं तथा पहली कटाई के पश्चात उपज में से एक हिस्से को बीज हेतु प्रयोग करते हैं तथा अगले तीन या चार वर्षों तक अपने खेत से ही उत्पन्न बीजों का प्रयोग करते हैं।

3. **व्यवसायिक/औद्योगिक बीजः** संकर प्रजातियां, GM प्रजातियां इत्यादि व्यवसायिक बीज की श्रेणी में आते हैं। इन प्रजातियों का प्रजनन, उत्पादन एवं वितरण एक औद्योगिक ऋृंखला के द्वारा होता है। संकर किस्मों का विकास वर्तमान में सरकारी, गैर–सरकारी या निजी कम्पनियों द्वारा होता है तथा इनके बीजोत्पादन के लिए विशेष जानकारी एवं तकनीकी ज्ञान की आवश्यकता होती है जिसके कारण संकर किस्में एवं GM प्रजातियों का बीज प्रत्येक वर्ष नया खरीदा जाता है तथा इनके बीजों की विस्थापन दर शत–प्रतिशत है।

लुवार्स (1994) ने (1) समन्वित बीज आपूर्ति प्रणाली (Coordinated seed supply system) जोकि वैज्ञानिक पादप प्रजनन को पारम्परिक औपचारिक प्रणाली (Traditional formal system) से ग्रहण कर स्थानीय स्तर पर बीज उत्पादन एवं विसरण तकनीकियों तथा (2) समन्वित बीज आपूर्ति प्रणाली जोकि प्रारम्भिक रुप से बीज उत्पादन तकनीकियों, पारम्परिक औपचारिक प्रणाली से स्थानीय या विकसित प्रजातियों के मध्य विभाजन किया है। जबकि प्रथम आपूर्ति प्रणाली, अनुसंधान संस्थानों से तकनीकों के स्थानान्तरण से सम्बन्ध रखती है तथा इस प्रकार की प्रणाली को अनुसंधान आधारित बीज आपूर्ति प्रणाली कहते हैं। यह

प्रणाली स्थानीय स्तर पर बीज उत्पादन तथा विसरण (diffusion) नई प्रजातियों को बृहद् क्षेत्र में फैलाने का काम करती है जबकि दूसरी प्रणाली साधारणतया स्थनीय स्तर पर बीज उद्योग के विकास का कार्य करती है तथा इस प्रकार की प्रणाली को बीज उद्योग विकास के लिए समन्वित प्रणाली कहा जाता है। यह विशेष रुप से नई प्रजातियों के फैलाव का कार्य नहीं करती बल्कि बीज की सुरक्षित आपूर्ति को छोटे पैमाने पर किसानों के मध्य सुनिश्चत करती है। यह प्रणाली स्थिर नहीं रहती तथा समय के साथ पूर्ण रुप से विकसित, औपचारिक बीज इकाई बन जाती है।

औपचारिक एवं अनौपचारिक बीज प्रणाली (Formal and Informal Seed System)

भारतीय बीज आपूर्ति प्रणाली को औपचारिक (Formal) एवं अनौपचारिक (Informal) श्रेणियों में विभाजित किया जा सकता है। इसके अतिरिक्त जटिल रुप से विभिन्न मात्राओं में उपरोक्त वर्णित प्रणालियों के सम्मिश्रण का समावेश भी अक्सर देखा गया है। औपचारिक बीज आपूर्ति प्रणाली (Formal seed supply system) को दो भागों में विभाजित किया गया है। जोकि सरकारी तंत्र/उपक्रम तथा निजी कम्पनियां द्वारा अलग एवं विभाजित होते हैं। अनौपचारिक तंत्र (Informal System) में किसानों द्वारा अपने खेतों में उत्पन्न बीज तथा स्थानीय विपणन/विनिमय द्वारा एक समुदाय विशेष के मध्य में सम्पन्न होता है। केवल औपचारिक बीज तंत्र के अर्न्तगत अधिसूचित प्रजातिय बीज सुव्यवस्थित एवं उच्च गुणवत्ता युक्त होते है। इस प्रकार के बीजों का बहुत अधिक मात्रा में उत्पादन किया जाता है। यह प्रणाली एक "संगठित बीज तंत्र" (Organize Seed System) या पारम्परिक बीज तंत्र कहलाती है तथा इस प्रणाली के अर्न्तगत (1) राष्ट्रीय बीज उपक्रम (NSC/SFCI) (2) राजकीय बीज उपक्रम (SSC) (3) सरकारी सहायता प्राप्त सहकारी संस्थायें (Seed Cooperatives) (4) बहुराष्ट्रीय कम्पनियां (MNCs) (5) घरेलु निजी कम्पनियां (Domestic Seed Company), जो कि अपने अनुसंधान एवं विकास (R&D) की सुविधा रखती हैं, (6) अनुसंधान एवं विकास रहित घरेलु निजी कम्पनियां (7) संयुक्त उपक्रम (JV)। उदाहरणतया (i) बहुराष्ट्रीय एवं घरेलु कम्पनियां, (ii) घरेलु कम्पनियों का आपसी संयुक्त उपक्रम (iii) सरकारी संस्थान, निजी कम्पनियां तथा गैर सरकारी संघटन (NGO) उदाहरणतया संकर धान का बीजोत्पादन सम्मिलित हैं।

सारणी 4.4: भारत में बीज आपूर्ति प्रणाली

संगठित बीज उद्योग	पारम्परिक बीज वितरण/विपणन
राष्ट्रीय उपक्रम (NSC, SFCI, IFFCO, KRIBHCO etc)	किसान द्वारा उत्पादित बीज
राजकीय बीज उपक्रम (SSC etc.)	कृषक सहकारी संस्थाएँ
सरकारी सहायता प्राप्त सहकारी संस्थाएँ	सामुदायिक समुह
बहुराष्ट्रीय कम्पनियाँ (NNCs/TNCs)	बीज उत्पादक समुह
घरेलु निजी उद्योग	गैर सरकारी संगठन
संयुक्त उपक्रम (बहुराष्ट्रीय + घरेलु कम्पनी) (घरेलु + घरेलु)	

भारतीय बीज उद्योग एक नजर में

भारत में कुल बीज व्यापार का लगभग 50 प्रतिशत मुक्त परागित किस्में (OPVs) हैं, निजी क्षेत्र द्वारा प्रजनित संकर किस्में 90–95 प्रतिशत तक तथा कुछ फसलों में जैसे संकर धान, सूर्यमुखी एवं कपास में 100 प्रतिशत है। एक आकलन के अनुसार अभी भारतीय बीज उद्योग की विक्रय राशि लगभग 6000 करोड़ रु0 है।

राष्ट्रीय बीज उपक्रम	–	2
राजकीय बीज उपक्रम, कृषि मंत्रालय, भारत सरकार (SSCs)	–	13
राष्ट्रीय बीज अनुसंधान एवं प्रशिक्षण केन्द्र (NSRTC)	–	1
बीज अनुसंधान निदेशालय (ICAR)	–	1
राजकीय बीज प्रमाणीकरण संस्थाएं (SSCAs)	–	22
राजकीय बीज गुणवत्ता प्रयोगशाला (SSTLs)	–	103
बहुराष्ट्रीय, राष्ट्रीय एवं घरेलु उपक्रम	–	500
बीज ग्राम योजना के अन्तर्गत बीज ग्रामों की स्थापना	–	>25000
लघु, मध्यम तथा वृह्त आकार के बीज विक्रेता	–	≥ 2000

सिंह एवं दत्ता (2005) के अनुसार भारतवर्ष में 11.5 लाख कुन्टल विभिन्न फसलों के संकर बीजों का उत्पादन 1.32 लाख एकड़ क्षेत्रफल से प्रतिवर्ष उत्पन्न किया जाता है जिसके द्वारा 240 लाख मनुष्य दिनों के रुप में रोजगार उपलब्ध कराया जाता है। इसी प्रकार शाकीय फसलों का 9440 कुन्टल संकर बीज का उत्पादन प्रतिवर्ष होता है जिसके द्वारा 27.1 लाख मनुष्य दिनों के रुप में रोजगार उपलब्ध होता है। भारत में बीज उत्पादन के क्षेत्र में उतरोत्तर वृद्धि हो रही है जिसका अनुमान इस तथ्य से लगाया जा सकता है कि वर्ष 1962–63 में लगभग 500 हे0 क्षेत्रफल में ही बीजोत्पादन का कार्य होता था जोकि वर्ष 1999–2000 में बढ़कर 5 लाख हे0 क्षेत्रफल बीजोत्पादन के अन्तर्गत आच्छादित हुआ है।

सारणी 4.5: वर्षवार प्रमाणित/गुणवत्ता बीज का किसानों को वितरण

वर्ष	मात्रा (लाख कुन्टल)	वर्ष	मात्रा (लाख कुन्टल)	वर्ष	मात्रा (लाख कुन्टल)
1953-54	1.8	**1983-84**	45.0	**1990-91**	57.1
1970-71	5.16	**1984-85**	48.5	**1991-92**	57.5
1978-79	0.9	**1985-86**	55.0	**1992-93**	58.5
1979-80	14.0	**1986-87**	55.8	**1993-94**	61.0
1980-81	25.0	**1987-88**	56.3	**1994-95**	65.0
1981-82	29.8	**1988-89**	56.8	**1995-96**	68.8
1982-83	42.1	**1989-90**	57.0	**1996-97**	70.0

स्रोतः आर्थिक सर्वे (1995–1996)
The seed sector in Andhra Pradesh, 2005

वर्ष 1950 के पूर्व भारतवर्ष में बीज उत्पादन लगभग असंगठित था। बीज उत्पादन का कार्य मुख्य रुप से निजी कंपनियों एवं व्यापारियों द्वारा किया जाता था, और सरकार का योगदान सीमित ही था। लेकिन ये सभी प्रयास बीजों की वास्तविक आवश्यकता की तुलना में बहुत ही अपर्याप्त थे। भारत सरकार ने वर्ष 1956–57 में एक 'राज्य बीज फार्म परियोजना' (State Seed Farms Project) शुरु की। इस परियोजना के अंतर्गत विशेष रुप से घान्यों के आधार बीज का उत्पादन किया जाना था। बाद में, 1963 में, राष्ट्रीय बीज निगम की स्थापना की गई। भारतीय बीज अधिनियम (Indian Seed Act) वर्ष 1966 में पारित किया गया।

राष्ट्रीय बीज निगम की स्थापना भारतवर्ष में बीज उद्योग के विकास में एक बहुत ही महत्वपूर्ण घटना थी। बीज उद्योग पर इसके प्रभाव को निम्नलिखित आँकड़े स्पष्ट कर देते हैं: वर्ष 1966–67 में कुल 3,608 कुन्टल बीज का उत्पादन किया गया था, जबकि 1984–85 में यह मात्रा 48.46 लाख कुन्टल हो गई थी। राष्ट्रीय बीज नीति के अन्तर्गत बीज विस्थापन दर (SRR) जोकि स्वपरागित फसलों के लिए 25 प्रतिशत, परपरागित फसलों में 35 प्रतिशत तथा संकर फसलों के लिए शतप्रतिशत निर्धारित की गई है, उसमें लक्ष्यों की प्राप्ति हेतु कम से कम 245 लाख कुन्टल गुणवत्तायुक्त बीज की आवश्यकता 2012 तक होगी, जबकि वर्तमान 2008–09 में प्रमाणित बीज का उत्पादन 190 लाख कुन्टल के स्तर पर पहुँच गया है। कृषि के विविधिकरण एवं सघनीकरण के अन्तर्गत फसलों/प्रजातियों के उच्च गुणवत्तायुक्त बीजों की आपूर्ति अत्यन्त आवश्यक है।

सारणी 4.6: वर्षवार गुणवत्ता बीजों का उत्पादन तथा वितरण

वर्ष	प्रजनक बीज (कि.)	आधार बीज (लाख कि.)	प्रमाणित बीज (लाख कि.)
1997-1998	46134	6.84	78.79
1998-1999	38994	6.75	84.97
1999-2000	51131	4.66	87.98
2000-2001	42690	5.91	86.27
2001-2002	47021	5.5	91.00
2002-2003	49000	6.0	93.0
2003-2004	50000	6.5	117.0
2004-2005	66460	6.9	113.10
2005-2006	68654	7.4	126.74
2006-2007	73829	7.96	155.01
2007-2008	91960	8.22	179.05
2008-2009*	100000	9.69	190.0

स्रोत: कृषि मंत्रालय, भारत सरकार

* अनुमानित

भारतीय बीज उद्योग विश्व के दस बड़े बीज उद्योगों में से एक है जिसका आकलन लगभग 1.4 बिलियन यू.एस. डॉलर है। हमारे देश में भारतीय मूल की

कम्पनियों के अलावा बहुराष्ट्रीय कम्पनियाँ (MNCs) तथा घरेलू एवं बहुराष्ट्रीय कम्पनियों का संयुक्त उपक्रम (JV) एवं अधिक संख्या में छोटी–छोटी लगभग 500 की संख्या में बीज उत्पादन, प्रसंस्करण, भंडारण एवं विपणन ईत्यादि कार्यों में संलग्न हैं।

विगत 40 वर्षों में बीज व्यापार में तीनगुना वृद्धि हुई है जोकि 13 बिलियन यू. एस. डॉलर से 36 बिलियन यू.एस. डॉलर तक पहुँच चुका है। इसका अनुमान निम्नलिखित सारणी से लगाया जा सकता है

सारणी 4.7: विश्व स्तर पर बीज विपणन प्रगति की स्थिति (1979–2007) (मिलियन यू.एस. डॉलर)

देश	1979	1995	2007
संयुक्त राज्य अमेरिका	2650	4500	8500
चाईना	550	2000	4000
फ्रांस	770	1800	2150
ब्राजील	570	1200	2000
जापान	560	1500	1500
भारत	380	800	1500
जर्मनी	540	1500	1500
इटली	350	700	900
अर्जेन्टाइना	210	400	950
कनाडा	160	550	550
रुस	–	1500	500
स्पेन	170	550	450
कोरिया	–	–	400
आस्ट्रेलिया	160	200	400
मेक्सिको	150	–	550
पोलैंड	450	4000	350
तुर्की	85	–	550

Contd...

इग्लैण्ड (यू.के.)	555	570	400
ताइवान	–	–	500
दक्षिण अफ्रीका	80	–	500
नीदरलैण्ड	105	500	500
चेक गणराज्य	–	–	500
हंगरी	180	400	500
बंगलादेश	–	–	250
डेनमार्क	165	190	250
अन्य देश	4650	9140	7500
कुल	15250	28000	36530

स्रोतः Buanec (2008)

सारणी 4.8ः वर्ष 2008 (जून) में विश्व स्तर पर बीज एवं पौधरोपण सामग्री में घरेलू व्यापार के आकार का आकलन (यू.एस. मिलियन डॉलर में)

देश	घरेलु व्यापार का आकार	देश	घरेलु व्यापार का आकार
संयुक्त राज्य अमेरिका	8500	मोरक्को	140
चीन	4000	मिस्र	140
फ्रांस	5150	बुल्गेरिया	120
ब्राजील	2000	चिली	120
भारत	1500	साइबेरिया	120
जापान	1500	नाइजीरिया	120
जर्मनी	1500	स्लोवाकिया	110
ईटली	1000	न्यूजीलैंड	100
अर्जेंटीना	950	स्विटजरलैंड	90
कनाडा	550	पाराग्वे	80
रुसी संघ	500	पुर्तगाल	80
स्पेन	450	आयरलैंड	80
आस्ट्रेलिया	400	अल्जीरिया	70
कोरिया	400	उरुग्वे	70
ब्रिटेन	400	कीनिया	60

Contd...

मेक्सिको	350	इरान	55
पोलैंड	350	इजरायल	50
तुर्की	350	ट्यूनिशिया	45
ताइवान	300	कोलंबिया	400
दक्षिण अफ्रीका	300	बोलिविया	40
हंगरी	300	स्लोवेनिया	40
निदरलैंड	300	जिम्बाबवे	30
चेक गणराज्य	300	पेरु	30
डेनमार्क	250	लीबीया	25
बांग्लादेश	250	सउदी अरबीया	20
ग्रीस	240	जांबिया	20
स्वीडन	240	इक्वाडोर	15
रोमानिया	220	तनजानिया	15
बेल्जियम	190	मालावी	10
फीनलैंड	160	युगांडा	10
आस्ट्रेलिया	150	डोमिनिकन गणराज्य	7
Total = 32002*			

स्रोतः www. worldseed.org.

* विश्व स्तर पर व्यापारिक बीज बाजार के आकार का आकलन लगभग 36.5 बिलियन यू.एस. $ है।

सारणी 4.9: वर्ष 2004 में प्रमुख देशों के बीज आयात की स्थिति (यू.एस. मिलियन डॉलर)

देश	आयात बीज	देश	आयात बीज
यू.एस.ए.	335	कनाडा	126
फ्रांस	318	यू. के.	85
मेक्सिको	305	चाईना	52
निदरलैण्ड	157	पोलैण्ड	54
ईटली	197	रसियन फेडेरेशन	49
जर्मनी	251	ऑस्ट्रिया	59
स्पेन	103	ग्रीस	43
बेलजियम	130	अन्य	754
कुल 3,018			

स्रोतः आई. एस. एफ. सचिवालय

भारतीय बीज व्यापार में सरकारी उपक्रमों की ही प्रधानता थी, परन्तु 1988 के सरकार के बीज की नीति से निजी कम्पनियों का भी रुझान इस व्यापार में जोर पकड़ रहा है। एक आकलन के मुताबिक करीब 46 प्रतिशत जो बीज बाजार में बिक रहे हैं वे निजी कम्पनी के द्वारा उत्पादित हैं। कृषि उत्पादन तथा उत्पादकता को बढ़ाने में सरकार भी अब काफी ध्यान दे रही है तथा इसी के मद्देनजर वर्ष 2002 में सरकार द्वारा राष्ट्रीय बीज नीति बनायी गई है, जिसके अन्तर्गत बीज व्यापार में व्यापक संशोधन किया जा सकेगा तथा निजी कम्पनियों को भी बढ़ावा दिया जायेगा।

सारणी 4.10: भारत में संस्थागत एवं निजी बीज उद्योगो की हिस्सेदारी

वर्ष	संस्थागत (प्रतिशत)	निजी (प्रतिशत)	बीज उद्योग का कुल आकार (मिलियन रु0)
1994	30	70	10000
1991	-	-	12 – 16000
2000	-	-	20000
2004	25	75	39000

स्रोत: GAPS June (2005)

सारणी 4.11: भारत में संस्थागत, निजी उद्योग एवं अव्यवस्थित बीज उद्योगो की प्रगति

उद्योग	बाजार का आकार रु0 (मिलियन)								निर्यात बीज व्यापार
	1994	%	1998	%	2000	%	2004	%	
संस्थागत (Public sector)	4000	40	5200	27	5500	25	NA	21*	-
निजी उद्योग (Private sector, organized)	3500	35	11170	55	13200	60	NA	60*	
अव्यवस्थित (Unorganized)	2500	25	3.500	18	3300	15	NA	15*	-
कुल	**10000**	-	**20190**	-	**22000**	-	**39000***		**1000***

स्रोत: Lal (2008) NA – not applicable

सारणी 4.12: भारत में संस्थागत एवं निजी बीज उत्पादकों की हिस्सेदारी

वर्ष	बीज उत्पादन में हिस्सेदारी	
	निजी उद्योग (प्रतिशत)	संस्थागत (प्रतिशत)
2004	49.11	50.89
2005	58.00	42.00
2006	57.75	42.25

स्रोत: http://planningcommission.nic.in/plants/planrel/fiveyr/11th/11_v3/1v3_ch1.pdf

एशियाई सब्जी अनुसंधान एवं विकास केन्द्र, ताईवान (Asian Vegetable Research and Development Centre, AVRDC) द्वारा किये गये अध्ययन के अनुसार दक्षिणी–पूर्वी एशिया एवं दक्षिणी एशिया (भारत, फिलिपाइन्स, थाईलैंड, इन्डोनेशिया, वियतनाम) में बीज बिक्री के अनुसार कद्दूवर्गीय सब्जियों के बीज की बिक्री सर्वाधिक है। इसके पश्चात क्रमशः सोलेनेसी एवं जड़ वाली सब्जियों का स्थान है।

सारणी 4.13: शाकीय फसलों/प्रजातियों में संकर बीजों का प्रतिशत एवं बीज विस्थापन दर

फसल	बीज विस्थापन दर (प्रति0)	संकर बीजों की हिस्सेदारी (प्रति0)	
		2001–02	2005–06
टमाटर	99.3	28.0	60.0
बैंगन	63.4	17.8	22.0
मिर्च	83.7	3.0	10.0
शिमला मिर्च	95	5.0	15.0
फूलगोभी	86.4	4.0	15.0
पत्तागोभी	100	32.0	50.0
मूली	96.5	3.0	10.0
प्याज	87.3	–	–
भिंडी	92.4	6.0	25.0
खरबूजा	71	5.0	30.0
तरबूज	89.2	6.0	40.0
खीरा	72.6	3.0	35.0
लौकी, तोरी, करेला इत्यादि	73.5	2.0	25.0

स्रोत: http://www.scribd.com/doc/5463820/Vegetale-Seed-Industry

भारत में शाकीय फसलों के संकर बीजों की बिक्री भारत में लगभग 40 मिलियन डॉलर प्रतिवर्ष है। टमाटर के संकर बीजों की बिक्री का हिस्सा 20 प्रतिशत है उसके पश्चात क्रमशः भिंडी एवं पत्तागोभी आते हैं, यहां पर यह बात ध्यान देने योग्य है कि पत्तागोभी के बीजों की सम्पूर्ण मात्रा तथा फूलगोभी के बीजों की लगभग 70 प्रतिशत मात्रा आयात होती है। जैसा की निम्न सारणी में दर्शाया गया है। शाकीय फसलों की OPV प्रभेदों के बीजों की बिक्री लगभग 118 मिलियन डॉलर प्रतिवर्ष है। स्थानीय एवं अचिन्हित प्रभेदों तथा किसानों के द्वारा बचाये गए बीज एक बहुत बड़े क्षेत्रफल में लगाई जाते हैं। एक अनुमान के अनुसार मिर्च, फूलगोभी तथा बैगन में 30 से 50 प्रतिशत, टमाटर तथा भिंडी में 15 से 20 प्रतिशत तथा खरबूजे में 60 प्रतिशत क्षेत्रफल इस प्रकार के प्रभेदों के बीजों से आच्छादित है (अज्ञात, 2008)।

सारणी 4.14: भारत में शाकीय फसलों के संकर बीजों की बिक्री एवं आयात (2005–06)

फसल	बिक्री (कुंटल)	मूल्य (यू.एस. मिलियन डॉलर)	आयातीत बीज (प्रति0)
भिंडी	5000	8.16	0
बैंगन	150	1.84	0
टमाटर	280	8.57	2
मिर्च	150	5.5	50
शिमला मिर्च	10	1.02	40
पत्तागोभी	400	6.12	100
फूलगोभी	100	3.27	70
खीरा	30	0.42	15
खरबूजा	55	0.84	20
तरबूज	400	3.27	15
लौकी, तोरी, करेला इत्यादि	300	1.44	30
कुल	**6322**	**40.45**	

स्रोत: http://www.scribd.com/doc/5463820/Vegetale-Seed-Industry

सारणी 4.15: भारतीय बीजों के निर्यात की स्थिति

क्र.स.	घटक	निर्यात मूल्य (यू.एस. मिलियन डालर)
1.	विश्व स्तर पर बीजों का निर्यात	3640
2.	भारतीय बीजों का निर्यात	20
3.	घरेलू बीजों का व्यापार	680
4.	सामान्य रुप से भारतीय बीजों का विपणन (प्रतिशत)	3
5.	विश्व स्तर पर भारतीय बीजों का विपणन (प्रतिशत)	0.55

स्रोतः कृषि एवं खाद्य संगठन 2002

सारणी 4.16: भारतीय बीज उद्योग एवं आयात एवं निर्यातक देश की सूचि

उत्पादक देश	आयातक देश
भारत	(33 प्र0) संयुक्त राज्य अमेरिका (टमाटर) फ्रांस, पाकिस्तान, हॉलैण्ड, जापान, मलेशिया
उत्पादक देश	**निर्यात**
संयुक्त राज्य अमेरिका (28 प्र0) हॉलैण्ड, जापान, कोरिया	भारत

भारत में हरित क्रांति के पश्चात् बीज उद्योग की प्रगति का विश्लेषण

भारत में प्रमाणित/गुणवत्ता युक्त बीज का वितरण वर्ष 1980–81 से 2005–06 तक तालिका 4.17 में दर्शाया गया है। वर्ष 1980–81 में प्रमाणित बीज का वितरण 25 लाख कु0 था। जोकि बढ़कर वर्ष 1990–91 में 57 लाख कु0 हुआ तथा 2000–01 में 86 लाख कु0 तथा वर्ष 2005–06 में बढ़ कर 119 लाख कु0 तक पहुंच गया। आर्थिक सुधारों के पश्चात् बीज वितरित बीज की मात्रा 2005–06 में वर्ष 1990–91 की तुलना में दोगुनी हो गई। भारतीय बीज उद्योग की विकास दर बहुत उंची है इसका मुख्य कारण है कि प्रमाणित/गुणवत्ता युक्त बीजो की मांग दिन पर दिन बढ़ती ही जा रही है। सारणी 4.17 में वर्णित आंकड़ों के अनुसार

विगत 25–30 वर्षों में कुल वितरित बीज प्रति वर्ष में धान्य फसलों (गेंहूं, धान, मक्का, ज्वार, बाजरा, रागी तथा जौ इत्यादि) के बीजों की प्रमुख हिस्सेदारी रही है। इन फसलों की हिस्सेदारी जोकि वर्ष 1980–81 में लगभग 80 प्रतिशत थी घटकर 1990–91 में लगभग 61 प्रतिशत तथा वर्ष 2000–01 में 69 प्रतिशत तथा वर्ष 2005–06 में घटकर पुनः 62 प्रतिशत पर पहुँच गई। यह विशलेषण इस तथ्य को प्रमुखता से दर्शाता है कि वस्तुतः भारतीय बीज उद्योग धान्य फसलों के बीजों पर प्रमुख रुप से आधारित/केन्द्रित है। धान्य फसलों में भी दो प्रमुख फसलें– गेहूं तथा धान फसलों की हिस्सेदारी भारत में कुल वितरित बीज की मात्रा का 50 प्रतिशत से भी अधिक है। वर्ष 2005–06 इन दो प्रमुख फसलों के वितरित बीज की हिस्सेदारी लगभग 54 प्रतिशत थी। धान्य फसलों के अतिरिक्त तिलहनी फसलों के बीज की हिस्सेदारी लगभग 19 प्रतिशत, तत्पश्चात दलहनी फसलों के बीज की हिस्सेदारी लगभग 8 प्रतिशत रही है, जबकि आलू तथा अन्य फसलों के वितरित बीजों की हिस्सेदारी 7.5 प्रतिशत तथा रेशे वाली फसलों की बीजों की हिस्सेदारी मात्र 3 प्रतिशत दर्ज की गई।

सारणी 4.17: वर्ष 1980–81 से 2005–06 तक भारत में फसलवार प्रमाणित /गुणवत्ता युक्त बीजो का उत्पादन (लाख कु0)

फसल/वर्ष	1980-81	1985-86	1990-91	1995-96	2000-01	2003-04	2004-05	2005-06
गेहूँ	10.17	14.60	14.20	22.41	27.04	35.97	36.00	36.50
	(40.66)	(26.54)	(24.87)	(32.06)	(31.34)	(33.18)	(31.83)	(30.80)
धान	6.41	10.41	13.66	15.37	24.40	26.51	27.00	27.50
	(25.63)	(18.92)	(23.92)	(21.99)	(28.28)	(24.46)	(23.87)	(23.20)
मक्का	0.85	1.75	1.49	1.55	3.11	3.38	4.00	4.30
	(3.40)	(3.18)	(2.61)	(2.22)	(3.60)	(3.12)	(3.54)	(3.63)
ज्वार	1.51	2.83	3.46	2.73	2.39	2.37	2.50	2.75
	(6.04)	(5.14)	(6.06)	(3.91)	(2.77)	(2.19)	(2.21)	(2.32)
बाजरा	1.04	1.58	1.68	1.66	1.95	1.76	2.00	2.10
	(4.16)	(2.87)	(2.94)	(2.37)	(2.06)	(1.62)	(1.77)	
रागी	-	0.11	0.16	0.31	0.19	0.21	0.25	0.30
		(0.20)	(0.28)	(0.44)	(0.23)	(0.19)	(0.22)	(0.25)
जौ	-	0.09	0.05	-	0.39	0.62	0.60	0.65
		(0.16)	0.09)	-	0.45	0.57	0.53	0.55
योग (खाद्यान्न फसलें)	**19.98**	**31.37**	**34.70**	**44.03**	**59.47**	**70.82**	**72.35**	**74.10**
	(79.89)	**(57.03)**	**(60.77)**	**(62.99)**	**(68.93)**	**(65.33)**	**(63.97)**	**(62.52)**

Contd...

चना	-	0.87 (1.58)	1.14 (2.00)	1.22 (1.75)	1.09 (1.26)	3.90 (3.60)	4.00 (3.54)	4.50 (3.81)
मसूर	-	0.23 (0.42)	0.09 (0.16)	0.05 (0.07)	0.13 (0.15)	0.35 (0.32)	0.40 (0.42)	0.50
मटर	-	0.28 (0.51)	0.32 (0.56)	0.27 (0.39)	0.26 (0.30)	0.60 (0.55)	0.70 (0.62)	0.80 (0.67)
उरद	-	0.35 (0.64)	0.65 (1.14)	0.69 (0.99)	0.88 (1.03)	1.32 (1.22)	1.35 (1.19)	1.50 (1.27)
मूंग	-	0.32 (0.58)	0.60 (1.05)	0.63 (0.90)	0.78 (0.90)	1.21 (1.12)	1.20 (1.06)	1.40 (1.18)
अरहर	-	0.19 (0.35)	0.49 (0.86)	0.57 (0.82)	0.58 (0.68)	0.64 (0.59)	0.70 (0.62)	0.75 (0.63)
लोबिया	-	0.06 (0.11)	0.10 (0.18)	0.13 (0.19)	0.06 (0.07)	0.05 (0.05)	-	-
मोठ		0.02 (0.04)	0.02 (0.04)					
अन्य	1.06 (4.24)	-	-	-	0.07 (0.08)	0.10 (0.09)	-	-
येाग (दलहनी फसलें)	**1.06 (4.24)**	**2.32 (4.22)**	**3.41 (5.97)**	**3.56 (5.11)**	**3.85 (4.46)**	**8.17 (7.54)**	**8.35 (7.38)**	**9.45 (7.98)**
मूंगफली	-	3.77 (6.85)	6.02 (10.54)	6.85 (9.80)	5.40 (6.25)	7.00 (6.46)	8.00 (7.07)	8.50 (7.42)
तोरिया	-	0.48 (0.87)	0.74 (1.30)	0.86 (1.23)	0.69 (0.80)	0.91 (0.84)	1.00 (0.88)	1.00 (0.84)
तिल	-	0.04 (0.07)	0.08 (0.14)	0.11 (0.16)	0.10 (0.12)	0.14 (0.13)	0.15 (0.13)	0.20 (0.17)
सूर्यमुखी	-	0.28 (0.51)	0.41 (0.72)	0.82 (1.17)	0.42 (0.49)	0.56 (0.51)	0.70 (0.63)	0.75 (0.63)
सोयाबीन	-	0.81 (1.47)	1.01 (1.77)	3.57 (5.11)	5.46 (6.33)	10.20 (9.41)	11.00 (9.74)	11.50 (9.71)
तीसी	-	0.06 (0.11)	0.01 (0.02)	0.01 (0.01)	0.01 (0.01)	0.01 (0.01)	0.05 (0.04)	0.06 (0.05)
अरंडी बीज	-	0.18 (0.33)	0.20 (0.35)	0.26 (0.37)	0.39 (0.45)	0.39 (0.36)	0.40 (0.35)	0.45 (0.38)
कुसुम	-	0.06 (0.11)	0.11 (0.19)	0.15 (0.21)	0.06 (0.07)	0.04 (0.04)	0.05 (0.04)	0.06 (0.05)
अन्य	2.28 (9.12)	-	-	-	0.01 (0.01)	0.14 (0.13)	-	-
योग	**2.28**	**5.68**	**8.59**	**12.64**	**12.54**	**19.39**	**21.35**	**22.82**

Contd...

तिलहनी	**(9.12)**	**(10.22)**	**(15.05)**	**(18.07)**	**(14.54)**	**(17.89)**	**(18.88)**	**(19.25)**
कपास	-	2.08	1.92	2.34	2.61	2.45	2.50	2.75
		(3.78)	(3.36)	(3.35)	(3.03)	(2.26)	(2.21)	(2.32)
जूट	-	0.27	0.24	0.24	0.27	0.20	0.25	0.30
		(0.49)	(0.42)	(0.34)	(0.31)	(0.18)	(0.22)	(0.25)
मेस्ता/अन्य	-	-	-	-	0.03	0.13	-	0.20
					(0.03)	(0.12)		(0.17)
योग (रेशेदार फसलें)	-	**2.35**	**2.16**	**2.58**	**2.91**	**2.78**	**2.75**	**3.25**
		(4.27)	**(3.78)**	**(3.69)**	**(3.37)**	**(2.56)**	**(2.43)**	**(2.74)**
आलू	1.69	13.22	7.97	6.85	7.23	7.01	8.00	8.50
	(6.76)	24.03)	13.93	9.80	8.38	6.47	7.07	7.17
अन्य	-	0.07	0.27	0.24	0.27	0.23	0.30	0.40
		(0.13)	(0.47)	(0.34)	(0.32)	(0.21)	(0.27)	(0.34)
योग (अन्य)	1.69	13.29	8.24	7.09	7.50	7.24	8.30	8.90
	(6.76)	(24.16)	(14.43)	(10.14)	(8.70)	(6.68)	(7.34)	(7.51)
कुल योग	**25.01**	**55.01**	**57.10**	**69.90**	**86.27**	**108.40**	**113.10**	**118.52**
	(100.00)	**(100.00)**	**(100.00)**	**(100.00)**	**(100.00)**	**(100.00)**	**(100.00)**	**(100.00)**

स्रोतः Verma & Sidhu, 2009

कोष्ठक में वर्णित अंक कुल योग का प्रतिशत दर्शाते हैं

वर्मा एवं सिद्धु (2009) के द्वारा किए गए बीज वितरण के विश्लेषण से सम्बन्धित यौगिक विकास दर के आधार पर भारत में प्रमाणित/गुणवत्ता युक्त बीजों के वितरण से सम्बन्धित आंकड़े जो यौगिक विकास दर (Compound Growth Rates) के आधार पर सारणी 4.18 में दर्शाये गए हैं। तालिका में वर्णित अवधि–I (1980–81 से 1994–95) के अनुसार यह निष्कर्ष निकलता है कि सर्वाधिक यौगिक विकास दर तिलहनी फसलों के बीजों के वितरण–लगभग 12 प्रतिशत, तत्पश्चात दलहनी फसलों – 8.18 प्रतिशत तथा धान्य फसलों के बीजों के वितरण की यौगिक विकास दर 4.8 प्रतिशत रही, उपरोक्त वर्णित सभी विकास दरें सांख्यिकीय रुप से प्रभावी (Statistically significant) थी। कुल मिलाकर अवधि– I की विकास दर 5.29 प्रतिशत प्रति वर्ष रही, जोकि सांख्यिकीय रुप से प्रभावी रही। जौ, मसूर, मोठबीन तथा अलसी में ऋणात्मक यौगिक वृद्धि पायी गई। धान्य फसलों के अन्तर्गत सर्वाधिक विकास दर धान (6.4 प्र0/वर्ष) सांख्यिकीय रुप से प्रभावी पायी गई। जबकि दलहनी फसलों में सर्वाधिक विकास दर अरहर (10.93 प्र0/वर्ष)

दर्ज की गई, जबकि तिलहनी फसलों में सर्वाधिक वृद्धि सोयाबीन (19.1 प्र0/वर्ष) दर्ज की गई जोकि सांख्यिकीय रुप से प्रभावी रही।

अवधि–II (1995–96 से 2005–06) में विश्व व्यापार संगठन (WTO) के पश्चात की अवधि है, में कुल मिलाकर भारत में प्रमाणित/गुणवत्ता युक्त बीजों के वितरण की यौगिक विकास दर 5.28 प्रतिशत प्रति वर्ष रही जो सांख्यिकीय रुप से प्रभावी पायी गई। ज्वार, लोबिया, सरसों/तोरी, सूर्यमुखी, कपास एवं जूट के संदर्भ में ऋणात्मक यौगिक वृद्धि दर दर्ज की गई, जबकि रागी, मूंगफली, सूर्यमुखी तथा सभी रेशे वाली फसलों (जूट को छोड़कर) में सांख्यिकीय रुप से अप्रभावि वृद्धि दर पायी गई। अवधि–II में सर्वाधिक यौगिक वृद्धि दर दलहनी फसलों में (10.55 प्र0/वर्ष) दर्ज की गई, तत्पश्चात तिलहनी फसलें (5.91 प्र0/वर्ष), धान्य फसलें (4.93 प्र0/वर्ष) तथा अन्य फसलें (1.83 प्र0/वर्ष) ये सभी विकास दरें सांख्यिकीय रुप से प्रभावी रही। दलहनी फसलों के संदर्भ में सर्वाधिक विकास दर मसूर (24.64 प्र0/वर्ष) पायी गई जोकि सांख्यिकीय रुप से प्रभावी रही। धान्य फसलों के संदर्भ में सर्वाधिक वृद्धि दर जौ (18.85 प्र0/वर्ष) में देखी गई। तिलहनी फसलों के समूह में सर्वाधिक वृद्धि विकास दर पुनः सोयाबीन फसल में रही जो 14.18 प्र0/वर्ष पायी गई। यौगिक वृद्धि दरें धान्य तथा तिलहनी फसलों के बीजों के वितरण के संदर्भ में सांख्यिकीय रुप से प्रभावी रही।

अवधि III (1980–81 से 2005–06) के संदर्भ में कुल मिलाकर भारत में प्रमाणित/गुणवत्ता युक्त बीजों के वितरण की यौगिक विकास दर 4.85 प्रतिशत प्रति वर्ष रही जोकि सांख्यिकीय रुप से प्रभावी रही। लोबिया, मोठबीन तथा सूर्यमुखी के संदर्भ में ऋणात्मक विकास दर दर्ज की गई, इसके साथ ही ज्वार, लोबिया, सूर्यमुखी, मेस्ता तथा अन्य रेशे वाली फसलें एवं आलू सहित अन्य फसलों के प्रमाणित/गुणवत्ता युक्त बीजों के वितरण की यौगिक विकास दर सांख्यिकीय रुप से **अप्रभावी** रही। सम्पूर्ण काल (1980–81 से 2005–06) सर्वाधिक यौगिक वृद्धि विकास दर तिलहनी फसलों (7.43 प्र0/वर्ष) में पायी गई। तत्पश्चात दलहनी फसलें (6.33 प्र0/वर्ष), धान्य फसलें (5.17 प्र0/वर्ष) तथा रेशे वाली फसलों के बीजों का वितरण (2.56 प्र0/वर्ष) की वृद्धि दर दर्ज की गई। ये सभी यौगिक वृद्धि दरें सांख्यिकीय रुप से प्रभावी रही लेकिन सांख्यिकीय रुप से अप्रभावी विकास दर (0.43 प्र0/वर्ष) अन्य फसलों के बीजों के वितरण के सम्बन्ध में दर्ज की गई। इस आधार पर वर्मा एवं सिद्धु (2009) ने यह निष्कर्ष निकाला कि सुधारों के पश्चात के समय से सभी फसलों (तिलहनी तथा रेशे वाली फसलों को छोड़कर) के प्रमाणित/गुणवत्ता युक्त बीजों के वितरण में सुधार हुआ है।

सारणी 4.18: भारत में फसलवार प्रमाणित/गुणवत्ता युक्त बीजों के वितरण की यौगिक विकास दर (Compound Growth Rates) (प्रतिशत/वर्ष)

फसल/वर्ष	अवधि - I (1980-81 to 1994-95)	अवधि – II (1995-96 to 2005-06)	अवधि - III 1980-81 to 2005-06)
धान्य फसलें			
गेहूँ	4.01*	5.53*	5.61*
धान	6.40*	5.50*	5.89*
मक्का	0.69NS	9.55*	4.68*
ज्वार	6.12*	-1.26*	0.36NS
बाजरा	2.28**	1.69**	1.64***
रागी	1.55***	1.23NS	1.77**
	-2.48**		
जौ		18.85*	12.39*
योग (धान्य)	**4.80***	**4.93***	**5.17***
दलहनी फसलें			
चना	4.18*	16.21*	5.23*
मसूर	-8.08*	24.64*	3.68*
मटर	1.4***	12.01*	3.11*
उरद	7.23*	6.15*	5.77*
मूंग	6.79*	7.59*	4.46*
अरहर	10.93*	2.30*	5.1*
लोबिया	6.81*	-8.16*	-0.6NS
मोठ	-9.19*		
अन्य	-	0.65NS	0.65NS
योग (दलहनी फसलें)	**8.18***	**10.55***	**6.33***
तिलहनी फसलें			
मूंगफली	8.91*	1.13NS	3.02*
तोरिया/सरसो	11.69*	-0.43*	5.59*
तिल	12.78*	4.07*	7.22*
सूर्यमुखी	14.55*	0.60NS	4.92*
अलसी	-3.28*	12.16*	1.37***
अरंडी बीज	13.76*	5.19*	7.53*
कुसुम	12.75*	-11.12*	-0.34NS
अन्य	-	27.79*	-
योग (तिलहनी फसलें)	**12.02***	**5.91***	**7.46***
रेशेदार फसलें			
कपास	1.42***	-0.51NS	2.52*
जूट	2.43**	-1.51***	1.38***
मेस्ता/अन्य	-	0.47NS	0.47NS
योग (रेशेदार फसलें)			
आलू	1.47***	1.72**	0.28NS
अन्य	11.25*	7.30*	4.31*
योग	**1.78****	**1.83****	**0.43NS**
कुल योग	**5.29***	**5.28***	**4.85***

*Significant at 10% level of significant ** Significant at 5% level of significance
*** Significant at 1% level of significance NS-Non significant

स्रोत: Verma & Sidhu, 2009

बीज की आवश्यकता तथा आपूर्ति में अंतर

भारत में प्रमाणित/गुणवत्ता युक्त बीजों की आवश्यकता तथा आपूर्ति में अंतर को गेहूं एवं धान फसलों के संदर्भ में आंकड़े सारणी 4.19 में दर्शाए गए हैं। सारणी 4.19 के अनुसार भारतीय किसानों की गेहूं एवं धान के बीजों की आवश्यकता तथा आपूर्ति वर्ष 2001–02 से 2005–06 तक प्रति वर्ष के अंतर के विश्लेषण के आधार पर यह निष्कर्ष निकलता है कि गेहूं के बीजों की आवश्यकता तथा आपूर्ति में 45 प्रतिशत से 50 प्रतिशत तक अंतर दर्ज किया गया, जोकि धान के संदर्भ में इसी अवधि में 14.5 से 27.5 प्रतिशत प्रति वर्ष तक अंतर दर्ज किया गया। यह अंतर भारत में इन प्रमुख फसलों के बीजों की आपूर्ति कराने की दिशा में गंभीर प्रयास करने की ओर संकेत करता है तथा संस्थागत बीज उद्योग अकेले इस अंतर को कम नहीं कर सकते वस्तुतः इस दिशा में निजी बीज उद्योग की सहभागिता भी अतिआवश्यक है।

सारणी 4.19: भारत में गेहूँ एवं धान के प्रमाणित/गुणवत्ता युक्त बीजों की आवश्यकता तथा आपूर्ति (2001–02 से 2005–06)

वर्ष	फसल क्षेत्र (मिलियन हे0)	बीज की आवश्यकता (लाख कु0)	वितरित बीज (लाख कु0)	अन्तर (लाख कु0)
		गेहूँ बीज दर (100 कि.ग्रा. प्रति हे0)		
2001-02	26.30	65.75	32.59	33.16 (50.43)
2002-03	25.20	63.00	33.00	30.00 (47.62)
2003-04	26.60	66.50	35.97	30.53 (45.91)
2004-05	26.50	66.25	36.00	30.25 (45.66)
2005-06	26.60	66.50	36.50	30.00 (45.11)
		धान बीज दर (30 कि.ग्रा. प्रति हे0)		
2001-02	44.90	33.68	25.58	8.10 (27.05)
2002-03	41.20	30.90	25.79	5.11 (16.54)
2003-04.	42.50	31.88	26.51	5.37 (16.84)
2004-05	52.10	31.58	27.00	4.58 (14.50)
2005-06	43.56	32.67	27.50	5.17 (15.83)

Source

i. The SRR have been taken as 25 per cent for both wheat and paddy crops

ii. Figures in parentheses indicate the gap in percentage terms

स्रोत : Verma & Sidhu, 2009

भारत सरकार ने वर्ष 1987 में बीज से सम्बन्धित एक विशेष दक्ष समिति (Expert Group on Seed) की नियुक्ति की जिसका कार्य बीज उत्पादन तथा वितरण के सम्बन्ध में स्थिति का अवलोकन तथा इस क्षेत्र में अल्पकालीन तथा दीर्घकालीन नीतिगत सुझाव दे सकें। परिणामस्वरुप भारत सरकार ने बीज/संवर्धन सामग्री के उत्पादन, वितरण एवं विपणन में मूल भूत सुधारों की आवश्यकता को महसूस किया तथा परिणामस्वरुप कृषि उत्पादन तथा उत्पादकता में अबैध रुप से प्रगति हेतु आनुवांशिक अन्वेषणों जोकि निजी बीज उद्योग को प्रभावित कर सकें। भारत सकार ने अक्टूबर 1988 में बीज विकास पर नई नीति (New Policy on Seed Development) लागू की। इस नीतिगत निर्णय से बहुराष्ट्रीय बीज कंपनियों ने भारत में अपने आपको स्थापित किया तथा घरेलू बीज कंपनियां एवं बहुराष्ट्रीय बीज कंपनियों के बीच में संयुक्त उपक्रमों की स्थापना हुई। इस निर्णय से भारत में निजी बीज उद्योग की हिस्सेदारी में आशातीत रुप से वृद्धि हुई जो सारणी 4.20 में वर्णित आंकड़ों से सिद्ध होता है।

सारणी 4.20: भारत में निजी बीज उद्योग की वृद्धि (1970–71 से 2006–07)

स्थापना वर्ष	**बीज कंपनियों की कुल संख्या (संचयित)** Cumulative total for number of	
	निजी बीज कंपनियां* **(Private seed company)**	**बहुराष्ट्रीय बीज कंपनियां** **(MNCs)**
1970-71	3	-
1975-76	15	5
1980-81	31	10
1985-86	59	15
1990-91	107	23
1995-96	142	44
2000-01	203	68
2005-06	253	90
2006-07	267	93

* स्वदेशी बीज कंपनियां

स्रोत: Verma & Sidhu, 2009

संकर फसलें (Hybrids) की उपज साधारण फसलों की अपेक्षा 25–30 प्रतिशत अधिक होती हैं तथा इनकी प्रति हे0 बीज दर साधारण फसलों के बीज दर

की तुलना में काफी कम होती है, परिणामस्वरुप भारत में प्रक्षेत्र फसलों के सुधार, संकर बीजों का उत्पादन, वितरण एवं विपणन हेतु सार्वजनिक एवं निजी बीज उद्योग/बहुराष्ट्रीय कंपनियों में लिप्त हैं जिनकी संख्या का वर्णन फसलवार सारणी 4.21 एवं 4.22 में दर्शाया गया है। इस सारणी के अनुसार यह निष्कर्ष सहज रुप से निकाला जा सकता है कि वर्ष (1992–93 से 2002–03) के मध्य इन सार्वजनिक एवं निजी बीज उद्योग/बहुराष्ट्रीय कंपनियों की संख्या में संतोषजनक वृद्धि देखी गई है। यह भी निष्कर्ष सहज रुप से निकलता है कि भारत में बीज विकास पर नई नीति (New Policy on Seed Development) लागू होने तथा आर्थिक सुधारों के परिणामस्वरुप वर्ष 1990 के पश्चात प्रक्षेत्र फसल सुधार कार्यक्रम में लिप्त निजी बीज उद्योग/बहुराष्ट्रीय कंपनियों की संख्या में निरन्तर वृद्धि पायी गई है (सारणी 4.22)।

सारणी 4.21 : भारत में सार्वजनिक एवं निजी बीज उद्योग/बहुराष्ट्रीय कंपनियां द्वारा प्रमुख प्रक्षेत्र फसलों के संकर बीजों का अनुमानित विपणन (1992–93 से 2002–03)

फसल	निजी बीज उद्योग/बहुराष्ट्रीय कंपनियों की हिस्सेदारी	
	1992-93	**2002-03**
ज्वार	20	85
बाजरा	50	90
मक्का	33	93
सूर्यमुखी	90	98
कपास	27	78
एस.एस.जी	95	95
धान	-	95

स्रोत : Argade & Kakni (2008)

विश्व स्तर पर भारतीय बीज उद्योग की सम्भावनाएँ

भारतीय बीज उद्योग की विश्व स्तर पर वृद्धि की सम्भावनाएँ विश्व बीज उद्योग में भारतीय हिस्सेदारी जो वर्तमान समय में एक प्रतिशत है, को बढ़ाकर 2020 तक 10 प्रतिशत तक करने का लक्ष्य (मिलियन रु0) है। बीज उद्योग की **विकास दर 14 प्रतिशत प्रति वर्ष** आंकी गई है। सब्जियों तथा फूलों के बीज 80 प्रतिशत तक

कुल भारतीय बीज निर्यात के हिस्सेदार हैं। जबकि अन्य फसलों के निर्यातक बीजों की हिस्सेदारी केवल 20 प्रतिशत है। पिछले दशक में बीज व्यापार 5 प्रतिशत वार्षिक वृद्धि आयतन में तथा 20 प्रतिशत वार्षिक वृद्धि मूल्य की दर से भारतीय बीज उद्योग का विकास हुआ है।

सारणी 4.22: भारत में प्रक्षेत्र फसल सुधार कार्यक्रम में लिप्त निजी बीज उद्योग / बहुराष्ट्रीय कंपनियों की संख्या (1966 से 2004)

फसल	1966	1990	1998	2004
बाजरा	2	12	18	25
ज्वार	2	10	12	15
मक्का	1	6	15	20
सूर्यमुखी	-	8	17	12
कपास	-	9	21	24
संकर धान	-	-	4	10

स्रोत: Argade & Kakni (2008)

वर्तमान में एशिया महाद्वीप विश्व में बीज के सबसे बड़े बाजार के रुप में विकसित हुआ है तथा कृषि के व्यापार का बड़ा हिस्सा संयुक्त राज्य अमेरिका के साथ हो रहा है। संयुक्त राज्य अमेरिका के वाणिज्य विभाग ने भारत को विश्व के दस बड़े विकसित हो रहे बाजारों की श्रेणी में रखा है। वर्तमान में चाईना विश्व स्तर पर सबसे बड़ा बीज उत्पादक देश है तथा भारत का स्थान दूसरा है। संयुक्त राज्य अमेरिकी सरकार विशेष रुप से आर्थिक तथा संवैधानिक सुधारों के अन्तर्गत विश्व के इस हिस्से में पहल कर रही है तथा भारतीय सरकार भी इस दिशा में विशेष रुप से अमेरिकी मानकों के अन्तर्गत बीज व्यापार के नियमों के अनुरुप आसान बनाने की दिशा में प्रयासरत है।

सारणी 4.23: भारतीय बीज उद्योग का भविष्य में निर्यात की संभावनाएं

क्र. सं.	विवरण	वर्तमान 2006–2007	भविष्य में स्थिति 2010	2015
1.	बहुराष्ट्रीय कम्पनियों के लिए पारम्परिक बीज उत्पादन	700	5000	10000
2.	सार्क देशों को निर्यात	200	1300	2500
3.	विकासशील देशों में बिक्री	60	650	4300
4.	आर्थिक सहयोग एवं विकास संगठन (OECD)	–	300	1400

निर्यातक सम्भावनाएँ

1. बहुराष्ट्रीय कम्पनियों के लिए पारम्परिक बीज उत्पादन प्रमुख रुप से सब्जियों का संकर बीज उत्पादन।
2. ब्रान्डेड बीजों का निर्यात।
3. OECD scheme के अन्तर्गत बीजों का निर्यात

बीज उद्योग की समस्याएँ (Problems of Seed Industry): बीज उद्योग की समस्याओं का आकलन तोमर (चतुर्थ संस्करण) ने किया है, इस आकलन के अनुसार निम्नलिखित समस्याएं प्रमुख हैं:

(1) कार्य योजना का अनुचित संचालन एवं निर्णय में देरी

(2) विभिन्न संस्थाओं के कार्य–कलापों में समन्वय की कमी (Lack of Co-ordination in Activities of Various Seed Agencies)

(3) प्रशिक्षित एवं अनुभवी कार्यकर्ताओं की कमी (Lack of trained and experienced workers)

(4) संसाधन एवं मशीनों की कमी तथा मरम्मत व कल–पुर्जे आदि की समस्या (Lack of Processing Machines and Problem of Repair and Spare Parts)

(5) संसाधन, भंडारण व वितरण के लिये प्रतिकूल दशाएँ (Adverse Climatic Conditions for Processing, Storage and Distribution)

(6) विपणन तथा वितरण की समस्या (Problem of Marketing and Distribution)

(7) छोटी बीज उत्पादन इकाइयाँ (Small production units)

(8) पेटेंटिंग की समस्या (Problem of Patenting)

बीज की मांग को प्रभावित करने वाले कारक

बीज की मांग अनेक कारकों द्वारा प्रभावित होती है तथा मांग का आकलन एवं भविष्यवाणी करते समय निम्नलिखित बिन्दुओं पर भी विचार करना आवश्यक है। (Spice 2002)

- फसल पद्धति एवं सघनता, फसल चक्र एवं प्रचलन में बीज का प्रकार
- जलवायु

- फसल उत्पादों की मांग
- बाजार की दशा एवं खर्च करने हेतु प्रक्षेत्र से उत्पन्न आय
- नई तकनीकियों को ग्रहन करने का स्तर एवं सरकारी नीति
- आदते एवं परम्पराएं
- उत्पाद का प्रदर्शन, प्रतिस्पर्धा, मूल्य तथा प्रोन्नति

इसके अतिरिक्त समूचित बीज योजना (Seed roll plan) जोकि फसल, बीज गुणन दर (SMR), क्षेत्रफल (Area under crop), एवं बीज दर (Seed rate/hectare) को ध्यान में रखकर बनाई जाती है। बीज की मांग एवं आपूर्ति की दिशा में प्रथम एवं महत्वपूर्ण होती है। सीड रोल प्लान की विशेषता है कि यह हमेशा अस्थिर (Dynamic) होती है जिसपर फसल आच्छादन क्षेत्रफल एवं फसल विविधिकरण का विशेष प्रभाव होता है।

बीज सम्बन्धित राष्ट्रीय स्तर की प्रभावी परियोजनाएं

- अखिल भारतीय समन्वित शोध परियोजना– राष्ट्रीय बीज परियोजना
- प्रजनक बीज उत्पादन पर वार्षिक तिलहन बीज योजना
- भारतीय कृषि अनुसंधान परिषद एवं राज्य कृषि विश्वविद्यालयों के सहयोग से– PVP और DUS परीक्षण की तैयारी सम्बन्धी परियोजना
- गुणवत्ता युक्त बीज द्वारा आदिवासी क्षेत्रों में गरीबी उन्मूलन

राष्ट्रीय तिलहन बीज योजनाः तिलहन उत्पादन में वृद्धि की अनिवार्यता एवं तत्सम्बंधी लक्ष्यों की प्राप्ति हेतु तिलहनों के उच्च गुणवत्तायुक्त बीज उत्पादन एवं उपलब्धता सुनिश्चित करने के उद्देश्य से यह परियोजना संचालित की जा रही है। देश भर में 16 सहयोगी केन्द्रों पर चलाई जा रही इस परियोजना में प्रमुख तिलहन फसलों मूँगफली, सोयाबीन एवं सूरजमुखी का प्रजनक बीज उत्पादित किया जाता है।

गुणवत्तायुक्त बीज द्वारा आदिवासी क्षेत्रों में गरीबी उन्मूलनः देश के आदिवासी बाहुल्य राज्यों जैसे मध्यप्रदेश, छत्तीसगढ़, उड़ीसा, झारखण्ड एवं आसाम में संचालित इस परियोजना में आदिवासियों को फसलों की नई किस्मों एवं उनके उन्नत बीज उपलब्ध कराकर, पारंपरिक आदिवासी खेती की तुलना में होने

वाले लाभ को प्रदर्शित किया गया है। इन तकनीकों को अपनाकर खेती में लाभ के साथ–साथ आदिवासी परिवारों के जीवन स्तर में सुधार इस परियोजना का मुख्य उद्देश्य है।

बीज अनुसंधान निदेशालय (Directorate of Seed Research, DSR) मऊ, (उ.प्र.)

बीज अनुसंधान निदेशालय की स्थापना

कृषि तकनीकी को अंगीकृत कर ग्रामीण अर्थव्यवस्था में सराहनीय प्रेक्षण एवं विकास हुआ है। बीज, फसल उत्पादन तकनीकी का वाहक है तद्नुसार किसानों को उचित मात्रा में बीज उपलब्ध कराया जाना उन्नत कृषि का अनिवार्य अंग है। अतएव तकनीकी अभिज्ञान उच्च–उत्पादकता अथवा इच्छित सहयोगिता को वांछनीय स्तर तक लाने के लिए उच्च गुणवत्ता युक्त बीजों का प्रयोग आवश्यक है। बीजों के महत्व को समझते हुए, ''भारतीय कृषि अनुसंधान परिषद'' ने पूरे भारतवर्ष में बीज अनुसंधान पर समन्वित शोध हेतु राष्ट्रीय बीज परियोजना'' का 1979 में शुभारम्भ किया, जिसका उत्थान सराहनीय हुआ। वर्तमान में इस परियोजना के अन्तर्गत देश में 35 केन्द्रों पर बीजों का वंशानुगत विकास तथा 23 केन्द्रों में ''बीज संशोधन तकनीकी'' से सम्बंधित शोध कार्य दक्ष वैज्ञानिकों के निर्देशन में सम्पादित किया जा रहा है। इन गतिविधियों को तीव्रतर गति एवं वैश्विक आयाम प्रदान करने के दृष्टिकोण से अखिल भारतीय समन्वित बीज उत्पादन परियोजना को उच्चीकृत कर बीज अनुसंधान निदेशालय की स्थापना की गयी। प्रारंभ में नई दिल्ली से संचालित होने के बाद ''बीज अनुसंधान निदेशालय'' मऊ (उत्तर प्रदेश) में स्थापित है। यह संस्थान पवित्र नगरी वाराणसी से लगभग 120 किमी. दूरी पर उत्तर पूर्व में स्थित है। निदेशालय ने दिसम्बर 2004 से अपना कार्य प्रारंभ कर दिया है। स्थापना के प्रारंभिक वर्षों में निदेशालय ने बीज एवं बीज उत्पादन के क्षेत्र में मौलिक एवं कृषकोपयोगी शोध के लिए अत्याधुनिक उपकरणों से सुसज्जित प्रयोगशालाओं, पूर्णतः विकसित शोध प्रक्षेत्र, कार्यालय कक्ष, आवासीय परिसर एवं छात्रावास आदि सुविधाओं को सुचारु रुप से विकसित किया है।

भारतीय कृषि अनुसंधान परिषद (ICAR) के अन्तर्गत निदेशालय बीज अनुसंधान (DSR) की स्थापना तथा कृषि मंत्रालय भारत सरकार के अन्तर्गत राष्ट्रीय बीज अनुसंधान एवं प्रशिक्षण केन्द्र की सथापना हुई। अखिल भारतीय बीज समन्वय अनुसंधान परियोजना (All Indian Co-ordinated Research Project on

Seed) के अन्तर्गत राष्ट्रीय बीज परियोजना [National Seed Project (NSP)] 1979 में भारतीय कृषि अनुसंधान परिषद के तत्वाधान में प्रारम्भ की गई, वर्तमान में यह परियोजना 35 केन्द्रों पर प्रजनक बीज उत्पादन के रुप में तथा 23 केन्द्रों पर बीज प्रौद्योगिकी अनुसंधान के रुप में कार्यान्वित है। इस परियोजना के विकास एवं प्रगति की उपलब्धियों के परिणामस्वरुप तथा आधुनिक कृषि में बीज के महत्व को समझते हुए भारतीय कृषि अनुसंधान परिषद द्वारा परियोजना समन्वयक इकाई की उन्नति करते हुए दसवीं पंचवर्षिय योजना में बीज अनुसंधान निदेशालय की स्थापना मऊ (उ. प्र) में वर्ष 2004 में की गई। इस निदेशालय का मुख्य उद्देश्य (Mission) "अधिक फसल उत्पादकता, गुणवत्ता तथा लाभ प्राप्ति हेतु बीज की भौतिक तथा आनुवांशिक गुणों में वृद्धि करना" है। बीज अनुसंधान निदेशालय का जनादेश (Mandate):

विधिक आदेश (Mandate)

- बीज विज्ञान एवं प्रौद्योगिकी से सम्बन्धित विभिन्न क्षेत्रों में मौलिक, व्यावहारिक, नीतिगत एवं आपेक्षित अनुसंधान
- देश में होने वाले प्रजनक बीज उत्पादन और बीज प्रौद्योगिकी अनुसंधान कार्यक्रम का समन्वयन एवं निर्देशन
- 'पादप किस्म संरक्षण अधिनियम–2011' के क्रियान्वयन हेतु विशिष्टता, समरुपता, एवं स्थिरता (DUS) परीक्षण में तकनीकी सहयोग को सुविधा प्रदान करना।
- मानव संसाधन विकास।

निदेशालय द्वारा संचालित राष्ट्रव्यापी परियोजनाएं

- अखिल भारतीय समन्वित शोध परियोजना–राष्ट्रीय बीज परियोजना
- प्रजनक बीज उत्पादन पर वार्षिक तिलहन बीज योजना
- भारतीय कृषि अनुसंधान परिषद एवं राज्य कृषि विश्वविद्यालयों के सहयोग से PVP और DUS परीक्षण की तैयारी सम्बंधी परियोजना
- सस्य एवं मत्स्य बीज उत्पादन परियोजना
- गुणवत्ता युक्त बीज द्वारा आदिवासी क्षेत्रों में गरीबी उन्मूलन

वार्षिक तिलहन बीज योजना (Annual Oilseed Scheme)

तिलहन उत्पादन में वृद्धि की अनिवार्यता एवं तत्सम्बन्धी लक्ष्यों की प्राप्ति हेतु तिलहनों के उच्च गुणवत्ता युक्त बीज उत्पादन एवं उपलब्धता सुनिश्चित करने के उद्देश्य से यह परियोजना संचालित की जा रही है। देश भर में 16 सहयोगी केन्द्रों पर चलाई जा रही इस परियोजना में प्रमुख तिलहन फसलों मूँगफली, सोयाबीन एवं सूरजमुखी का प्रजनक बीज उत्पादित किया जाता है। कुछ तिलहनी फसलों (सोयाबीन, सूर्यमुखी तथा मूंगफली) में बीज उत्पादन श्रृंखला विभिन्न कारणों से प्रभावी नहीं है। उदाहरणतया सूर्यमुखी में अनुरक्षण प्रजनन (Maintenance, Breeding in Sunflower) की समस्या तथा सोयाबीन में बीज की जीवन क्षमता का अनुरक्षण (Maintenance of Seed Viability in Soybean) तथा मूंगफली में बहुत कम बीज गुणन अनुपात (Very Low Multiplication Ratio in Groundnut), इन समस्याओं का निदान करने हेतु कृषि एवं सहकारिता विभाग (कृषि मंत्रालय) ने तिलहन प्रजनक बीज उत्पादन योजना "Annual Oilseed Scheme for Breeder Seed Production" प्रारम्भ की जिसके द्वारा केन्द्रक तथा प्रजनक बीज की आपूर्ति सुनिश्चित की जा सके। यह योजना वर्षा आधारित है। वर्तमान में यह योजना निदेशालय बीज अनुसंधान द्वारा समन्वित हो रही है। जोकि 14 राज्य कृषि विश्वविद्यालयों तथा 3 भारतीय कृषि अनुसंधान परिषद के अन्तर्गत संस्थानों पर कार्यान्वित है।

भारतीय कृषि अनुसंधान परिषद बीज परियोजना

कृषि फसलों एवं मछली का बीजोत्पादन (Seed Production of Agricultural Crops and Fisheries)

बीज का कृषि में महत्वपूर्ण स्थान है। प्रयोग के आधार पर देखा गया है कि मात्र उत्तम बीज के प्रयोग से 15–20 प्रतिशत उपज में वृद्धि हुई है। 21वीं सदी में देश की बीज आवश्यकता को ध्यान में रखते हुए राष्ट्रीय कृषि अनुसंधान तंत्र की बीज उत्पादन क्षमता को बढ़ाने के लिए डा. मंगला राय, महानिदेशक, भा. कृ. अनु. प. एवं सचिव, कृषि अनुसंधान एवं शिक्षा ने आवश्यक संसाधन दे कर, 10वीं पंचवर्षीय योजना के अंतर्गत एक परियोजना कार्यान्वित की जिसका नाम "कृषि फसल तथा मत्यसकीय बीज उत्पादन" परियोजना है। जिसे 2005–06 और 2006–07 के लिए 198.89 करोड़ आवंटित हुए जिनका नेतृत्व एवं संचालन बीज अनुसंधान निदेशालय, मऊ कर रहा है। इसका मुख्य उद्देश्य विभिन्न केन्द्रों का

बीज उत्पादन से सम्बन्धित उपकरण तथा अन्य सुविधाएं उपलब्ध कराना है। इसके 3 अवयव हैं, प्रक्षेत्र फसल, बागवानी और मत्यसकीय जिनके लिए क्रमशः 111.30, 71.18 और 16.10 करोड़ रुपये आवंटित किये गये। देश में कृषि फसलों, बागवानी एवं मात्स्यिक बीज आवश्यकताओं की पूर्ति हेतु विभिन्न कृषि विश्वविद्यालयों एवं अनुसंधान संस्थानों के बीज उत्पादन तंत्र को सुदृढ़ करने एवं इससे सम्बन्धित निमार्ण आवश्यकताओं, उपकरणों एवं अन्य सुविधाओं के सृजन के उद्देश्य से यह परियोजना संचालित है। देश भर में फैले 85 शोध केन्द्रों पर संचालित इस परियोजना में सभी फसलों, बागवानी एवं मछली बीज उत्पादन सम्बंधी शोध एवं विकास कार्य किए जा रहे हैं। **दसवीं पंचवर्षीय योजना के उत्तरार्द्ध से** भारतीय कृषि अनुसंधान परिषद द्वारा विभिन्न राजकीय कृषि विश्वविद्यालयों (SAUs)/ केन्द्रीय कृषि विश्वविद्यालय (CAU)/ भारतीय कृषि अनुसंधान परिषद के अन्तर्गत संस्थानों सहित 86 केन्द्रों पर **आधार/प्रमाणीकृत** बीजोत्पादन, मत्स्य बीज उत्पादन, उच्च गुणवत्ता वाले पौध सामग्री के विकास हेतु योजना चलायी जा रही है। **यह योजना 11वीं पंचवर्षीय योजना में भी चालू है।** पौधा किस्म, सरुक्षा एवं कृषक अधिकार अधिनियम 2001, के अतिरिक्त अन्य बौद्धिक सम्पदा अधिकार/ नियामक भौगोलिक सुचक (Geographical Indication), जैव–विविधता, जैव प्रौद्योगिकी/पराजीनी फसलों इत्यादि आधुनिक कृषि प्रणाली पर काफी हद तक प्रभावी कारक है। परिणामस्वरुप, अधिकारों की हिस्सेदारी, अनुज्ञप्ति (Licencing) तथा उप–अनुज्ञप्ति (Sub-licencing) तथा ठेके पर बीजोत्पादन इत्यादि नई प्रक्रियाओं का प्रादुर्भाव हुआ है, जोकि भूतकाल में नहीं थी, परिणामस्वरुप प्रणाली में गतिशीलता उत्पन्न हो गयी है और वांछित बदलावों को प्रभावी ढंग से कार्यान्वित कराने की प्रबल आवश्यकता है। परिणामस्वरुप किसानों को गुणवत्ता युक्त बीजों की समय पर उपलब्धता को सुनिश्चित कराने हेतु केन्द्र सरकार द्वारा वित्त प्रदत्त योजना है। जिसके द्वारा खाद्य एवं पौषणिक आवश्यकतओं की पूर्ति करने के साथ–साथ प्रक्षेत्र समृद्धि में भी की जा सके। कृषि फसलों एवं मछली का बीजोत्पादन परियोजना राष्ट्रीय स्तर पर दसवीं पंचवर्षिय योजना में 2005–06 में 85 केन्द्रों पर क्रियाशील है तथा यह परियोजना ग्यारहवीं पंचवर्षिय योजना में कार्यरत है।

मेगा सीड प्रोजेक्ट	86 केन्द्र
राज्य कृषि विश्वविद्यालय	38
भारतीय कृषि अनुसंधान परिषद के अन्तर्गत संस्थान	47
स्वतंत्र संस्थान	1

राष्ट्रीय बीज अनुसंधान एवं प्रशिक्षण केन्द (NSRTC)

भारत सरकार, कृषि मंत्रालय, कृषि एवं सहकारिता विभाग, कृषि भवन, नई दिल्ली के द्वारा 2005 के दौरान राष्ट्रीय बीज अनुसंधान एवं प्रशिक्षण केन्द्र (NSRTC), वाराणसी में स्थापित किया गया।

राष्ट्रीय बीज अनुसंधान एवं प्रशिक्षण केन्द्र (NSRTC) एक अलग राष्ट्रीय बीज गुणवत्ता नियंत्रण प्रयोगशाला, जिसमें केन्द्रीय बीज परीक्षण प्रयोगशाला (CSTL) और साथ ही रेफरल प्रयोगशाला के रुप में अदालत में प्रस्तुत करने के लिए, अर्न्तराष्ट्रीय बीज परिक्षण संघ (ISTA) का सदस्य बनने, स्विट्जरलैंड, DUS परीक्षण केन्द्र तथा सभी पराजिनिक फसल के बीजों के परीक्षण का मुख्य उद्देश्य। इसके अतिरिक्त राष्ट्रीय बीज अनुसंधान एवं प्रशिक्षण केन्द्र (NSRTC) से सम्बन्धित सम्मेलनों, संगोष्ठी सम्बन्धी प्रशिक्षण, जो बीज में विकास और गुणवत्ता नियंत्रण कार्यक्रम और बीज उद्योग के हितधारकों अपने ज्ञान और कौशल को अद्यतन करने के लिए शामिल हैं, कर्मियों के लाभ के लिए आयोजित करना।

भारतीय बीज उद्योग में सुधार हेतु योजनाएं

1. बीज के निर्यात को प्रोत्साहन देने के लिए, ताकि वो किसानों के हित में हो, निर्यात की प्रक्रिया को अब सरल बना दिया जा रहा है। विभिन्न फसलों के बीजों को ओपन जनरल लाइसेंस (OGL) के अधीन रखा गया है परन्तु जंगली प्रभेदों के बीज, (Germplasm) प्रजनक बीज एवं प्याज के बीज जो जननद्रव्य निर्यात और आयात नीति 2002–07 के अन्तर्गत प्रतिबंधित सूची में आते हैं, उन्हें छोड़कर।
2. **कृषि मंत्रालय भारत सरकार बीज विभाग के अन्तर्गत योजनाएँ (Schemes of seed division, Ministry of Agriculture, Govt. of India):**

- यह विभाग केन्द्रीय क्षेत्र के योजना के अन्तर्गत गुणवत्ता बीजों के उत्पादन एवं वितरण के बुनियादी सुविधाओं के विकास एवं सुदृढ़ीकरण के लिए दसवीं योजना के लिए 159 करोड़ रु0 के परिव्यय रखा गया है। इस योजना के मुख्य घटक निम्नलिखित है–
  - बीज पर गुणवत्ता नियंत्रण व्यवस्था

- उत्तर'–पूर्वी एवं अन्य पहाड़ी क्षेत्रों में बीजों की आवाजाही पर परिवहन सब्सिडी
- बीज बैंकों की स्थापना एवं अनुरक्षण
- बीज ग्राम योजना
- बुनियादी सुविधाओं के सृजन के लिए सहायता
- निजी क्षेत्रों में बीज उत्पादन बढ़ाने के लिए सहायता
- मानव संसाधन विकास
- बीज निर्यात के लिए सहायता
- कृषि क्षेत्र में जैव प्रौद्योगिकी के अनुप्रयोग के प्रसार
- धान की खेती में संकर धान के बीजों के उपयोग को बढ़ावा तथा उसका मुल्यांकन/समीक्षा करना
- पौधा किस्म और कृषक अधिकार संरक्षण प्राधिकरण (PPV&FR) का कार्यान्वयन

PVP एवं DUS परीक्षण की तैयारी सम्बन्धी परियोजना

विश्व व्यापार संगठन (WTO) की पुष्टि करते हुए भारत ने वाणिज्य सम्बन्धित बौद्धिक संपदा अधिकार (TRIPs) के समझौते की पुष्टि की है और इसके अन्तर्गत कृषि एवं सहकारिता विभाग ने पादप किस्मों के संरक्षण एवं कृषक अधिकार (PPV & FR Act) का एक कानून बनाया है। इस कानून के आवश्यक समर्थन/सहायकता प्रदान करने हेतु एक केन्द्रीय योजना को भी लागू किया जा रहा है। PPV & FR Act के अन्तर्गत आवश्यक नियमों और विनियमों को वर्ष 2003 में अधिसूचित किया गया है। इस अधिनियम के अन्तर्गत 14 नवम्बर 2005 को पादप किस्मों के संरक्षण एवं कृषक अधिकार प्राधिकरण, नई दिल्ली का गठन किया गया। विश्व व्यापार संगठन (WTO) के प्रावधानों के अन्तर्गत राष्ट्रीय बौद्धिक संपदा, जैसे पादप प्रजनक अधिकार एवं कृषकों के बीज सम्बन्धि अधिकार की संरक्षा के लिए देश में विकसित की जा रही पादप किस्मों के वाह्य गुणों का पंजीकरण अनिवार्य है। इस दिशा में समस्त प्रचलित किसमों के स्पष्ट, विशिष्ट एवं स्थिरता सम्बंधी गुणों के चिन्हांकन के लिए इस परियोजना के तहत 53 शोध केन्द्रों पर कार्य सम्पादित किया जा रहा है। अब तक 35 फसलों की किस्मों के 'राष्ट्रीय परीक्षण निर्देशिका' विकसित की जा चुकी है।

—xxx—

5

बौद्धिक संपदा अधिकार एवं बीज उद्योग (Intellectual Property Rights and Seed Industry)

बौद्धिक संपदा अधिकार एवं विकासशील देश (Intellectual Property Rights and Developing Countries)

पेटेंट क्रियाएँ अभी संयुक्त राज्य अमेरिका (USA), योरोपीय संघ एवं जापान में केंद्रित हैं। विश्व स्तर पर इन देशों से बौद्धिक संपदा अधिकार (पेटेंटस) प्राप्ति हेतु आवेदनों के 90 प्रतिशत से अधिक आवेदन किए जाते हैं। बौद्धिक संपदा अधिकार का प्रारम्भ जर्मन दार्शनिक **हेगल** तथा ब्रिटिश दार्शनिक **लॉक** के विचारों से उत्पन्न हुआ। हेगल के अनुसार किसी भी विचार (Idea) का श्रेय उसके जनक को जाता है, क्योंकि विचार (Idea) इसके जनक के व्यक्तित्व या स्वयं की अभिव्यक्ति है। जबकि लॉक (सतरहवीं शताब्दी के प्रसिद्ध ब्रिटिश दार्शनिक) के अनुसार, भौतिक या प्राकृतिक पदार्थ मनुष्य द्वारा किये गए श्रम/प्रयासों के परिणामस्वरुप उपयोगिता हेतु विभिन्न प्रयोग में आए तथा इनको उपयोग में लाने हेतु इन पर किये गये श्रम को सम्पदा अधिकारों के द्वारा पुरस्कृत करना चाहिए। तदानुसार इनके प्रयोग/एकनिष्ठ अधिकार पर जनक का नैतिक अधिकार दर्शाता है।

वर्तमान में ऐसा विश्वास व्यक्त किया जा रहा है कि जैवप्रौद्योगिकी जैसी उच्च तकनीकियाँ, जिनमें अत्याधिक मात्रा में आर्थिक एवं तकनीकी संसाधनों की जरुरत होती है, विकसित और विकासशील देशों में और अधिक अंतर उत्पन्न करेंगी। यह अंतर आर्थिक स्थिति एवं अन्वे णों/आविष्कारों दोनों में ही होगा। अतः भारत जैसे देशों को सुनियोजित एवं दृढ़संकल्पयुक्त प्रयास करने होंगे, जिससे उनके सामाजिक, वैज्ञानिक, न्यायिक एवं राजनैतिक वातावरण, अनुसंधानों एवं अविष्कारों को बढ़ावा देने वाले बन सकें। इससे बौद्धिक संपदा अधिकार प्राप्ति हेतु इन देशों की भागीदारी भविष्य में सुधरेगी या कम–से–कम इसका ह्रास नहीं होगा ।

पेरिस परिपाटी संधि (Paris Convention Treaty, PCT)

विकसित देशों का हमेशा से यह प्रयास रहा है कि विभिन्न देशों के पेटेंट कानूनों में समानता लाई जाए, अर्थात उनका अनुरुपण (Harmonisation) किया जाए। इसके साथ ही, किसी आविष्कार को भिन्न देशों में पेटेंट प्राप्त करने की एक सरल प्रक्रिया विकसित की जाए। इस दिशा में पहला ठोस कदम 1883 में पेरिस परिपाटी संधि (Paris convention treaty, PTC) के रुप में लिया गया। यह संधि औद्योगिक बौद्धिक संपदा अधिकारों की सुरक्षा के लिए है। भारत वर्ष 1998 में पेरिस संधि का सदस्य बना तथा वर्ष 2007 में इस संधि के अन्तर्गत 171 देशों की सदस्यता हैं। पेरिस परिपाटी संधि (PCT) के अन्तर्गत किसी सदस्य देश में उस देश के नागरिक तथा अन्य सदस्य देशों के नागरिकों, दोनों की ही औद्योगिक बौद्धिक संपदाओं को एकसमान सुरक्षा प्राप्त होती है। पेरिस परिपाटी संधि (Paris Convention Treaty, PCT) में वर्ष 1891 में मैड्रिड प्रोटोकॉल द्वारा सुधार किया गया तथा इसका पुनर्रीक्षण वर्ष, 1900 (ब्रुसेल्स), 1911 (वाशिंगटन), 1925 (हेग), 1934 (लंदन), 1958 (लिसबन), 1967 (स्टॉकहोम) हुआ तथा वर्ष 1979 में इसमें व्यापक सुधार लाया गया।

विश्व व्यापार संगठन (World Trade Organization, WTO)

द्वितीय विश्व युद्ध के पश्चात् तीन संगठनों जोकि अन्तर्राष्ट्रीय व्यापार एवं अदायगी (International Trade and Payments) की निगरानी हेतु स्थापित किये गए थे जो अन्तर्राष्ट्रीय मुद्राको ा (International Monitory Fund-IMF), पुर्ननिर्माण एवं विकास के लिए अन्तर्राष्ट्रीय बैंक (International Bank for Reconstruction and Development-IBRD) जो विश्व बैंक (World Bank) के रुप में प्रख्यात है तथा अन्तर्राष्ट्रीय व्यापार संगठन (International Trade Organization-ITO) की स्थापना

की गई। अन्तर्राष्ट्रीय व्यापार संगठन (ITO) की स्थापना वास्तव में कभी नहीं की गई परन्तु इसके स्तर पर प्रशुल्क एवं वाणिज्य पर आम सहमति (GATT) की स्थापना की गई। GATT केवल एक वैधानिक समझौता था तथा यह एक वास्तव में संगठन नहीं था जिसका उद्देश्य विश्व व्यापार का उदारीकरण करना था। प्रशुल्क एवं वाणिज्य पर आम सहमति (GATT) के अन्तर्गत, अन्तिम और सबसे बड़ी वार्ता वर्ष 1986–1994 में हुई जो 'युरुग्वे दौर' के नाम से प्रचलित है। 15 अप्रैल 1994 को मार्कश (मोरक्को) में 123 देशों की सरकारों के मंत्रियों के हस्ताक्षर के साथ ही विश्व व्यापार संगठन (WTO) का जन्म हुआ, जोकि जनवरी 1995 से प्रशुल्क एवं वाणिज्य पर आम सहमति (GATT) को प्रतिस्थापन (Replacement) करने के पश्चात् विश्व व्यापार संगठन (WTO) का प्रादुर्भाव हुआ। विश्व व्यापार संगठन जेनेवा में स्थित है। यह 1994 के प्रशुल्क एवं वाणिज्य पर आम सहमति (GATT) के अंतर्गत स्थापित किया गया है। विश्व व्यापार संगठन (WTO) की जिम्मेदारी प्रशुल्क एवं वाणिज्य पर आम सहमति (GATT) के प्रावधानों को विभिन्न देशों में लागू करवाना है। विश्व व्यापार संगठन (WTO) का मुख्य उद्देश्य बहुपक्षीय व्यापार तंत्र (Multilateral Trade System) की स्थापना करना जिसके अन्तर्गत देशी एवं विदेशी तंत्रों को प्रोत्साहन देना, व्यापार तंत्र में पारदर्शिता लाना एवं अधिक सुधारीकरण को प्रोत्साहित करना इत्यादि है। 'युरुग्वे दौर' के अन्तर्गत पहली बार व्यापार सम्बन्धित निवेश के लिए आवश्यक कदम (Trade Related Investment Measures-TRIMs), वाणिज्य सम्बन्धित बौद्धिक संपदा अधिकार (Trade Related Intellectual Property Rights-TRIPs) एवं सेवाएं (Services) विषयों पर गहन रुप से चर्चा की गई। इसके अतिरिक्त विश्व व्यापार संगठन (WTO)– 'युरुग्वे दौर' में कृषि (Agriculture), वस्त्र उद्योग (Textiles) एवं गारमेंटस (Garments) को भी सम्मिलित किया गया जो प्रशुल्क एवं वाणिज्य पर आम सहमति (GATT) के अन्तर्गत सम्मिलित नहीं थे। एक जनवरी 1995 से ऐतिहासिक प्रशुल्क एवं वाणिज्य पर आम सहमति (GATT) जो सामानों पर साधारण समझौता (General Agreement on Goods-GATG) था, विश्व व्यापार संगठन (WTO) के अर्न्तगत समावेशित हो गया। सामानों पर साधारण समझौता (General Agreement on Goods-GATG) के अतिरिक्त विश्व व्यापार संगठन (WTO) सेवाओं में व्यापार से सम्बन्धित समझौता (General Agreement on Trade in Services-GATS) तथा वाणिज्य सम्बन्धित बौद्धिक संपदा अधिकार (Trade Related Intellectual Property Rights-TRIPs) को भी संचालित करता है। विश्व व्यापार संगठन (WTO) के समझौते के अन्तर्गत प्रत्येक दो वर्षों में मंत्री स्तर का सम्मेलन (Ministerial Conference)

कराना आवश्यक है। वर्तमान में विश्व व्यापार संगठन (WTO) के अंतर्गत 153 राष्ट्र इस सगठन के संदस्य हैं तथा इसके अतिरिक्त 30 राष्ट्र अवलोकन (Observer) की भूमिका का निर्वाह कर रहे हैं। इन अवलोकन करने वाले राष्ट्रों को 5 वर्षों के अन्दर व्यापार से सम्बन्धित समझौते विश्व व्यापार संगठन (WTO) के अन्तर्गत प्रारम्भ करने होते हैं। वर्तमान में 92 प्रतिशत से अधिक विश्व व्यापार, विश्व व्यापार संगठन (WTO) के अन्तर्गत सदस्य देशों के बीच में होता है। GATT/WTO के सम्पूर्ण रुप से दो मुख्य आधार हैं जिसमें से प्रथम है राष्ट्रीय व्यवहार (National Treatment) जिसका मुख्य उद्देश्य यह है कि विदेशी व्यापार (Foreign Nations Trade) को भी राष्ट्रीय व्यापार के समान व्यवहार करना तथा किसी भी प्रकार के भेद–भाव की अनुमति नहीं है। जबकि दूसरे आधार के रुप में सर्वाधिक हितकारी राष्ट्र (Most Favoured Nation-MFN) जिसका उद्देश्य यह है कि विश्व व्यापार संगठन (WTO) के अन्तर्गत सभी सदस्य देशों के साथ समान रुप से व्यवहार शामिल है। विश्व व्यापार संगठन (WTO) केवल TRIMs, TRIPs, एवं Services को ही संचालित नहीं करता अपितु यह सदस्य देशों में विभिन्न विषयों में उत्पन्न गतिरोध को भी समाप्त कराने हेतु मध्यस्थ की भूमिका का निर्वाहन भी करता है।

विश्व बौद्धिक संपदा संगठन (World Intellectual Property Organization, WIPO)

विश्व व्यापार संगठन (WTO) ही केवल बौद्धिक संपदा अधिकारों के क्रियान्वयन कराने के लिए एकमात्र मंच नहीं है अपितु विश्व बौद्धिक संपदा संगठन (World Intellectual Property Organization, WIPO) भी इन बौद्धिक अधिकारों से सम्बन्धित है जोकि 1967 से प्रभाव में है तथा वर्ष 1970 से पूर्ण रुप से क्रियाशील है जोकि 1974 से यूनाईटेड नेशन्स की विशेष संस्था के रुप में कार्यरत है। पेरिस परिपाटी संधि (1883) तथा बर्न युनियन (1886) के सचिवालय 1893 में बिरपी – BIRPI (United International Bureau for the Protection of Intellectual Property BIRPI-French acronym) जोकि कालान्तर में विश्व बौद्धिक संपदा संगठन (WIPO) के रुप में प्रतिष्ठित हुई। विश्व बौद्धिक संपदा संगठन (WIPO) वर्तमान में बीस से अधिक अन्तर्राष्ट्रीय संधियों को नियंत्रित करती है तथा विश्व बौद्धिक संपदा संगठन (WIPO) के द्वारा ही पेटेन्ट सहयोग संधि (Patent Cooperation Treats - PTC) की स्थापना 1970 में हुई तथा इस संधि पर 137 देशों ने हस्ताक्षर किए।

विश्व बौद्धिक संपदा संगठन (WIPO) का कार्यालय जेनेवा में स्थित है। इसकी जिम्मेदारी पेरिस परिपाटी संधि (PCT) तथा बाद की संधियों के नियमों को लागू करवाना है। लेकिन यह संस्था स्वयं इन नियमों को लागू नहीं करती है। यह सम्बन्धित संधि के सदस्य देशों को पुष्ट करने के लिए कहती है, और इन देशों को इस संधि के नियमों को अपने देश में कानूनी रुप देने के लिए अनुरोध करती है तथा अन्तर्राष्ट्रीय नियमों, संधियों के आधार पर तकनीकी सहयोग भी प्रदान करती है। विश्व बौद्धिक संपदा संगठन (WIPO) की वार्षिक आय का लगभग 75 प्रतिशत हिस्सा पेरिस परिपाटी संधि (PCT) के द्वारा प्राप्त होता है। जबकि इस संगठन की कुल आमदनी का 90 प्रतिशत हिस्सा निजी उद्योग (Private sector) से शुल्क के रुप में विश्व स्तर पर बौद्धिक संपदा अधिकारों से सम्बन्धित कार्यों से प्राप्त होता है। वर्तमान में इस संगठन के 183 देश संदस्य हैं तथा इसके सचिवालय में 95 विभिन्न देशों के लगभग 940 अधिकारी/कर्मचारी कार्यरत हैं। इसके अतिरिक्त 172 गैर सरकारी संगठन (NGOs) तथा 65 अंतर्राष्ट्रीय सरकारी संगठन अवलोकन की भूमिका में इस संस्था से संबंध रखते हैं। विश्व बौद्धिक संपदा संगठन (WIPO) वर्तमान में 23 अंर्तराष्ट्रीय संधियों का संचालन करता है।

युरोपीय पेटेंट परिपाटी (European Patent Convention, EPC)

युरोपीय पेटेंट परिपाटी 1978 से लागू है, और 17 देश इसके सदस्य हैं। युरोपीय पेटेंट परिपाटी (EPC) ने विश्व में सबसे पहले जैवप्रौद्योगिकी से सम्बन्धित पेटेंटों के लिए विशिष्ट नियम बनाए, जिनमें निम्नलिखित नियम शामिल हैं।

1. सूक्ष्मजीवों (Microorganisms) के कल्चर जमा करने की आवश्यकता। जोकि अंतर्राष्ट्रीय संधि के अंतर्गत सूक्ष्म जीवों को पेटेंट प्रक्रिया हेतु जमा करने से सम्बन्धित है, इस संधि को बुड़ापेस्ट संधि कहते है तथा इसमें 67 देशों ने हस्ताक्षर किया।
2. पारंपरिक प्रजनन विधियों से विकसित पादप किस्मों एवं जंतु को पेटेंट सुरक्षा न प्रदान करना।

वाणिज्य सम्बन्धित बौद्धिक संपदा अधिकार (Trade Related Intellectual Property Rights, TRIPs)

वाणिज्य सम्बन्धित बौद्धिक संपदा अधिकार (TRIPs) युरुग्वे (Uruguay) में सम्पन्न प्रशुल्क एवं वाणिज्य पर आम सहमति (General Agreement on Tariffs and Trade, GATT) का एक अंग है। यह बौद्धिक संपदा अधिकारों (IPR) पर अब तक की सबसे व्यापक बहुपक्षीय (Multilateral) संधि है। वाणिज्य सम्बन्धित बौद्धिक संपदा अधिकार (TRIPs) 1 जनवरी, 1995 से प्रभावी है। भारत ने भी प्रशुल्क एवं वाणिज्य पर आम सहमति (GATT) पर हस्ताक्षर किए हैं, और इसलिए भारत वाणिज्य सम्बन्धित बौद्धिक संपदा अधिकार (TRIPs) के सभी प्रावधानों (Provisions) को लागू करने के लिए बाध्य है। प्रशुल्क एवं वाणिज्य पर आम सहमति (GATT) के सभी सदस्य देशों को 1995 से अगले 5 वर्षों में अपने IPR कानूनों में वाणिज्य सम्बन्धित बौद्धिक संपदा अधिकार (TRIPs) के अनुरुप परिवर्तन करना था। सबसे कम विकसित देशों के लिए यह समय सीमा 5 वर्ष और बढ़ाई जा सकती है। वाणिज्य सम्बन्धित बौद्धिक संपदा अधिकार (TRIPs) के प्रावधानों में कई प्रकार की बौद्धिक संपदाएँ शामिल हैं, जिनमें पेटेंट एवं पादप प्रजनक अधिकार (PBR) भी हैं। प्रत्येक सदस्य देश को मूलरुप से प्रशुल्क एवं वाणिज्य पर आम सहमति (GATT) के ढाँचे में, लेकिन अपने लिए विशिष्ट, कानून बनाने की छूट है। जब तक ये कानून बन नहीं जाते, सदस्य देशों को वाणिज्य सम्बन्धित बौद्धिक संपदा अधिकार (TRIPs) के निम्नलिखित प्रावधानों को लागू करना होगा।

मेल बॉक्स प्रावधान (Mail Box Provision): जिन देशों में उत्पादों पर पेटेंट नहीं जाते, वे भी 1 जनवारी 1995 से उत्पादों पर पेटेंट के लिए आवेदन स्वीकार करेंगे और उन्हें फाइल में रखे रहेंगे। जब इन देशों के पेटेंट कानूनों में आवश्यक संशोधन कर लिए जाऐगे, तब इन आवेदनों पर विचार किया जाएगा।

एकनिष्ठ विपणन अधिकार (Exclusive Marketing Rights, EMR): इन देशों में उपरोक्त सभी आवेदकों को सम्बन्धित उत्पादों के एकनिष्ठ विपणन अधिकार भी देने होंगे। ऐसा उन सभी उत्पादों के लिए करना होगा, जिनके पेटेंट के लिए आवेदन दिए गए हैं, और जिनके लिए पेटेंट एवं विपणन की अनुमति किसी सदस्य देश में 1 जनवरी 1995 के बाद प्राप्त की गई है।

कृषि के क्षेत्र में, जोकि उत्पाद (Products) या विधि (Processes) तकनीकी के सभी क्षेत्र में बिना भेद–भाव के न्यूनतम राष्ट्रीय मानकों (Minimum National Standards) द्वारा बौद्धिक सम्पदा अधिकारों को, विश्व व्यापार संगठन (WTO) के अन्तर्गत वाणिज्य सम्बन्धित बौद्धिक संपदा अधिकार (TRIPs) समझौता, आर्टिकल 27.3(b) के रुप में सदस्य देशों को नए अन्वे ाण को पेटेंट या इसके समतुल्य अपने देश के अनुसार बौद्धिक सम्पदा अधिकार प्रदान करना (Sui generic system) या इनके सम्मिश्रण (Combination of theirof) को प्रभावी रुप से **विकसित देशों** (Developed

Countries) द्वारा वाणिज्य सम्बन्धित बौद्धिक संपदा अधिकार (TRIPs Art. 65) समझौता लागू होने के एक वर्ष के अन्दर (एक जनवरी 1996 से पहले) तक प्रभावी रुप से क्रियान्वित करना है, जबकि **विकासशील देशों** (Developing countries) को एक जनवरी 2000 से TRIPs समझौते को प्रभावी रुप से क्रियान्वयन करना था। जबकि अत्यंत रुप से अविकसित देशों (Least Developed Countries) को इस समझौते को क्रियान्वयन करने हेतु 10 वर्ष का परिवर्तन समय (Transition period) स्वीकृत किया गया है (TRIPs, Art 66.1)। कुल मिलाकर TRIPs समझौते के अन्तर्गत सात खंड तथा 73 प्रावधान सम्मिलित हैं।

सारणी 5.1: विश्व व्यापार संगठन (WTO) में सम्मिलित सदस्य देशों द्वारा वाणिज्य सम्बधित बौद्धिक संपदा अधिकार (TRIPs) समझौते *Article 27.3(b)* के अन्तर्गत दायित्व

सदस्य देशों द्वारा बौद्धिक सम्पदा अधिकारों (Patent Protection) के अन्तर्गत निम्नलिखित विषयों पर संरक्षण प्रदान करना है।	सदस्य देशों द्वारा बौद्धिक सम्पदा अधिकारों (Patent Protection) के अन्तर्गत निम्नलिखित विषयों पर छूट दे सकते हैं।
सूक्ष्म जीव (Micro organism)	पौधे (Plants)
अजैविक प्रक्रियाएं (Non Biological Process)	जीव जन्तुओं (Animals)
सूक्ष्मजीवी प्रक्रियाएं (Microbiological Process)	आवश्यक जैविक प्रक्रियाएं जोकि पौधे या जीव जन्तुओं को उत्पन्न करने के लिए हैं (Essential biological processes for the production of plants or animals)
पौध प्रजातियां बौद्धिक सम्पदा अधिकारों के द्वारा जोकि पेटेंट, अपने प्रकार की प्रणाली या संयोजन (By IP system which may be patents, a sui generic alternative, or a combination)	पौध प्रजातियां (Plant varieties)

स्रोत: Tansey & Rajette, 2008

अंतर्राष्ट्रीय नवीन पादप किस्म सुरक्षा संघ (International Union for Protection of New Plant Varieties, UPOV) अधिनियमों एवं पेटेंटों में तुलना (Comparison among UPOV Acts and Patents)

विश्व में सबसे पहले पेटेंट जारी करने के लिए एक अधिनियम वर्ष 1866 में जर्मनी में लागू किया गया था। बाद में, इसी प्रकार के अधिनियम संयुक्त राज्य

अमेरिका तथा अन्य देशों में भी पारित किए गए। वर्ष 1938 में अंतर्राष्ट्रीय पादप किस्म सुरक्षा संगठन (International Organisation for Plant Variety Protection, ASSINSEL) की स्थापना हुई। इस संगठन का उद्देश्य विभिन्न देशों की सरकारों को पादप किस्म सुरक्षा के लिए नियम बनाने/लागू करने के लिए सहमत करना था। प्रथम अंतर्राष्ट्रीय नवीन पादप किस्म सुरक्षा संघ (Union International pour la Protection des Obstentions Vegetables, International Union for Protection of New Plant Varieties, UPOV) पर वर्ष 1961 में पेरिस में हस्ताक्षर किए गए। जबकि 1968 में UPOV के अन्तर्गत होलैंड, यूनाइटेड किंगडम तथा जर्मनी भी इसमें सम्मिलित हो गए। UPOV 1961, वर्ष 1972 से प्रभावी हुआ तत्पश्चात् वर्ष 1978 में इसमें मामूली संशोधन किया गया जो 1981 से प्रभावित हैं। इसके पश्चात 1991 में इसमें बृहत पैमाने पर संशोधन किए गए जोकि UPOV 1991 एक्ट के रुप में जाना जाता है तथा UPOV 1991 एक्ट वर्ष 1998 से प्रभावी है। इस संघ के अन्तर्गत दोनों की संख्या चार (1970) से बढ़कर 67 (2008) तक पहुंच गई है। किसी भी राष्ट्र को वाणिज्य सम्बन्धित बौद्धिक संपदा अधिकार (Trade Related Intellectual Property Rights, TRIPs) को प्रभाव में लाने हेतु यदि उसे UPOV का सदस्य बनना है तो केवल कुछ अपवादों को छोड़कर UPOV 1991 एक्ट के अन्तर्गत ही इसका सदस्य बनाया जा सकता है। विश्व बौद्धिक संपदा संगठन (World Intellectual Property Organization, WIPO) के महानिदेशक (Director General) ही अंतर्राष्ट्रीय नवीन पादप किस्म सुरक्षा संघ (UPOV) के महा सचिव (General Secretary) होते हैं। अंतर्रा ट्रीय नवीन पादप किस्म सुरक्षा संघ (UPOV) के सदस्य देश इस परिपाटी में सर्वसम्मति से बनाए गए ढाँचे के अनुरूप ही अपने पादप प्रजनक अधिकार (PBR) कानून बनाते हैं। इसके अतिरिक्त, एक सदस्य देश के नागरिकों को अन्य सदस्य देशों में भी पादप प्रजनक अधिकार (PBR) प्राप्त होते हैं। भारत में वर्ष 2001 में पादप प्रजनक अधिकार (PBR) सम्बन्धी कानून पारित हुआ है।

अभी तक अंतर्राष्ट्रीय नवीन पादप किस्म सुरक्षा संघ (UPOV) के सदस्य देश UPOV अधिनियम (1978) का पालन कर रहे थे। अब इस अधिनियम को UPOV अधिनियम (1991) के रूप में संशोधित किया गया है। इन दोनों अधिनियमों के महत्त्वपूर्ण प्रावधानों का संक्षिप्त विवरण नीचे दिया गया है।

1. UPOV अधिनियम (1978) के अंतर्गत दी जाने वाली सुरक्षा सम्बन्धित राष्ट्र द्वारा परिभाषित पादप स्पेसीजों की किस्मों तक सीमित थी। UPOV (1991) में इसे विस्तृत कर सभी पादप स्पेसीजों पर लागू कर दिया गया है।
2. अंतर्राष्ट्रीय नवीन पादप किस्म सुरक्षा संघ (UPOV) 1991 में नवीनता की नई शर्त जोड़ दी गई है।
3. अंतर्राष्ट्रीय नवीन पादप किस्म सुरक्षा संघ (UPOV) 1991 में सुरक्षा की अवधि 15 वर्ष से बढ़ाकर 20 वर्ष कर दी गई है।
4. अंतर्राष्ट्रीय नवीन पादप किस्म सुरक्षा संघ (UPOV) 1991 में सुरक्षा को सुरक्षित किस्म के सभी उत्पादों पर लागू किया गया है, जबकि अंतर्राष्ट्रीय नवीन पादप किस्म सुरक्षा संघ (UPOV) 1978 में यह केवल प्रवर्ध्यों तक सीमित थी।
5. प्रजनक छूट को अंतर्राष्ट्रीय नवीन पादप किस्म सुरक्षा संघ (UPOV) 1991 में वस्तुतः–व्युत्पन्न (Essentially-derived) किस्मों से वापस ले लिया गया है।
6. अंतर्राष्ट्रीय नवीन पादप किस्म सुरक्षा संघ (UPOV) 1991 में कृषक विशेषाधिकार (Farmer's Privilege) को सदस्य, देशों के राष्ट्रीय कानूनों पर छोड़ दिया गया है, जबकि अंतर्राष्ट्रीय नवीन पादप किस्म सुरक्षा संघ (UPOV) (1978) में यह व्यवहार में उपलब्ध था।

इस प्रकार, अंतर्राष्ट्रीय नवीन पादप किस्म सुरक्षा संघ (UPOV) 1991 में UPOV (1978) की तुलना में पादप प्रजनक अधिकार (PBR) सुरक्षा अधिक दृढ़ कर दी गई है, जिससे अब यह पेटेंट के ज्यादा करीब आ गया है। लगभग सभी सदस्य देशों ने अंतर्राष्ट्रीय नवीन पादप किस्म सुरक्षा संघ (UPOV) 1991, पर हस्ताक्षर कर दिए हैं, लेकिन अभी इसकी पुष्टि होनी बाकी हैं। वाणिज्य सम्बन्धित बौद्धिक संपदा अधिकार (TRIPs) के प्रावधानों के तहत भारत भी वर्ष 2004 तक अंतर्राष्ट्रीय नवीन पादप किस्म सुरक्षा संघ (UPOV) 1991 के समकक्ष पादप प्रजनक अधिकार (PBR) पद्धति लागू करने अथवा पादप किस्मों का पेटेंट करने की व्यवस्था करने के लिए बाध्य हैं।

सारणी 5.2: पेटेंट, अंतर्राष्ट्रीय नवीन पादप किस्म सुरक्षा संघ (UPOV) अधिनियम 1978 एवं [अंतर्राष्ट्रीय नवीन पादप किस्म सुरक्षा संघ (UPOV)] अधिनियम 1991 में तुलना।

अभिलक्षण (Feature)	UPOV अधिनियम (1978)	UPOV अधिनियम (1991)	पेटेंट
सुरक्षा का विषय	राष्ट्र द्वारा परिभाषित पादप स्पेसीजों की किस्मों	सभी पादप जीनसों एवं स्पेसीजों की किस्में	आविष्कार
सुरक्षा के लिए आवश्यकताएँ	1. विशिष्टता (distinctiv eness) 2. समरूपता (uniformity) 3. स्थायित्व (stability)	1. नवीनता (novelty) 2. विशिष्टता 3. समरूपता 4. स्थायित्व (stability)	• नवीनता • आविष्कारिता (inventiv eness) • अस्पष्टता (non-obviousness) • औद्योगिक अनुप्रयोग एवं उपयोगिता
सुरक्षा की अवधि	कम–से–कम 15 वर्ष	कम–से–कम 20 वर्ष	17–20 वर्ष
सुरक्षा का दायरा	सुरक्षित किस्म के प्रवर्ध्यो (propagules) का वाणिज्यिक उपयोग	सुरक्षित किस्म के सभी उत्पादों का वाणिज्यिक उपयोग	सुरक्षित विषय का वाणिज्यिक उपयोग
प्रजनन छूट (Breeder's exemption)	उपलब्ध	उपलब्ध, किंतु अनिवार्य रूप से व्युत्तपन्न (essentially derived) किस्मों को छोड़कर	उपलब्ध नहीं
कृषक विशेषाधिकार	व्यवहार में उपलब्ध	वैकल्पिक, राष्ट्रीय नियमों पर निर्भर	उपलब्ध नहीं

पादप प्रजनक अधिकार (PBR) की आवश्यकताएँ (Requirements for PBR)

अंतर्राष्ट्रीय नवीन पादप किस्म सुरक्षा संघ (UPOV) अधिनियम (1991) के प्रावधानों के अंतर्गत सुरक्षा के लिए किसी पादप किस्म को निम्नलिखित शर्तें पूरा करना जरूरी है: (1) नवीनता (Novelty), (2) विशिष्टता (Distinctiveness), (3) समरूपता (Uniformity) एवं स्थायित्व (Stability)।

नवीनता (Novelty): किसी किस्म की पादप प्रजनक अधिकार (PBR) सुरक्षा के पहले उस किस्म का 1 वर्ष से अधिक वाणिज्यिक (Commercial) उपयोग न हुआ हो।

विशिष्टता (Distinctiveness): नई किस्म को उसी फसल की अन्य किस्मों से एक या एक से अधिक पहचानने लायक आकारिकीय (Morphological), शरीरक्रियात्मक (physiological) तथा अन्य अभिलक्षणों (Characteristics) में भिन्न होना चाहिए।

समरूपता (Uniformity): प्रस्तावित किस्म को अपने अनुकूल (Adaptation) के वातावरण विशे ा में समरूप (Uniform) दिखना चाहिए।

स्थायित्व (Stability): नई किस्म देखने में (=लक्षणप्ररूप में) तथा अपने उन अभिलक्षणों (Characteristics), जिसके सम्बन्ध में दावा किया गया है, अपने अनुकूल वातावरण विशेष में पीढ़ी–दर–पीढ़ी स्थायी (Stable) होना चाहिए।

पादप प्रजनक अधिकार (PBR) द्वारा सुरक्षा का दायरा (Extent of Protection by PBR)

अंतर्राष्ट्रीय नवीन पादप किस्म सुरक्षा संघ (UPOV) अधिनियम (1991) के अंतर्गत सुरक्षित किस्मों को निम्नलिखित क्षेत्रों में सुरक्षा होती है।

1. सुरक्षित किस्म के सभी भागों (उत्पादों) का वाणिज्यिक उद्देश्य से उत्पादन तथा उनका विपणन या विक्रय पादप प्रजनक अधिकार (PBR) धारक का एकाधिकार होता है।
2. किसान को यह सुविधा दी जा सकती है, कि वे अपने उत्पाद के एक भाग को अपने खेतों में बुवाई के लिए बीज के रूप में उपयोग करे। ऐसा करने के लिए उसे पादप प्रजनक अधिकार (PBR) धारक को कोई शुल्क नहीं देना होगा। लेकिन यह विशेषाधिकार (कृषक विशेषाधिकार) अंतर्राष्ट्रीय नवीन पादप किस्म सुरक्षा संघ (UPOV) अधिनियम (1991) में प्रदत्त नहीं है, और यह सदस्य देशों के राष्ट्रीय कानूनों पर आश्रित है।
3. किसानों का आपस में सुरक्षित किस्मों के बीजों या प्रवर्ध्यो (Propagules) का आदान–प्रदान वर्जित है।
4. सुरक्षा की अवधि कम–से–कम 20 वर्ष है। कुछ सदस्य देशों में यह अवधि 30 वर्ष (फ्रांस में मक्के के अंतःप्रजातों, Inbreds, के लिए) तक भी है।
5. सुरक्षित किस्मों को वैज्ञानिक शोध एवं प्रजनन के लिए मुक्त रूप से उपयोग किया जा सकता है, लेकिन यह छूट अनिवार्य रूप से व्युत्तपन्न (Essentially-derived) किस्मों के लिए नहीं है। जब किसी किस्म के एक या कुछ जीनों

में परिवर्तन (उत्परिवर्तन अथवा किसी अन्य विधि द्वारा) कर नई किस्म का विकास किया जाता है, तो नई किस्म को जनक किस्म से **अनिवार्य रूप से व्युत्तपन्न किस्म (Essentially-derived)** कहा जाता है।

सारणी 5.3: व्यापार एवं बौद्धिक सम्पदा अधिकारों के परिपेक्ष में भारतीय स्थिति

क्र.सं		वर्ष	टिप्पणी
1.	विश्व बौद्धिक सम्पदा अधिकार समिति (WIPO)	1967	राष्ट्रीय बौद्धिक सम्पदा अधिकार विधि निर्माण व्यवस्था एकमत करता है, अंतर्राष्ट्रीय आवेदन, जैसे औद्योगिक सम्पदा अधिकार में सहायता प्रदान करता है, विकासशील एवं अन्य देशों को वैज्ञानिक तथा तकनिकी सहायता प्रदान करता है। निजी बौद्धिक सम्पदा अधिकार की लड़ाई में सहयता प्रदान करता है तथा मार्शल इन्फोर्मेशन तकनीक के द्वारा सूचनाओं को संग्रहित करके रखने में सहायक है।
2.	भारत की नई औद्योगिक नीति	1991	इस नीति में बीज उत्पादन को बहुत महत्व दिया है, इस उद्योग को एक उगते सुरज जैसा माना गया है। इस नीति के तहत सब्जी एवं फूलों तथा अन्य सामग्री के बीज के आयात में उदारीकरण किया गया तथा बहुराष्ट्रीय कम्पनियों को बीज उद्योग में 50 प्रतिशत के लाभांश पर कार्य करने की अनुमति दी गई है।
3.	विश्व व्यापार संगंठन (WTO)	1995	विश्वव्यापी व्यापार नियमों के द्वारा व्यापार को विभिन्न देशों में संचालित करना ताकि व्यापार में किसी प्रकार की बाधा न आए।
4.	वाणिज्य सम्बन्धित बौद्धिक संपदा अधिकार (TRIPs)	1998–99	इसकी शुरुआत 1986–94 में यूरागुए राऊड में हुई थी जहाँ बौद्धिक सम्पदा अधिकार को पहली बार बहुद्देशीय व्यापार प्रकरण में लाया गया।
5.	पौध प्रभेद सुरक्षा एवं किसान अधिकार अधिनियम (PPV&FR Act 2001)	2001	यह विधान किसानों को यह अधिकार देता है कि वे अपनी उपज को संजोग कर रख सके और बीज के रुप में इस्तेमाल कर सकते हैं तथा इसकी बिक्री भी कर सकते हैं।
6.	जैवविविधता अधिनियम (BDA Act, 2002)	2002	इसके तहत राष्ट्रीय जैवविविधता प्राधिकरण का गठन तथा ऐसे नियमों का गठन हुआ जिनके माध्यम से जैव संसाधनों को प्राप्त किया जा सके एवं शोधकार्य तथा स्वामित्व लाभांश को बांट सके।
7.	पौध आनुवांशिक संसाधन पर अंतर्राष्ट्रीय सहमति (FAO ITPGR)		इसका उद्देश्य है संरक्षण तथा पौधों को खाद्य तथा कृषि को टिकाऊ बनाना।
8.	अंतर्राष्ट्रीय नवीन पादप किस्म सुरक्षा संघ (UPOV) कन्वेन्शन	2003–04	आवेदन दाखिल किया गया है।

प्रजनक छूट (Breeder's Exemption)

पादप प्रजनक अधिकार (PBR) सुरक्षा पद्धतियों मे साधारणतया प्रजनकों को यह छूट दी जाती है, कि वे किसी भी सुरक्षित किस्म (यहाँ इसे हम आरंभिक किस्म,

initial variety, कहेंगे) का प्रजनन कार्यक्रमों में उपयोग कर सकते हैं, इसके लिए उन्हें आरंभिक किस्म के पादप प्रजनक अधिकार (PBR) धारक को कोई भी किसी भी प्रकार का शुल्क देय नहीं होगा। इस प्रकार के प्रावधान को **प्रजनक छूट (Breeder's Exemption)** कहते हैं। अंतर्राष्ट्रीय नवीन पादप किस्म सुरक्षा संघ (UPOV, 1978) में आरंभिक किस्म से प्राप्त सभी प्रकार की किस्मों पर यह छूट लागू थी। लेकिन अंतर्राष्ट्रीय नवीन पादप किस्म सुरक्षा संघ (UPOV) (1991) में प्रजनक छूट का दायरा सीमित कर दिया गया है: आरंभिक किस्म से **अनिवार्य रूप से व्युत्तपन्न (Essentially Derived)** किस्मों को यह छूट नहीं प्राप्त है, ऐसी किस्में अब आरंभिक की पादप प्रजनक अधिकार (PBR) सुरक्षा के दायरे में आती है। जब कोई किस्म 'मूलरूप से आरंभिक किस्म से व्युत्पन्न (derived) होती है, जिससे नई किस्म में आरंभिक किस्म के जीनप्ररूप (genotype) या जीनप्ररूपों के संयोजनों (gene combinations) की अभिव्यक्ति से उत्पन्न अभिलक्षण (characteristics) नई किस्म में यथावत बने रहते हैं', तो नई किस्म को **अनिवार्य रूप से व्युत्तपन्न किस्म (Essentially Derived Variety)** कहा जाता है। उदाहरण के लिए, किसी किस्म में उत्परिर्वतन या प्रतीप संकरण (Back Cross) द्वारा एक जीन का स्थानांतरण करके जो नई किस्म विकसित की जाएगी, उसे अनवार्य रूप से व्युत्तपन्न किस्म कहा जाएगा। लेकिन संकर किस्म के जनक अंतःप्रजात (Inbreds)/लाइनों को भी पादप प्रजनक अधिकार (PBR) सुरक्षा प्राप्त होती है; अतः उनका प्रजनन कार्यक्रमों में उपयोग नहीं किया जा सकता है।

पादप प्रजनक अधिकार (Plant Breeders' Rights, PBR)

पादप प्रजनक अधिकार (Plant Breeders' Rights, PBR) किसी फसल की किस्म के प्रजनक, उद्गमकर्ता (Originator) या मालिक (Owner) को सरकार द्वारा इस किस्म के संदर्भ में दिए जाते हैं। इन अधिकारों के द्वारा सम्बन्धित किस्म का प्रजनक/उद्गमकर्ता/मालिक, अन्य किसी भी व्यक्ति पर उस किस्म के प्रवर्ध्यो के उत्पादन अथवा उनके वाणिज्यीकरण (Commercialization) पर रोक लगा सकता है। पादप प्रजनक अधिकार (PBR) से सुरक्षा की अवधि 15–20 वर्ष होती है। किसी किस्म का पादप प्रजनक अधिकार (PBR) धारक किसी अन्य व्यक्ति या संस्था को उस किस्म के प्रवर्ध्यों के उत्पादन/विपणन हेतु अधिकार दे सकता है। किसी किस्म के पादप प्रजनक अधिकार (PBR) धारक से यह उम्मीद की जाती है कि वह पादप प्रजनक अधिकार (PBR) के स्थानांतरण अथवा उस किस्म के प्रवर्ध्यो की बिक्री के लिए उचित शर्त/कीमत रखेगा। यदि वह ऐसा नहीं

करता है, तो लोकहित में सरकार उस किस्म के प्रवर्ध्यों के उत्पादन/विपणन का लइसेंस किसी संस्था को दे सकती है, इसे **अनिवार्य अनुज्ञप्ति (Compulsory Licensing)** कहा जाता है।

पादप प्रजनक अधिकार (PBR) द्वारा पादप किस्मों की सुरक्षा होती है। लेकिन इन किस्मों के उत्पादन के लिए उपयोग में आने वाले पादप विभेदों तथा प्रजनन विधियों/प्रक्रियाओं को सुरक्षा नहीं दी जाती है। पादप प्रजनक अधिकार (PBR) पद्धतियों में किसी–न–किसी रूप में प्रजनक छूट (Breeder's exemption) का प्रावधान होता है।

भारत में पादप प्रजनक अधिकार (PBR) की आवश्यकता (Need for PBR in India)

विकसित देशों (Developed Countries) में पादप प्रजनक अधिकार (PBR) पद्धतियों के विकास के पीछे निम्नलिखित मुख्य विचार/तर्क थे।

1. पादप किस्म का विकास एक नवीन सुधार या आविष्कार जैसा ही है। अतः पादप किस्मों को बौद्धिक संपदा माना जाना चाहिए, और उन्हें भी सुरक्षा मिलनी चाहिए।
2. आर्थिक लाभ मिलने से प्रजनकों को उत्साहवर्धन होता है।
3. इससे निजी क्षेत्र की कंपनियां भी पादप प्रजनन कार्यक्रमों में निवेश करने हेतु प्रोत्साहित होती हैं।

आरंभ में पादप किस्मों को पेटेंट करने का प्रस्ताव था। लेकिन युरोप आदि क्षेत्रों में निम्नलिखित कारणों से इस विचार को कार्यरूप में परिणत नहीं किया गया।

1. औद्योगिक पेटेंट निर्जीव पदार्थो पर लागू होते है।
2. पादप किस्में पूर्ण रूप से स्थायित्वपूर्ण (Stable) नहीं होते हैं।
3. पौधों की किस्मों/विभेदों आदि का सही एवं संपूर्ण वर्णन असंभव है।
4. पादप किस्मों के प्रजनन की पुनरावृत्ति करना बहुत कठिन होता है।
5. पादप किस्मों द्वारा आविष्कारिता (Inventiveness) की शर्त पूरी नहीं की जा सकती है, क्योकि इनमें पूर्ववर्ती जीनों/विकल्पियों (Alleles) के नए संयोजन

ही होते हैं, न कि कोई नया जीन होता है। पेटेंट के लिए आविष्कारिता एक आवश्यक शर्त है।

भारत में कृषि की स्थिति विकसित देशों में कृषि की स्थिति से निम्नलिखित दो प्रमुख बातों में भिन्न है।

1. पादप प्रजनन मुख्य रूप से सरकारी संस्थानों द्वारा किया जाता है।
2. निजी क्षेत्र का पादप प्रजनन में योगदान सीमित है, यद्यपि इसमें क्रमशः वृद्धि हो रही है।

ऐसा तर्क भी दिया गया है कि भारत देश की स्थिति अभी पादप प्रजनक अधिकार (PBR) सुरक्षा के लिए उपयुक्त नहीं है। लेकिन ये तर्क कृत्रिम हैं एवं मानने योग्य नहीं है। कई अन्य वैज्ञानिकों ने सुझाव दिया है कि एशियाई देशों को अपनी विशिष्ट पादप प्रजनक अधिकार (PBR) पद्धति विकसित करनी चाहिए, जिसमें निम्नलिखित प्रावधान शामिल किये जाने चाहिएः

1. कृषक समुदायों के हितों की सुरक्षा, जैसे मुक्त–परागित किस्मों जैसी अनौपचारिक किस्मों की सुरक्षा के लिए प्रावधान।
2. अनिवार्य रूप से व्युत्तपन्न (Essentially - Derived) किस्मों की अवधारणा (Concept) को असुरक्षित (पादप प्रजनक अधिकार, PBR सुरक्षा से रहित) किस्मों पर भी लागू करना।

किसी भी दशा में, वाणिज्य सम्बन्धित बौद्धिक संपदा अधिकार (TRIPs) के प्रावधानों के तहत भारत के सामने केवल निम्नलिखित तीन विकल्प हैं।

1. अंतर्राष्ट्रीय नवीन पादप किस्म सुरक्षा संघ (UPOV) 1991, को लागू करना।
2. पादप किस्मों के लिए पेटेंट कानून लागू करना।
3. अंतर्राष्ट्रीय नवीन पादप किस्म सुरक्षा संघ (UPOV) (1991) या पेटेंट के समकक्ष सुरक्षा देने वाली अपनी स्वयं की पादप प्रजनक अधिकार (PBR) पद्धति विकसित करना।

'अपनी स्वयं की पादप प्रजनक अधिकार (PBR) प्रणाली' को ही *'sui generis'* पादप प्रजनक अधिकार (PBR) कहा जाता है। भारत ने स्वयं की पादप प्रजनक अधिकार (PBR) पद्धति विकसित करने का फैसला किया है; इस

पद्धति के मूलतः अंतर्राष्ट्रीय नवीन पादप किस्म सुरक्षा संघ (UPOV) 1978 पर आधारित होने की प्रत्याशा है। इस पद्धति में निम्नलिखित प्रावधानों के शामिल होने की संभावना है।

1. कृषक अधिकार (Farmer's Rights)।
2. शोधकर्ता द्वारा उपयोग का अधिकार।
3. सुरक्षा की अवधि 15 वर्ष (वार्षिक फसलें) एवं 18 वर्ष (फल वृक्ष एवं लताएँ)।
4. जीन बैंक में अनिवार्य रूप से जमा करना।
5. अनिवार्य प्रमाणीकरण।
6. अनिवार्य अनुज्ञाप्ति (Compulsory Licensing)।
7. प्रजनक, कृषक एवं शोधकर्ता अधिकारों की सुरक्षा के लिए एक राष्ट्रीय प्राधिकरण (National Authority) की स्थापना।

इसके साथ ही पादप प्रजनक अधिकार (PBR) कानून में निम्नलिखित प्रावधानों के शामिल करने पर गंभीरतापूर्वक विचार किया जाना चाहिए।

1. मुक्त–परागित किस्मों (Open-pollinated Varieties) जैसी अनौपचारिक किस्मों को सुरक्षा प्रदान करना।
2. अनिवार्य रूप से व्युत्पन्न किस्मों की अवधारणा को असुरक्षित किस्मों पर भी लागू करना।
3. सुरक्षा प्रदान करने के लिए किस्मों के जनकों की घोषणा अनिवार्य करना।

भारत ने वर्ष 2000 में पादप किस्म सुरक्षा एवं कृषक अधिकार अधिनियम (2000) पारित किया है।

भारत एवं वाणिज्य सम्बन्धित बौद्धिक संपदा अधिकार (India and Trips)

भारत वाणिज्य सम्बन्धित बौद्धिक संपदा अधिकार (TRIPs) के प्रावधानों को लागू करने के लिए बाध्य है। चूँकि ऐसा नहीं किया गया, अतः 1997 में संयुक्त राज्य अमेरिका (USA) ने विश्व व्यापार संगठन (WTO) में भारत के विरुद्ध शिकायत की। विश्व व्यापार संगठन (WTO) ने निर्णय दिया कि भारत ने वाणिज्य

सम्बन्धित बौद्धिक संपदा अधिकार (TRIPs) के निम्नलिखित प्रावधानों को लागू नहीं किया।

1. 'मेल बॉक्स' प्रावधान
2. एकनिष्ठ विपणन अधिकार (Exclusive Marketing Rights) का प्रावधान। भारत ने 1 अप्रैल 1999 से उपरोक्त प्रावधानों को लागू करने का वचन दिया है। भारत ने पेटेंट कानूनों में उपयुक्त संशोधन करने की प्रक्रिया शुरु कर दी है, भारतीय पेटेंट (संशोधन) बिल [(Indian Patent (Amendment) Bill, 1999] लोकसभा एवं राज्य सभा दोनों ही द्वारा पारित किया जा चुका है, और अब यह अधिनियम के रुप में पारित तथा लागू भी हो चुका है।

भारतीय पेटेन्ट अधिनियम 2002 (Indian Patent, *Second Amendment*, Act 2002)

वाणिज्य सम्बन्धित बौद्धिक संपदा अधिकार (TRIPs) के अन्तर्गत निर्धारित बाधाओं को पार करने हेतु, भारत में द्वितीय पेटेन्ट सुधार कानून बनाया गया जिसके अन्तर्गत भारतीय पेटेन्ट अधिनियम (1970) के अनुसार अविष्कार की परिभाषान्तर्गत नये उत्पादन की नई प्रक्रिया जोकि आविष्कारक चरण (Inventive Step) और उघोग में लागू हो सके, आते हैं। परन्तु भाग 3 (Section 3) के अनुसार पौधे/जीव–जन्तु/पशु सम्पूर्ण रुप से या कोई भी अंग सुक्ष्म जीवों के अतिरिक्त लेकिन बीज प्रजाति तथा स्पैसीज और आवश्यक जैविक प्रक्रियाएं जहाँ पौधों/जीव–जन्तु/पशुओं के उत्पादन या संवर्धन आविष्कार की श्रेणी के अन्तर्गत नहीं है। पेटेन्ट (द्वितीय सुधार) अधिनियम 2002 [Patent (Second Amendment Act)] के द्वारा "पौधों" (Plants) को पेटेन्ट के अन्तर्गत दी जाने वाली छूट में शामिल वस्तुओं की श्रेणी से हटा दिया गया। परिणामस्वरुप जैव प्रौद्यौगिकी प्रक्रिया (Bio-technological Processor) के द्वारा उत्पन्न अनोखे पौधों (Unique Plants) को पेटेन्ट की श्रेणी में रखकर पौधों का भी पेटेन्टीकरण किया जा सकता है। इसके अतिरिक्त पेटेन्ट की अवधि को पेटेन्ट फाइल करने की तिथि से 14 वर्ष से बढ़ाकर 20 वर्ष की अवधि के लिए किया गया।

भारत सरकार द्वारा पेटेन्ट (सुधार) अध्यादेश 2004 [Patent (Third Amendment Act 2005)] में पारित किया जिसके अन्तर्गत उत्पाद (Product) का भी पेटेन्ट किया जा सकता है जिसके अन्तर्गत दवाई तथा फार्मेसीटिकल्स उत्पादों के अतिरिक्त कृषि रसायन, खाद्य पदार्थ तथा जैव प्रौद्योगिकी उत्पाद सम्मिलित है।

इस अधिनियम के अन्तर्गत एकाधिकार अधिपत्य को औपचारिक रुप से बीजों पर वैधानिक स्तर पर मान्यता प्रदान करता है, जिसके अन्तर्गत बीजों को जोकि विशिष्ट तरीके (Novel means) से तैयार किये गये हों, को विशेष रुप से पेटेन्ट की श्रेणी से बाहर नहीं किया गया है। यद्यपि भारत सरकार द्वारा पौध प्रभेद संरक्षण एवं कृषक अधिकार अधिनियम (PVP & FR Act) 2001 से प्रभावी है परन्तु सुधारित पेटेन्ट कानून 2005 में "भ्रमित" तथ्य बीज पेटेन्ट के बारे में प्रश्न उत्पन्न करते हैं जोकि विशिष्ट तरीके (Novel means) जैसे कि पराजीनी बीज (Transgenic seeds)।

भारतीय पेटेंट कानून में परिवर्तन (Changes in the Indian Patent Laws)

वाणिज्य सम्बन्धित बौद्धिक संपदा अधिकार (TRIPs) के प्रावधानों को संतुष्ट करने के लिए भारतीय पेटेंट अधिनियम (1970) में निम्नलिखित परिवर्तन किए गए हैं, संशोधित अधिनियम को 'भारतीय पेटेंट (संशोधन) अधिनियम 1999' [Indian Patent (Ammendment) Act, 1999] कहा जाता है। इस अधिनियम में 'भारतीय पेटेंट अधिनियम (1970) की तुलना में निम्नलिखित परिवर्तन किए गए हैं।

1. कुछ विशिष्ट दवाओं/औषधियों को छोड़कर, अन्य उत्पादों पर पेटेंट दिए जाएंगे।
2. दिसंबर 31, 2004 तक 'एकनिष्ट विपणन अधिकार' का प्रावधान किया गया है।
3. आवश्यक परिवर्तनों के साथ, अनिवार्य अनुज्ञप्ति (Compulsory License) का प्रावधान 'एकनिष्ठ विपणन अधिकार' पर भी लागू होगा।
4. भारत सरकार देश की सुरक्षा के हित में, किसी पेटेंटनीय आविष्कार के बारे में किसी भी सूचना का प्रकटन रोक सकती है, और कोई भी कदम, जिसमें किसी पेटेंट को रद करना शामिल है, उठा सकती है। लेकिन इस प्रकार के किसी कदम को पहले सरकारी गजट द्वारा सूचित करना होगा।

जैव प्रौद्योगिकीय आविष्कारों की सुरक्षा (Protection of Biotechnological Inventions)

विभिन्न प्रकार के जैव प्रौद्योगिकीय आविष्कारों को निम्नलिखत समूहों में बाँट सकते हैं।

1. उपयोगी उत्पाद प्राप्त करने की विधियाँ/प्रक्रियाएँ।
2. विभिन्न उत्पाद, जैसे ऐन्टीबायोटिक, विटामिन आदि।
3. विभिन्न प्रक्रियाओं/उत्पादों के अनुप्रयोग, जैसे किसी प्रमोटर क्रम (Promoter sequence) का जीन क्रिया का नियमन (Regulation) करने के लिए उपयोग।
4. सूक्ष्मजीवों के विभेद (Strains), कोशिका लाइनें, पादप एवं जंतुओं के ऐसे विभेद, जो आनुवांशिक रुपांतरण द्वारा प्राप्त किए गए हैं।
5. DNA क्रम एवं उनके द्वारा कोडित प्रोटीन, यदि कोई हो।
6. जीवों के आनुवांशिक रुपांतरण आदि विधियाँ।

उत्पादन प्रक्रियाएँ, उत्पाद तथा उनके अनुप्रयोग की पेटेंट के माध्यम से सुरक्षा की जाती है। प्रकृति से विलग किए गए उत्पादों को युरोपीय पेटेंट कार्यालय एक 'खोज' (Discovery) मानता है, अतः ये पेटेंटनीय नहीं माने जाते। लेकिन इन उत्पादों के विलग (Isolation) की प्रक्रिया पेटेंटनीय मानी जाती है। इसके अतिरिक्त, यदि विलग किया गया पदार्थ 'नया' है, और इसकी उपस्थिति इसके पहले ज्ञात नहीं थी, तो इस पदार्थ को भी पेटेंटनीय माना जाता है। संयुक्त राज्य अमेरिका में, यद्यपि प्राकृतिक उत्पाद स्वयं पेटेंटनीय नहीं माने जाते, लेकिन इन उत्पादों को इनके 'नए प्रारुप' (New form) या संघटन (Composition) में 1977 से पेटेंट योग्य माना जाने लगा है। इस प्रावधान के अंतर्गत शोधित (Purified) प्राकृतिक उत्पादों को एक नया संघटन माना जाता है, अतः उन्हें पेटेंट किया जाता है। आनुवांशिक रुपांतरण की विधियाँ/टेक्नोलॉजी आदि भारत सहित लगभग सभी देशों में पेटेंटनीय हैं। लेकिन DNA क्रमों की पेटेंटनीयता के बारे में अभी भी कुछ विवाद है।

जीनों एवं DNA क्रमों के पेटेंट (Patents on genes and DNA Sequences)

कृत्रिम रुप से संश्लेशित जीनों का पेटेंट लगभग सभी विकसित देशों में किया जाता है। संयुक्त राज्य अमेरिका (USA) में जीवों से विलग किए गए जीनों का भी पेटेंट किया जाता है। एक उत्परिवर्ती (Mutant) बैक्टीरिया से विलगित (Isolated) जीन *aroA* (ग्लाइफोसेट रोधिता के लिए, for Glyphosate Resistance)

सबसे पहले पेटेंट होने वाला जीन है। इस जीन का पेटेंट कैल्जीन, इनका संयुक्त राज्य अमेरिका (Calgene, Inc., USA) के पास है, यह पेटेंट इस जीन के क्षारक क्रम (Base Sequence) के रुप में है। किसी जीन के पेटेंट के लिए इसका कोई अनुप्रयोग होना चाहिए। लेकिन संयुक्त राज्य अमेरिका (USA) में इस आवश्यकता में अक्सर छूट दी जाती है। उदाहरण के लिए, हार्मोन ऐंजियोजिनेसिस कारक (Angiogenesis Factor) का जीन, इस जीन–युक्त वाहकों (Vectors) एवं इसे अभिव्यक्त करने वाली कोशिकाओं को इस जीन के किसी अनुप्रयोग के ज्ञान के अलावा पेटेंट दिया गया था। इसके विपरीत, ब्रिटेन एवं भारत में प्रकृति से विलग किए गए जीन पेटेंट योग्य नहीं माने जाते। किंतु संयुक्त राज्य अमेरिका (USA) तथा समान विचार वाले अन्य देश शेष देशों पर प्राकृतिक जीनों एवं DNA क्रमों को पेटेंटनीय मानने के लिए दबाव बना सकते हैं।

पेटेंटों के उलझाव (Patent Imbroglio)

जैव प्रौद्योगिकी के कई आविष्कार, विशेष रूप से जो कृषि के क्षेत्र में आविष्कार है, में कई तकनीकी एवं पदार्थो (Materials) पर आधारित होते हैं। उदाहरण के लिए, किसी फसल की पराजीनी किस्म का विकास करने के लिए निम्नलिखित की जरूरत पड़ती है।

1. फसल की एक उत्कृष्ट किस्म, जिसमें पराजीन को स्थानांतारित किया जाना है।
2. उपयुक्त प्रमोटर/संवर्धक (Enhancer) क्रम।
3. उपयुक्त रिपोर्टर जीन।
4. वांछित लक्षण को उत्पन्न करने वाला जीन, जैसे कीट रोधिता (Insect Resistance) के लिए *cry* जीन।
5. आनुवांशिक रूपांतरण (Genetic Transformation) के लिए एक उपयुक्त तकनीकी।
6. कुछ मामलों में, कोई विशिष्ट तकनीकी, जैसे प्रतिअर्थक (Antisense) RNA तकनीकी।

उपरोक्त में से प्रत्येक का पेटेंट किसी एक भिन्न व्यक्ति या संस्था के पास हो सकता है। इसके साथ ही, इनमें से कुछ के बौद्धिक संपदा अधिकार की स्थिति

आनुवांशिक रूपांतरण परियोजना के आरंभ के समय स्पष्ट नहीं भी हो सकती है। साधारणतया, पेटेंट–धारक तब तक प्रतीक्षा करते हैं, जब तक कि कोई व्यापारिक उत्पाद विकसित नहीं हो जाता है, ऐसा हो जाने के बाद ही वे बौद्धिक संपदा अधिकार के उल्लंघन का मामला उठाते है।

यदि कोई भी उत्पाद किसी पेटेंट (Patented) तकनीकी या वस्तु के उपयोग से विकसित हुआ है, तो उस उत्पाद का व्यापार तब तक नहीं किया जा सकता जब तक कि सम्बन्धित पेटेंटधारक से वैध अनुज्ञप्ति (Licence) नहीं प्राप्त कर लिया जाता है। कई मामलों में विभिन्न कारणों से लाइसेंस अनुपलब्ध हो सकता है, ऐसा होने का एक कारण यह हो सकता है कि अनुज्ञाप्तियों पहले ही किसी अन्य संगठन को दे दिया गया हो। ऐसा होने पर निम्नलिखित विकल्पों पर विचार किया जा सकता है: सहयोग (Collaboration), अधिग्रहण (Takeover), वैकल्पिक तकनीकी का विकास आदि, लेकिन इन सभी से सम्बन्धित उत्पाद के वाणिज्यिक उपयोग में देरी होगी।

उपरोक्त वर्णित स्थिति का एक अच्छा उदाहरण 'एन्डलेस समर' (Endless Summer) टमाटर की किस्म है। टमाटर की यह पराजीनी किस्म DNA पादप तकनीकी, संयुक्त राज्य अमेंरिका ने विकसित की थी। यह किस्म 1996 में व्यापारिक उपयोग के लिए तैयार हो चुकी थी, लेकिन बौद्धिक संपदा अधिकार समस्याओं के कारण यह आज तक खेती के लिए उपलब्ध नहीं हो सकी है। 'एन्डलेस समर' किस्म के फल धीमी गति से पकते हैं, और अच्छी गुणवत्ता वाले होते हैं। इन समस्याओं के कारण जैव प्रौद्योगिकीय अनुसंधान एवं विकास से सम्बन्धित IPR का प्रबंधन काफी जटिल एवं उलझा हुआ होता है। पायोनियर हाईबिड द्वारा आनुवांशिकी प्रौद्योगिकी (Genetically engineered) तकनीकों की सहायता से कीट प्रतिरोधी संकर मक्का का विकास किया जोकि विभिन्न प्रकार के 38 पेटेन्टस का उपयोग किया हो जोकि 16 विभिन्न पेटेन्ट घारकों के पास है।

जैविक विविधता पर अंतर्राष्ट्रीय परिपाटी (International Convention on Biological Diversity, CBD)

जैविक विविधता पर अंतर्राष्ट्रीय परिपाटी (CBD) पर भारत तथा 172 अन्य देशों ने 29 दिसंबर, 1993 को हस्ताक्षर किए थे। यह ऐतिहासिक संधि राष्ट्रों का अपने आनुवांशिक संसाधनों (Genetic Resources) पर संप्रभु अधिकार (Sovereign Right) स्वीकार करती है। यह संधि राष्ट्रों के इन अधिकार को मान्यता देता है, कि

वे इन संसाधनों की अन्य राष्ट्रों को उपलब्धता को नियंत्रित कर सकते हैं। यह उपलब्धता जानकारीपूर्ण पूर्व सहमति पर होगी, और इसे सम्बन्धित तकनीकी एवं आर्थिक लाभों में भागीदारी से जोड़ा जा सकता है। वर्तमान में जैव विविधता पर अंतर्राष्ट्रीय परिपाटी (CBD) में 42 Articles तथा 2 संलग्नक निहित हैं। इसके अतिरिक्त 1 सहायक निमित (Subsidary instruments), जोकि जैव सुरक्षा पर कार्टाजीना प्रोटोकॉल (Cartagena Protocl on Biosafety) के रुप में है। जैविक विविधता पर अंतर्राष्ट्रीय परिपाटी (CBD) के अन्तर्गत 190 राष्ट्र इसके सदस्य हैं। जैविक विविधता पर अंतर्राष्ट्रीय परिपाटी (CBD) के मुख्य उद्देश्य आनुवांशिक संसाधानों पर पहुंच (Access to generis resources), सम्बन्धित तकनीकियों तक पहुंच (Access to relevant technology) तथा उचित तथा बराबरी के आधार पर लाभांश में हिस्सेदारी (Fair and equitable sharing of benefits) प्रमुख हैं। इसके अतिरिक्त जैव विविधता का प्रर्याप्त संरक्षण तथा समुचित रुप से मुद्रा प्रबंधन इत्यादि भी इस परिपाटी के मुख्य आकर्षण हैं।

इसके पहले, 1983 में, भारत एवं 111 अन्य राष्ट्रों ने FAO द्वारा विकसित अंतर्राष्ट्रीय पादप आनुवांशिक संसाधन अनुबंध (International Undertaking on Plant Genetic Resources) पर हस्ताक्षर किए थे। यह अनुबंध इस धारणा पर आधारित था कि 'पादप आनुवांशिक संसाधन (Plant Genetic Resources) मानवमात्र की साझा विरासत हैं।' अब इस अनुबंध का पाठ (text) CBD के पाठ के समरूप किया जा रहा है, और इस संशोधित पाठ का CBD द्वारा लागू करने के लिए प्रोटोकॉल (Protocol) बनने की प्रत्याशा (Expectation) है।

CBD निम्नलिखित दो समस्याओं को स्वीकार करता है, जिनका कि समाधान जरूरी है: (1) कृषक अधिकारों को लागू करने की क्रियाविधि, एवं (2) दिसंबर 1993 से पहले, और CBD के प्रावधानों के बाहर किए गए *बहिस्थाने (ex situ)* जनन–द्रव्य संग्रहों की स्थिति। उपरोक्त दोनों ही समस्याओं के समाधान का प्रयास FAO द्वारा किया जा रहा है। अंतर्राष्ट्रीय कृषि अनुसंधान के लिए परामर्शदाता समूह (Consultative Group for International Agricultural Research, CGIAR) के अधीन अंतर्राष्ट्रीय कृषि शोध केंद्रों (International Agricultural Research Centres) ने अपने जननद्रव्य संग्रहों को FAO के अंतर्गत कर दिया है। इसके लिए 26 अक्टूबर, 1994 में ये केंद्र *बहिस्थाने* संग्रहों के एक अंतर्राष्ट्रीय नेटवर्क (International Network of *ex situ* Collections) में शामिल हो गए है।

वर्ष 2001 में अंतर्राष्ट्रीय पादप आनुवांशिक संसाधन अनुबंध (ITPGRFA) को खाद्य एवं कृषि संगठन द्वारा संचालित सम्मेलन (FAO conference) में इस संधि को मान लिया गया तथा वर्ष 2004 से यह संधि प्रभावी है। वर्तमान में अंतर्राष्ट्रीय पादप आनुवांशिक संसाधन अनुबंध (ITPGRFA) के अन्तर्गत 113 देश हैं इस संधि के अन्तर्गत 7 खंड तथा 25 Articles हैं।

सारणी 5.4: वाणिज्य सम्बन्धित बौद्धिक संपदा अधिकार (TRIPs) समझौते, जैव विविधता पर अंतर्राष्ट्रीय परिपाटी (CBD) तथा अंतर्राष्ट्रीय पादप आनुवांशिक संसाधन अनुबंध (ITPGRFA) के अन्तर्गत मुख्य बिन्दुओं का तुल्नात्मक अध्ययन

मुख्य बिन्दु	**बौद्धिक संपदा अधिकार (TRIPs)**	**जैव विविधता पर अंतर्राष्ट्रीय परिपाटी (CBD)**	**अंतर्राष्ट्रीय पादप आनुवांशिक संसाधन अनुबंध (ITPGRFA)**
उद्देश्य	अन्वेषणों तथा तकनीकी स्थानान्तरण को बढ़ावा देना	संरक्षण तथा चिरस्थायी रुप में प्रयोग	कृषि जैवविविधिता तथा खाद्य सुरक्षा
कार्यक्षेत्र	अन्वेषण, उत्पत्ति	आनुवांशिक संसाधन, पारम्परिक ज्ञान	खाद्य एवं कृषि हेतु पौध आनुवांशिक संसाधन (फसलें / चारा फसलें)
वैधानिक अधिकार	एकनिष्ठ / निजी अधिकार	अधिपति (Sovereign) अधिकार, सार्वजनिक सम्पति (Public good) / सामूहिक अधिकार	सार्वजनिक सम्पति (Public good) / सामूहिक अधिकार
प्रक्रिया	लाभ प्राप्त करने का अधिकार	प्रवेश (Access) तथा लाभ में हिस्सेदारी (Benefit sharing)	लाभ में हिस्सेदारी (Benefit sharing) प्रणाली

स्रोतः Najam et al. 2007

वाणिज्य सम्बन्धित बौद्धिक संपदा अधिकार (TRIPs) समझौते एवं जैव विविधता पर अंतर्राष्ट्रीय परिपाटी (CBD) के पारम्परिक सम्बन्ध

वाणिज्य सम्बन्धित बौद्धिक संपदा अधिकार (TRIPs) समझौते एवं जैव विविधता पर अंतर्राष्ट्रीय परिपाटी (CBD) में आपसी सम्बन्ध है जिसमें TRIPs के

अन्तर्गत आनुवांशिक संसाधनों के श्रोत की घोषणा करना होता है जोकि पेटेंट प्राप्त करने के लिए आवश्यक है, के साथ इन संसाधनों को उपयोग में लाने से पूर्व, पूर्व सूचना तथा सहमति (Prior informed consent) एवं लाभ में हिस्सेदारी (Benefit sharing) के रुप में सम्बन्धित है। इसके अतिरिक्त विकासशील देशों के लिए पारम्परिक ज्ञान के संरक्षण (Protection of Traditional Knowledge) को वाणिज्य सम्बन्धित बौद्धिक संपदा अधिकार (TRIPs) समझौते के अन्तर्गत उनके वातावरण एवं विकास हेतु पहल (Priorities) में शामिल कराना प्रमुख है।

बौद्धिक संपदा अधिकार (IPR) पद्धति एवं भारतीय अनुक्रिया (IPR Regime and Indian Response)

भारतीय परम्पराओं एवं संस्कृति का आधारभूत सिद्धांत है, 'व्यक्ति के मूल्य पर समाज का कल्याण'। किंतु IPR पद्धति इस सिद्धांत के एकदम विपरीत होती है। अतः IPR परिदृश्य से अधिकांश भारतीय तकनीकी, वैज्ञानिक एवं शिक्षावीद चकित रह गए हैं, और इस परिदृश्य में अपने को असहज महसूस कर रहे हैं। लेकिन धीरे धीरे IPR के प्रति जागरुकता बढ़ रही है। इस जागरुकता को और तेजी से लाने के लिए निम्नलिखित प्रयास किए जाने चाहिए।

1. वैज्ञानिक एवं तकनीकी को निम्नलिखित की प्रशिक्षण दी जानी चाहिए, पेटेंटों में किए गए दावों को पढ़ना, उनकी व्याख्या करना आदि। इससे ये लोग निम्नलिखित कार्यों में सहायक हो सकेंगे।

- विश्वस्तर के पेटेंट आवेदन तैयार करना।
- पेटेंट आवेदनों की प्रतिरक्षा (Defend) करना।
- पेटेंट आवेदनों के विरोध/ पेटेंटों को निरस्त करने के ओवदन तैयार करना।
- IPR के उल्लंघन की पहचान करना।
- सुस्पष्ट एवं उपयोगी उद्देश्यों वाले अनुसंधान एवं विकास कार्यक्रम तैयार करना।
- वाणिज्यिक घरानों से सहयोग स्थापित करना (IPR के वाणिज्यिक उपयोग के लिए)।
- संस्थानों में तकनीकी हस्तांतरण एवं जनसंपर्क कार्यालयों के संचालन/ प्रबंधन में योगदान।

- IPR पोर्टफोलियो (Portfolio) की प्राथमिकता (Effectiveness) – इनसे आर्थिक लाभ का मूल्यांकन करना।

2. पेटेंटों पर अंतर्राष्ट्रीय डेटाबेस (Databases) की उपलब्धि सुनिश्चित की जानी चाहिए, जिससे सम्बन्धित लोग उनकी तकनीकी विषयवस्तु, वैधानिक स्थिति आदि जान सकें।

3. सूचना वैज्ञानिकों (Information Scientists) को ऐसे प्रशिक्षित करना, जिससे समय से तथा उचित लागत पर पेटेंटों के बारे में सम्बन्धित जानकारियाँ उपलब्ध करा सकें।

4. अपने राष्ट्रीय संसाधनों के डेटाबेस बनाए जाने चाहिए। परंपरागत ज्ञान पर आधारित आविष्कारों के समुचित उपयोग के लिए यह अनिवार्य है।

5. पेटेंटों के वाणिज्यीकरण (Commercialization) को बढ़ावा देने के लिए पेटेंट बाजार का विकास किया जाना चाहिए।

6. तकनीकी व्यक्तियों को औपचारिक पेटेंट एटॉर्नी के रुप में काम करने के लिए आवश्यक प्रशिक्षण दी जानी चाहिए।

7- IPR में विशे ाज्ञ इकाइयों को एक दूसरे से प्रभावी संपर्क स्थापित करना चाहिए।

8. भारत में दिए जाने वाले पेटेंट आवेदनों एवं जारी होने वाले पेटेंटों के बारे में ऑन–लानइ (On Line) एवं तत्कालीन जानकारी उपलब्ध होनी चाहिए।

9. अनुसंधान एवं विकास की प्राथमिकता वाले क्षेत्रों की जानकारी के लिए पेटेंट सूचनाओं एवं मानव संसाधनों के डेटाबेस बनाए जाने चाहिए।

10. IPR पोर्टफोलियो का दक्ष एवं प्रभावशाली प्रबंधन होना चाहिए।

11. शिक्षा संस्थाओं में बौद्धिक संपदा अधिकारों (IPR) पर पाठ्यक्रम शुरु किए जाने चाहिए।

12. भारतीय पेटेंट कार्यालय (Indian Patent Office, IPO) का आधुनिकीकरण किया जाना चाहिए। भारत सरकार इस दिशा में पहले ही क्रियाशील है।

13. IPO को देश में IPR एवं तकनीकी/व्यापार के विकास में सक्रिय भूमिका निभानी चाहिए।

14. सभी सम्बन्धित संस्थाओं/संस्थानों को अपने कार्यक्रम इस प्रकार निर्धारित करने चाहिए, जिससे IPR से अधिकतम लाभ अर्जित किया जा सके।

15. अनुसंधान कार्यक्रमों, काम करने की संस्कृति एवं वातावरण आदि में इस दृष्टि से पूरी तरह परिवर्तन किए जाएं, जिससे कि अनुसंधान एवं विकास कार्यक्रमों पर होने वाले खर्च से अधिकतम लाभ अर्जित हो सके।

16. उपरोक्त उद्देश्यों की प्राप्ति के लिए प्रशासनिक, राजनैतिक, न्यायिक तथा शैक्षणिक संस्थाओं की कार्यशैली एवं कार्य संस्कृति में आमूल–मूल परिवर्तन जरुरी होंगे।

भारत और बौद्धिक संपदा का अधिकार

पौध किस्मों से सम्बन्धित कानून

पौध किस्मों का संरक्षण एवं कृषक अधिकार अधिनियम, 2001 (PPV & FRA, 2001) का अधिनियम पौध किस्मों और कृषक और पौध उगाने वालों के अधिकार के संरक्षण के लिए प्रभावी प्रणाली की स्थापना करने और पौधों की नई किस्मों के विकास को प्रोत्साहित करने की व्यवस्था करने के लिए किया गया है। अधिनियम के अनुसार शब्द 'किस्म' का अर्थ है सूक्ष्म अवयव को छोड़कर एक ही वनस्पति वर्ग के निचली कोटि का पौध समूह, जिसको – (i) दिए गए प्रकार की जाति के पौध समूह के परिणाम स्वरुप व्यक्ति विशेषता के रुप में परिभाषित किया जाता है, (ii) जो कम से कम किसी एक उक्त विशेषता की अभिव्यक्ति द्वारा किसी अन्य पौध समूह से अलग पहचाना जाता है और (iii) प्रजनन के लिए इसकी उपयुक्तता के संबंध में एक अनोखा यूनिक (Unique) माना जाता है। जो इस प्रकार के प्रजनन के पश्चात अपरिवर्तित रहता है, ये किस्म, वर्तमान किस्म, परिवर्तित जाति की किस्म, कृषक किस्म और अनिवार्य रुप से व्युत्पन्न किस्म (Essentially derived variety) ये सारे 'किस्म' शब्द में शामिल होती हैं।

केन्द्र सरकार ने कृषि मंत्रालय में 'पौध की किस्मों और कृषक अधिकार संरक्षण प्राधिकरण' की स्थापना अधिनियम के विभिन्न प्रावधानों को प्रवृत करने के लिए और पौधों की नई किस्मों के विकास को संवर्धित करने के उपाय एवं कृषकों और पौध उगाने वालों के अधिकार संरक्षण करने के लिए किया है। केन्द्रीय सरकार ने पौध किस्मों की रजिस्ट्री भी स्थापित की है जो प्राधिकरण के मुख्यालय में स्थित होगी। प्राधिकरण को पौध किस्म महापंजीयक और पौध किस्मों के पंजीकरण के प्रयोजन के अन्य पंजीयकों की नियुक्ति करने की शक्ति दी गई है।

अधिनियम के मुख्य प्रावधान

किसी किस्म के पंजीकरण के लिए पंजीयक के पास आवेदन निम्नलिखित के द्वारा किया जाता है:

- कोई व्यक्ति जो किस्म को उगाने वाला समझा जाता है, या
- किस्म उगाने वाले का दावा करने वाले का कोई उत्तराधिकारी, या
- कोई व्यक्ति जो किस्म को उगाने वाले का ऐसे आवेदन करने के अधिकार के संबंध में आवंटित है, या
- कोई किसान या किसानों का समूह या किसानों का समुदाय जो किस्म को उगाने वाले का दावा करता है, या
- कोई व्यक्ति जो निर्धारित तरीके से उपर्युक्त व्यक्ति की ओर से आवेदन करने के लिए प्राधिकृत हो, या
- कोई विश्वविद्यालय या सार्वजनिक रुप से निधियन की जाने वाली संस्था जो किस्म उपजाने वाला होने का दावा करती है।

नई किस्म का पंजीकरण इस अधिनियम के अंतर्गत तभी संभव है जब वह नवीनता, विशिष्टता, समरुपता और स्थिरता के मापदंडों के अनुरुप है। जबकि वर्तमान किस्म पंजीकरण इस अधिनियम के अधीन विनिर्दिष्ट अवधि के अंदर हो सकती है यदि वह विशिष्टता, समरुपता और स्थिरता के ऐसे मानदंडों के अनुरुप होगी जैसा की विनियम के तहत विनिर्दिष्ट है।

नई किस्म तब मानी जाएगी –

- नईः यदि संरक्षण के लिए आवेदन दर्ज करने की तारीख को ऐसी किस्म का प्रजनन या कटाई सामग्री, उसके प्रजनक के द्वारा या उसकी स्वीकृति से या ऐसे किस्म के दोहन के प्रयोजनों से उसके उत्तराधिकारी की स्वीकृति से न बेची गई हो या अन्यथा दे दी गई हों– (i) भारत में एक वर्ष से पहले, या (ii) भारत के बाहर पेड़ या वाईन के मामले में छः वर्ष से पहले या किसी अन्य मामले में चार वर्ष से पहले हो।
- भिन्नः यदि यह कम से कम एक अनिवार्य विशेषता द्वारा स्पष्ट रुप से अन्य किसी किस्म से भिन्न है तथा जिसका अस्तित्व किसी देश में आवेदन देने के समय जन सामान्य को ज्ञात है।

- समरुपताः यदि अंतर होने के अधीन जो इसके प्रजनन की विशेष विशेषता पर आश्रित है तथा यह अपनी अनिवार्य विशेषता में पर्याप्त रुप से एकसमान हो।
- स्थिरताः यदि उसकी अनिवार्य विशेषता पीढ़ी दर पीढ़ी के प्रजनन के बाद भी अपरिवर्तित रहती है या किसी विशेष प्रजनन चक्र के मामले में ऐसे प्रत्येक चक्र के अंत में अपरिवर्तित रहती है।

अधिनियम अंतर्गत नई किस्म का पंजीकरण कई कारणों से नहीं हो पाता है, जैसे कि यदि वहः

- ऐसी किस्म को अभिचिन्हांकित करने में सक्षम नहीं है, या
- केवल इसमें आंकड़े ही हैं, या
- ऐसी किस्म के उत्पादक की पहचान की ऐसी किस्म के लिए विशेषता, मूल्य पहचान के सम्बन्ध में गुमराह करने या दुविधा उत्पन्न करने वाला हो, या
- या ऐसे प्रत्येक वर्ग से भिन्न नहीं है जो इसी वनस्पति गत जाति की किस्म विनिर्दिष्ट करती है, या इस अधिनियम के तहत प्रजीकृत प्रजातियों से बहुत मिलती–जुलती हो, या
- यह संभावतः जनता को धोखा दे सकता है ऐसी किस्म की पहचान के सम्बन्ध में जनता को दुविधा में डाल सकता है, या
- जो भारत के किसी वर्ग या तबके के नागरिकों की धार्मिक भावना को आहत पहुंचाने वाला हो, या
- जो प्रतीक और नाम (अनुचित उपयोग निवारण) अधिनियम, 1950 में उल्लिखित किसी प्रयोजन के लिए नाम या प्रतीक के रुप में उपयोग के लिए प्रतिसिद्ध हो, या
- जो पूर्ण रुप से या आंशिक रुप से भौगोलिक नाम मात्र हो।

पंजीकरण के प्रत्येक आवेदन

- किस्म के सम्बन्ध में होगा
- आवेदक द्वारा ऐसी किस्म के लिए विनिर्दिष्ट वर्ग का उल्लेख करेगा,

- इसके साथ आवेदक द्वारा शपथ पत्र होगा, कि इस किस्म के अंतर्गत किसी जीन या जीन क्रम नहीं है जिसमें सीमाबद्ध करने वाली प्रौद्योगिकी शामिल हो,
- विनियमन द्वारा विनिर्दिष्ट स्वरुप में होना चाहिए,
- जिस स्थान से आनुवांशिक सामग्री ली गई है भारत में उस भौगोलिक स्थान के साथ पूर्ण जनकीय लाइन का पासपोर्ट डाटा जहां से किस्म व्युत्पन्न की गई है, एवं ऐसी सभी सूचनाएं जो योगदान से सम्बन्धित है, यदि कोई हो तथा किसी कृषक, ग्राम समुदाय, संस्था या संगठन का उत्पादन में, किस्म को विकसित या उत्पन्न करने में किसी प्रकार का योगदान के डाटा का उल्लेख होना चाहिए,
- जैसाकि पंजीकरण के लिए अपेक्षित है किस्म की नवीनता की विशेषता, भिन्नता, समरुपता और स्थायित्व को परिलक्षित करने वाले, किस्म की संक्षिप्त विवरण के साथ दिया जाना चाहिए,
- इसके साथ निर्धारित शुल्क भी भेजना चाहिए,
- ऐसी घोषणा सन्निहित होगी जिसमें किस्म उगाने या उत्पन्न करने या किस्म विकसित करने के लिए प्राप्त आनुवांशिक सामग्री या जनकीय सामग्री कानूनी रुप से प्राप्त की गई है, तथा साथ ही,
- यथा निर्धारित विवरण इसके साथ होना चाहिए।

प्रत्येक आवेदक, इस अधिनियम के अंतर्गत पंजीकरण के आवेदन के साथ उस किस्म को जिसका पंजीकरण होना है, उस प्रमात्रा में उपलब्ध कराएगा, जिससे कि जनकीय सामग्री (Parental Material) के साथ उस किस्म के बीज का मूल्यांकन हेतु परीक्षण किया जा सके ताकि यह जाना जाए कि विनियम द्वारा यथा विनिर्दिष्ट मानकों के साथ वह समरुप है। प्रत्येक उल्लिखित परीक्षण करने हेतु यथा निर्धारित शुल्क भी जमा करना होगा।

कोई भी व्यक्ति पंजीकरण शुल्क का भुगतान करके पंजीकरण के लिए आवेदन के विज्ञापन की तारीख से तीन माह के भीतर पंजीकरण में अपने विरोध के लिए पंजीयक को निर्धारित तरीके से लिखित रुप में सूचना दे सकता है। निम्नलिखित में से किसी भी कारण से विरोध प्रकट किया जा सकता है:

- वह व्यक्ति जो आवेदन का विरोध करता है, वह आवेदक के विरुद्ध उत्पादक होने के अधिकार का हकदार है, या
- इस अधिनियम के तहत यह किस्म पंजीकरण योग्य नहीं है, या
- पंजीकरण का प्रमाणपत्र प्रदान करना जन हित में नहीं हो, या
- किस्म का पर्यावरण पर प्रतिकूल प्रभाव हो सकता है।

पंजीयक पंजीकरण के लिए आवेदक को विरोध की एक प्रति भेजेगा और विरोध की सूचना की ऐसी प्राप्ति को आवेदक द्वारा प्राप्त करने से दो माह के भीतर, आवेदक पंजीयक को निर्धारित तरीके से प्रत्युत्तर में विवरण भेजेगा जिसमें ऐसे कारण होंगे जिसमें उसे अपने आवेदन पर भरोसा है और यदि वह ऐसा नहीं करता है तो ऐसा माना जाएगा कि उसने अपने आवेदन का परित्याग कर दिया है।

अधिनियम के तहत जारी पंजीकरण प्रमाणपत्र पेड़ों और वाईन (vine) के मामले में नौ वर्षों के लिए वैध होगा तथा अन्य फसलों के मामले में छः वर्षों के लिए मान्य होगा एवं इसके लिए निर्धारित शुल्क का भुगतान करने पर शेष अवधि के लिए इसकी समीक्षा और नवीकरण किया जिसमें यह शर्त है कि कुल मान्य अवधि निम्नलिखित से अधिक नहीं होगी :

- पेड़ों और अंगूर की लता के मामले में किस्म के पंजीकरण की तारीख से अठारह वर्ष
- वर्तमान किस्म के मामले में, बीज अधिनियम, 1966 के तहत केन्द्र सरकार द्वारा उस किस्म की अधिसूचना की तारीख से पन्द्रह वर्ष, और
- अन्य मामलों में किस्म के पंजीकरण की तारीख से पन्द्रह वर्ष।

इस अधिनियम के अंतर्गत किस्म यदि सार्वजनिक व्यवस्था या सार्वजनिक नैतिकता या मानव, पशु और पौधों के जीवन, स्वास्थ्य की रक्षा करने या वातावरण के प्रति गम्भीर पूर्वाग्रह से बचने के लिए ऐसी किस्म का वाणिज्यिक दोहन का निषेध अनिवार्य होना चाहिए एवं इसका पंजीकरण नहीं किया जाना चाहिए।

अधिनियम के तहत कृषकों के अधिकार निम्नलिखित हैः

- किसान जिसने नई किस्म उगाया या विकसित किया है वह पंजीकरण और किस्म के उत्पादन के तौर पर उसी तरह संरक्षण का हकदार होगा,

- किसान की किस्म पंजीकरण के लिए हकदार होगी,
- किसान जो चयन और संरक्षण के माध्यम से भूमिप्रजाति (Land race) वन्य (Wild type) जो आर्थिक पौधों के सापेक्ष हैं, के वांशिक संसाधन के संरक्षण और उनके सुधार में लगा हुआ है, वह जीन निधि के निर्धारित तरीके से मान्यता और पुरस्कार का हकदार होगा।
- किसान अपना फार्मउत्पाद जिसमें इस अधिनियम के अन्तर्गत संरक्षित किस्म के बीज शामिल है, की बचत, उपयोग, बुआई, पुनर्बुआई, विनिमय, हिस्सा या बिक्री करने के लिए उसी तरह से हकदार होगा जैसा कि वह इस अधिनियम के लागू होने के पहले हकदार हुआ करता था।

किसी भी समय किस्म के पंजीकरण का प्रमाणपत्र जारी करने की तारीख से तीन वर्ष समाप्त होने के बाद कोई भी इच्छुक व्यक्ति यह आरोप लगाते हुए कि किस्म आम लोगों के लिए बीज की आवश्यकता की पूर्ति एवं अन्य प्रजनक सामग्री की आवश्यकता की पूर्ति या बीज या किस्म की अन्य सामग्री उचित मूल्य पर आम जनता के लिए यदि उपलब्ध नहीं है तो बीज की अन्य प्रजनक सामग्री का उत्पादन, वितरण और बिक्री करने के लिए अनिवार्य अनुज्ञप्ति (Essential Licencing) प्रदान करने के लिए अनुरोध कर सकता है। अनिवार्य अनुज्ञप्ति की अवधि अलग–अलग मामले में अलग–अलग होती हैं, इसमें सगर्भता अवधि और अन्य संगत कारकों को ध्यान में रखा जाता है परन्तु किसी भी मामले में उस किस्म की संरक्षण की शेष अवधि से अधिक नहीं होगी।

इस अधिनियम के अंतर्गत कई अधिकार स्थापित किए गए हैं, इनका उल्लंघन तब माना जाएगा यदि :

- जो इस अधिनियम के तहत पंजीकृत किस्म का उत्पादक न हो या पंजीकृत एजेंट या उस किस्म का पंजीकृत लाइसेंस धारक न हो और वह इसके उत्पादक की अनुमति के बिना या पंजीकृत लाइसेंस के क्षेत्र में या पंजीकृत (Register) एजेंसी की अनुमति के बगैर किस्म की बिक्री, निर्यात, आयात या उत्पादन पंजीकृत लाइसेंस धारक या पंजीकृत एजेंट के बिना करता है जेसा भी मामला हो,
- ऐसी किस्म का वर्ग देकर जो किसी अन्य किस्म के उपयोग, बिक्री, निर्यात, आयात या उत्पादन करता है, उस वर्ग की किस्म जो इस अधिनियम के

अंतर्गत ऐसे पंजीकृत हैं कि आप लोगों के मन में ऐसी पंजीकृत किस्म को पहचानने में दुविधा उत्पन्न करने के समान हो या धोखे से एक समान लगता हो।

कोई व्यक्ति जो किसी झूठे वर्ग के किस्म के लिए आवेदन देता है और देश या जगह का नाम गलत व्यक्त करना है या इस अधिनियम के अन्तर्गत पंजीकृत किस्म के उत्पादक का गलत नाम व पता ऐसी किस्म का व्यापार करने के दौरान विनिर्दिष्ट करता है, उसे कारावास या जुर्माना या दोनों की सजा हो सकती है।

स्रोतः आवश्यक व्युत्पन्न किस्म http:business.gov.in/legal_aspects/plant_varieties.php

एन्डरसन एवं कटलर (1942) के अनुसार भूमिप्रजाति (Landrace) ऐसे सम्बन्धित व्यष्टियों के समूह जिनमें पर्याप्त विशेषताएं होती हैं जो उस समूह की पहचान हो तथा जब स्पर्धा अपने भूगोल के साथ अथवा पारिस्थितिक भूमि जहां वह विकसित हो रही हैं उसके साथ संतुलन बनाए रखता है, तब कालान्तर में उसकी विशिष्ट विशेषताएं समय के साथ लैंडरेस में विकसित हो जाती है। हरलन (1975) के अनुसार भूमिप्रजाति (Landrace) में एक निश्चित आनुवांशिक अखंडता होती है, वे आकृतिय रुप से पहचानने योग्य होते हैं जिनका नामांकरण किसानों द्वारा किया जाता है तथा विभिन्न लैंडरेस भूमि के प्रकार में उनकी अनुकूलता, बीजाई का समय, परिपक्वता की तिथि, उँचाई, पोषण तत्व, उपयोग तथा अन्य विशेषताओं में भिन्नता दर्शाते हैं। सबसे महत्वपूर्ण बात ये है कि इनमें आनुवांशिक विविधता (इस पर जोर दिया जाता है) पाई जाती है। इनकी जनसंख्या संतुलित होती है पर्यावरण तथा रोगजनकों, दोनों परिवर्तनों के साथ संतुलित रहते हैं तथा आनुवांशिक रुप से गतिशील होते हैं।

अर्न्तराष्ट्रीय पौध आनुवांशिक संसाधन ब्योरो (IBPGR) के अनुसार लैंडरेस फसलों की ऐसी जनसंख्या जो पर्यावरण के साथ संतुलन बनाए रखते हैं तथा समय की लंबी अवधि तक स्थिर रहते हैं। रॉबिन (1997) के अनुसार लैंडरेस किसानों के द्वारा विकसित की गई ऐसी किस्म है जो स्थानीय पर्यावरणीय परिस्थितियों के अनुकूल है। हानसेन एवं स्थापित (2000) के अनुसार लैंडरेस किसानों द्वारा विकसित की गई फसलों की ऐसी प्रजातियां जो विषम, स्थानीय पर्यावरण के अनुकूल हो, उनके स्थानीय नाम हो अर्थात कुछ अन्य शब्दों में लैंडरेस किसानों की बनाई हुई ऐसी प्रजातियां है जिनका सुधार औपचारिक या निजी/गैर

सरकारी संगठन के प्रजनन कार्यक्रमों में नहीं लिया गया है। किसान आधुनिक किस्मों को भी लगा सकते हैं। कुछ समय के अन्तराल के बाद, खासकर जब किसी प्रजाति का स्वयं बीज (Farm saved) का प्रयोग किया जाता है तथा चयन की प्रक्रिया भी अपनाई जाती है, तब एक भूमिप्रजाति (Landrace) में विकसित हो जाती है।

किसी किस्म को अनिवार्य रूप से व्युत्तपन्न किस्म तब कहा जा सकता है जब वह किसी किस्म से व्युत्पन (Derive) की गई हो तथा यदि,

- वह प्रमुख रुप से प्रारंभिक किस्म से व्युत्पन की गई हो अथवा उस किस्म से जो स्वयं प्रारंभिक किस्म से व्युत्पन्न हुई हो तथा साथ ही उस किस्म में प्रारंभिक किस्म की आवश्यक विशेषताओं को अभिव्यक्ति कर रही हो जो उस प्रारंभिक किस्म के जीनोटाइप अथवा जीनोटाइप के संयोजन के परिणामस्वरुप सम्मिलित होने चाहिए।
- स्पष्ट रुप से प्रारंभिक किस्म से भिन्न होने चाहिए।
- ऐसा सुनिश्चित किया जाना चाहिए कि अनिवार्य रूप से व्युत्तपन्न किस्म में (यदि भिन्नता है तो वह सिर्फ व्युत्पन्न का परिणामस्वरुप ही है अन्यथा) तथा प्रारंभिक किस्म के आवश्यक गुणों को अभिव्यक्त करे, जो प्रारंभिक किस्म के जीनोटाइप या जीनोटाइप के संयोजन का ही फलस्वरुप है।
- एक्सटैंट (Extent) किस्म वह किस्म है जो भारत में उपलब्ध है तथा जो बीज अधिनियम, 1966 की धारा 5 के तहत अधिसूचित है

अनिवार्य रूप से व्युत्पन्न किस्म का पंजीकरण

- वस्तुतः व्युत्पन्न किस्म के कुल जेनेरा (Genera) या स्पेसीज (Species) के पंजीकरण के लिए आवेदन केन्द्रीय सरकार द्वारा दी गई पंजीकरण धारा 29 के खंड (2) के तहत रजिस्ट्रार द्वारा या किसी की ओर से करने के लिए जो धारा 14 में निर्दिष्ट है एवं धारा 18 में दिए गए तरीके से किया जाना चाहिए जिसमें दिया गया है कि जहां किस्म (Variety) शब्द आए उसके स्थान पर अनिवार्य रूप से व्युत्तपन्न किस्म किया जाए तथा निर्धारित दस्तावेज एवं शुल्क के साथ किया जाए।

- जब रजिस्ट्रार द्वारा पाया जाता है कि उपधारा (1) की आवश्यकताओं का पालन किया गया है तथा उसकी संतुष्टि हो जाती है तब वह आवेदन को अपने रिपोर्ट तथा दस्तावेज के साथ प्राधिकरण के पास आगे बढ़ाता है।
- प्राधिकरण के पास आवेदन उपधारा (2) के तहत प्राप्त होने पर प्राधिकरण अनिवार्य रूप से व्युत्पति किस्म की जांच निर्धारित प्रक्रिया द्वारा कराने को भेजता है जिसमें यह सुनिश्चित किया जाता है कि अनिवार्य रूप से व्युत्पति किस्म प्रारंभिक किस्म से उत्पन्न हुआ है या नहीं।
- जब प्राधिकरण उपधारा (3) में निर्दिष्ट जांच की रिपोर्ट से संतुष्ट हो जाते हैं कि यह अनिवार्य रूप से व्युत्पति किस्म 'प्रारंभिक किस्म' से ही उत्पन्न हुआ है तब वह रजिस्ट्रार को निर्देश देती है कि उस अनिवार्य रूप से व्युत्पति किस्म को पंजीकृत करें तथा रजिस्ट्रार प्राधिकरण के इस निर्देश का पालन करते हैं।
- जब प्राधिकरण उपधारा (3) में निर्दिष्ट जांच की रिपोर्ट से संतुष्ट नहीं होता है कि अनिवार्य रूप से व्युत्पत किस्म प्रारंभिक किस्म से उत्पन्न नहीं हुआ है तब वह आवेदन मना कर देता है।
- धारा 28 में निहित किस्म के प्रजनक का अधिकार जो दिया गया है वही अनिवार्य रूप से व्युत्पत किस्म के प्रजनक पर भी लागू होगा परन्तु
- धारा 28 की उपधारा (2) के अंतर्गत प्रारंभिक किस्म के प्रजनक को यह प्राधिकरण (Authority) अनिवार्य रूप से व्युत्पत किस्म के प्रजनक को देना होगा तथा दोनों में आपस में कुछ नियम एवं शर्तों पर पारम्परिक रुप से सहमति होनी चाहिए।
- अनिवार्य रूप से व्युत्पत किस्म का पंजीकरण इस धारा में तब तक नहीं होगा जब तक कि वह धारा 15 की आवश्यकताओं की पूर्ति न करे, जिसमें 'किस्म' शब्द की जगह अनिवार्य रूप से व्युत्पत किस्म शब्द का प्रयोग किया गया हो।
- जब किसी अनिवार्य रूप से व्युत्पत किस्म का पंजीकरण रजिस्ट्रार द्वारा प्राधिकरण के अनुपालन के द्वारा उपधारा (4) के अंतर्गत किया जाता है, तब रजिस्ट्रार आवेदक को पंजीकरण का प्रमाण पत्र निर्धारित प्रपत्र में जारी करता है तथा साथ ही प्राधिकरण का मोहर (Seal) लगाकर प्राधिकरण को उसकी प्रतिलिपि भेज दिया जाता है तथा निर्दिष्ट अन्य प्राधिकारी को भी सूचनार्थ भेजा जाता है।

पादप किस्म संरक्षण (Plant Variety Protection)

पादप किस्मों, पशुओं व अन्य जन्तुओं की नस्लों (Breeds) का विकास वर्षों के कठिन एवं वैज्ञानिक दृष्टि से सुनियोजित प्रयासों का नतीजा होता है। इस आधार पर यह तर्क दिया जाता है कि पादप किस्मों एवं पशु/जन्तु की नस्लों को भी उन प्रजनकों (Breeders) की बौद्धिक संपदा माना जाना चाहिए, जिन्होंने उसका विकास किया था। इस प्रकार के तर्क पर अक्सर यह आपत्ति व्यक्त की जाती है, कि ये किस्में/नस्लें मूल रुप से प्रकृति में पहले से उपस्थित प्रजातियों/नस्लों से प्राप्त की गई हैं। लेकिन इन किस्मों/नस्लों में उपस्थित जीनप्रारुपों (Genotypes) को प्राप्त करने के लिए काफी अधिक एवं कुशल वरण तथा प्रजनन प्रयास करने पड़ते है, और ये जीनप्ररुप प्रकृति में शायद ही उत्पन्न हो सकते हैं। अतः कई देशों में पादप किस्मों को बौद्धिक संपदा माना जाता है, और इन्हें वैधानिक संरक्षण दिया जाता है। संयुक्त राज्य अमेरिका (USA) में पादप किस्मों को या तो पेटेंट द्वारा या पादप प्रजनक अधिकार (PBR) द्वारा सुरक्षा प्रदान की जाती है। कई अन्य देशों में इनकी सुरक्षा पादप प्रजनक अधिकार (PBR) द्वारा की जाती है। भारतवर्ष में पादप किस्मों की सुरक्षा के लिए पादप किस्म सुरक्षा एवं कृषक अधिकार अधिनियम (2001) (The Plant Variety Protection and Farmer's Rights Act, 2000) पारित किया गया है।

आधुनिक प्रभेदों के विकास में पारम्परिक प्रभेदों का महत्व

उत्पादन बढ़ाने के लिए जिन दो महत्वपूर्ण उपायों को प्रयोग में लाया जाता है, वे हैं– खेती के अन्तर्गत क्षेत्र विस्तार और उत्पादकता में वृद्धि। आधुनिक प्रभेद वैसे तो उत्पादकता के दृष्टिकोण से पारम्परिक प्रभेदों की तुलना में अपेक्षाकृत अच्छे होते हैं, मगर कई अन्य मायनों में जैसे, उपज स्थिरता!, कीट–व्याधि एवं रोग रोधिता, मिट्टी एवं जलवायु की विपरीत स्थितियों में अनुकूलता तथा स्वाद के साथ–साथ खाद्य एवं पोषण आदि के मामले में पारम्परिक प्रभेद उच्च स्तर के होते हैं। अतः भारतीय कृषि की वर्तमान चुनौतियों का मुकाबला करने के लिए पारम्परिक प्रभेदों का संरक्षण एवं संवर्धन भी उतना ही महत्वपूर्ण एवं आवश्यक है जितना अधिक उपजशील प्रभेदों का उत्पादन एवं विकास है। इस पृष्ठभूमि में किसानों को पौधा प्रजनक अधिकार प्रदान किया जाना एक नीति संगत, न्याय संगत एवं समतामूलक आवश्यकता बन गई।

बौद्धिक सम्पदा एवं पौध प्रजनक अधिकार

कालान्तर में विश्व व्यापार संगठन के साथ भारत की एक सहमति हुई जिसे बौद्धिक सम्पदा अधिकार (आई0पी0आर0) के व्यापार से सम्बन्धित मुद्दों (TRIPs) के नाम से जाना जाता है। इसके फलस्वरूप पौध प्रभेदों पर बौद्धिक सम्पदा अधिकार प्रदान करना भारत के लिये एक बाध्यता बन गयी। इसके अन्तर्गत बौद्धिक सृजनों को विधि–मान्य मालिकाना अधिकार प्रदान किये जाते हैं। ऐसा अधिकार आर्थिक लाभ के लिये सर्जकों को अपने सृजनों के व्यावसायिक विस्तार के लिये दिया जाता है। यह आधिकार नियत अवधि के लिए एवं अस्थायी होता है तथा बिक्री एवं लाईसेंस के द्वारा हस्तान्तरित भी किया जा सकता है। नियत अवधि की समाप्ति के बाद यह जन सम्पदा बन जाती है।

पौधों की प्रजातियों से सम्बन्धित बौद्धिक सम्पदा अधिकार के द्वारा उनके प्रजनकों को विधि मान्य मालिकाना हक प्रदान किये जाते हैं, जिससे कि वे उनका उत्पादन, प्रसंस्करण, भंडारण तथा विपणन कर सकें। इस प्रकार का मालिकाना हक इस साक्ष्य पर निरूपित किया जाता है कि सम्बन्धित प्रजाति के विकास एवं संरक्षण में किसी व्यक्ति या व्यक्तियों के समूह/समुदाय का योगदान रहा है। इस अधिकार को पौधा प्रजनक अधिकार (पी0बी0आर0) के नाम से जाना जाता है। राष्ट्रीय नियमों के अनुसार यह अधिकार सिर्फ उसी देशी में लागू होता है, जहाँ के लिए वह बना है। इसे लाइसेंसीकृत किया जा सकता है, बेचा जा सकता है या उत्तराधिकार में भी दिया जा सकता है। किसी व्यक्ति, संस्था या समुदाय के नाम किसी पौध प्रजाति के प्रति पौध प्रजनक अधिकार को स्थापित करने के लिए इसका निबंधन किया जाता है।

पौध प्रजाति एवं कृषक अधिकार संरक्षण अधिनियम

वर्ष 2001 में भारत सरकार द्वारा पारित एक अधिनियम के तहत पौध प्रजनक अधिकार को स्थापित करने के लिए निबंधन होता है, जिसे पौधा प्रजाति एवं कृषक अधिकार संरक्षण अधिनियम (पी0पी0वी0 एवं एफ0आर0एक्ट0 2001) के नाम से जाना जाता है। इस अधिनियम के द्वारा व्यावसायिक पौध प्रजनकों एवं किसानों को उनके द्वारा विकसित एवं संरक्षित पौध प्रभेदों पर सामान्य अधिकार दिए गए हैं। इस अधिनियम के अर्न्तगत पौध प्रभेदों के संरक्षण के उद्देश्य से एक राष्ट्रीय जीन (अनुवंश) कोष की स्थापना की गई है। इस कोष के माध्यम से व्यक्तियों एवं समुदायों को पौध प्रभेदों के संरक्षण हेतु प्रोत्साहित करने एवं लाभ में हिस्सेदारी तथा विवाद की स्थिति में सहायता दिए जाने का प्रावधान है।

चूँकि यह अधिनियम प्रभाव में आ गया है तथा इसे क्रियान्वित करने के लिये एक प्राधिकार का गठन किया गया है, इसमें वार्णित कृषक अधिकारों की जानकारी आम किसानों को हो सके, इसी उद्देश्य से इस आलेख को तैयार किया गया है। इस जानकारी को प्राप्त कर किसान अपनी पौध प्रजातियों को संरक्षित कर उसका निबंधन करा सकते हैं तथा उसकी खेती, बीज प्रगुणन, वितरण एवं बिक्री पर पूरा अधिकार प्राप्त कर सकते हैं तथा इतना ही नहीं व्यावसायिक पौधा प्रजनकों द्वारा किसानों की प्रजातियों के आनुवांशकीय गुणों का व्यावहार कर अगर किसी उन्नत प्रभेद के विकास हेतु किया जाता है तो उससे प्राप्त होने वाले लाभ में भी वे अपनी हिस्सेदारी सुनिश्चित कर सकते हैं।

किसानों के अधिकार

पौध प्रजाति एवं कृषक अधिकार संरक्षण अधिनियम में किसानों के नौ प्रमुख अधिकारों की बात कही गई हैं, जो निम्नलिखित हैं:

1. बीज पर किसानों का अधिकार

यह अधिकार किसानों द्वारा कृषक के उद्‌भव से चला आ रहा पारम्परिक अधिकार है। इसके अन्तर्गत किसानों के उस पारम्परिक अधिकार को मजबूती प्रदान की गयी है, जिससे वे अपनी फसल से प्राप्त बीज को बचा कर उसका उपयोग अगली फसल की बुआई के लिए, दूसरे किसानो से अदला–बदली के लिये, हिस्सेदारी के लिये या बेचने के लिये कर सकते हैं। इस अधिकार का मूलभूत आधार है, किसानों द्वारा पौध प्रजातियों के संरक्षण की प्रक्रिया के अन्तर्गत स्थान एवं समय के परिपेक्ष में किसी पारम्परिक या आधुनिक प्रभेद में आई कुल आनुवांशिकी परिवर्तनशीलता। इसी आधार पर पी0पी0वी0 एवं एफ0आर0 एक्ट के अन्तर्गत निबंधित सभी प्रकार के बीजों पर किसानों को यह अधिकार प्रदान किया गया है। परन्तु कुछ सुरक्षित प्रभेदों के बीजों को इसके निबंधित नाम का टैग लगाकर बेचने के अधिकार से किसानों को वंचित रखा गया है। साथ ही साथ निबंधित प्रभेदों पर अधिकार की रक्षा हेतु टर्मिनेटर जीन तकनीकी के व्यवहार पर भी प्रतिबंध लगाया गया है।

2. पारम्परिक प्रभेदों के निबंधन का कृषक अधिकार

इसके अन्तर्गत किसानों को उनके द्वारा संरक्षित या विकसित पारम्परिक प्रजातियों के निबंधन का अधिकार पौधा प्रजनक अधिकार (पी0बी0आर0) के तहत

दिए गए हैं। इसके माध्यम से सम्बन्धित प्रभेदों के उत्पादन एवं विपणन का पूर्ण वैधानिक मालिकाना हक किसानों को रहेगा। यह अधिकार किसानों को यह सिद्ध करने पर दिया जाता है कि सम्बन्धित प्रभेद के प्रजनन में उनका योगदान रहा हैं। इस प्रकार के निबंधन में लिंग समानता के आधार पर महिलाओं के नाम को भी सम्मिलित करने का प्रावधान किया गया है।

किसानों को निबंधन के लिए या उसके नवीकरण के लिए किसी प्रकार का शुल्क जमा नहीं करना पडेगा। इसके विपरीत व्यावसायिक प्रजनकों एवं सरकारी अनुसंधान संस्थानों को निबंधन एवं उसके नवीकरण के लिए रू0 5000/– से रू0 10,000/– का शुल्क जमा करना पड़ता है। किसानों का यह अधिकार भारत में अपने ढंग का एक अनूठा अधिकार हैं, क्योंकि अन्य बहुत सारे देशों में यह अधिकार सिर्फ व्यावसायिक प्रजनकों को ही प्राप्त है।

3. पुरस्कार एवं सम्मान का कृषक अधिकार

फसलों की विभिन्न प्रजातियों के संरक्षण, संवर्धन एंव विकास में किसी एक किसान या ग्रामीण/आदिवासी समुदाय द्वारा किए गए योगदान के एवज में उन्हें पुरस्कृत एवं सम्मानित करने के लिए एक राष्ट्रीय आनुवंश कोष की स्थापना की गयी है। यह प्रमाणित करने पर कि अमुक पारम्परिक प्रभेद या किसी फसल की जंगली प्रजाति के संरक्षण में उनका योगदान रहा हैं, राष्ट्रीय आनुवंश कोष सम्बन्धित व्यक्ति या समुदाय को पुरस्कृत एवं सम्मानित करेगा। ऐसा प्रावधान पौध प्रजातियों के संरक्षण के उद्देश्य से किया गया है।

4. लाभ में हिस्सेदारी का कृषक अधिकार

जैसा कि सर्वविदित हैं, नवीन प्रभेदों के विकास में पारम्परिक या कृषक प्रभेदों का योगदान रहा है। अगर किसी नवीन प्रभेद, जिसकी माँग अधिक है तथा पी0बी0आर0 एक्ट के तहत जिसके उत्पादन एवं विपणन का अधिकार किसी व्यावसायिक प्रजनक के नाम है, कोई किसान या समुदाय यह प्रमाणित करता है कि उस प्रभेद के विकास में उनके किसी पारम्परिक प्रभेद का प्रयोग किया गया है, तो उसके लाभ में उनकी बराबर की हिस्सेदारी होगी। किसानों के इस अधिकार के आलोक में अधिनियम मे यह प्राधान किया गया है कि नए प्रभेदों के निबंधन में यह खुलासा किया जाए कि इनके विकास में तीन पैतृक प्रजातियों का व्यवहार किया गया है, उनका श्रोत क्या है। इसके साथ ही किसानों को यह अवसर प्रदान किया गया है कि अगर उनके किसी प्रभेद का व्यवहार हुआ है, तो वे लाभ में

हिस्सेदारी के लिए अपना दावा प्रस्तुत कर सकते है। इस प्रकार का दावा प्राधिकार द्वारा प्रकाशित विज्ञापन के छः महीने के अन्दर किया जा सकता है। दावा मिलने के बाद प्राधिकार द्वारा यह तय किया जाएगा कि दावेदार हक पाने के योग्य है या नहीं और अगर योग्य है तो लाभ में उसकी कितनी हिस्सेदारी होगी। हिस्सेदारी तय हो जाने की स्थिति में नवीन प्रभेद के पी0बी0आर0 धारक को तय राशि राष्ट्रीय आनुवंश कोष में जमा करना होगा जिसे कोष द्वारा सम्बन्धित दावेदारों के बीच वितरित किया जाएगा।

5. निबंधित नवीन प्रभेदों के व्यवहार से किसानों को हुई क्षति के लिए मुआवजा पाने का अधिकार

पी0पी0वी0 एवं एफ0आर0 एक्ट (2001) में पौध प्रजातियों के निबंधन का मूल उद्देश्य यह है, कि उनके प्रजनकों को प्रभेदों के व्यवसाय का अनन्य अधिकार। किसी फसल प्रभेद की व्यावसायिक माँग निर्भर करती है उसके शस्य गुणों के सफल प्रदर्शन पर, जैसे उपज क्षमता, रोग–व्याधि रोधी क्षमता, आदि। ऐसी अक्सर देखने में आता है कि बीज कम्पनियाँ बिक्री बढ़ाने के लिए अपने बीजों के शस्य गुणों को बढ़ा–चढ़ाकर बताते हैं। ऐसी स्थिति में किसानों को भारी क्षति उठानी पड़ती है। इस प्रकार की क्षति के लिए इस अधिनियम में किसानों को सम्बन्धित कम्पनी/प्रजनक से मुआवजा दिलाने का प्रावधान किया गया है। अतः बीज बिक्रेताओं को सम्बन्धित प्रभेद के शस्य गुणों का खुलासा करना होगा कि अमुक कृषि परिस्थिति में कितनी उपज होगी, उत्पाद की गुणवत्ता क्या होगी, कीट–व्याधि एवं रोग क्षमता क्या होगी, आदि। किसानों द्वारा संदर्भित कृषि परिस्थिति में खेती करने पर अगर दावा किए गए शस्य गुण खरे नहीं उतरते हैं, तो उस प्रभेद के पी0बी0आर0 धारक को आंकलित मुआवजा देना होगा। इस प्रकार के मुआवजे के लिए किसानों को अपना दावा पी0पी0एफ0आर0 प्राधिकार के पास विहित प्रपत्र में करना होगा तथा यह सिद्ध करना पडेगा कि अनुशासित कृषि परिस्थिति में तथा अनुशासित विधियों/तकनीकों के प्रयोग के बावजूद सम्बन्धित बीज के प्रयोग से पूर्व दावा के मुताबिक लाभ नहीं हुआ और अमुक राशि की अनुमानित क्षति हुई। चूँकि पी0पी0वी0 एवं एफ0आर0 अधिनियम इस मामले में पूर्ण सुस्पष्ट नहीं है, अतः एक व्यक्ति की जगह किसानों के समूह या समुदाय द्वारा इस प्रकार का दावा सिद्ध करना आसान हो सकता है।

6. आधुनिक प्रभेदों के विकास में पारम्परिक प्रभेदों के गुप्त व्यवहार के एवज में क्षतिपूर्ति का कृषक अधिकार

किसानों के अधिकार में यह बतलाया गया है कि नवीन प्रभेद का प्रजनक अगर यह खुलासा करता है कि उस प्रभेद के विकास में अमुक पैतृक प्रभेदों का व्यवहार किया गया है तो उस परिस्थिति में किसान आसानी से अपना दावा प्रस्तुत कर सकते हैं। मगर गुप्त रूप से अगर कोई व्यावसायिक प्रजनक किसानों के पारम्परिक प्रभेद का व्यवहार पैतृक पदार्थ के रूप में करता है, तब किसानों को अपना दावा पेश करने में कठिनाई होगी। ऐसी परिस्थिति में कोई तीसरा पक्ष जो कि कोई एक व्यक्ति हो सकता है या कोई सरकारी, गैर सरकारी या निजी संगठन, उस किसान या किसानों के समुदाय की ओर से क्षतिपूर्ति का दावा पेश कर सकता है। पी0पी0वी0 एवं एफ0आर0 प्राधिकार ऐसे दावे की जाँच कर क्षतिपूर्ति की राशि तय कर सम्बन्धित प्रजनक को यह निर्देश देगा कि उस राशि को राष्ट्रीय अनुवंश कोष में जमा कर दे जो बाद में कोश द्वारा दावा करने वाले पक्ष को दे दिया जाएगा। इसके लिए आवश्यक है कि तीसरे पक्ष की भूमिका अदा करने वालों के पास पौध–प्रजनन विज्ञान में पेशागत दक्षता हो।

7. निबंधित प्रभेदों के बीज का कृषक अधिकार

किसानों के अधिकारों से सम्बन्धित इस अधिनियम का एक प्रमुख उद्देश्य यह है कि निबंधित नवीन प्रभेदों के बीज या पौध सामग्री किसानों को उचित कीमत पर उपलब्ध हो सके, जिससे कि कृषि का तीव्र विकास हो। इस अधिनियम के तहत व्यावसायिक पौधा प्रजनकों को एक तरफ जहाँ उस प्रभेद के उत्पादन एवं विपणन का पूर्ण अधिकार दिया गया है, वहीं उन्हें यह जिम्मेवारी भी सौपी गयी है कि उसके बीज या पौध सामग्री को किसानों को उचित कीमत पर उपलब्ध करायें। निबंधन के तीन वर्षो के बाद अगर सम्बन्धित प्रजनक किसानों को उचित कीमत पर बीज उपलब्ध कराने में असमर्थ होता है तो किसानों को यह अधिकार है कि वे इसकी शिकायत पी0पी0वी0 एवं एफ0आर0 प्राधिकार को करें। शिकायत की जाँच करने पर अगर यह बात सत्यापित होती है तो प्राधिकरण उस प्रभेद के उत्पादन एवं विपणन का अधिकार उससे वापस लेकर किसी तीसरे पक्ष को दे सकता है, जिससे कि वापस लेकर सम्बन्धित प्रभेद का बीज या पौध सामग्री किसानों को सही कीमत पर आसानी से सुलभ हो सके।

सारणी 5.5: अन्तर्राष्ट्रीय संधियों/अधिवेशन के संदर्भ में भारतीय विधेयक/कानून

अंतर्राष्ट्रीय अधिवेशन	राष्ट्रीय विधेयक/बिल	लक्ष्य/रुचि (driving interest)	अनुवृति/समनुरुपता	अधिकता/कमी राष्ट्रीय हित में
व्यापार संबंधी बौद्धिक संपदा अधिकार (TRIPs) पर समझौता	पेटेंट अधिनियम 1970 जिसे 1999 एवं 2002 में संशोधित किया गया	राष्ट्रीय हितः वाणिज्य सम्बन्धित बौद्धिक संपदा अधिकार (TRIPs) के अंतर्गत अंतर्राष्ट्रीय अनुग्रहता	वाणिज्य सम्बन्धित बौद्धिक संपदा अधिकार (TRIPs) समझौता (प्रथम संशोधन) अधिनियम, 1999 जो मार्च 1999 में लागू हुआ। पेटेंट अधिनियम 2002 (द्वितीय संशोधन), एकान्तिक विपणन अधिकार (Exclusive Marketing Rights, EMR) जो पेटेंट अधिनियम (संशोधित) 1999 के द्वारा लाया गया, अभी तक लागू है। 1970 के भारतीय पेटेंट अधिनियम को संशोधित कर वर्ष 2004 के अंत में किया गया ताकि EMRको प्रतिस्थापित करना तथा प्रोडक्ट पेटेंट्स को लाना।	पर्याप्त
वाणिज्य संबंधित बौद्धिक संपदा अधिकार (TRIPs) समझौते का अनुच्छेद 2 जो पेटेंटेबल विषय वस्तु से संबंधित है।	पेटेंट अधिनियम 1970 धारा 2(j) एवं धारा 2(ja) जो वर्ष 2002 में संशोधित किया गया।	यह जनता सहित राष्ट्र की सुरक्षा, जैव विविधता तथा पाराम्परिक ज्ञान इत्यादि की सुरक्षा प्रदान करता है।	ऐसे मानक सिद्धांत जो पेटेंट कानून की शुरुआती चरण से अपनाए जाते हैं।	पर्याप्त। अधिनियम में नवीन, उपयोगी एवं अस्पष्ट (Novel, Useful and Nonobvious, NUN) जांच को सम्मिलित किया गया है। पर्याप्त। जैव प्रौद्योगिकी के आविष्कारों में नवीनता की जांच अनिवार्य बनाना।
व्यापार अधिकार बौद्धिक संपदा अधिकार TRIPS–अनुच्छेद 27.2	1970 का पेटेंट अधिनियम की धारा 3 जो वर्ष 2002 में संशोधित किया गया (b) आविष्कार जो प्राथमिक अथवा सोचे हुए उपयोग या जिसकी व्यावसायिक लाभ हेतु उपयोग में लाना जो सरकारी आदेश के विपरित है या नीतिसंगत या जो मनुष्य, पशु या पौधों के जीवन या उसके स्वास्थ्य पर हानि करे या पर्यावरण को हानि पहुँचाए।	कृषि से सम्बन्धित तथा किसानों के समूह तथा गैर सरकारी संगठनों (NGOs)	—	जो लचीलापन दिया गया है उसका पूरा लाभ नहीं उठाया जा रहा है और न ही सुरक्षा ली जा रही है (अनिवार्य लासेंसिंग)

Contd...

व्यापार सम्बन्धि बौद्धिक संपदा अधिकार (TRIPs) अनुच्छेद 27.3	1970 की पेटेंट अधिनियम जो वर्ष 2002 (h) में संशोधित की गई धारा (2) कृषि/उद्यान की प्रक्रिया (j) सम्पूर्ण या आंशिक पौधे या पशु जो सूक्ष्म जीवों से अतिरिक्त है परन्तु इसमें बीज, प्रभेदों और स्पेसीज तथा अनिवार्य वानस्पतिक प्रक्रिया जो उत्पादन या पौधों और पशुओं के संर्वधन में अनिवार्य हैं।	कृषि से सम्बन्धित तथा किसानों के समूह तथा गैर सरकारी संगठनों (NGOs)		पर्याप्त। यह भारत में प्राचीन काल में उपयोग में लाई जाने वाली पारम्परिक ज्ञानों तथा कृषक अधिकारों की सुरक्षा करता है।
व्यापार सम्बन्धि बौद्धिक संपदा अधिकार (TRIPs) अनुच्छेद 27.3	(p) आविष्कार जिससे पारम्परिक ज्ञान या जो एक मिश्रण है या पारम्परिक रुप से जाना हुआ भाग या भागों का नकल बनाया हुआ हो।	NGOs	पेटेंट अधिनियम के पेटेंटेबल आविष्कारों के प्रावधानों के अलावा, विपक्ष के लिए कोई अलग से कानून बनाया गया है।	अपर्याप्त। एक अलग से कानून बनाना चाहिए जिससे भारत की पारम्परिक ज्ञानों को संजोया जा सके।
व्यापार सम्बन्धि बौद्धिक संपदा अधिकार (TRIPs) अनुच्छेद 27.3	धारा 5: आविष्कारें जो सिर्फ प्रक्रियाएं या उत्पादन के तरीके ही पेटेंटेबल हैं।	उद्योग (फार्मास्यूटिकल कम्पनिया)		1970 के दशक में यह भारत राष्ट्र के हित में या कोई प्रोडक्ट पेटेंट खाद्य, औषधि, ड्रग्स एवं अन्य रासायनिक मिश्रण की अनुमति नहीं दी जाती थी, परन्तु वर्ष 2005 के जनवरी माह के पहली तारिख में जो वाणिज्य सम्बन्धित बौद्धिक संपदा अधिकार (TRIPs) का समझौता हुआ उसमें भारत को सारे प्रोडक्ट पेटेंट तथा प्रक्रिया पेटेंट के अविष्कारों को पेटेंटेबल होने की अनुमति देनी होगी। परन्तु अभी जैविक, जैवसायनिक तथा सूक्ष्म जैविक प्रक्रिया का अंतर अभिज्ञ है।

Contd...

CBD का अनुच्छेद 6	जैवविविधता अधिनियम 2002 की धारा 36: केन्द्रीय सरकार राष्ट्रीय नीतियों का विकास करें ताकि जैवविविधता का संरक्षण हो सके।	सामाजिक हित में तथा सरकार के हित में।	अधिवेशन के अनुच्छेद को लगभग बिल के प्रावधान में यथाशब्द लिया गया। पर्याप्त आज्ञापालन	यह बिल सरकार की जैव विविधता के संदर्भ में वचनबद्धता दर्शाता है। इस बिल कानून को कार्यान्वित करने हेतु सरकार ने जैवविविधता परिषद की स्थापना, उत्तराधिकारी स्थानों (Heritage sites) इत्यादि बनाए गए।
CBD की अनुच्छेद 19: जैव प्रौद्योगिकी की प्रतिक्रियात्मक रुप से व्यवहार तथा उसके लाभों के वितरण	2002 की जैवविविधता अधिनियम की धारा 21: राष्ट्रीय जैवविविधता प्राधिकरण द्वारा लाभांश समरुपेन भागीदारी	सामाजिक एवं सरकार के हित में	इस अधिवेशन के अन्तर्गत इस बिल के द्वारा भारत के सम्पदा के लाभांश के बारे में है। परन्तु इस बिल में ऐसी पार्टी के उपर चुप्पी है जो जैविक वस्तु शोध के लिए भारत में विदेश से लाए हैं। चूंकि भारत में जैव प्रौद्योगिकी उद्योग काफी ही तेजी से बढ़ रहा है इसलिए यह अति आवश्यक है कि जो भारतीय कंपनी भारत के बाहर कार्य कर रही है उनसे जैव–नकल (bio-piracy) को रोके।	इस बिल का एक ही उद्देश्य है कि भारत की संपदा का संरक्षण हो सके। इस बिल में एक विवाद उठा है कि इसमें NBA के अधीन बहुत अधिक शक्ति दिए है जो लाभ पानेवाले के विरुद्ध हो सकता है।
CBD की अनुच्छेद 19: जैव प्रौद्योगिकी की प्रतिक्रियात्मक रुप से व्यवहार तथा उसके लाभों के वितरण	वर्ष 2002 की जैवविविधता अधिनियम की धारा'36 राष्ट्रीय जैवविविधता प्राधिकरण द्वारा लाभांश समरुपेन भागीदारी	सरकार	यह अधिनियम के तहत जैवसुरक्षा की आवश्यकता को दर्शाते हुए EIA देने और आवश्यकताओं को प्रकटीकरण करना।	भारत ने ऐसी कोई जैव सुरक्षा के नियम नहीं बनाए हैं जिन्हें बनाना अतिआवश्यक है विशेषकर GMOs के लिए।
CBD की अनुच्छेद 8: स्वस्थान (In situ) संरक्षण	वर्ष 2002 की जैवविविधता अधिनियम की धारा'36 राष्ट्रीय जैवविविधता प्राधिकरण द्वारा लाभांश समरुपेन भागीदारी	समाज एवं सरकार के हित में	भारत ऐसे बिल को बनाने का कार्य प्रारुप तैयार कर रहा है जो पारम्परिक ज्ञानों से सम्बन्धित है। पर्याप्त आज्ञापालन।	भारत एक ऐसा देश है जिसमें पारम्परिक ज्ञानों का भंडार है तथा बिल इसके महत्व को समझता है, इसलिए इसकी सुरक्षा चाहता है।

Contd...

पौधो के नए प्रभेदों की संरक्षण हेतु अंतर्राष्ट्रीय अधिवेशन (UPOV)	पादप प्रभेद संरक्षण एवं कृषक अधिकार अधिनियम, 2001 (PPV&FRA)		UPOV को भारत में लागू नहीं किया गया है चूकि भारत ने अभी हस्ताक्षर नहीं किया है।	
अंतर्राष्ट्रीय नवीन पादप किस्म सुरक्षा संघ (UPOV) का अनुच्छेद 14: प्रजनकों के अधिकार का आशय	PPV&FRA 2001 की धारा 28	पौधे के प्रभेद के संरक्षण क ा तालमेल बनाना जो कृषकों के हित में हो।		यह उद्देश्य एवं जो हित संलग्न है उनसे बदलते हैं। जो हित संलग्न है वे हैं: कृषकगण, गैर सरकारी संगठन (NGOs) उद्योग खाद्य सुरक्षा
अंतर्राष्ट्रीय नवीन पादप किस्म सुरक्षा संघ (UPOV) का अनुच्छेद 20: ऐसे प्रभेदों के प्राकर जो संरक्षण के दायरे में आते हैं।	PPV&FRA 2001 की धारा 2(za)	भारत की असंख्य पारम्परिक प्रभेदों के भंडार के संरक्षण हेतु है।		इसमें अभी संदेह प्रकट किया जा रहा है कि क्या यह प्रायोगिक स्तर पर संभव हो पाएगा कि ऐसे प्रावधानों का असर हो पाएगा चूंकि (Extant) एवं कृषक प्रभेदों को भी स्थायित्व तथा समरुपेनता की मापदंडों को सिद्ध करना होगा ताकि वे संरक्षण के दायरे में आ सके।
अंतर्राष्ट्रीय नवीन पादप किस्म सुरक्षा संघ (UPOV) की अनुच्छेद 19: संरक्षण की अवधि	PPV&FRA 2001 की धारा 24 (16): वृक्षों एवं लताओं में अधिकतम 18 साल की अवधि, एक्सटेन्ट (Extant) प्रभेदों में 15 वर्ष, उस तारिख से जब से वह अधिसूचित हुआ है तथा 15 वर्ष नए प्रभेदों के लिए उस तारिख से जबसे वह उसका पंजीकरण हुआ है।	एक बार जब प्रजनक को यह अवसर दिया जाता है कि वह संरक्षण प्रभेद से लाभ प्राप्त कर सके, कुछ अंतराल के बाद किसानों को वह आसानी से उपयोग में लाने के लिए उपलब्ध हो जाए।		बीज उद्योगों को और लंबी अवधि के लिए संरक्षण की अवधि के लिए संरक्षण की चाह है परन्तु ऐसा प्रतित होता है कि हितों की तालमेल को बनाए रखने के कार्य को कर लिया गया है।
आनुवांशिक साधन, खाद्य एवं कृषि की अंतर्राष्ट्रीय समझौता कृषकों के अधिकारों को स्वीकारता है।	संरक्षण द्वारा जो नई प्रभेद के विकास में मदद किया है उसके लिए पुरस्कृत करना तथा खराब बीज एवं फसल विफल होने पर	यह उस बिल के प्रारुप जो प्रजनकों के हित में काफी था उसमें कृषकों तथा NGOs द्वारा विरोध प्रकट करने पर हुआ है।		कृपकों के अपने फार्म के प्रभेदों को पंजीकरण करने की जो आज्ञा दी गई है वह प्रयोगात्मक रुप से बहुत सही नहीं है, व्यक्तिगत कृषक को पुरस्कृत करने की प्रक्रिया बहुत जटिल है। भारतीय किसान यह सारी प्रक्रिया करने में हो सकता है कि समर्थ न हो।

Contd...

अंतर्राष्ट्रीय नवीन पादप किस्म सुरक्षा संघ (UPOV) की अनुच्छेद 15 (2): प्राधिकरण का यह अधिकार दिया जाता है कि वह प्रजनकों के अधिकार को कम कर सके। ऐसा कोई प्रावधान नहीं है जिसमें निर्दोष अनाधिकृत हस्तक्षेप को मुक्त किया जा सके, समुदायों के अधिकारों का UPOV में कोई प्रावधान नहीं है।	PPV&FRA की धारा 42: कृषकों की मुक्ति एवं निर्दोष अनाधिकृत हस्तक्षेप के प्रावधान।	कृषकगण जो आपस में फेर–बदल करते हैं, उनकी सुरक्षा एवं हितों का संरक्षण	UPOV के समझौते से थोड़ा अलग होकर किसानों को यह अधिकार देना कि वे अपने बीजों को ब्रान्डेड तरीके से व्यवसायिक रुप से बेच सके।	किसानों के दृष्टिकोण से यह पर्याप्त है परन्तु यह बात उठाई गई है कि किसानों के लिए यह मुश्किल हो जाएगा कि कौन निर्दोष हस्तक्षेप कर रहे हैं।
	PPV&FRA की धारा 41: क्षतिपूर्ति का अधिकार यदि कृषक का नए प्रभेद के विकास में पर्याप्त कार्य है।	पारम्परिक ज्ञान की पहचान		यह बात उठाई गई है कि क्या सही में किसानों को लाभांश प्राप्त हो पाएगा? चूंकि वे इस पूरे कार्य के लिए पूरे समुदाय को उन्हें अपने हक की मांग करने को कहती है।
जनता के हित में कोई प्रावधान नहीं (अनिवार्य लाईसेंसिंग एवं कुछ प्रभेदों को छोड़कर) अनुच्छेद 17 के अलावे	PPV&FRA की धारा 47: अनिवार्य लाईसेंसिंग। PPV&FRA की धारा 29 (1): कुछ प्रभेदों को छोड़कर (Exclusion of some varieties) PPV&FRA की धारा 29 (3): टर्मिनेटर टेक्नोलोजी पर प्रतिबंध, उन्हें संरक्षण नहीं दिया जाएगा।	खाद्य सुरक्षा एवं सुरक्षा हेतु		यह प्रावधान यदि सही रुप से कार्यान्वित हुए तब अपने उद्देश्यों की पूर्ति जरुर कर पाएंगे।

Ref http://unpan1.un.org/intradoc/groups/public/documents/APCITY/UNPAN021513.pdf

सारणी 5.6: अन्तर्राष्ट्रीय एवं भारतीय स्तर पर बीज से सम्बन्धित बौद्धिक संपदा प्रावधानों का विवरण

विनियमन	विश्वव्यापी मानक	मुख्य भारतीय झुकाव
प्रजनन के लिए व्यवसायिक किस्मों का उपयोग	**वाणिज्य सम्बन्धित बौद्धिक संपदा अधिकार (TRIPs) 1994 के अन्तर्गत पेटेंट आवश्यकताएं**	**पेटेंट अधिनियम का द्वितीय संशोधन (2002)**
किसानों द्वारा बीजों को सहेजा एवं आपस में फेर–बदल करना। प्रजनन के लिए किसानों के प्रभेद एवं पारंपरिक ज्ञान का उपयोग	• प्रौधोगिकी के सभी क्षेत्रों में जो अविष्कार हुए हैं उनकी रक्षा–जैव प्रौद्योगिकी (biotechnology) सूक्ष्मजीवविज्ञानी प्रक्रियां तथा डी.एन.ए. सीक्वेंसस के साथ • सम्पूर्ण पौधे एवं पौधों के उत्पादन हेतु अनिवार्य से जैविक प्रक्रियाओं को संरक्षण से अपवर्जित रखा गया है। • पादप किस्मों को वर्तित तब भी रखा जा सकता है, यदि वे प्रभावी सूई जेनेरिक (Sui-generic) प्रणाली के अन्तर्गत संरक्षित है।	• पौधो के उपचार की उस प्रक्रिया को संरक्षित करना जिसके द्वारा पौधो को रोगमुक्त रखा जा सके या जिसके द्वारा पौधो में आर्थिक मूल्यवर्धन हो पाए। संरक्षण वहां भी संभव है जैव प्रौद्योगिकी के आविष्कार, जिसके द्वारा पौधे में प्रतिरोध, मूल्य या उपके उत्पादरें में सुधार हो सके। • पौध संवर्धन में पौधो, बीजों, किस्मों, स्पेसीज एवं अनिवार्य जैविक प्रक्रिया, ऐसे आविष्कार जो मानव स्वास्थ्य या पर्यावरण के लिए विपरित है या नैतिकता या मानव, पशु पौधों में गंभीर पूर्वाग्रह के कारण है।
	अंतर्राष्ट्रीय नवीन पादप किस्म सुरक्षा संघ (UPOV) का पादप प्रभेद संरक्षण (1991)	**पेटेंट अधिनियम (2005)**
	• नई किस्मों का संरक्षण जो नई विशिष्ट, स्थायी एवं समरुपेन है एवं अनिवार्य रुप से व्युत्पन्न किस्म	• वाणिज्य सम्बन्धित बौद्धिक संपदा अधिकार (TRIPs) की अनुच्छेद 27.3 (b) की भाषा को अपना लेता है। उत्पाद पेटेंट को अनुमति देते हैं परन्तु क्या बीजों को भी पेटेंट किया जा सकता है या अभी तक तय नहीं हो पाया है।

Contd...

वाणिज्य सम्बन्धित बौद्धिक संपदा अधिकार (TRIPs) 1994 के अन्तर्गत पेटेंट की आवश्यकता • ऐसे कोई भी आविष्कार जो नई है, जिसमें आविष्कारशील चरण शामिल हैं तथा औद्योगिक उपयोग के लिए सक्षम है।	**अधिनियम 2001** • नई प्रभेदों, अनिवार्य रुप से व्युत्पन्न किस्मों एक्सटेंट (Extant) किस्में एवं कृषक किस्मों का संरक्षण
अंतर्राष्ट्रीय नवीन पादप किस्म सुरक्षा संघ (UPOV) पौध किस्म संरक्षण (1991) • किसानों और गैर सरकारी संगठनों द्वारा कोई लाभांश को बांटने (benefit sharing) का मौकानहीं।	**पादप किस्मों को संरक्षण एवं कृषक अधिकार अधिनियम (2001)** • किसानों को बीज संजोने एवं बेचने की अनुमति दी जाती है परन्तु ''ब्रान्डेड'' बीज को नहीं।
	पेटेंट अधिनियम का द्वितीय संशोधन (2002) • ऐसे आविष्कार जो पारंपरिक ज्ञान की देन है या एकत्रीकरण या घटकों के अनुलिपि है उन्हें उपवर्जित करना।
पादप आनुवांशिक संसाधन खाद्य एवं कृषि (2001) FAO की संधि • पादप संसाधनों के उपयोग से जो लाभ प्राप्त होता है उसे किसानों तक सामुहिक रुप से पहुंचाना, विशेषकर विकासशील देशों में जो सही मायने में संसाधनों का संरक्षण करती है एवं उनका उपयोग भी दीर्घकालीन (sustainable) रुप से करते हैं।	**पादप किस्मों का संरक्षण एवं कृषक अधिकार अधिनियम (2001)** • किसानों की किस्में संरक्षण के लिए पात्र है। • व्यक्तिगत किसान/गैर सरकारी संगठन लाभ में हिस्सा द्वारा कर सकते हैं:
जैव विविधता पर कन्वेंशन (1992) 1. जंगलों के जैविक अवयव राष्ट्रीय संपति है। 2. जैविक अवयवों को निष्पक्ष एवं समान रुप से शोषन हेतु पूर्व में सहमति लेना अनिवार्य है।	1. नए किस्मों में अभिभावकों की समग्री का उपयोग 2. नए किस्म के विकास में योगदान प्राधिकरण द्वारा लाभ निर्धारित करना तथा जीन कोष के माध्यम से वितरित करना

Contd...

3. प्रजनकों को यह चाहिए कि वे जरुर से नए किस्म को विकसित करने में उपयोग में लाई गई आनुवांशिक सामग्री जो आदिवासी परिवार या ग्रामीण द्वारा संरक्षित हैं, उसका खुलासा करे। उन्हें यह प्रदर्शित करना होगा कि वे उस सामग्री को विधिवत हासिल किए हैं।

राष्ट्रीय जैवविविधता अधिनियम (2001)

4. राष्ट्रीय जैवविविधता प्राधिकरण उपयोग एवं लाभ बांटने को नियंत्रित करती है।
5. यदि किसी IPRआवदेन में यह पाया जाता है कि उसके आविष्कार में जैविक संसाधन भारत से लिया गया है तब उनका पहले से अनुमोदन लेना आवश्यक है।
6. ऐसे डेटाबेस की स्थापना को प्रोत्साहन देना जिसमें पारंपरिक ज्ञान समावेश हो ताकि विदेशी कंपनियां भारतीय सामग्री एवं ज्ञान का पेटेंट न करा सके।

स्रोत : van Wikj & Ramanna (2007)

8. मुफ्त सेवा प्राप्त करने हेतु कृषक अधिकार

इस अधिनियम के तहत किसानों को अपने पारम्परिक प्रभेदों के निबंधन, उसके नवीकरण, उसके आंकलन, आदि के लिये किसी प्रकार का शुल्क नहीं देना है। इसके अतिरिक्त किसी प्रकार का दावा या प्रतिवाद, आदि के लिये भी उन्हें सभी प्रकार के शुंल्कों से मुक्त रखा गया है। किसानों को इसके लिये किसी प्रकार का शुल्क नहीं देना है। हॉलाकि उनके द्वारा निजी तौर पर वकीलों से ली गयी सेवाओं का वित्तीय भार उन्हें वहन करना होगा।

9. निष्कपट उल्लंघन से बचाव हेतु कृषक अधिकार

इस अधिनियम के अन्तर्गत नियम–कानून के उल्लंघन के लिये उपयुक्त सजा या जुर्माने की व्यवस्था है। चूँकि अधिसंख्य भारतीय किसान कानूनी नियमों/प्रावधानों से अनभिज्ञ हैं, अतः अगर वे इस प्रकार के भूल जो निष्कपट उल्लंधन की श्रेणी में आते है, और कबूल करते हैं कि ऐसा अज्ञानतावश हुआ है, तो न्यायालय उन्हें माफ कर देगा।

— xxx —

6

बीज उत्पादन (Seed Production)

बीजोत्पादन, वाणिज्यिक फसल उत्पादन (Commercial Crop Production) से भिन्न है। सामान्य अर्थों में बीज उत्पादन का तात्पर्य संवर्धन सामग्री के वर्धन से लिया जाता है, लेकिन व्यापक अर्थ में बीजोत्पादन के अन्तर्गत बीज को मान्य श्रोत से प्राप्त करके बोने से लेकर, फसल उगाई, कटाई, गहाई, संसाधन, भंडारण तथा बीज वितरण की क्रियाएँ सम्मिलित की जाती हैं। उत्पादन की प्रत्येक अवस्था में बीज गुणता के अनुरक्षण हेतु आवश्यक सावधानी की जरुरत होती है। यह कार्य वस्तु–विशेषज्ञों की देखरेख में सुनियोजित ढंग से सम्पन्न किया जाता है। साथ ही बीज उत्पादन की मानक विधियाँ अपनायी जाती हैं, परिणामस्वरुप उत्पादित बीज भौतिक एवं आनुवांशिक रुप से शुद्ध होने के साथ–साथ अच्छी अंकुरण क्षमता युक्त हो। "अतः उन्नत और उच्च गुणवत्तायुक्त संपन्न बीजों का उत्पादन, बीजोत्पादन कहलाता है"।

गुणवत्तायुक्त सम्पन्न बीज उत्पादन का महत्व (Importance of Quality Seed Production)

(1) कृषि की निरंतर बढ़ती हुई वैज्ञानिक प्रगति से किसानों को तभी लाभ हो सकता है जबकि उन्हें नई उन्नत किस्मों के बीज पर्याप्त मात्रा में सरलता से सुलभ हों, क्योंकि उत्तम बीज प्रयोग करने से अधिक उत्पादन तथा खराब बीज प्रयोग करने से उपज कम मिलने के साथ–साथ निम्न कोटि की होती है, जिससे बाजार में उसका मूल्य कम मिलता है और अन्य कारकों उदाहरणतयाः उर्वरक, सिंचाई, कीटनाशक व उपकरण के रुप में लगी अन्य लागत व श्रम व्यर्थ जाते हैं।

(2) वैज्ञानिक बीज उत्पादन में किसी मान्य स्त्रोत से प्रजनक/आधार बीज लेकर विशेषज्ञों की देखरेख में मानक विधियों से बीज तैयार किया जाता है। बीज उत्पादन, संसाधन, भंडारण व वितरण की सभी क्रियाओं के दौरान बीज को संदूषण के सभी संभव स्त्रोतों से बचाया जाता है तथा उसे बीज–जन्य कीड़ों व बीमारियों से बचाने के लिये कीटनाशी/कवकनाशी से उपचारित किया जाता है। साथ ही ऐसे बीज की वंशावली, शुद्धता प्रतिशत (भौतिक व आनुवांशिक), अंकुरण व नमी प्रतिशत आदि की जानकारी रहती है। अतः बीज क्रेता को यह विश्वास रहता है कि वह जो बीज खरीद रहा है, वह उन्नत किस्म का है।

बीज गुणवत्ता (Seed Quality)

अच्छा बीज अच्छी उपज का द्योतक है। एक किसान अच्छी फसल प्राप्त करने के लिये उर्वरक, सिंचाई, फसल सुरक्षा, खेत की तैयारी, निकाई–गुड़ाई, कटाई एवं गहाई आदि क्रियाओं में श्रम व लागत के अतिरिक्त बुवाई के लिये बीज की कीमत पर काफी खर्च करता है। बीज की कीमत अन्य लागतों की अपेक्षा बहुत कम होती है। अतः अच्छे बीज के लिये थोड़ा और खर्च करना लाभदायक सौदा है। विश्वस्त गुणवत्ता वाले बीज ही आशा के अनुरुप उर्वरक, सिंचाई के जल तथा अन्य लागतों का समूचित उपयोग करने में समर्थ होते हैं। अन्यथा जैसा कि कहा गया है कि आशा के बीज, निराशा के बीजों में बदल जाते हैं और लागतों पर किया गया तमाम खर्च तथा परिश्रम बेकार जाता है। इसलिये बीज उद्योग में बीज गुणवत्ता को विशेष महत्व दिया जाता है। अच्छी गुणवत्ता से तात्पर्य अच्छी किस्म के उस बीज से है जो ऊँची अंकुरण क्षमता, बीज ओज, बीज स्वास्थ्य व उचित नमी के साथ--साथ भौतिक तथा आनुवांशिक शुद्धता भी रखता हो।

बीज गुणवत्ता में ह्रास के कारण (Causes of Deterioration of Seed Quality)

बीज के उत्पादन, संसाधन एवं वितरण के दौरान अनेक कारक बीज गुणवत्ता को प्रभावित करते हैं–

(1) **वातावरणीय कारक (Environmental Factors)**– वातावरण के कारण विविधता (Variation) यद्यपि एक पीढ़ी से दूसरी पीढ़ी में स्थानान्तरित नहीं होती, परन्तु पौधों के आर्थिक महत्व के लक्षणों की अभिव्यक्ति के लिये वातावरण का बहुत अधिक महत्व होता है। भूमि की किस्म, नमी की मात्रा व तापमान आदि का बीजांकुरण पर प्रभाव पड़ता है। साथ ही साथ भूमि की उर्वरता, सिंचाई व उर्वरकों में कमी से फसल की उपज तो कम होती ही है, वह निम्न कोटि की भी होती है। इसीलिये वैज्ञानिक बीज उत्पादन में पौधों को अनुकूल वातावरण प्रदान करने का प्रयत्न किया जाता है।

(2) **आनुवांशिक परिवर्तन (Genetic Changes)**– विभिन्न किस्मों (Varieties) के बीजों में अनेक कारणों से आनुवांशिक परिवर्तन होते रहते हैं–

(क) **वातावरणीय विभिन्नता (Developmental Variations)**– बीज की एक किस्म जो एक वातावरण में अनुकूलित है, उसे भिन्न वातावरण में उगाया जाता है तो वह नये वातावरण में अभ्यस्त होने का प्रयास करती है, जिसके परिणामस्वरुप कभी–कभी उसमें आनुवांशिक परिवर्तन (Genetic Shifts) आ जाते हैं। अतः किस्मों को उन्हीं क्षेत्रों तथा मौसम में उगाया जाना चाहिए, जिनकी कि इस किस्म के लिये सिफारिश की गई है।

(ख) **प्राकृतिक संकरण (Natural Crossing)**– स्व परागित (Self Pollinated) फसलों में भी थोड़ा बहुत (1–5 प्रतिशत) पर–परागण (Out crossing) होता ही है, जिससे होने वाले प्राकृतिक संकरण से बीज की आनुवांशिक शुद्धता में कमी आ जाती है। इसी कारण वैज्ञानिक बीज उत्पादन में पूर्व फसल (Preceeding Crop Requirement), बीज श्रोत की पुष्टि (Verification of Seed Source), पृथक्करण दूरी (Isolation distance) तथा अवाँछनीय पौधों (रोगग्रस्त, अन्य किस्मों के पौधों व खरपतवारों) को निकालने (Roguing) की क्रियाएँ अपनायी जाती हैं।

(ग) **स्वतः उत्परिवर्तन (Spontaneous Mutations)**– पौधों में यदाकदा होने वाले स्वतः उत्परिवर्तनों से भी बीज की आनुवांशिक शुद्धता में ह्रास होता है। सूक्ष्म उत्परिवर्तनों की पहचान करना मुश्किल होता है और ये विशेष प्रभाव भी नहीं रखते, लेकिन बड़े उत्परिवर्तन स्पष्ट प्रभाव डालते हैं। इन्हें पता चलते ही निकाल देना चाहिए।

(घ) **विसंयोजन (Segregation)**– कभी–कभी नई किस्म पूरा परीक्षण किये बिना ही कृषि के लिये संस्तुत कर दी जाती है, जिसमें रोग व कीटरोधिता तथा अन्य लक्षणों के लिये अभी तक विसंयोजन हो रहा होता है, जिससे ऐसी किस्म शीघ्र ही अशुद्ध हो जाती है। इसके लिये प्रजनक बीज के अनुरक्षण के समय ध्यान रखा जाना चाहिए।

(3) **यॉंत्रिक मिश्रण (Mechanical Mixture)**– बीज फसल उत्पादन, कटाई, गहाई, सुखाई आदि क्रियाओं व भंडारण के दौरान अन्य किस्मों, फसलों व खरपतवारों के बीज मिल सकते हैं। यदि गहाई व सुखाई के समय कच्चा फ़र्श प्रयोग में लाया जाता है, तो उसमें कंकड़, मिट्टी आदि मिल सकते हैं। इसलिये वैज्ञानिक बीज उत्पादन में बीज उत्पादन की विभिन्न अवस्थाओं– फसलोत्पादन, संसाधन, भंडारण व वितरण के दौरान बीज को संदूषण (Contamination) के सभी संभव श्रोतों से यथासंभव दूर रखने का पूरा प्रयत्न किया जाता है।

(4) **रोग व कीट (Diseases and Pests)**– यदि फसल उत्पादन के लिये प्रयुक्त बीज ठीक से बीमारियों के लिये उपचारित नहीं है तो वह बीज–जन्य रोगों व कीड़ों का वाहक हो सकता है और साथ ही ऐसे बीज अंकुरित होते ही अनेक बीमारियों व कीड़ों से प्रभावित हो जाते हैं और फसल सुरक्षा की समुचित व्यवस्था न होने पर उपज कम व निम्न कोटि की होती है। भंडारण से पूर्ण कीटनाशकों एवं कवकनाशकों से यदि बीज उपचारित नहीं किया जाता तो ये रोग व कीड़े भंडारण के समय बीज को क्षति पहुँचा सकते हैं। इसलिये वैज्ञानिक बीज उत्पादन में बीज बोने से पूर्व उगाकर वृद्धि परीक्षण (Grow out Tests) किये जाते हैं, फसल सुरक्षा की समुचित व्यवस्था की जाती है और भंडारण से पूर्व बीजों को उपचारित किया जाता है। कई बार बीज की जो किस्म जारी करने के समय रोग व कीटरोधी थी, कुछ समय बाद उसकी रोधिता में कमी आ जाती है या रोगाणु की नई किस्में उत्पन्न हो जाती हैं।

(5) **नमी (Moisture)**– बीजों को सामान्य रुप से स्वस्थ एवं जीवनक्षम बनाये रखने वाले कारकों में नमी प्रमुख है। बीजों के संसाधन, भंडारण एवं वितरण

के दौरान वाँछित गुणवत्ता एवं जीवन क्षमता बनाये रखने के लिये उनमें सुरक्षित मात्रा में आर्द्रता का होना आवश्यक है। बीज में नमी न तो इतनी कम हो कि बीज के जीवन को समाप्त कर दे और न ही इतनी अधिक कि वह कीड़ों व बीमारियों का शिकार हो जाये। संसाधन के समय बीजों में नमी अधिक होने पर उनमें याँत्रिक क्षति (टूट–फूट) अधिक होती है। भंडारण व वितरण के दौरान अधिक नमी के कारण बीज में श्वसन क्रिया तेज हो जाती है, जिससे ऊष्मा की मात्रा बढ़ जाती है, जो बीज के सड़न का कारण बनती है तथा बीज की अंकुरण क्षमता में कमी आ जाती है और वह बुवाई के योग्य नहीं रहता। वैज्ञानिक भंडारण प्रणाली का मुख्य उद्देश्य श्वसन दर को कम रखना है।

(6) **याँत्रिक क्षति (Mechanical Injury)**– कभी–कभी फसल कटाई, गहाई व सफाई आदि के क्रियाओं में मशीन के दोश अथवा बीज में नमी की अधिकता के कारण, बीजों में टूट–फूट हो जाती है, जिससे ऐसे बीजों की अंकुरण क्षमता नष्ट हो जाती है और यदि ऐसे बीज अंकुरण योग्य रहते भी हैं तो ये बीजोपचार के समय रसायनों को सहन नहीं कर पाते। ऐसे बीज अंकुरण के बाद रोगग्रस्त हो जाते हैं। इसलिए यह ध्यान रखना है कि बीज में नमी अधिक न हो और मशीनें ठीक काम कर रही हों।

बीज गुणवत्ता नियंत्रण (Seed Quality Control)

बीज गुणवत्ता ह्रास अपरिवर्तनीय क्रिया है। बीज यदि खराब हो जाता है, तो उसे सुधारा नहीं जा सकता। बीज गुणवत्ता ह्रास को पूरी तरह रोका भी नहीं जा सकता। बीज उत्पादन की विभिन्न अवस्थाओं, कटाई, गहाई, संसाधन, भंडारण एवं वितरण के दौरान बीज को संदूषण के विभिन्न स्त्रोतों से बचाकर इसे कम किया जा सकता है। साथ ही बीज को ठीक से सुखाई–सफाई एवं कम नमी व ताप अवस्था में भंडारण करके बीज की जीवन क्षमता एवं ओज को काफी हद तक सुरक्षित रखा जा सकता है।

(क) बीज उत्पादन के दौरान गुणवत्ता नियंत्रण (Quality Control during Seed Production)

(1) **बीज स्रोत का नियंत्रण (Control of Seed Source)** – उच्च गुणता सम्पन्न बीज प्राप्ति के लिये बीज किसी मान्य स्रोत से लिया जाता है, जिससे शुद्धता के साथ–साथ, उसकी वंशावली (Pedigree) एवं वर्ग भी ज्ञात

रहे। बुवाई से पूर्व बीज की शुद्धता की पुष्टि बीज थैलों पर लगे अंकन पत्र (Label) व सील से कर ली जाती है। बीज किसी प्रमाणीकरण संस्था की देखरेख में तैयार किया जाता है।

(2) **खेत का चयन (Selection of the Field)**– यदि खेत में पिछले वर्ष वही फसल उगाई गयी थी और फसल में रोगों और कीड़ों का संक्रमण स्तर से अधिक हुआ था तो ऐसे खेत का चयन नहीं किया जा सकता, क्योंकि ऐसी स्थिति में मृदा–जनित रोग व कीड़े तथा स्वैच्छिक उगे पौधे समस्या उत्पन्न कर सकते हैं। अतः जहाँ आवश्यक हो वहाँ पिछली फसल के आवश्यकतानुसार लागू की जाती है।

(3) **संदूषण स्रोत से पृथक्करण (Isolation From Contamination)**– बीज फसल को पर–परागण द्वारा होने वाले संदूषण तथा कटाई व गहाई के समय अन्य बीजों के मिश्रण तथा रोगों के फैलाव की रोकथाम के लिये निश्चित दूरी पर उगाया जाता है जिसे पृथक्करण दूरी (Isolation Distance) कहते हैं।

(4) **फसल सुरक्षा (Plant Protection)**– बीज फसल को खरपतवार, रोग व कीड़ों से मुक्त रखने के लिए आवश्यकतानुसार निकाई–गुड़ाई व कवकनाशकों तथा कीटनाशकों का छिड़काव भी करना चाहिए, अन्यथा उसकी उपज व गुणवत्ता में कमी होगी।

(5) **अवाँछित निश्कासन (Roguing)** – बीज फसल से पुष्पन से पूर्व अन्य किस्मों के पौधों, रोगी पौधों व खरपतवारों को निकाल देना चाहिए, जिससे पर–परागण व रोगों के प्रसार से बीज खराब न होने पाये। शेष बचे अवाँछित पौधों को बीज मिश्रण रोकने के लिये कटाई से पूर्व निकाल देना चाहिए।

(6) **कटाई व गहाई (Harvesting and Threshing)** – उच्च अंकुरण प्राप्त करने के लिये सही परिपक्वता पर बीज फसल की कटाई की जाती है, क्योंकि इसके तुरंत पश्चात् बीज गुणता में ह्रास होना शुरु हो जाता है। कटाई में देरी होने पर धूप, वर्षा, चिड़ियों, जंगली जानवरों, बीज बिखरने (Shattering) व चटकने से बीज गुणता में ह्रास होता है और कटाई शीघ्र करने से अधिक नमी के कारण कटाई, गहाई व सफाई करने में बीज क्षति होती है तथा कवकों व कीड़ों से बीज मिश्रण न होने पायें। इसके लिए गहाई

दूसरी फसलों व किस्मों के बीजों से पर्याप्त दूरी पर की जाती है तथा गहाई के फर्श व मशीनों की उचित सफाई की जानी चाहिए।

(ख) बीज संसाधन के दौरान गुणवत्ता नियंत्रण (Quality Control during Seed Processing)

(1) **बीज सुखाई (Seed Drying)–** कटाई के समय बीज में नमी की मात्रा बहुत अधिक होती है। अतः बीज की जैविकता तथा ओज बनाये रखने के लिये बीज की नमी को जल्द से जल्द सुरक्षा स्तर तक घटाना होता है। बीज सुखाई के दौरान भी बीज ढेर की पहचान बनाये रखी जाती है तथा बीज को संभावित मिश्रण से बचाया जाता है। बीज में नमी की अधिकता, बीज के अंकुरण तथा ओज में ह्रास का मुख्य कारण है।

(2) **बीज सफाई तथा श्रेणीकरण (Seed Cleaning and Regrading)–** कटाई के समय बीज में बहुत सी अशुद्धियाँ मिली रहती हैं, जैसे दूसरी किस्मों व फसलों के बीज, खरपतवारों के बीज तथा अक्रिय पदार्थ जो विभिन्न मशीनों के द्वारा शुद्ध बीज से अलग किये जाते हैं। अतः सफाई से पूर्व यह निश्चित कर लेना आवश्यक होता है कि मशीन में पहले से दूसरी फसलों अथवा किस्मों के बीज न हों और मशीन ठीक से काम कर रही हों, अन्यथा याँत्रिक बीज और बीजों की टूट–फूट की संभावना रहती है।

(3) **बीज उपचार (Seed Treatment)–** बीजों को बीज–जन्य एवं मृदा–जनित रोगों व कीड़ों से बचाने के लिये उन्हें उपचारित किया जाता है। बीज उपचार के लिये सही रसायन व उसकी सही मात्रा प्रयोग में लानी चाहिए, अन्यथा बीज की जीवन–क्षमता तथा ओज पर विपरीत प्रभाव पड़ता है। कुछ रसायनों से उपचार के बाद भंडारण करने में कुछ सावधानियाँ रखनी होती हैं और कुछ पारायुक्त रसायनों से उपचार बुवाई से थोड़े समय पहले ही किया जाता है।

(4) **बोराबंदी एवं भंडारण (Bagging and Storage)–** भंडारण के लिये प्रयुक्त बोरे साफ तथा नमीरोधी होने चाहिए, अन्यथा बीज मिश्रण व नमी से बीज गुणवत्ता में कमी आ सकती है। बीजों का कम नमी व कम तापमान की स्थितियों में भंडारण किया जाता है। उचित भंडारण से बीज की जैविकता, कटाई से उसकी बिक्री तक सुरक्षित रखी जा सकती है, लेकिन बीजों की गुणवत्ता में कटाई से पूर्व खराब मौसम, अधिक नमी अथवा संसाधन के

दौरान ह्रास प्रारम्भ हो चुका होता है, उनमें भंडारण के दौरान भी और कमी आती है।

(ग) बीज वितरण के दौरान गुणवत्ता नियंत्रण (Quality Control during Seed Distribution)

बीज वितरण के दौरान बीज की गुणवत्ता को क्षेत्र की जलवायु, सापेक्षिक आर्द्रता, तापमान तथा बीज की किस्म प्रभावित करते हैं। अतः किसी क्षेत्र में बीज भेजने से पूर्व यह पता लगा लेना आवश्यक है कि कौन सी बीज कितनी मात्रा में और किस समय चाहिए। केवल शुद्ध बीज, जो संस्तुत स्तरीय हो, भेजा जाना चाहिए। बीज थैलों पर बीज के बारे में पूर्ण ब्योरा के साथ अंकन–पत्र (Label) लगे होने चाहिए, जिससे बीज की आयु व दशा का ज्ञान हो सके। बिना बिके बीज की गुणवत्ता का परीक्षण समय–समय पर करते रहना चाहिए।

सारणी 6.1: विभिन्न फसलों का बीज गुणन अनुपात (Seed Multiplication Ratio, SMR)

फसल	गुणन अनुपात
गेहूँ	20
धान	80
ज्वार	
प्रभेद / किस्म (Variety)	100
संकर (Hybrid)	100
बाजरा	
किस्म (Variety)	200
संकर (Hybrid)	200
मक्का	
किस्म (Variety)	100
संकर (Hybrid)	100
रागी	80
चना	10
अरहर	100
उरद	40
मूंग	40

Contd...

मसूर	30
मटर	10
मूंगफली	8
राई/सरसों	150
सोयाबीन	16
सूर्यमुखी	
किस्म (Variety)	50
संकर (Hybrid)	50
अलसी	30
अरंडी	
किस्म (Variety)	60
संकर (Hybrid)	60
कुसुम	60
तिल	150
कपास	
किस्म (Variety)	50
संकर (Hybrid)	50
जूट	100

स्रोतः Sastry *et al.* (2004)

बीज उत्पादन के सामान्य सिद्धान्त एंव विधियाँ (General Principles and Methods of Seed Production)

(1) **बीज स्रोत का नियँत्रण (Control of Seed Source)**– बीज उत्पादन के दौरान आनुवांशिक शुद्धता बनाये रखने के लिये यह आवश्यक है कि बीज उपयुक्त स्रोत से लिया जाये, जिससे शुद्धता के साथ–साथ उसकी वंशावली व वर्ग (Class) भी ज्ञात रहे। अतः बीज किसी प्रमाणीकरण संस्था द्वारा मान्य स्रोत से प्राप्त किया जाता है। आधार बीज उत्पादन के लिये प्रजनक या आधार बीज व प्रमाणित बीज उत्पादन के आधार बीज का प्रयोग किया जाता है। बोने से पहले बीज थैलों पर लगे टैग व लेबिल से उसकी शुद्धता की जाँच कर ली जाती है और बुवाई के बाद लेबिल संभालकर रखे जाते हैं। बीज किसी प्रमाणीकरण संस्था की देखरेख में तैयार किया जाता है।

(2) **खेत का चयन (Selection of the Field)**– बीज फसल के लिये खेत का चयन करते समय यह ध्यान रखा जाता है कि खेत की स्थिति, बीज फसल की पृथक्करण आवश्यकताओं के अनुरुप हो और खेत में पिछले वर्ष वही फसल न उगायी गयी हो। खेत स्वयं उगे अन्य पौधों व खरपतवारों से मुक्त हो व खेत की मृदा की किस्म व उर्वरता बीज फसल के अनुरुप होने के साथ साथ मृदा–जन्य कीड़ों व रोगों से मुक्त हो।

(3) **संदूषण स्रोतों से पृथक्करण (Isolation from Contamination)**– बीज फसल को पर–परागण द्वारा होने वाले संदूशण, कटाई व गहाई के समय अन्य बीजों के मिश्रण तथा रोगों के फैलाव की रोकथाम के लिये निश्चित दूरी पर उगाया जाता है (Distance Isolation), जो बीज फसल की परागण विधि व बीज वर्ग (आधार या प्रमाणित बीज) के आधार पर रखा जाता है। मोटे तौर पर स्वयं–परागित फसलों में 3 मीटर, आंशिक पर–परागित फसलों में 30 मीटर तथा पर–परागित फसलों में 200 मीटर दूरी रखी जाती है। कीट परागित (1000 मी. तक) तथा वायु परागित फसलों में (वायु की दशा के अनुसार) और अधिक दूरी रखनी पड़ती है। आधार बीज उत्पादन में प्रमाणित बीज की तुलना में अधिक (प्रायः दोगुनी) दूरी रखनी पड़ती है। यदि बीज फसल व अन्य खेतों के बीच में कोई रुकावट खड़ी कर देने से (Barrier isolation) पृथक्करण दूरी कम की जा सकती है, जैसे– संकर बीज उत्पादन में सीमांत पंक्तियों (Border Rows) का बोया जाना, किसी दूसरी असम्बन्धित फसल (जैसे ढैंचा) की पंक्तियाँ लगाना अथवा कोई भौतिक बाधा (जैसे, 2 मी. उँची पॉलीथीन शीट) खड़ी करना। पौधे या पौधों के समूह को किस तरह से ढककर, फूलों पर लिफाफे लगाकर, पृथक्करण वाले पौधों के फूलों से नर अंगों को अलग करके (Emasculation) भी पृथक्करण किया जाता है। जब बीज फसल को भिन्न फसल के खेतों से अपेक्षित दूरी पर उगाना संभव नहीं होता तो बीज फसल को अगेती या पछेती फसल के रुप में उगाया जाता है (Time Isolation), जिससे बीज फसल व निकटस्थ भिन्न फसल में पुष्पण भिन्न समय पर हो। भिन्न किस्मों के बीजों को कटाई के बाद अलग रखा जाता है और गहाई व संसाधन क्रियाएँ भी अलग–अलग की जाती हैं, जिससे यॉंत्रिक मिश्रण न होने पाये।

(4) **कृषि क्रियाएँ (Farm Operation)–**

(क) **खेत की तैयारी (Preparation of the Field)–** खेत की तैयारी अच्छी होनी चाहिये। इससे फसल के बीजों का अंकुरण होता है, खरपतवारों की रोकथाम तथा भूमि में जल प्रबंधन अच्छा होता है।

(ख) **बुवाई (Sowing)–** बीज फसल की बुवाई उपयुक्त समय पर उचित नमी अवस्था में की जानी चाहिये। बीज फसल में बीज की दर वाणिज्य फसल की अपेक्षा कम रखी जाती है और पंक्ति से पंक्ति व पौधे से पौधे की दूरी भी कुछ अधिक रखी जाती है, जिससे अवांछनीय पौधों के निकालने में सुविधा रहे। कभी–कभी बीजों को प्रसुप्ति समाप्त करने, जीवाणु–निवेशन (Bacterium Culture) व बीज–जन्य कीड़ों व बीमारियों की रोकथाम के लिये रसायन से उपचारित करने की आवश्यकता होती है।

संकर बीज उत्पादन में दो जनकों (Parents) को वांछित अनुपात (4 मादा, 2 नर अथवा 6 मादा, 2 नर) में बोया जाता है, तथा चारों ओर नर जनक की सीमांत पंक्तियाँ (Border Rows) भी लगायी जाती हैं।

(ग) **खाद एवं उवर्रक (Manures and Fertilizers)–** बीज फसल में पौधों व दानों (Grains) के उचित विकास के लिये नत्रजन, फॉस्फोरस व पोटाश जैसे प्रमुख पोषक तत्व यथासमय उचित मात्रा में देने की आवश्यकता होती है, जो जैविक खादों व उवर्रकों के द्वारा पूरी की जा सकती है। कभी–कभी कुछ अन्य पोषक तत्वों, जैसे– कैल्शियम, मैग्नीशियम, लोहा, तांबा, जस्ता, गंधक, बोरोन, मैंगनीज और मालिब्डिनम की पूर्ति भी भूमि परीक्षण में इनकी कमी मिलने पर की जाती है। खाद (गोबर की खाद, कम्पोस्ट आदि) बुवाई से एक माह पूर्व खेत में मिला देनी चाहिए। नत्रजन वाले उर्वरक 2–3 बार (बुवाई के समय, 30–40 दिन बाद व पुष्पन से पूर्व) लेकिन फॉस्फोरस व पोटाश बुवाई से पूर्व या बुवाई के समय दिये जाते हैं।

(घ) **सिंचाई व जल–निकास (Irrigation and Drainage)–** बीज फसल से अच्छी उपज लेने के लिये कई सिंचाई करनी पड़ती हैं। फसलों में अधिक पानी के निकास की भी समुचित व्यवस्था करनी चाहिए।

(ड.) **फसल सुरक्षा (Plant Protection)**– बीज फसल को खरपतवारों, कीड़ों व बीमारियों से मुक्त रखने के लिये समय–समय पर निराई–गुड़ाई करते रहना चाहिये तथा अवाश्यकतानुसार खरपतवारनाशी/कवकनाशी/जीवाणुनाशी/कीटनाशी रसायनों का छिड़काव भी करना चाहिये।

(5) **अवांछनीय पौधों को निकालना (Roguing)**– बीज फसल से समय–समय पर अन्य किस्मों के पौधों, खरपतवारों व रोगी पौधों को निकालते रहना चाहिए, जिससे पर–परागण व रोगों प्रसार (Secondary Infection) से बीज खराब न होने पाये। पौधों को पूरे (जड़ सहित) उखाड़कर (Eradication) थैलों या लिफाफों में बंद करके खेत से बाहर ले जाकर गड्डे में दबा या जला देना चाहिये, जिससे वे संदूषण (रोग आदि) न फैलायें। भिन्न पौधों को उँचाई, तने व पत्ती के रंग, पत्ती के आकार व शक्ल आदि के आधार पर पहचाना जा सकता है।

(6) **कटाई व गहाई (Harvesting and Threshing)**– बीजों के पूर्णतः परिपक्व हो जाने पर उचित नमी अवस्था में कटाई की जाती है। अधिक नमी अवस्था में कटाई करने पर गहाई व सफाई करने में बीज क्षति होती है, कवकों व कीड़ों का आक्रमण शीघ्र होता है और अंकुरण क्षमता पर विपरीत प्रभाव पड़ता है। साथ ही कटाई में देरी से धूप वर्षा आदि से बीज गुणवत्ता में ह्रास होता है और कुछ फसलों में दाने खेत में बिखरने (Shattering) की समस्या होती है। कटाई व गहाई मौसम व फसल के अनुसार मशीन (कम्बाईन) या मजदूरों व बैलों से की जा सकती है। इस सब में याँत्रिक क्षति व संदूषण से बचाव किया जाता है। बीज की गहाई पक्के फर्श अथवा तिरपाल पर की जानी चाहिए।

(7) **बीज संसाधन (Seed Processing)**– प्रायः कटाई के समय बीज फसल में नमी की मात्रा सुरक्षित अवस्था में अधिक होती है। अतः उसे सुरक्षित नमी प्रतिशत के स्तर तक लाने के लिये धूप या कृत्रिम सुखाई द्वारा सुखाया जाता है। विभिन्न फसलों में सुरक्षित नमी प्रतिशत की मात्रा भिन्न होती है। उदाहरण के लिये, खाद्यान्न फसलों में 12 प्रतिशत, सोयाबीन व कपास में 10 प्रतिशत, दालों में 9 प्रतिशत, तिलहनों में 8 प्रतिशत तथा सब्जियों में 7–8 प्रतिशत से अधिक नमी नहीं होनी चाहिए। इसके बाद उसमें से संदूषण पदार्थ (अन्य बीज व अक्रिय पदार्थ) अलग करके उसकी उचित सफाई की जाती है।

(8) **बीज उपचार (Seed Treatment)**– बीज–जनित कीड़ों व रोगों से भंडारण के समय बीज को होने वाली क्षति और खेत में इनके प्रसार से बचाव के लिये बीजों को विभिन्न रसायनों कीटनाशी/ कवकनाशी/ जीवाणुनाशी/ सुत्रकृमिनाशी इत्यादि से उपचारित किया जाना आवश्यक होता है।

(9) **बीज भंडारण (Seed Storage)**– बीजों को निम्न तापमान व निम्न नमी की दशाओं में कम आपेक्षिक आर्दता पर भंडारित किया जाता है, जिससे भंडारण के समय कीड़ों के फैलने का भय न रहे। इसके लिये बीज बोरों या साइलों बिन (Silo Bins) में रखा जाता है। बोरों को प्रयोग से पूर्व अच्छी तरह साफ कर लेना चाहिये, क्योंकि उनमें पहले से अन्य फसल के बीज या कीड़े आदि हो सकते हैं। अच्छा रहे, उन्हें डी.डी.टी./मैलाथियोन के 3 प्रतिशत के घोल में डुबोकर अच्छी तरह सुखा लिया जाये।

(10) **थैले भरना (Bagging)**– संशोधित व परीक्षित बीज को उपयुक्त तथा नमीमुक्त (Water proof) थैलों में भरकर सील किया जाता है और प्रमाणपत्र संलग्न किये जाते हैं। थैलों में बीज के बारे में पूर्ण जानकारी सहित लेबिल व टैग आदि लगाये जाते हैं।

प्रमाणित बीज का उत्पादन (Production of Certified Seed)– किसानों को फसल उत्पादन हेतु बेचे जाने वाले उन्नत किस्मों के उन बीजों को प्रमाणित बीज कहा जाता है, जो प्रमाणीकरण संस्था की देखरेख में आधार बीज से उत्पादित किये जाते हैं, जिससे उसकी गुणता प्रमाणीकरण मानकों के अनुरुप बनी रहे।

प्रमाणित बीज उत्पादन को निम्नलिखित दो मुख्य शीर्षकों में बाँटा जा सकता है: (अ) पार्थक्य (Isolation), एवं (ब) फसल उगाना (Crop Cultivation)।

पार्थक्य दूरी (Isolation Distance): बीज उत्पादन के लिए फसल को उसी फसल की अन्य किस्मों से कम–से–कम एक निश्चित दूरी पर उगाना चाहिए, इस दूरी को **पृथक्करण दूरी (Isolation Distance) या पार्थक्य (Isolation)** कहते है। **पार्थक्य का उद्देश्य बीज के लिए उगाई गई फसल में उसी फसल की अन्य किस्मों से परपरागण (Cross-Pollination) न होने देना है।** स्वपरागित फसलों (Self-pollinated Crops) में इसका उद्देश्य भौतिक मिश्रण (Physical Mixture) रोकना भी होता है। विभिन्न फसलों में पार्थक्य दूरी अलग–अलग होती है, यह 3m (गेहूँ, धान), 10m (मटर, लोबिया) से 200m (मक्का, ज्वार, बाजरा आदि) या 400–800m (गाजर) तक हो सकती है। संकर मक्का

(Hybrid Maize) में बीज की फसल को बड़े खेत में उगाने, तथा खेत के चारों ओर नर जनक (Male Parent) की 3–10 कतारें बोने से पार्थक्य दूरी (Isolation Distance) घटाई जा सकती है। परन्तु ज्वार एवं बाजरे में पार्थक्य दूरी घटाने की अनुमति नहीं है।

फसल उगाना (Crop Cultivation): बीज के लिए उगाई गई फसल स्वस्थ व ओजपूर्ण (Vigorous) होनी चाहिए, जिससे यह अधिक मात्रा में उत्तम गुणवत्ता (Good Quality) वाले बीजों का उत्पादन कर सके। इसके लिए उपजाऊ, समतल व अनिष्टकारी (Noxious) खरपतवारों से मुक्त खेत का चुनाव करना चाहिए। कुछ फसलों के बीज उत्पादन के लिए चुने गए खेत में पिछले वर्ष में वही फसल नहीं उगाई गई होनी चाहिए, क्योंकि पिछली फसल के बीज उस खेत में छिटक कर गिरने के कारण उपस्थित हो सकते हैं। अतः यदि किसी खेत में पिछले वर्ष वही फसल उगाई गई हो, तो बीज की फसल बोने के कम–से–कम तीन सप्ताह पहले उस खेत की सिंचाई कर देनी चाहिए। इससे खेत में पड़े उस फसल के बीज अंकुरित (Germinate) हो जाएँगे, और जुताई करते समय इनसे उत्पन्न पौधे (Seedlings) नष्ट हो जाएँगी।

प्रजनक बीज उत्पादन (Breeder Seed Production)

केन्द्रक बीज का उपयोग प्रजनक बीज के उत्पादन के लिए किया जाता है। इसके लिए जरुरी है कि प्रजनक बीज के उत्पादन को उन क्षेत्रों में लें, जहाँ वह प्रभेद सबसे ज्यादा चलन में हों, उसे सबसे ज्यादा स्वीकृति मिली हो तथा इस स्थान पर उस समय करें जो उसे उगाने के लिए सबसे अधिक अनुकूल मौसम हो, फसल को सही पृथक्करण पर लागाएं। इस प्लॉट के सभी पौधों को प्रजननकर्ता निरीक्षण करता है तथा आकारिकी लक्षणों (Morphological Characters) को ध्यान देना पड़ता है, ऐसे जो भी पौधे जो किसी भी लक्षण के लिए अलग (Off-type) दिखे उन्हें तुरंत उखाड़ दिया जाता है।

प्रजनक बीज की गुणवत्ता नियंत्रण

उगाकर वृद्धि परीक्षण (Grow-out Test)

प्रजनक बीज की आनुवांशिक शुद्धता को ग्रो आउट टेस्ट के द्वारा जाँच किया जाता है। इसे शोध के लिए जो प्रक्षेत्र है जहाँ प्रजनक बीज उत्पादन किया गया है वहाँ किया जाता है। इसका निरीक्षण प्रजननकर्ता अथवा जो व्यक्ति इस कार्य

के लिए नियुक्त किए गए हों उनकी देख–रेख में ही जाँच की प्रक्रिया की जाती है।

विधि

इस जाँच के लिए 1000 ग्राम की प्रजनक बीज सम्बन्ध प्रभेद को लिया जाता है तथा उसके जनक (Parents) को लिया जाता है। बाकि की फसल को स्टेन्ड्र्ड रेफरेन्स बीज जो उस प्रभेद का मौलिक प्रजननकर्ता हो उसके साथ उगाया जाता है। बाकि के जो कृषि कार्य हैं जैसे खेत की तैयारी, जाँच के प्लॉट का आकार, कतारों की लंबाई, पौधे से पौधो तथा कतार से कतार की दूरी, सिंचाई, खाद–उर्वरक, तथा पौधा प्रबंधन आदि को सामान्य सुझाव के अनुसार किया जाता है। बिजाई के दौरान इस बात का ध्यान रखे कि जो हर प्रतिकृति (Replication) में कम से कम 800 पौधे हो जो उस बीज की अंकुरण क्षमता पर निर्भर करती है।

प्रजनक बीज बाकि बीजो की श्रेणियो के ऊपर निर्भर करती हैं इसलिए यह आधार बीज बनाने में इनकी अहम भूमिका है। प्रजनक बीज का उत्पादन पहले से ही सुनिश्चित किया जाता है बीज विभाग, कृषि मंत्रालय, भारत सरकार द्वारा (माल मंगाने का सरकारी आदेश) विभिन्न बीज ऐजेन्सियों के द्वारा भेजे गए मांग–पत्र (Indent) पर निर्भर करती है। प्रजनक बीज की पूरी मांग को एकत्रित करके भारतीय कृषि अनुसंधान परिषद (ICAR) को भेजा जाता है, जो इसे फसल समन्वयकों (Crop Co-ordinator) को भेज देते हैं ताकि वे इनके उत्पादन की परियोजना में कार्यरत रहे, प्रजनन कार्यकर्ता के साथ इसके उत्पादन की योजना बना ले।

सारणी 6.2: ग्रो आउट टेस्ट के लिए नमूना प्रस्तुत करने की अनुमोदित मात्रा

फसलों के नाम	नमूने की मात्रा
मक्का, कपास, मूँगफली, सोयाबीन तथा अन्य जेनेरा (वंश) के जाति के बीज जो मात्रा में समरुप हों	100 ग्राम
ज्वार, गेहूँ, धान तथा अन्य जेनेरा (वंश) के जाति के बीज जो मात्रा में समरुप हों	500 ग्राम
बाजरा, जूट (सन) एवं अन्य जेनेरा (वंश) के बीज जो मात्रा में समरुप हों	100 ग्राम
आलू के बीज, भाकरकंद (स्वीट पोटेटो) तथा अन्य वानस्पतिक विधि से प्रर्वधित फसलें	250 ट्यूबर/पौध सामग्री/जड़ें

सारणी 6.3: (क) कृषि फसलो हेतु 1969–2009 तक अधिसूचित प्रभेदों की संख्या

फसल समूह	अधिसूचित प्रभेदों की संख्या
धान्य (Cereals)	1333
रेशे वाली फसलें (Fiber Crop)	385
चारा वाली फसलें (Forage Crop)	162
मिलेट्स (Millets)	1060
मादक फसलें (Narcotics)	8
तिलहनी (Oilseed)	884
दलहनी (Pulses)	891
भार्करा युक्त फसलें (Sugar Crops)	70
कुल योग	**4793**

सारणी 6.3: (ख) शाकीय/उद्यानिक/सुगन्धित एवं औषधीय/पुष्पीय फसलों हेतु 1969–2009 तक अधिसूचित प्रभेदों की संख्या

फसल समूह	अधिसूचित प्रभेदों की संख्या
भाकीय कन्द (Bulb vegetables)	38
नगद फसलें (Cash Crops)	3
कोल फसलें (Cole Crops)	47
कद्दूवर्गीय फसलें (Cucurbits)	117
पुष्पीय फसलें (Flower Crops)	4
फलदार फसलें (Fruit Crops)	9
फल वाली सब्जियाँ (Fruit vegetables)	222
हरी पत्ते वाली सब्जियाँ (Green leafy vegetables)	27
सुगन्धित एवं औषधीय फसलें (Medicinal & Aromatic Crops)	1
जड़ वाली फसलें (Root vegetables)	38
मूल एवं कन्द वाली फसलें (Tubers and Rhizomes)	50
कुल योग	**556**

गुप्ता, 2009

अवलोकन (Observation)

विशिष्ट आकारिकीय लक्षण जो उस प्रभेद की सूची में हो उन्हें उगाए गए पौधों से मिलाकर ध्यान से रिकॉर्ड किया जाता है। यह कार्य 35 दिन से भुारु होकर

करीब 80 दिनों तक चलता है। सभी पौधों को तब तक प्रक्षेत्र में रखें जब तक उनके आकारिकी लक्षणों की पूर्ण अभिव्यक्ति हो जाए, जो उस प्रभेद की है। सभी 800 पौधों के लिए अवलोकन को उस एक मौलिक प्रजननकर्ता द्वारा लिया गया से मिलाया जाता है। 100 प्रतिशत आनुवांशिक भुद्धता की अनुरुपता पर उस बीज लॉट की लेबलिंग (अंकन–पत्र) निर्धारित मान के अनुसार की जाती है। इसके बाद ही इन्हें अतिरिक्त गुणन के लिए वितरित किया जाता है।

प्रजनक बीज, बीज प्रमाणीकरण योजना के कार्यक्षेत्र में नहीं आता है। इसलिए प्रजनक बीज उत्पादन कार्यक्रम के सही मूल्यांकन के लिए हर फसल के कार्य समन्वयक एक निरीक्षण मण्डली बनाते हैं। इस मण्डली में उस प्रभेद के प्रजननकर्ता, येाजना–समन्वयक अथवा उसका प्रस्तावित व्यक्ति, राज्य बीज प्रमाणीकरण एजेन्सी के प्रतिनिधि तथा राष्ट्रीय बीज निगम के प्रतिनिधि रहते हैं। यह मण्डली प्रजनक बीज उत्पादन प्लॉट का निरीक्षण 2–3 बार करती हैं तथा रिर्पोट सरकार को निर्धारित प्रारुप (प्रोफोर्मा BSP-III) में पेश करती हैं। इस उद्देश्य के लिए भारत सरकार ने पाँच प्रारुप निर्धारित किया है जिसे ब्रीडर सीड प्रोफोर्मा (BSP) कहा जाता है। यह निरीक्षण मण्डली को कार्य करने में उपयोगी होती है। अगर प्रजनक बीज उत्पादन कार्यक्रम में किसी प्रकार से कमी रह जाती है या ठीक से नहीं हो पाता है तो आकस्मिक कदम उठाए जाते हैं जिससे प्रजनक बीज की मांग पूरी की जा सके। प्रजनक बीजों की कोई निर्धारित प्रमाणित मानक नहीं होते हैं। किन्तु भारतीय न्यूनतम बीज प्रमाणीकरण मानक (Indian Minimum Seed Certification Standards, IMSCS) के मुताबिक प्रजनक बीजों को आनुवांशिक रुप से इतना भुद्ध होना चाहिए जिससे कि उसके आगे की पीढ़ियाँ जैसे आधार एवं प्रमाणित बीज की श्रेणी निर्धारित मानकों की पुष्टि कर सकें।

नाभिकीय एवं प्रजनक बीज का उत्पादन एवं अनुरक्षण (Production and Maintenance of Nucleus and Breeder's Seed)

एक नई किस्म के बीज के उत्पादन का दायित्व उसे विकसित करने वाली संस्था अथवा प्रजनक का है। बीज वर्द्धन (Seed Multiplication) की पीढ़ी पद्धति (Generation system) में उच्च आनुवांशिक शुद्धता वाले प्रजनक बीज की सुलभता सम्पूर्ण बीज उत्पादन कार्यक्रम की सफलता को निर्धारित करती है। यदि वर्द्धन के दौरान प्रजनक बीज की आनुवांशिक शुद्धता नहीं बनाये रखी जाती है, तो उसमें उपस्थित संदूषण (Contamination) अगली पीढ़ियों में कई गुणा बढ़ जायेंगे। इस

प्रकार आधार बीज व प्रमाणित बीज के अमान्य हो जाने का खतरा बढ़ जायेगा अतः प्रजनक बीज उत्पादन कार्यक्रम में आनुवांशिक शुद्धता के अनुरक्षण को प्रमुख स्थान दिया जाता है।

नाभिकीय बीज (Nucleus Seed) उत्पादन

स्वपरागित फसले (गेहूँ, धान, मटर आदि)

चरण 1 : करीब 500 से अधिक बाल/पेनीकल/पौध जो वास्तविक प्रकार के हों उन्हें बड़े बीज के प्लॉट से चुने।

चरण 2 : इन बालों/पेनिकल/पौध को अच्छे से तैयार किए गए बीज क्यारी में कतार से लागाएँ ताकि वो सही से पौध लक्षण की अभिव्यक्ति हो सके।

चरण 3 : फसल की वानस्पतिक एवं जननीय विस्तार पर तीक्ष्ण निरिक्षण करना।

चरण 4 : ऐसे पूरे कतार को अस्वीकृत करें जो निष्फल प्रकार के पौधे दिखे, जैसे पौध के प्रकार में, लंबाई में, पर्ण में, बाल में अथवा उसके फली में भिन्नता हो।

चरण 5 : बाकि के सन्तति कतारों की तुड़ाई करे तथा बड़ी मात्रा में मिलाएँ (बल्क करें) तथा प्रजनक बीज उत्पादन के लिए उपयोग करें।

पर-परागित फसलें (सरसों, ज्वार, अरहर आदि)

चरण 1 : केन्द्र के बीज प्लॉट से वास्तविक प्रकार पौधा का समूह वरण करें।

चरण 2 : इनके आधे पौध सन्तति बीजों को अच्छे से तैयार किए गए बीज की क्यारी में बोए ताकि सही से लक्षणों की अभिव्यक्ति हो सके।

चरण 3 : फसल की वानस्पतिक एवं जननीय विस्तार स्तर पर तीक्ष्ण निरीक्षण करें।

चरण 4 : बचे हुए बीज लॉट जिनकी सन्तति में निष्फल प्रकार (Off Type) के पौधे हों, जिनमें पौधों के प्रकार, लंबाई, पर्ण एवं फली के लक्षणों में अन्तर दिखाई दे, उन्हें अस्वीकृत करें।

चरण 5 : जो बाकि बची हुई सन्तति है तथा वास्तविक प्रकार (True to Type) की है, के पैतृक बीज को मिला लें (बल्क)। इसे प्रजनक बीज के उत्पादन के लिए उपयोग करें।

स्वयं–परागित तथा पर–परागित फसलों में प्रजनक बीज के अनुरक्षण के लिये भिन्न विधियाँ अपनायी जाती हैं–

(क) स्व–परागित फसलों में नाभिकीय तथा प्रजनक बीज का अनुरक्षण (Maintenance of Nucleus and Breeder's Seed in Self-polinated Crops)

स्वयं निषेचित फसलों की किस्मों के समांगी होने की अपेक्षा की जाती है, लेकिन व्यवहार में ऐसा नहीं होता तथा बीज की वर्द्धन अवस्थाओं में पर्याप्त विभिन्नताएँ आ जाती हैं (विशेषकर नई जारी की गई किस्मों में)। नाभिकीय एवं प्रजनक बीज के अनुरक्षण के दौरान इन किस्मों का शुद्धिकरण अति आवश्यक है।

संस्तुति पूर्व व नई संस्तुत किस्म के नाभिकीय बीज का अनुरक्षण (Maintenance of Nucleus Seed of Pre-released or Newly Released Varieties – हेरिंगटन (Harrington), 1952 ने नई संस्तुत किस्म के नाभिकीय बीज के अनुरक्षण की पद्धति सुझायी है–

(1) **प्रजाति विशेष का नमूना लेना** (Sampling of the Variety)–उपज परीक्षण के आधार पर चयनित प्रजातियों में से कुछ के बीज के शुद्धिकरण के लिये नमूने लिये जाते है। किसी एक केन्द्र पर किसी फसल की 15 से अधिक किस्में एक वर्ष में नहीं छाँटी जानी चाहिये। इसके लिये उपज परीक्षण की किसी एक प्रतिकृति (Replication) में उगाये गये किस्म के प्लॉट के मध्य से (किनारे से 3 मीटर अंदर) लगभग 200 पौधे लिये जाते हैं, जिनमें से कमजोर तथा कम शाखायें (Tillers) वाले पौधे रद्द कर दिये जाते हैं और अलग बंडल बना दिया जाता है। उपज, समरूपता व स्वास्थ्य के आधार पर विभेदों का चयन किया जाता है। इन 200 अथवा कम पौधों से बीज एकत्र कर लिये जाते हैं।

(2) **नाभिकीय बीज की बुवाई (Sowing of Nucleus Seed)**–चयनित प्रजातियों को उन क्षेत्रों में (जहाँ उन्हें संस्तुति के बाद उगाया जाना है), ऐसे खेत में जिसमें पिछले वर्ष वह किस्म न उगायी गई हो, उगाया जाता है। 200 पौधों से बीज से प्रत्येक खण्ड में 2–2 पँक्तियाँ बोयी जाती हैं। प्रत्येक विभेद के भूखण्ड (Plot) पर्याप्त दूरी पर बोये जाते हैं जिससे पर–परागण व रोगों के प्रसार को रोका जा सके। वृद्धि के दौरान, पुष्पण से पूर्व तथा पुष्पण के बाद शेष बचे भिन्न पौधे निकाल दिये जाते हैं। यदि किसी प्लॉट में अत्याधिक भिन्नता है तो उसे पुष्पण से पूर्व ही हटा देना चाहिये। ऐसी हटाई

गई किस्म के दोनों ओर के एक–एक प्लॉट भी हटा दिये जाते है। यदि किसी किस्म में पर–परागण अधिक है तो पुष्पण से पूर्व हटाये गये प्लॉट के पास 3 मीटर तक की पूर्ण सामग्री हटा दी जाती है। यदि किसी पौधे की संतति को पुष्पण के बाद हटाया गया है तो उसके एक मीटर के अन्दर आने वाले सभी पौधे उखाड़ देने चाहिये। शेष बचे पौधों की कम से कम 180 संततियाँ अलग से कटाई करके अलग बंडल बनाये जाते हैं। यदि कोई संतति अच्छी सिद्ध नहीं होती तो उसके बंडल को हटा दिया जाता है और शेष के बीज निकालकर अलग रखे जाते हैं। जिन संततियों के बीजों में भिन्नता होती है, उन्हें हटा दिया जाता है और बाकी सभी का बीज एक जगह मिला लिया जाता है, जो **प्रजनक बीज** की सामग्री होता है।

संस्तुति पूर्व व नई संस्तुति किस्म के प्रजनक बीज का अनुरक्षण (Maintenance of Breeder's Seed of Per-released or Newly Varieties)– नाभिकीय बीज से प्राप्त प्रजनक बीज स्वच्छ व उर्वरक युक्त खेत में, जिसमें वह किस्म पिछले वर्ष न उगायी गई हो, बोया जाता है। गेहूँ के लिये लगभग 1.2 हे. तथा धान के लिये 3 हे. क्षेत्र में बुवाई की जानी चाहिये। खेत दूसरे खेतों से दूर हो तथा उसी केन्द्र पर हो जहाँ किस्म तैयार की गई है। कृषि की सभी उन्नत विधियाँ अपनायी जाती है। पँक्ति से पँक्ति की दूरी पर्याप्त हो, जिससे पौधों का निरीक्षण आसानी से किया जा सके। वृद्धि के दौरान भिन्न पौधा, (यदि कोई है) पुष्पण से पूर्व निकाला जाता है। यदि पुष्पण के बाद भिन्न पौधा निकाला जाता है तो एक मीटर तक से सभी पौधे निकाल दिये जाते है। शेष पौधों से बीज एकत्र कर आधार बीज उत्पादन के लिये प्रयोग किये जाते हैं। इसमें से कुछ अंश प्रजनक को बचा लेना चाहिये, जिसे अगले वर्ष फिर इसी प्रकार उगाया जाता है।

स्थापित किस्मों के प्रजनक बीज का अनुरक्षण (Maintenance of Breeder's Seed of Established Varieties)– स्वयं–परागित किस्में प्रायः समरूप होती हैं, परन्तु कभी–कभी प्रारम्भिक पीढ़ियों में विसंयोजन करते हुए (Segregation) पौधों को मिला दिये जाने से भिन्नता आ जाती है। अतः इन किस्मों में शुद्धता बनाये रखने के लिये निम्नलिखित विधियाँ अपनायी जाती हैं–

(1) **पृथक भूखंड में उगाकर (By Raising Crop in Isolation)**– बीज फसल को पृथक्करण अपेक्षाओं के अनुसार पृथक् भूखंड में उगाकर उसमें से भिन्न पौधों को निकाल देते हैं और शेष पौधों से प्राप्त बीज एक जगह मिला दिये जाते हैं।

(2) **पुंजवरण चयन द्वारा (By Bulk Selection)**– इस विधि में समरूप दिखाई देने वाले पौधों का चयन करके उनसे प्राप्त बीज को एक जगह मिला लिया जाता है। चयनित पौधों की संख्या 2000–2500 अथवा अधिक हो सकती है। जिन किस्मों में प्राकृतिक पर–परागण अधिक होता है, वहां स्वयं–परागण को जरूरी बनाने के लिये बालियों का स्फुटन (Anthesis) से पूर्व ही परागण बैगिंग (Pollination Bagging) करना पड़ता है।

(3) **शुद्ध वंशक्रम चरण द्वारा (By Pure line Selection)**– इस विधि में चयनित पौधों से प्राप्त बीज को अलग पँक्तियों (Progeny Rows) में उगाया जाता है, और पृथक्करण करने वाली पँक्तियों को छोड़कर शेष पँक्तियों से प्राप्त बीज एक जगह मिला दिये जाते हैं। यह विधि अधिकतर अपनायी जाती है। ये विधियाँ 2–3 वर्ष अपनाने के बाद प्राप्त बीज शुद्ध होता है तथा पर्याप्त मात्रा में तैयार हो जाता है। बीज वर्द्धन में 5 वर्ष से अधिक समय नहीं लगाना चाहिये। शुद्धिकरण के दौरान किस्म में महत्वपूर्ण लक्षणों में कोई अंतर नहीं आना चाहिये। अतः शुद्धिकरण के साथ–साथ उपज परीक्षण भी करते रहना चाहिये।

(ख) पर–परागित फसलों में नाभिकीय तथा प्रजनक बीज का अनुरक्षण (Maintenance of Nucleus and Breeder's Seed in Cross-pollinated Crops)

पर–परागित फसलें अत्यधिक विशमजननांशी (Heterozygous) तथा विशमांगी (Heterogeneous) होती है। अतः इन फसलों की किस्मों के प्रजनक बीज का अनुरक्षण बहुत जटिल कार्य है। ऐसी किस्म की प्रत्येक पीढ़ी में नियमित रूप से पुनः संयोजन (Recombinations) होते रहते हैं, जिससे इनके लक्षणों में परिवर्तन आ जाते हैं।

सारणी 6.4 : स्वपरागित (Self-Pollinated), परपरागित (Cross-Pollinated) एवं बहुधा परपरागित (Often Cross-Pollinated) फसलें

नाम	सामान्य नाम हिन्दी	वानस्पतिक नाम अंग्रेजी
स्वपरागित फसलें (Self-Pollinated Crops)		
गेहूँ	*ट्रिटिकम एस्टिवम* एल. व *ट्रिटिकम ड्यूरम* एल.	*Triticum aestivum* L., *T. durum* L.

Contd...

जौ	*होर्डियम वुल्गेयर* एल.	*Hordeum vulgare* L.
धान	*ओराइजा सेटाइवा* एल.	*Oryza sativa* L.
जई	*एवीना सेटाइवा* एल.	*Avena sativa* L.
रागी	*एल्यूसीन कोरैकाना* (एल.) गर्टन	*Eleusine coracana* (L.) Gaertn
मटर	*पाइसम सेटावम* एल.	*Pisum sativum* L.
मूंगफली	*एरैकिस हाइपोजिया* एल.	*Arachis hypogaea* L.
चना	*साइसर एराटिनम* एल.	*Cicer arietinum* L.
मूंग	*विग्ना रेडिएटा* (एल.) विल्जेक	*Vigna radiata* (L.) Wilczek
उड़द	*विग्ना मुंगो* (एल.) हेपर	*Vigna mungo* (L.) Hepper
लोबिया	*विग्ना अंग्विकुलेटा* (एल) वाल्प	*Vigan unguiculata* (L.) Walp
सोयाबीन	*ग्लाइसीन मैक्स* मर्र.	*Glycine max* Merr.
मसूर	*लेंस एस्कुलेंटा* मेडिक.	*Lens esculenta* Medic.
राजमा	*फैजिओलस वुल्गेरिस* एल.	*Phaseolus vulgaris* L.
जूट (कैप्सुलेरिस)	*कार्कोरस कैप्सुलेरिस* एल.	*Corchorus capsularis* L.
टमाटर	*लाइकोपर्सिकान एस्कुलेंटम* मिल.	*Lycopersicon esculentum* Mill.
भिंडी	*एबेल्मोस्कस एस्कुलेंटम* (एल.) मोएन्च	*Abelmoschos esculentum*(L.) Moench
बैंगन	*सोलेनम मेलान्जेना* एल.	*Solanum melongena* L.
मिर्च	*कैप्सिकम ऐनम* एल.	*Capsicum annum* L.
आलू	*सोलेनम ट्यूबरोसम* एल.	*Solanum tuberosum* L.
तिल	*सिसेमम इंडिकम* एल.	*Sesamum indicum* L.
अलसी	*लानइनम यूसिटैटिसिमम* एल.	*Linum usitatissimum* L.

परपरागित फसलें (Cross-Pollinated Crops)

मक्का	*जिया मेस* एल.	*Zea mays* L.
बाजरा	*पेन्निसिटम ग्लोकम* (एल.) आर.बी आर	*Pennisetum glaucum* (L.) R.Br
सूरजमुखी	*हीलिऐंथस ऐनस* डब्ल्यू	*Helianthus annus* W.
अरंडी	*रिसिनस काम्युनिस* एल.	*Ricinus communis* L.

Contd...

लूर्सन	*मेडिकैगो सेटाइवा*	*Medicago sativa*
गन्ना	*सैकेरम आफिसिनेरम* एल.	*Saccharum officinarum* L.
आलू	*सोलेनम ट्यूबरोसम* एल.	*Solanumm tubersum* L.
(कुछ विभेद)	कुछ विभेद	(some strains)
गाजर	*डाकस कैरोटा* एल.	*Daucus carota* L.
पत्ता गोभी	*ब्रेसिका ओलेरेसिया* (एल.) वार कैपिटाटा	*Brassica oleracea* (L.) Var Capitata
फूल गोभी	*ब्रेसिका ओलेरेसिया* वेराइटी बोटराइटिस वेराईटी बोट्रायटीस एल.	*Brassica oleracea* var. botrytis L.
प्याज	*एलियम सेपा* एल.	*Allium cepa* L.
मूली	*रैफनस सेटाइवस* एल.	*Raphanus sativus* L.
शलजम	*ब्रैसिका रेपा* एल.	*Brassica rapa* L.
पम्पकीन	*कुकुरबिटा मोस्कैटा* (डच) पोर	*Cucurbita moschata* (Duch) Poir
तरबूज	*सिट्रुलस वुल्गेरिस* एल.	*Citrullus vulgaris* L.
शकरकंद	*आइपोमिया बटाटास* (एल.) स्कूट	*Ipomoea batatas* (L.) Schoot.
पालक	*स्पाइनेसिया ओलेरेसिया* एल.	*Spinacea oleracea* L.
धनिया	*कोरिऐन्ड्रम सेटाईवम* एल.	*Coriandrum sativum* L.
फल वृक्ष		
आम	*मैंजीफेरा इंडिका* एल.	*Mangifera indica* L.
नाशपाती	*पाइरस कम्युनिस* एल.	*Pyrus communis* L.
खजूर	*फीनिक्स डैक्टाइलीफेरा* एल.	*Phoenix dactilifera* L.
नारियल	*कोकोस न्यूसीफेरा* एल.	*Cocos nucifera* L.
पपीता	*कैरिका पपाया* एल.	*Carica papaya* L.
अंगूर	*वाइटिस वाइनीफेरा* एल.	*Vitis vinifera* L.
आंशिक परपरागित फसलें (Often Cross-Pollinated Crops)		
ज्वार	*सोर्घम बाइकलर* (एल.) मोएन्च	*Sorghum bicolor* (L.) Moench
कपास	*गासीपियम हरबेसियम* एल.	*Gossypium herbaceum* L.
फाबा सेम	*विसिया फाबा* एल.	*Vicia faba* L.

Contd...

तम्बाकू	*निकोटियाना टबैकम* (एल.) *एवं*	*Nicotiana tabacum* L. *and*
	निकोटियाना रस्टिका (एल.)	*Nicotiana rustica* L.
अरहर	*कैजनस कजान* (एल.) मिल्सप	*Cajanus cajan* (L.) Millsp.
राई	*ब्रैसिका जंसिया* (एल.)	*Brassica juncea* L.
पीली सरसों	*ब्रैसिका कैम्पेस्ट्रिस* (एल.)	*Brassica compestris* (L.) var.
	वेराइटी पीली सरसों	yellow sarson
कुसुम	*कार्थमस टिंक्टोरियस* (एल.)	*Carthamus tinctorius* L.
ट्रिटिकेल	*ट्रिटिकेल हेक्साप्लाएडे*	*Triticale hexaploide*

स्थापित किस्मों के प्रजनक बीज का अनुरक्षण (Maintenance of Breeder's Seed of Established Varieties)– मुक्त परागित किस्मों के बीज का अनुरक्षण पृथक भूखंड में उगाकर, पुंजवरण (Mass Selection) द्वारा अथवा कुल वंशक्रम (Family Line) द्वारा किया जाता है। पहली दो विधियाँ तो स्वयं–परागित किस्मों के समान हैं। जहाँ पुंजवरण में लगभग 500 या इससे अधिक पौधों का चयन किया जाता है, जबकि कुल प्रजनन में प्रत्येक कुल को अलग भूखंडों में उगाकर, लगातार पुंज वरण किया जाता है और इसके बाद विभिन्न कुलों से प्राप्त बीज को मिलाकर प्रजनक बीज तैयार किया जाता है। परिवर्तित पुंजवरण (Modified Mass Selection), जिसमें पूरा खेत कई भागों में बाँट दिया जाता है और प्रत्येक भाग से बराबर पौधे छाँटे जाते हैं, भी अपनाया जा सकता है।

अंतः प्रजात वंशक्रमों के नाभिकीय बीज का अनुरक्षण (Maintenance of Nucleus Seed of Inbred Lines)– पर–परागित फसलों; जैसे–मक्का, ज्वार तथा बाजरे में प्रायः संकर बीजों के प्रयोग का प्रचलन बढ़ रहा है, जिनका हर वर्ष नया (Fresh) बीज तैयार करना पड़ता है, जिसके लिये पर्याप्त मात्रा में अन्तः प्रजात वंशक्रमों (Inbred Lines) के बीज की आवश्यकता होती है। अतः इनका बीज अनुरक्षित रखना पड़ता है। अन्तः प्रजात वंशक्रमों के नाभिकीय बीज का अनुरक्षण निम्नलिखित विधियों से किया जाता है–

(1) **स्वयं–परागण द्वारा (By-self-pollination)**– इस विधि में अन्तः प्रजात वंशक्रमों (Inbred Lines) को उगाकर कुछ चुने हुए पौधों में हाथ से स्वयं–परागण (Self Pollination) किया जाता है, जिनकी संख्या प्रजनक बीज की आवश्यकतानुसार रखी जाती है। पौधों से प्राप्त भुट्टों/

बालियों (स्वयं–परागित) का बीज एकत्र करके प्रजनक बीज तैयार कर लिया जाता है अथवा प्रत्येक भुट्टे से प्राप्त बीज अगले वर्ष अलग भूखंड में उगाकर भिन्न पौधों को निकाला जाता है और शेष पौधों का बीज मिला दिया जाता है।

(2) **सहोदर परागण द्वारा (By Sib Mating)**– इस विधि में अन्तः प्रजात वंशक्रम से कुछ चुने हुए पौधे से पराग लेकर, अन्य चुने हुए पौधों को परागित कराया जाता है, जो विभिन्न संयोजनों (Combination) में कराये जा सकते हैं–

(i) एक पौधे का अलग–अलग पौधों से संयोजन– 1 x 2, 1 x 3, 1 x 4, 1 x 5 ..... आदि

(ii) दो पौधों में विलोम संयोजन– 1 x 2, 2 x 1, 3 x 4, 4 x 3 .... आदि

(iii) चयनित कई पौधों का पराग मिलाकर अन्य चयनित पौधों का परागण।

इस प्रकार परागित भुट्टों/बालियों से बीज एकत्र करके प्रजनक बीज तैयार कर लिया जाता है। अतः वंशक्रमों को पृथक्करण में उगाया जाता है तथा निम्न श्रेणी के पौधों को निकाला जाता है। उन्हें उसी क्षेत्र में उगाया जाना चाहिए, जहाँ इनसे तैयार संकर बीज को उगाया जाना है। खेत की मृदा उर्वरा हो तथा खेत में पिछले वर्ष वही फसल न उगायी गई हो। फसल को उचित खाद व पानी दिया जाना चाहिए, जिससे अंतःप्रजात को अपनी आनुवांशिक क्षमता प्रदर्शित करने का पूर्ण अवसर मिल सके। फसल की उचित परिपक्वता की अवस्था पर कटाई करके बीजों का उचित दशाओं में भंडारण किया जाता है।

अंतःप्रजात वंशक्रमों के प्रजनक बीज का अनुरक्षण (Maintenance of Breeder's Seed of Inbred Lines)– नाभिकीय बीज से तैयार प्रजनक बीज सामग्री को बढाने के लिए उसे पृथक भूखंड में उगाया जाता है। प्रजनक बीज के वर्द्धन के दौरान खेत चयन, खेत की मृदा, पृथक्करण, अवांछित पौधा निष्कासन, कटाई तथा सुखाई तथा भुट्टे/बालियों के चयन पर समुचित ध्यान दिया जाना चाहिए, जिससे यथासंभव आनुवांशिक शुद्धता बनाये रखी जा सके। कृषि क्रियाएँ, जैसेः पृथक्करण, अवांछित पौधा निष्कासन, कटाई आदि, नाभिकीय बीज फसल के समान की जाती हैं।

(ग) संश्लेषित किस्मों के प्रजनक बीज का अनुरक्षण (Maintenance of Breeder's Seed of Synthetic Varieties)

संश्लेषित किस्मों के प्रजनक बीज के अनुरक्षण के लिये उन्हें पृथक्करण में उगाया जाता है।

(घ) असंगजनिक किस्मों के प्रजनक बीज का अनुरक्षण (Maintenance of Breeder's Seed of Apomictic Varieties)

असंगजनित किस्म के सभी पौधों में अलैंगिक जनन के कारण समानता होती है, लेकिन कभी–कभी कुछ मात्रा में लैंगिक बीज भी बनते हैं। इन किस्मों में शुद्धता बनाये रखने के लिये मूल पौधों को पर्याप्त दूरी पर उगाया जाता है, जिससे प्रत्येक पौधा अलग दिखाई पड़े और अवांछनीय पौधे निकाल दिये जाते हैं और शेष पौधौं से प्राप्त बीज एकत्रित कर लिया जाता है और प्रजनक बीज के रुप में प्रयुक्त किया जाता है।

(ड.) बहुगुणीय किस्मों के प्रजनक बीज का अनुरक्षण (Maintenance of Breeder's Seed of Polyploids)

कृत्रिम बहुगुणितों की किस्मों के अनुरक्षण में द्विगुणित (Diploid) पौधौं से होने वाला मिश्रण एक प्रमुख समस्या है। एक बार यदि कोई द्विगुणित बीज बहुगुणित किस्म में मिल गया तो बहुगुणित बीज की स्थापन क्षमता (Establishment Capacity) कम होने के कारण, कुछ पीढ़ियों के पश्चात बहुगुणित पूर्णतया समाप्त हो सकते हैं। इसके लिये बीज ढेर का पूर्ण निरीक्षण करके द्विगुणित तथा बहुगुणित बीजों को आकार में भिन्नता के आधार पर अलग–अलग कर देना चाहिए। इसके बाद प्रत्येक बीज ढेर से नमूना लेकर प्रयोगशाला में उसकी कोशिकीय जाँच (गुणसूत्रों की संख्या) करके इस बात की पुष्टि की जा सकती है कि बीज ढेर में कितने प्रतिशत द्विगुणित बीज हैं तथा कितने प्रतिशत बहुगुणित तथा बीज ढेर वांछित रखता है अथवा नहीं।

वाहक बीज (Carry Over Seed)– एक पादप प्रजनक को पर्याप्त बीज बचाकर रखना चाहिये, जिससे फसल खराब होने की स्थिति में विशेषकर आधार बीज उत्पादन अवस्था में किस्म समाप्त न हो जाये। इसी प्रकार संकर बीज उत्पादन में प्रयुक्त होने वाली अन्तःप्रजात के बीज भी बचाकर रखे जाने चाहिए। बीजों को कम से कम एक वर्ष तक (अगली फसल आने तक) अथवा अधिक समय के लिये रखा जाता है। ऐसे बीज का नियंत्रित दशाओं में भंडारण करना चाहिये

जिससे उत्पादन में प्रजनक के साथ–साथ अनेक व्यक्तियों का अथक परिश्रम तथा धन लगता है। बीज पर्याप्त मात्रा में रखा जाना चाहिए जिससे 2–3 बार आधार बीज उत्पादन किया जा सके।

सारणी 6.5: विभिन्न फसलों में बीज प्रमाणीकरण (Seed Certification) के लिए फसल निरीक्षण के समय अनुमत (Permitted) अधिकतम अवांछित (Rogue) पौधे, खरपतवार आदि

विवरण	किसी भी फसल निरीक्षण के समय अधिकतम सीमा (प्रतिशत में)				
	मक्का	ज्वार	बाजरा	धान	गेहूँ
निश्चित रुप से अपवांछित पौधे	0.5*	0.05*	0.05*	0.3	0.3
संदेहास्पद अपवांछित पौधे	2.0*	0.1*	0.1*	-	-
मादाजनक में परागकण उत्पन्न करने वाले पौधे	1.0	0.1	0.1	-	-
अनिष्टकारी खरपतवार	0	0	0	0.02	0.02
भुटटा एवं अनाज कंड	-	0.1*	-	-	-
हरित बाली रोग (green ear disease)	-	-	0.1**	-	-
एरगट (ergot)	-	-	0.4**	-	-
जंगली धान	-	-	-	0.1	-
अन्य फसलें	-	-	-	-	0.1

* नर तथा मादा दोनों जनकों में ।

** केवल मादा जनक में।

बीज की फसल के समुचित परिवर्धन (Development) के लिए संस्तुत (Recommended) मात्रा में उर्वरक व सिंचाई देनी चाहिए। इस फसल में रोगों व कीटों के समुचित नियंत्रण के लिए उचित पादप संरक्षण (Plant Protection) की व्यवस्था करनी चाहिए। फसल में कीट तथा बीमारी लगने की दशा में बीज उत्पादन तो घटेगा ही इसके साथ ही इससे उत्पन्न बीज का प्रमाणीकरण (Certification) नहीं हो सकेगा। कई फसलों में कुछ रोगों को एक निश्चित परिमाण से अधिक नहीं होना चाहिए, जैसे ज्वार का अनाज कंड (Grain Smut) 10,000 में केवल एक भुट्टे में लगा होना चाहिए। इसके साथ ही, खरपतवारों का समुचित नियंत्रण होना चाहिए। खरपतवारों से फसल की उपज तो घटती ही है, साथ ही खरपतवारों के बीजों से फसल बीज का संदूषण (Contamination) भी

होता है। खरपतवार या अपनण (Weed) उन सभी पौधों को कहते हैं जो कि उगाई जा रही फसल से भिन्न के हों। बीज में खरपतवारों के बीजों को एक निश्चित मत्रा से अधिक नहीं होना चाहिए, नहीं तो बीज का प्रमाणीकरण नहीं हो सकेगा। कई फसलों में कुछ विशेष खरपतवारों को अनिष्टकारी (Noxious) माना गया है, इन फसलों में अनिष्टकारी खरपतवारों का खेत में अनुपस्थित होना बीज प्रमाणीकरण के लिए एक अनिवार्य शर्त है।

बीज की फसल में से अपवांछित (Rogue) पौधों को समय–समय पर निकालते रहना चाहिए। बीज के लिए उगाई गई किस्म से भिन्न लक्षणों वाले पौधों को अपवांछित पौधे (Rogue Plants) कहते हैं। परपरागण (Cross Pollination) तथा भौतिक मिश्रण (Mechanical Mixture) रोकने के लिए अपवांछित पौधे का निकाला जाना अनिवार्य है। संकर किस्मों (Hybrid Varieties) के बीज उत्पादन में यह ध्यान दिया जाता है कि मादा जनक के पौधे परागकण न उत्पन्न करने पाएँ। यदि कुछ मादा पौधों में परागकण उत्पन्न होने की संभावना हो, तो उन पौधों को परागकोशों (Anthers) के फटने के पहले ही निकाल दिया जाता है। इसके साथ ही, संकर किस्मों के नर जनकों की कतारों की कटाई सबसे पहले की जाती है, जिससे इन बीजों से संकर बीज (मादा जनक पर बने बीज) में भौतिक मिश्रण न हो।

बीज की फसल की कटाई व मड़ाई अत्यन्त सावधानीपूर्वक करनी चाहिए, जिससे उसमें अन्य किस्मों व अन्य फसलों के बीजों का मिश्रण न हो सके। इसकी मड़ाई पक्के फर्श पर करनी चाहिए, जिससे निर्जीव पदार्थों से संदूषण (Contamination) होने की संभावना कम से कम हो। मड़ाई के दौरान इस बात की सावधानी बरतनी चाहिए जिससे बीजों को कम से कम क्षति पहुँचे।

सारणी 6.6: वर्षवार बीज श्रेणियों का बीजोत्पादन

वर्ष	बीज	बुवाई मात्रा	गुणन कारक (धान हेतु)	कटाई की मात्रा
प्रथम वर्ष	नाभकीय बीज अथवा प्रजनक बीज चरण I	100 पैनिकल कतार	0.5 के.ग्रा./कतार	शुद्ध मूल बीज का 50 कि.ग्रा. (धान)
द्वितीय वर्ष	प्रजनक बीज चरण II	50 कि.ग्रा.	60	3000 कि.ग्रा.
तृतीय वर्ष	आधार बीज	3000 कि.ग्रा.	80	2,40,000 कि.ग्रा.
चतुर्थ वर्ष	प्रमाणित बीज	240000 कि.ग्रा.	80	1,92,00,000 कि.ग्रा. अथवा 19200 टन

सारणी 6.7: प्रमाणित बीज की दर एवं उपज

फसल		बीज दर (कि.ग्रा./हे0)	बीज उपज (कि./हे0)
धान्य फसल:	**Cereals:**		
जौ	Barley	75	30-35
मक्का	Maize	16-18	25-30
धान (मोटा)	Paddy (coarse)	30-35	50-80
धान (महीन)	Paddy (fine)	25-30	
ज्वार	Sorghum	12-15	35-40
गेहूँ	Wheat	75-80	40-60
दलहनी फसल:	**Pulses:**		
चना	Chickpea	45-50	15-20
लोबिया	Cowpea	20-25	15-20
सेम	Dolichos bean	12-15	0.3-0.6
राजमा (लता)	French bean (pole var.)	25-30	12-18
राजमा (पौध)	French bean (bush var.)	85-90	
मटर	Garden Pea	60-75	20-25
मसूर (छोटा बीज)	Lentil (small seed)	25-30	20-25
मसूर (बड़ा बीज)	Lentil (large seed)	35-40	
मूंग	Mung bean	15-20	8-10
अरहर	Pigeon pea	10-12	20-25
सोयाबीन	Soybean	65-70	20-25
उरद	Urd bean	25-30	10-15
शक्करा:	**Sugar:**		
चुकन्दर (एकल बीज)	Sugarbeet (monogerm)	5-6	8-10
चुकन्दर (बहु बीजीय)	Sugarbeet (multigerm)	10-12	

Contd...

तिलहन फसलः	**Oilseeds:**		
अरंडी	Castor	15-20	15-20
मूंगफली (फैलने वाला)	Groundnut (spreading)	60-80	15-20
मूंफली (गुच्छेदार)	Groundnut (bunchy type)	80-100	15-20
तीसी	Linseed	30-35	10-20
सरसो	Mustard & rape	5-8	15-20
तिल	Sesame	2.5-5.5	20-25
सूर्यमुखी	Sunflower	8-10	20-25
रेशेदार फसल	**Fibre:**		
कपास	Cotton	8-10	3-6
जूट (*कैपसुलारिस*)	Jute (*capsularis*)	4-5	3-4
जूट (*ऑलटारियस*)	Jute (*oiltorius*)	2-3	1-1.5
मेस्टा	Mesta	8-10	0.8-0.9
चारा फसलः	[**Forage**]		
बरसीम	Barseem	25-30	5-7
लुसर्न (छिंट कर बीजाई)	Lucerne (broadcast)	20-25	2-3
लुसर्न (कतारों में बीजाई)	Lucerne (line sown)	12-15	
जई	Oats	75-100	30-35
सब्जीः	**Vegetables:**		
बैंगन	Brinjal	0.4-0.5	0.1-0.12
पत्ता गोभी, गांठ गोभी	Cabbage, Knol khol	0.4-0.5	0.5-0.7
गाजर	Carrot	2.5-3.5	0.5-0.6
फूल गोभी	Cauliflower	0.4-0.5	0.25-0.4
मिर्च	Chilli	1-2	0.5-0.8
खीरा	Cucumber	2-5	0.11-0.13

Contd...

सलाद (प्रतिरोपण)	Lettuce (nursery)	0.5-0.75	0.5-0.6
सलाद (सीधी बीजाई)	Lettuce (direct)	2-2.5	
खरबूज	Muskmelon	3-4	0.2-0.3
प्याज	Onion	8-10	0.8.1.0
भिंडी (खरीफ)	Okra (kharif)	8-10	10-12
भिंडी (वसंत)	Okra (spring)	10-15	
आलू (ट्यूबर)	Potato (tuber)	25-30q	-
मूली	Radish	3.5-6	0.6-0.8
पालक	Spinach	25-30	1-1.5
टिंडा (स्कवाश),	Squash	5-6	0.3-0.5
कोहड़ा	Pumpkin		
टमाटर	Tomato	0.5-0.6	0.1-0.12
तरबूज	Watermelon	2.5-5	0.2-0.5

सारणी 6.8: किसानों के लिये बीज उत्पादन हेतु विभिन्न फसलों की उपयुक्तता का तुल्नात्मक विवरण

विवरण	गेहूँ	धान	मूंगफली	आलू	मक्का	ज्वार	सब्जी वर्गीय
परागण	स्वपरागित	स्वपरागित	स्वपरागित	स्वपरागित	मुक्तपरागित	मुक्तपरागित	विविध परागित
आनुवांशिक अवनति दर	धीमा	धीमा	अत्यन्त धीमा	धीमा	तेज	मध्यम	तेज
गुणन कारक	कम (25)	मध्यम (50)	कम (10)	कम (10)	अधिक (100)	अधिक (100)	विविध
बीज दर/हे0	अधिक	अधिक	अधिक	अधिक	मध्यम	कम	कम
उन्नत प्रभेद	अनेक	अनेक	कुछ	कुछ	अनेक	कुछ	अनेक
विस्थापन सूची (वर्ष)	4+	4	विविध	4+	3+ (1)*	3+ (1)*	1
किसानों के उत्पादन हेतु उपयुक्तता	अधिक	अधिक	अधिक	अधिक	कम–मध्यम	कम	कम

* संकर प्रभेदों के लिये वार्शिक तथा मिश्रित प्रभेदों के लिये प्रत्येक तीन वर्श में एक बार बीज विस्थापन।

Source: Crissman (1989), Cromwell (1990)

सारणी 6.9: विभिन्न फसलों में बीज उत्पादन हेतु प्रमुख शस्य क्रियाए

फसल	वैज्ञानिक नाम / कुल	खेत का चयन	परागण एवं पृथक्करण दूरी	बुवाई का समय	बीज दर, दूरी एवं बीजोपचार (किलो प्रति हेक्टेयर)	अवांछनीय पौधों को निकालना	खाद की मात्रा (किलो प्रति हे0) N:P:K	कटाई एवं भंडारण	उपज	टिप्पणी
1	2	3	4	5	6	7	8	9	10	11
धान्य फसलें										
धान	ओराइजा सेटाइवा वंश ग्रमीनी/पोएसी *Oryza sativa* Family: Graminae/ Poaceae	चयन करते समय ध्यान दे कि खेत में पिछले मौसम में धान की फसल न ली गई हो अन्यथा स्वैच्छिक उगे पौधे से संदूषण (Volunteer plants) की समस्या आ सकती है।	स्वपरागित फसल 4 मी की दूरी FS= 4 मी CS =4 मी	जून–जुलाई	40–50 किग्रा./हे 20 x 10 सेमी. बीजोपचार: थीरम या बैविस्टीन 3 ग्रा. प्रति कि.ग्रा.	2–3 बार (पुष्पन व परिपक्व अवस्था) अवाँछनीय पौधोंको निकाल देना चाहिये।	80 40 25	अच्छी तरह पकने पर कटाई। 10–12 प्र.नमी पर भंडारण।	15–30 कि0/हे0	विषाणु रोगों के रोकथाम क लिए बीजों को गर्म पानी से उपचारित करें जंगली धान के पौधों को उखाड़ दें।
मक्का	जिया मेस ग्रामिनी/पोएसी Zea mays Family: Graminae/ Poaceae	मक्का के सवैच्छिक उगे पौधों व खरपतवारों से रहित हो व जल निकास का उचित प्रबंध हो।	मुक्त परागित FS= 400 मी CS =200 मी	मई के अंतिम सप्ताह से जून अंत तक रबी: दिसम्बर–अक्टूबर वसन्त (गर्मा): फरवरी–मार्च	18 किग्रा./हे. कतार से कतार 75 सेमी पौधे से पौधे– 25 सेमी बीजोपचार: थीरम या कैप्टान 07 ग्रा प्रति किग्रा	दो बार (पुष्पन तथा परिपक्व अवस्था) भिन्न पौधों को निकाला जाता है।	100 60 40	फसल पकने पर 12 प्रनमी पर भंडारण।	20–30 कि0/हे0	खरीफ मक्का के खेतों में जल निकास की व्यवस्था अच्छी होनी चाहिए। 25 किग्रा. $ZnSO_4$ मक्के में Zn की कमी वाले क्षेत्रों में डालें मकचरी (teosinte) एवं tripsacum के पौधों को पुष्पन से पूर्व उखड़ दें।
मडुवा (रागी)	एल्यूसिन वंश: पोएसी *Eleusine Coracana* Family: Poaceae	मडुअे के स्वैच्छिक उगे पौधों एवं खरपतवार रहित होने चाहिए।	स्वपरागित FS 2 मी CS 3 मी	नर्सरी– मध्य जून 3–4 सप्ताह बाद प्रतिरोपण	8–10 किग्रा. कतार की दूरी 15–20 सेमी	दो बार अवाँछनीय पौधों को निकाल देना चाहिए।	40 30 20	पूर्ण रुप से पक जाने पर कटाई करें। 12 प्रतिशत नमी पर भंडारित।	7–12 कि0/हे0	मृदुरोमिल फफूंदी, पौध अंगमारी (seedling blight) कंड एवं ब्लास्ट बीमारी ग्रस्त पौधों को निकालकर नष्ट कर दें।
गुन्दली/कुटकी (Little millet)	पेनिकम मिलारे वंश: पोएसी *Panicum milare* Family:Poaceae	गुन्दली के स्वैच्छिक उगे पौधों एवं खरपतवार रहित होने चाहिए।	स्वपरागित	अंतिम मई से जून के तिसरे सप्ताह तक	8–10 किग्रा. कतार की दूरी 20 सेमी	दो बार अवाँछनीय पौधों को निकाल देना चाहिए।	40 30 20	पूर्ण रुप से पक जाने पर कटाई करें तथा 9 प्रतिशत नमी पर भंडारित करें।	5–7 कि0/हे0	वातारवण तथा मिट्टी की प्रतिकूल स्थितियों में इन्हें उगाया जा सकता है।
गेंहूँ	ट्रिटिकम एस्टिवम वंश: पोएसी *Triticum aestivum* Family: Poaceae	ऐसे खेत का चुनाव करें जिसमें पिछले मौसम गेहूँ न बोया गया हो। खेत की मृदा, उर्वर, दोमट तथा उचित जल निकास वाली होनी चाहिए।	स्वपरागित स्वपरागण FS= 3 मी CS =3 मीं परन्तु अनावृत कंड रोग से बचाव के लिए न्यूनतम 150 मी0 पृथक्करण दूरी होनी चाहिए।	सिंचित: समय से नवंबर माह का प्रथम पखवाड़ा विलम्ब से 25 दिसम्बर तक। असिंचित: अक्टूबर–नवंबर (समय पर बुवाई, असिंचित क्षेत्र में), नवम्बर का दूसरा पखवाड़ा (विलम्ब से बुवाई, असिंचित क्षेत्र)	100 किग्रा./हे. विलम्ब बुवाई के लिये बीज दर में 25 किलो वृद्धि करें। समय से– 22 विलम्ब में– 18–20 बीजोपचार: वीटावेक्स या बैविस्टीन .25 ग्रा प्रति किग्रा.	सभी भिन्न पौधे दूसरी किस्मों, अन्य फसलों व खरपतवारों व ग्रस्त पौधों को निकाल देना चाहिए।	100 50 30	कटाई के समय बीज में नमी की मात्रा 15 प्रतिशत होनी चाहिए। कटाई प्रमाणीकरण रिर्पोट मिलने के बाद शुरु की जाती है।	20–35 कि0/हे0	अनावृत कंड (Loose smut) 150 मी पृथक्करण दोनो श्रेणियों के लिए करनाल बंट म्लानी रोग (Wilt)

Contd...

दलहनी फसलें										
अरहर	कैंजनस कजान वंशः लेग्यूमिनस *Cajanus cajan* Family: Leguminosae	स्वैच्छिक अरहर के पौधों एवं खरपतवार से मुक्त हो/ पिछले वर्ष अरहर खेत में न उगाई गई हो। भूमि दोमट तथा उचित जल निकास वाली हो।	5–30 प्रति0 पर परपरागण FS= 200 मी CS = 100 मी	मध्य जून से मध्य जुलाई	20 किग्रा. 60 X 25 सेमी बीजोपचार: थीरम 25 ग्रा प्रति किग्रा. से उपचार करें।	दो बार (पुष्पन एवं परिपक्व) अवस्था पर पौधों को फूलों के रंग, आकार, पत्तियों, शाखाओं व फलियों के लक्षणों के आधार पर पहचान कर निकालना चाहिए। रोगग्रस्त पौधे को भी निकाल लें।	20 50 20	जब अधिकतर फलियां काली पड़ जायें तब तुड़ाई करें तथा गहाई एवं सफाई के उपरान्त 9 प्र नमी पर भंडारित करें।	12–20 कि0/हे0	खरीफ दलहनी: ये आनुवांशिक रुप से सूखे सहनशील फसल है।
उरद	विगना मुंगो वंशः लेग्यूमिनस *Vigna mungo* Family: Leguminosae	स्वैच्छिक उरद के पौधों एवं खरपतवार से मुक्त हो/ पिछले वर्ष उरद खेत में न उगाई गई हो। भूमि दोमट तथा उचित जल निकास वाली हो।	स्वपरागण FS= 10 मी CS = 5 मी	मध्य जून से मध्य जुलाई विलम्ब से बुवाई मध्य अगस्त तक	30 किग्रा. 30 X 10 सेमी थीरम 25 ग्रा प्रति किग्रा. से उपचार करें।	दो बार अवाँछनीय रोगग्रस्त पौधों को निकाल देना चाहिये।	25 50 25	अच्छी तरह पकने पर कटाई। 9 प्र नमी पर भंडारण।	12–20 कि0/हे0	रबी की दलहनी फसल मिट्टी में शेष नमी (residual moisture) पर ही उगाई जाती है, अतः नमी को संरक्षित (conserve) की व्यवस्था करनी चाहिए। ऐस्कोकाईटा अंगमारी, बोटराईटिस धूसर फफूंदी, फयूजेरियम, स्तंभमूलसंधि विग्लन, म्लानी, मोजेक, अंगमारी ग्रस्त पौधे तथा विषणुग्रस्त पौधों को निकालें तथा बचाव के लिए फफूंदीनाशक दवाईयों जैसे कारवेन्डजिम, थीरम, कैंप्टान द्वारा करें।
मूंग	विग्ना रेडिएटा वंशः लेग्यूमिनस *Vigna radiata* Family: Leguminosae	स्वैच्छिक मूंग के पौधों एवं खरपतवार से मुक्त हो/पिछले वर्ष मूंग खेत में न उगाई गई हो। भूमि दोमट तथा उचित जल निकास वाली हो।	स्वपरागण FS= 10 मी CS = 5 मी	गर्मी– मध्य फरवरी से मध्य मार्च। खरीफ– मध्य जून से मध्य जुलाई।	20 किग्रा. 30 X 10 सेमी थीरम 25 ग्रा प्रति किग्रा. से उपचार करें।		25 40 20	खरीफ मौसम में मूंग के फलियों की तुड़ाई हाथ द्वारा तथा तुरंत गहाई की जाती है।। रबी तथा गरमा की फसलों को काटने तथा सुखाने के बाद गहाई हाथों या मशीनों द्वारा की जाती है तथा 9 प्र नमी पर भंडारित करें।	12–20 कि0/हे0	हैलो ब्लाईट विशाणुग्रसित पौधों को उखाड़ कर नष्ट कर देना चाहिए।
कुलथी	डॉलीकस बाइफ्लोरस वंशः लेग्यूमिनस *Dolichos biflorus*L. Family: Leguminosae	स्वैच्छिक कुलथी के पौधों एवं खरपतवार से मुक्त हो/पिछले वर्ष मूंग खेत में न उगाई गई हो। भूमि दोमट तथा उचित जल निकास वाली हो।	स्वपरागण FS= 10 मी CS = 5 मी	अगस्त	30 किग्रा. 30 X 10 सेमी थीरम 25 ग्रा प्रति किग्रा. से उपचार करें।	दो बार अवाँछनीय पौधों को निकाल देना चाहिये।	25 40 20	अच्छी तरह पकने पर कटाई। 9 प्र नमी पर भंडारण।	12–20 कि0/हे0	विशाणुग्रसित पौधों को उखाड़ कर नष्ट कर देना चाहिए।

Contd...

चना	साइसर उराटिनम वंश: लेग्यूमिनस *Cicer arietinum* Family: Leguminosae	ऐसे खेत जिसमेंपिछले वर्ष चना न लिया गया हो।	स्वपरागण FS= 10 मी CS = 5 मी	मध्य अक्टूबर – मध्य नवम्बर	75 किग्रा. 30 X 10 सेमी बीजोपचार: थीरम 25 ग्रा प्रति किग्रा. से उपचार करें।	भिन्न पौधों तथा रोगग्रस्त पौधों को दो बार (पुष्पण व परिपक्व अवस्था) निकालना चाहिये	20 50 20	फसल निरीक्षण के बाद, जब फलियाँ पीली पड़ जायें व दाने कठोर हो जायें तो फसल को काटकर एक सप्ताह के लिये खेत में ही सूखने दें। इसके बाद डंडों से पीटकर, बैलों की दायं चलाकर अथवा थ्रेशर से गहाई करके बीज निकाल लिये जाते हैं। बीज को धूप में सुखाकर साफ बोरों में भरकर भंडारित करें। भंडार में धूमन करें।	15–25 कि0 / हे0	रोगग्रसित पौधों को उखाड़ कर नष्ट कर देना चाहिए।
मसूर	लेंस एस्कुलेंटा वंश: लेग्यूमिनस *Lens esculenta* Family: Leguminosae	ऐसे खेत का जिसमें पिछले दो मौसमों में मसूर की फसल न ली गई हो।	स्वपरागण FS= 10 मी CS = 5 मी	मध्य अक्टूबर – मध्य नवम्बर	25–30 किग्रा 25 X 10 सेमी बीजोपचार: थीरम 25 ग्रा प्रति किग्रा. से उपचार करें।	भिन्न पौधों तथा रोगग्रस्त पौधों को दो बार (पुष्पण व परिपक्व अवस्था) निकालना चाहिये	25 50 25	जब फलियाँ सूख जाये तो कटाई करके 3–4 दिन धूप में सुखाने के बाद गहाई की जाती है। बीज को उच्छी तरह सुखाकर (8–10 प्रतिशत नमी स्तर तक) भंडारित करें	12–20 कि0 / हे0	
मटर	पाइसम सटाइवम वंश: लेग्यूमिनस *Pisum sativum* Family: Leguminosae			मध्य अक्टूबर – मध्य नवम्बर	75 किग्रा. 30 X 15 सेमी बीजोपचार: थीरम 25 ग्रा प्रति किग्रा. से उपचार करें।		25 50 25	अच्छी तरह पकने पर कटाई। 9 प्र नमी पर भंडारण।	12–20 कि0 / हे0	

नोट: राइजोबियम कल्चर उपचार: सभी दलहनी फसलों की जड़ों में छोटी–छोटी गांठें होती हैं। इनमें राइजोबियम जीवाणु रहते हैं ये जीवाणु हवा से नाइट्रेजन लेकर पौधों को खाद के रुप में प्रदान करते हैं। विधि: दो पैकेट प्रति हे0।

तिलहनी फसलें

मूंगफली	एरेकिस हाइपोजिया वंश: लेग्यूमिनस *Arachis hypogaea* Family: Leguminosae	ऐसा खेत चुनें जिसमें पिछले मौसम में मूँगफली की फसल न ली गई हो। ऐसा खेत भी चुना जा सकता है, जिसमें प्रमाणित बीज से वही किस्म उगायी गई थी। खेत में जल निकास का उचित प्रबंध होना चाहिये।	स्व परागित 3 मी	जून – जुलाई	100–110 किग्रा. गुच्छेदार के लिए 30X 10 से मी. अन्य किस्मोके लिए 30X 10 से.मी. बीजोपचार: कैप्टान, थीरम या बैबिस्टीन 2 ग्रा. प्रति किग्रा.	दो बार (पुष्पन व परिपक्व अवस्था) भिन्न पौधों को फूलों के रंग, आकार, शाखा–विन्यास तथा फालियशें के लक्षण के आधार पर पहचानकर तथा रोगग्रस्त पौधों को निकालना चाहिये।	20 40 20	मूंगफली में कटाई (खुदाई) उचित समय (जब 90–90 प्रतिशत फलियाँ पक जायें) पर पत्तियां पीली पड़ जाती हैं और फलियों के छिलके सख्त व सुनहरी हो जाते हैं। रेतीली भूमियों में पौधों को उखाड़ा जा सकता है, लेकिन भारी मृदाओं में खुदायी की जाती है। खुदाई के बाद फलियों को सुखाकर ठंडी व शुष्क जगह में भंडारित करना चाहिये।	12–18 कि0 / हे0

Contd...

तिल	सिसेमम इंडिकम वंश: लेग्यूमिनस *Sesamum indicum*L. Family: Pedaliaceae	पिछले वर्ष तिल की फसल न ली गई हो।	स्वपरागित FS= 100 मी CS = 50मी	जून–जूलाई	5–6 किग्रा. 30 X 10 सेमी थीरम 3 ग्रा प्रति किग्रा.	दो बार भिन्न पौधों तथा रोगग्रस्त पौधों को निकालें।	30 20 30	जब पौधे पिले पड़ जायें तथा बीज कोष हरे रहें तब फसल को काटें तथा 10–12 के बंडल बनाकर सुखायें, उसके बाद गहाई एवं सफाई के गहाई के पश्चात 9 प्रतिशत नमी पर भंडारित करें।	2–5 क्वि0/हे0	तिल में पाया लानेवाला तेल, इसके बीजmeal तथा oil cake बहुत उच्च कोटि का होता है इसलिए इसे तिलहनी फसलों की रानी से संबोधित किया जाता है। तिल सूखे की स्थिति तथा जलमग्नता से अतिसंदेनशील है।
सरगुजा	ग्यूजाटिया एबीसीनीसिका वंश: लेग्यूमिनस *Guizotia abyssinicica*	स्वैच्छिक नाइजर पौधों एवं खरपतवार से मुक्त हों।	पर परागित फसल FS= 400 मी CS =200 मी	अगस्त – सितम्बर	4–5 किग्रा. 30 X 15 सेमी	दो बार पुष्पन के पहले अति आवश्यक है शाखाओं एवं पत्तियों के आकार तने के रंगएवं पुष्पन का समय के आधार पर भिन्न पौधों को निकालें। कसक्यूटा के पौधों को निकाल लें।	30 20 30	जब फूल झड जायें तब पौधों का काटें तथा गहाई फर्श पर 1 सप्ताह छोड़ने के बाद गहाई करें तथा 9 प्रतिशत नमी पर भंडारण करें।	3–4 क्वि0/हे0	
अरंडी	रिसिनस कम्युनिस वंश: युफेरबीयासीया *Ricinus communis* Family: Eupherbiaceae	ऐसा खेत चुनें, जिसमें पिछले मौसम में अंडी न उगायी गई हो। यद्यपि जिस खेत में वही किस्म प्रमाणित बीज से उगाई गयी थी, उसे चुना जा सकता है। भूमि में जल निकास का उचित प्रबंध हो।	प्रायः परपरागित FS= 300 मी CS =150 मी	जून–जूलाई	12–15 किग्रा. 60 X 30 सेमी	दो बार (पुष्पन व परिपक्व अवस्था पर) भिन्न तथा रोगग्रस्त पौधों को निकाला जाता है।	30 50 25	अंडी की फसल पूरी एक साथ नहीं पकती। अतः 2–3 बार बोडियों की तुड़ाई की जाती है। बोडियों कोअच्छी तरह धूप में सुखाने के बाद डंडों से पीटकर बीज निकाला जाता है। बीजों को 1–2 दिन धूप में सुखाकर (8 प्रतिशत नमी स्तर तक) साफ बोरों में भरकर भंडारित किया जाता है।	10–15 क्वि0/हे	प्राचीनकाल से ही उपयोग में लाया जाने वाला सबसे महत्वपूर्ण अखाद्य तेलहै जिसके औद्योगिक तथा औषधीय गुण हैं। यह रिसीनोल्कि अम्ल (>90%) का सबसे उत्तम तथा एकल श्रोत है। इसका मूसला जड़ काफी विकसित है जो इसे सूखे से सहनशीलता प्रदान करता है। ठंडा का मौसम तथा जनवा (नमी, उर्वरक, कीट) रहित वातावरण में इसमें मादा फूल ज्सदा लगतेहैं तथा तनाव सहित वातावरण में इनमें नर फूल ज्यादा लगने लगते हैं। वर्षाश्रित स्थानों में इसकी अगेति बीजाई करनी चाहिए। (Dodder) कसक्यूटा को अपवांछित करें निवोदभिद/बीजांकुर चरण में नमी की कमी सबसे अधिक प्रभावित करती है।

Contd...

कुसुम	कार्थमस टिंटोरियस वंशः अस्टेरासिया *Carthamus tintorius* Family: Asteraceae	स्वैच्छिक कुसुम के पौधों एवं खरपतवार से मुक्त हो।	स्व एवं पर परागित FS= 400 मी CS =200 मी	मध्य अक्टूबर – मध्य नवम्बर	15–20 किग्रा. 25 X 30 सेमी बीजोपचारः थीरम 25 ग्रा प्रति किग्रा.	भिन्न पौधों तथा रोगग्रस्त पौधों को दो बार निकालना चाहिये।	25 50 25	जब बीज शीरे सूख जाएं तथा शीरे के धंसने पर बीज आसानी से निकल जाए परिपक्व पौधों को उखाड़कर सूखने के बाद 9 प्र.नमी पर भंडारण करें।	4–5 वि./हे.	अनिश्चित/विपथगामन मौसम की स्थिति जैसे देर से हुई वर्षा या ज्यादा दिनों की वर्षा वाले स्थानों में इसे गेहूँ, चना, धनिया, तीसी, तोरी/राई की जगह पर आसानी से ले सकते हैं। जंगली कुसुम आपत्तिजनक खरपतवार के पौधों को निकाल दें।
अलसी	लीनम युसीटाटीसीमम वंशः लेग्यूमिनस *Linum usitatissimum*	जिसमें पिछले मौसम में तीसी न उगाई गई हो।	FS= 10 मी CS = 5 मी	मध्य अक्टूबर – नवम्बर प्रथम सप्ताह	20–25 किग्रा. कतार की दूरी 30 सेमी बीजोपचारः थीरम 25 ग्रा प्रति किग्रा.	भिन्न पौधों तथा रोगग्रस्त पौधों को दो बार निकालना चाहिये	20 30 20	जब पौधों की पत्तियांझड़ जाये तब कटाई के उपरान्त 9 प्र. नमी पर भंडारण।	4–7 वि./हे.	प्राचीनकाल से इसका उपयोग रेशा तथ जल्द सूखने वाला तेल के रूप में होता आया है। लिनोलेनिक अम्ल का उच्चतम श्रोत है। तना के वढ़ाव के चरण में नमी की कमी से अच्छे बीज उपज की प्राप्ति होती है तथा इसका विपरित असर रेशे की उपज पर पड़ता है।
तोरी/ राई	ब्रासिका कैम्पेस्ट्रिस वंशः क्रुसीफेरा Rapeseed: *Brassica compestris var.* yellow sarson Mustard: *B. juncea* Family: Cruciferae	पिछले मौसम में सरसों न उगाई गई हो।	FS= 100 मी CS = 50 मी	20 जून से 10 अक्तूबर	4–5 किग्रा. 30 X 10 सेमी बीजोपचारः थीरम 25 ग्रा प्रति किग्रा.	भिन्न पौधों तथा रोगग्रस्त पौधों को दो बार निकालना चाहिये तथा खेत से सत्यनाशी (*argemone maxican*) खरपतवार को अवश्य निकालें	20 30 20	जब पौधे पीले पड़ जाये तथा फलियों के छिलकेसख्त एवं सुनहरे हो जायें तब कटाई करें तथा 8 प्र नमी पर भंडारण।	5–8 वि./हे.	समान एसपीवी. की अन्य किस्मों/समान किस्मों से पृथक्करण, किस्म शुद्धता मानकों की पुष्टी नहीं करती है। मूल बीज 50 (अपने आप में संगत) प्रमाणित बीज 25 (अपने आप में असंगत)। राकेट सलाद और अन्य एस पीपी. वरासिका वंश 100, 50 (अपने आप में असंगत)
सब्जी वर्गीय फसल										
टमाटर	लाइकोपर्सिकान एस्कुलेंटम वंशः सोलानासीया *Lycopersicon lycopersicum* Family: Solanaceae	टमाटर के स्वैच्छिक उगे पौधों से मुक्त	स्वपरागित FS 50 CS 25	अक्टूबर के दूसरे पखवाड़े और जनवरी के अंतिम सप्ताह से 15 फरवरी तक	500 ग्रा/हे 45 X 45 सेमी बीजोपचारः थीरम 3 ग्रा प्रति किग्रा.	3 बार पुष्पन से पूर्व, पुष्पन एवं फलन अवस्था में	100 60 60	जब फल पूरी तरह पक जाए तग तोड़ें, फलों को कुचलकर किण्वन होने दें। अगले दिन इन्हें पानी में डाला जाता है जिससे बीज नीचे बैठ जाते हैं और गूदा एवं पानी को निकालकर बीज एतत्र कर लें। बीजों को ट्रे में फैलाकर सुखा लें तथा 8 प्रतिशत नमी स्तर पर भंडारित करें।	1–1.5 वि./हे.	बीमारीः अगेति अंगमारी, पर्ण चित्ती व मोजेक (टीएमवी) से ग्रसित पौधोंको निकाल दें।

Contd...

बैंगन	सोलेनम मेलान्जेना वंशः सोलानासीया *Solonum melongena* Family: Solanaceae	बैंगन के स्वैच्छिक उगे पौधों से मुक्त	परपरागण FS 200 CS 100	जून–जुलाई, अक्टूबर–नवम्बर	375–500 ग्रा./हे 75 X 60 सेमी	3 बार (पुष्पन से पूर्व, पुष्पन व फलन) अवस्था में, भिन्न पौधों तथा रोगग्रस्त पौधों को निकालना चाहिए।	100 60 40	फल पूरी तरह पक जाने पर तोड़ लिये जाते हैं और फल को लंबाई में काटकर व मसलकर बीज अलग कर लिये जाते हैं। पानी में डालने पर बीज नीचे बैठ जाते हैं, बीजों को 8 प्रतिशत नमी स्तर तक सुखाकर साफ थैलों में भरकर भंडारित किया जाता है।	1–2 वि./हे.	बीमारीः फोमोपसिस ब्लाइट से ग्रसित पौधों को निकाल दें।
लाल मिर्च	कैपसिकम एनम वंशः सोलानासीया *Capsicum annum* Family: Solanaceae	लाल मिर्च के स्वैच्छिक उगे पौधों से मुक्त	पर परागण FS 400 CS 200	जून–जुलाई, फरवरी–मार्च	1–1.5 कि.ग्रा./हे 60 X 45 सेमी बीजोपचारः 2.5 ग्राम एग्रोसन जीएन प्रति कि.ग्रा. बीज	2–3 बार निकाई–गुड़ाई करके खरपतवार निकाले जाते हैं और पौधों पर मिट्टी चढ़यी जाती है।	80 40 40	जब फूल पूरी तरह से सूख जाते है तो उन्हें तोड़ लिा जाता है तब बीज निकाल कर बीजों को सूखा कर 10 प्रति0 नमी पर भंडारित करें।	1–2 वि./हे.	बीमारीः पर्ण अंगमारी एवं एन्थरेकनोज से ग्रसित पौधों को निकाल दें।
भिंडी	हीबसीकस स्कुलेंटस वंशः मालवासीया *Hibsicus esculentus*L. Family Malvaceae	जिनमे पिछले मौसम में भिंडी न उगाई गई हो।	प्रायः पर परागण FS 400 CS 200	फरवरी–जुलाई	गर्मी 8–10 किग्रा./हे खरीफ 10–15 किग्रा./ हे दूरीः 60X45 सेमी (गर्मी) 45X30 सेमी (खरीफ)	3 बार (पुष्पन से पूर्व, पुष्पन व फलन) अवस्था में, भिन्न पौधों तथा रोगग्रस्त पौधोंको निकालें चाहिए।	60 30 30	जब फल पूरी तरह सूख जाते हैं तो उन्हें तोड़ लिया जाता है। इसके बाद बीज निकाल लिये जाते हैं। बीजों को सुखाकर (10 प्रतिशत नमी अंश तक) भंडारित किया जाता है।	6–8 वि./हे.	जंगली भिंडी, ए मनीहॉट, ए मॉस्काट्स से पृथक्करण होना चाहिए। ये आपत्तिजनक खरपतवार भी हैं। YVMVरोगग्रस्त पौधों को निकालें।
फांस बीन	फासेडस वालगारिस वंशः लेग्यूमिनोसिया *Phasedus vulgaris* Family: Leguminocea e	जिनमे पिछले मौसम में फांस बीन न उगाई गई हो।	स्वपरागण FS 10 मी CS 5 मी	जनवरी–फरवरी अगस्त–सितम्बर	25–30 किग्रा./हे (लत्तीदार) 85–90 किग्रा./हे (झाड़ीदार) दूरीः 45X30 सेमी बीजोपचारः 2.5 ग्राम /किग्रा. बीज	3 बार (पुष्पन से पूर्व, पुष्पन व फलन) अवस्था में, भिन्न पौधों तथा रोगग्रस्त पौधों को निकालें चाहिए।	25 50 25	जब ज्यादातर फलियां पूर्णरूप से परिपक्व हो जाए तथा अन्य पीली पड़ जायें तब हाथ से तुड़ाई करें। एक सप्ताह खेत में छोड़ने के बाद गहाई करें तथा 9 प्रति0 नमी स्तर तक सूखाकर भंडारित करें।	10–12 वि./हे.	बीमारीः जीवाणुज अंगमारी, एस्कोकाइटा अंगमारी एवं बीन मोजेक इत्यादि से प्रभावित पौधों को निकाल दें।
सेम	लबलैब परपेरस वंशः लेग्यूमिनोसिया *Lablab purpureus* Dolichos lablab	जिनमे पिछले मौसम में सेम न उगाई गई हो।	स्वपरागण FS 10 मी CS 5 मी	जुलाई–अगस्त	12–15 किग्रा./हे दूरीः 1 मी x 30 सेमी बीजोपचारः 2.5 ग्राम /किग्रा. बीज	2–3 बार (बुवाई के 30–35 दिन बाद, पुष्पन व परिपक्व अवस्था) भिन्न व रोगग्रस्त पौधों को निकाला जाता है।	20 50 20	पकने पर फसल काटी जाती है और 3–4 दिन सूखने के लिये खेत में ही छोड़ दी जाती है। इसके बाद निकालकर इन्हें सुखाया जाता है और साफ बोरों में भरकर भंडारित किया जाता है। बीज को यांत्रिक मिश्रण तथा यांत्रिक क्षति से बचाना चाहिये।	8–10 वि./हे.	बीमारीः जीवाणुज अंगमारी, एस्कोकाइटा अंगमारी एवं बीन मोजेक इत्यादि से प्रभावित पौधों को निकाल दें।

Contd...

लोबिया	विग्ना साइनेंसिस वंशः लेग्यूमिनोसि *Vigna sinensis* Family: Leguminoceae	जिनमे पिछले मौसम में लोबिया न उगाई गई हो।	स्वपरागण FS 10 मी CS 5 मी	जून–जुलाई	20–25 किग्रा /हे देरीः 50 X 15 सेमी वीजोपचारः 2.5 ग्राम /किग्रा बीज	फसल से 2–3 बारः भिन्न व रोगग्रस्त पौधों को निकाला जाता है।	20 50 40	जब 2/3 फलियां भूरी हो जायें तो फसल की कटाई की जाती है। इसके बाद अच्छी तरह सुखाकर डंडों से पीटकर बीज निकाल लें। बीजो को सुखाकर (9 प्रति0 नमी स्तर तक) भंडारित करें।	8–10 वि./हे.	बीमारीः एन्थरकनोज स्फोकाइटा अंगमारी, लोबिया मोजेक इत्यादि से प्रभावित पौधो को निकाल दें।
खीरा	क्युकमीस स्टाइवस वंशः कुकुरबीटेसि *Cucumis sativus* Family: Cucurbitaceae	स्वैच्छिक उगे पौधों से मुक्त हो तथा बलुई दोमट उपयुक्त भूमि उपयुक्त है।	पर परागण FS 1000 मी CS 500 मी	जनवरी–फरवरी एवं जून–जुलाई	2–3 किग्रा./हे दूरीः 15 मी चौड़ी उठी क्यारियों में दोनों ओर 0.5–0.75 मी दूर थालों में। 3–4 बीज प्रति थालों में	3 बारः भिन्न पौधों को परागण से पहले तथा शेष फल पकने से पहले निकाल देना चाहिए। साथ ही रोगग्रस्त एवं खरपतवारों को भी निकाल लें।	60 80 60	फलन को पूर्ण तथ्र पकने व सूखने के बाद तोड़ें तथा उन्हें काटकर बीज निकाल लें। पके फलों से गूदा निकालने के लिए किण्वन विधि अपनाई जाती है। बीजों को सुखाकर 8 प्रति0 नमी स्तर पर भंडारित करें।	2–4 वि./हे.	कुकुमिस हार्डविकिआई रॉयल

नोटः कुष्माण्ड कुल के उभय लिंगीय पौधों में लिंग अभिव्यक्तता और अनुपात एक रोचक स्थान रखता है। यद्यपि यह गुण जातीय विशेष्ता पर निर्भर करता है परन्तु इस पर वातारण का भी विशेष प्रभाव पडता है। खेत में उर्वरक की कमी, अधिक तापमान अथवा अधिक प्रकाश की अवधिवाले दिन पौधों में नर फूल बढ़ाने में सहायक होते हैं। पौधों पर कुछ दवाओं के छिड़काव से उनके फूलों में लिंगीय अनुपात को बदला जा सकता है। दो अथवा चार पंक्तियों वाले पौधों पर 10–15 पी.पी.एम. जिब्रैलिक एसिड या 30 पी.पी.एम. इथरेल या 100 पी.पी.एम. मैलिक हाईड्राजाईड या बोरोन अथवा मोलिब्डेनम आदि के छिड़काव से नर फूलों की अपेक्षा मादा फूलों को प्रात्साहन मिलता है।

ककड़ी	कुकुमीस मेलो *Cucumis melo var. utilissimus* Family: Cucurbitaceae	स्वैच्छिक उगे पौधों से मुक्त हो तथा बलुई दोमट उपयुक्त भूमि उपयुक्त है।	पर परागण FS 1000 मी CS 500 मी	जनवरी–फरवरी एवं जून–जुलाई	2–3 किग्रा./हे दूरीः 15 मी चौडी उठी क्यारियों में दोनों ओर 0.5–0.75 मी दूर थालों में। 3–4 बीज प्रति थालों में बीजोपचारः 2.5 ग्राम /किग्रा बीज	3 बार भिन्न पौधों को परागण से पहले तथा शेष फल पकने से पहले निकाल देना चाहिए। साथ ही रोगग्रस्त एवं खरपतवारों को भी निकाल लें।	60 80 60	फलन को पूर्ण तथा पकने व सूखने के वाद तोड़ें तथा उन्हें काटकर बीज निकाल लें। पके फलों से गूदा निकालने के लिए किण्वन विधि अपनाई जाती है। बीजों को सुखाकर 8 प्रति0 नमी स्तर पर भंडारित करें।	2–3 वि./हे.	कुकुमिस मीलो एवं कुकुमिस और कुकुमिस मीलों की नॉन डेजर्ट किस्में।
खरबूजा	कुकुमीस मेलो *Cucumis melo* Family: Cucurbitaceae	स्वैच्छिक उगे पौधों से मुक्त हो तथा बलुई दोमट उपयुक्त भूमि उपयुक्त है।	पर परागण FS 1000 मी CS 500 मी	मध्य फरवरी जून–जुलाई	1–1.25 मी चौड़ी क्यारियों के दोनों ओर 0.5 मी दूरी पर थाला में। बीजोपचारः 2.5 ग्राम /किग्रा बीज	3 बार भिन्न पौधों को परागण से पहले तथा शेष फल पकने से पहले निकाल देना चाहिए। साथ ही रोगग्रस्त एवं खरपतवारों को भी निकाल लें।	60 80 60	पके फलों के डंठल और तने के बीज हल्की दरार पड़ने लगती है जो पकने की क्रिया के समाथ बढ़ती जाती है अर्थात पके फल सुगमता से टूट जाते हैं। फलों को दो समान भागों में काटकर बीज एवं गूदा निकालकर एकत्र कर लेते हैं। गूदा निकालने के लिए किण्वन विधि अपनाई जाती है। बीजों को सुखाकर 8 प्रति0 नमी स्तर पर भंडारित करें।	2–3 वि./हे.	आपत्तिजनक खरपतवार– कुकुमिस प्रोफिटेरियम, सी मीलो और अन्य नॉन–डेजर्ट प्रकार की बीज जनित बीमारी–खीरे का विषाणुरोग से ग्रसित पौधों को निकाल दें।

Contd...

तरवूज	सिट्रूल्स वुल्गेरीस *Citrullus vulgaris* Family: Cucurbitaceae	स्वैच्छिक उगे पौधों से मुक्त हो तथा बलुई दोमट उपयुक्त भूमि उपयुक्त है।	पर परागण FS 1000 मी CS 500 मी	दिसम्बर–जनवरी एवं जून–जुलाई	4–5 किग्रा./हे बीजोपचारः	3 बार भिन्न पौधों को परागण से पहले तथा शेष फल पकने से पहले निकाल देन चाहिए। साथ ही रोगग्रस्त एवं खरपतवारों को भी निकाल लें।	60 80 60	पके तरबूज के गूदे को मसल कर छानने से बीज अलग हो जाते है। इन्हें छानते समय पर्याप्त पानी से धो लें तथा तुरन्त सूख लें।	3–5 वि./हे.	पाले से बचाव के लिए नाली की उत्तर पश्चिम दशा में सूखी घास लगा दी जाती है या फिर बीज पहले पोलीथीन के थैलों में गोवर की खाद एवं मिट्टी का मिश्रण भरकर की जाती है, जिन्हें पाले से बचाया जाता है। बाद में नियत स्थान पर रोप दिये जाते हैं। सीधी बुवाई 3–4 मी.चौड़ी क्यारियों के दोनो ओर 1 मी दूरी पर बने थालों में की जाती है। क्यारियों के बीच 60 सेमी चौड़ी व 20 सेमी गहरी सिंचाई की नाली बनाई जाती है।
पेठा कद्दू	कुकुरविटा मोस्चटा *Cucurbita moschata*	स्वैच्छिक उगे पौधों से मुक्त हो तथा बलुई दोमट उपयुक्त भूमि उपयुक्त है।	पर परागण FS 1000 मी CS 500 मी	फरवरी–मार्च एवं जून–जुलाई	5 किग्रा./हे 1.5 मी दूरी पर बनी थालों में बीजोपचारः	3 बार भिन्न पौधों को परागण से पहले तथा शेष फल पकने से पहले निकाल देना चाहिए। साथ ही रोगग्रस्त एवं खरपतवारों को भी निकाल लें।	60 80 60	फलन को पूर्ण तथा पकने व सूखने के बाद तोड़ें तथा उन्हें काटकर बीज निकाल लें। पके फलों से गूदा निकालने के लिए किण्वन विधि अपनाई जाती है। बीजों को सुखाकर 8 प्रति0 नमी स्तर पर भंडारित करें।	3–5 वि./हे.	आपत्तिजनक खरपतवार कोई नहीं, पृथक्करण वांछनिय।
लौकी	लेगिनेरीया साइसिरेरिया *Lagenaria siceraria*	स्वैच्छिक उगे पौधों से मुक्त हो तथा बलुई दोमट उपयुक्त भूमि उपयुक्त है।	पर परागण FS 1000 मी CS 500 मी	फरवरी–मार्च एवं जून–जुलाई	5 किग्रा. उठी हुई क्यारियों में 1 2 मी दूरी पर वने थालों में	3 बार भिन्न पौधों को परागण से पहले तथा शेष फल पकने से पहले निकाल देना चाहिए। साथ ही रोगग्रस्त एवं खरपतवारों को भी निकाल लें।	60 80 60	फलन को पूर्ण तथा पकने व सूखने के बाद तोड़ें तथा उन्हें काटकर बीज निकाल लें। पके फलों से गूदा निकालने के लिए किण्वन विधि अपनाई जाती है। वीजों को सुखाकर 8 प्रति0 नमी स्तर पर भंडारित करें।	5–6 वि./हे.	आपत्तिजनक खरपतवार कोई नहीं, पृथक्करण वांछनिय।
तुरई (नसदार एवं चिकनी)	लुफा एक्यूटेंगयूला *Luffaacy-tangula L. aflindrica*	स्वैच्छिक उगे पौधों से मुक्त हो तथा बलुई दोमट उपयुक्त भूमि उपयुक्त है।	पर परागण FS 1000 मी CS 500 मी	फरवरी–मार्च एवं जून–जुलाई	3–4 किग्रा. उठी हुई क्यारियों में 1.5 X 0.75 मी दूरी पर बने थालों में	3 बार भिन्न पौधों को परागण से पहले तथा शेष फल पकने से पहले निकाल देना चाहिए। साथ ही रोगग्रस्त एवं खरपतवारों को भी निकाल लें।	60 80 60	फलन को पूर्ण तथा पकने व सूखने के बाद तोड़ें तथा उन्हें काटकर बीज निकाल लें। पके फलों से गूदा निकालने के लिए किण्वन विधि अपनाई जाती है। बीजों को सुखाकर 8 प्रति0 नमी स्तर पर भंडारित करें।	3–4 वि./हे.	नसदार एवं चिकनी तोरी में भी एक दूसरे पृथक्कारण होना चाहिए।

Contd...

परवल	ट्राईकोसेन्थीस डाइओइका *Trichosanthes dioica*	स्वैच्छिक उगे पौधों से मुक्त हो तथा बलुई दोमट उपयुक्त भूमि उपयुक्त है।	पर परागण FS 1000 मी CS 500 मी	जनवरी–मार्च	3–4 किग्रा उठी हुई क्यारियों में 1.5 X 0.75 मी दूरी पर बने थालों में	3 बार भिन्न पौधों को परागण से पहले तथा शेष फल पकने से पहले निकाल देना चाहिए। साथ ही रोगग्रस्त एवं खरपतवारों को भी निकाल लें।	60 80 60	फलन को पूर्ण तथा पकने व सूखने के बाद तोड़ें तथा उन्हें काटकर बीज निकाल लें। पके फलों से गूदा निकालने के लिए किण्वन विधि अपनाई जाती है। बीजों को सुखाकर 8 प्रतिशत नमी स्तर पर भंडारित करें।	3–4 वि./हे	बीज से उत्पन्न अधिकतर वेलें फल नहीं देती है। अतः टहनियों की कटिंग लगाना चाहिए। कटिंग सिंचाई की सुविधा होने पर मार्च–अप्रैल अन्यथा वर्षा शुरु होने पर जुलाई में 2 मी दूर, 30 सेमी गहरी नालियों में लगायें। बेला को चढ़ाने के लिए बाड़ लगाए। नर एवं मादा फूल अलग–बलग बेलों पर आते हैं। अतः 10 मादा कटिंग के पीछे एक नर बेल की कटिंग रखी जाती है। बेलें सर्दियों में मर जाती हैं और फरवरी में फिर फूट आती हैं।
टिंडा	सिट्रूल्स बूल्गेरिस var. किस्टूलीसस *Citrullus vulgaris var. fistulosus*	स्वैच्छिक उगे पौधों से मुक्त हो तथा बलुई दोमट उपयुक्त भूमि उपयुक्त है।	पर परागण FS 1000 मी CS 500 मी	15 फरवरी–अप्रैल तथा 15 जून से जुलाई	4–5 किग्रा./हे. 1.25–1.5 मी चौड़ी क्यारियों के दोनों किनारों पर थालों में। थालों में 3–4 बीज बोए जाते हैं। बाद में द्विस्वस्थ पौधे रखे जाते हैं।	3 बार भिन्न पौधों को परागण से पहले तथा शेष फल पकने से पहले निकाल देना चाहिए। साथ ही रोगग्रस्त एवं खरपतवारों को भी निकाल लें।	60 80 60	फलन को पूर्ण तथा पकने व सूखने के बाद तोड़ें तथा उन्हें काटकर बीज निकाल लेंपके फलों से गूदा निकालने के लिए किण्वन विधि अपनाई जाती है। बीजों को सुखाकर 8 प्रति0 नमी स्तर पर भंडारित करें।	3–4 वि./हे	आपत्तिजनक खरपतवार कोई नहीं, पृथक्करण वांछनिय।
चिचिंडा	ट्राईकोसेन्थीस ऐनगूआईना *Trichosanthes anguina*	स्वैच्छिक उगे पौधों से मुक्त हो तथा बलुई दोमट उपयुक्त भूमि उपयुक्त है।	पर परागण FS 1000 मी CS 500 मी	अप्रैल–जुलाई	4–5 किग्रा 1.0 मी चौड़ी उठी हुई क्यारियों के दोनो ओर	3 बार भिन्न पौधों को परागण से पहले तथा शेष फल पकने से पहले निकाल देना चाहिए। साथ ही रोगग्रस्त एवं खरपतवारों कोभी निकाल लें।	60 80 60	फलन को पूर्ण तथा पकने व सूखने के बाद तोड़ें तथा उन्हें काटकर बीज निकाल लें। पके फलों से गूदा निकालने के लिए किण्वन विधि अपनाई जाती है। बीजों को सुखाकर 8 प्रतिशत नमी स्तर पर भंडारित करें।	3–5 वि./हे	ट्रिकोसेंथेस पालमाटा, टी लोवाटा, टी कुकुमेरीना एवं जंगली चिचिंडा इत्यादि पौधों को निकाल देना चाहिए।
करेला	मीमोरडिका चेरेंसिया *Momordica charantia*	स्वैच्छिक उगे पौधों से मुक्त हो तथा बलुई दोमट उपयुक्त भूमि उपयुक्त है।	पर परागण FS 1000 मी CS 500 मी	फरवरी–मार्च एवं जून–जुलाई	5–6 किग्रा 1.0 मी चौड़ी उठी हुई क्यारियों के दोनो ओर	3 बार भिन्न पौधों को परागण से पहले तथा शेष फल पकने से पहले निकाल देना चाहिए। साथ ही रोगग्रस्त एवं खरपतवारों को भी निकाल लें।	60 80 60	फलन को पूर्ण तथा पकने व सूखने के बाद तोड़ें तथा उन्हें काटकर बीज निकाल लें। पके फलों से गूदा निकालने के लिए किण्वन विधि अपनाई जाती है। बीजों को सुखाकर 8 प्रतिशत नमी स्तर पर भंडारित करें।	3–5 वि./हे	बालसम एपल (मोखा), भट करेला (करोल) व जंगली करेला।

Contd...

प्याज	ऐलियम सेपा *Allium cepa* Family: Liliaceae	जहां पिछले मौसम में प्याज न उगाई गई हो। भूमि बलुई दोमट हो।	पर परागित FS 1000 मी CS 500 मी	अगस्त में बुवाई	8–10 किग्रा./हे	वृद्धि की प्रत्येक अवस्था में भिन्न एवं खरपतवारों को निकालें।	250 Q. FYM 60 40 25	जब पहले निर्मित बीज शीर्षों में बीज काले पड़ जाएं और झड़ने लगें तो बीज शीर्ष को काटकर तिरपाल पर सुखा लें फिर शीर्ष को रगड़कर बीजों को निकाल लें और 8 प्रतिशत नमी स्तर पर सुखाकर वायुरोधी पात्रों अथवा शीतगृहों में भंडाररित करें।	5–6 वि/हे	प्याज एक द्विवर्षी फसल है, बीज उत्पादन में दो मौसम लगते हैं। और मौसम में कंद बनते हैं और दूसरे मौसम में बीजवृंत निकलते हैं जिन पर बीज बनते हैं। बीज से बीज उत्पादन में प्याज की फसल पूरे जाड़े खड़ी रखी जाती है और जाड़े बीतने पर इनमें बीज वृंत निकलते हैं। पौध को दिसम्बर में रोपा जाता है।
पालक	बिटा वूल्गेरिस *Beta vulgaris* Family: Chinopodiaceae	जिसमें पिछले वर्ष पालक न उगायचा गया हो।	पर परागित FS 1600 मी CS 1000 मी	अक्टूबर–नवम्बर	25–30 क्वि/हे दो या तीन बार पालक की कटाई के बाद उसे छोड़ सकते हैं, किन्तु फसल की प्रत्येक कटाई की आपूर्ति 20 क्रिग्रा/हे N खाद से करना उचित होगा।	2–3 बार भिन्न तथा रोगग्रस्त पौधों तथा खरपतवारों (विशेशकर बथुआ) को निकालने चाहिए। जिन पौधों में जल्दी बीज वृन्त निकले उन्हें भी निकाल देना चाहिये।	50 T FYM 50 50 10	जब अधिकांश पौधो पीले पड़ जायें तथा अधिकतर बीज सख्त हो जाएं तो कटाई करें। अच्छी तरह सुखाने के बाद बीज निकालकर बीजों को फिर सुखाने के बाद भंडारित करें।	5–6 वि/हे	सिवत चार्ड, बीटा वुलगारिस किस्म सिकल मॉकख चुकन्दर, गार्डन बीट से भी पृथक्करण होना चाहिए।
मूली	रेफेनस स्टांइवस *Raphanus sativus* Family: Brassicaceae	जिसमें पिछले दो वर्षों से मूली न उगाई गई हो। भूमि उर्वर, बलुई दोमट हो।	पर परागित FS 1600 मी CS 1000 मी	एक वर्षीय जातियों का बीजोत्पादन अगस्त–सितम्बर	8–10 किग्रा./हे दूरी 45 सेमी मेड़ों पर	फसल की विभिन्न अवस्थाओं में भिन्न तथा रोगग्रस्त पौधों को निकाला जाता है।	25 T FYM 23 30 30	जब पौधे पीले पड़ने लगे और फलियां भूरी हो जाए तब कटाई करें। पौधों को तिरपाल पर सुखाकर बीज निकाल लें। बीजों को सुखाकर भंडारित करें।	7–8 वि/हे	ब्लैक लैग व बलैक रॉट से ग्रसित पौधों को निकाल दें। जड़ से बीज बिधि में जब जड़ें पूर्ण विकसित हो जाय तो उन्हें उखाड़कर और छांटकर तैयार खेत में पुनः रोपा जाता है। रोपाई के पूर्व जड़ को नीचे का 1/4 भाग तथा पत्तियों के ऊपर का 1/3 भाग काट दिया जाता है। रोपाई के बाद सिंचाई करें।
मसाला वर्गीय फसल										
धनिया	कोरीएन्डर्रम स्टाईवकम *Coriandrum sativcum* Family: Umbelliferae/ spiaceae	स्वैच्छि पौधों एवं खरपतवार से दूर हो।	पर परागित	15 अक्टूबर–15 नवम्बर	10–15 किग्रा./हे दूरी: 30X10 सेमी 15X20 सेमी. (असिंचित) बीजोपचारः बोने से पूर्व बीज को दो भागों में विभाजित करे। .0 ग्राम/लीटर थीरम से उपचारितकरें	2–3 बार भिन्न पौधों एवं खरपतवारों को निकाल लें।	25 T FYM 23 30 30	जब मुख्य छत्रकों पर दाने हरे से हल्के पीले पड़ने लगे तो पौधों की कटाई करें। तिरपाल पर 2–3 दिन छाया में सुखाने के बाद हाथों से घीसकर बीजों को अलग स्तर पर सुखा कर भंडारित करें।	4.5–6.0कि ग्रा./हे (असिंचित) 12–15 क्वि0/हे (सिंचित)	

Contd...

जीरा	क्यूमिनम साईमीनम *Cuminum cyminum* Family: Apiaceae	स्वैच्छि पौधों एवं खरपतवार से दूर हो।	पर परागित	अक्टूबर अंतिम सप्ताह–मध्य नवम्बर	12–15 किग्रा/हे देरी 25X10 सेमी.	2–3 बार भिन्न पौधों एवं खरपतवारों को निकाल लें।	10–15 T FYM 30 20 20	जब पौधे पीले एवं भूरे हो जाए पौधों को हाथ से उखाड़कर सुबह में रख लिया जाता है तथा अच्छी तरह सूखा कर डंडों से पिटकर बीज को अलग कर लेते हैं तथा सुखाने के बाद बोरियों में भंडारित करते हैं।	8–10 किग्रा. /हे.	जीरे का पाले से बचाव: पाले के बचाने के लिए पाला पड़ने की संभावना होने पर फसल की सिंचाई कर दें तथा मध्या रात्रि में खेत में धुँआ करने से फसल पाले से बजाए जा सकते हैं।
सौफ	फोईकूनम वूल्गेर *Foeniculum vulgare Mill* Family: Apiaceae	स्वैच्छि पौधों एवं खरपतवार से दूर हो। रेतीली भूमि छोड़कर सभी तरह की मिट्टी में		अक्टूबर का प्रथम सप्ताह पाले से बचाव: पाले के बचाने के लिए पाला पड़ने की संभावना होने पर फसल की सिंचाई कर दें तथा मध्या रात्रि में खेत में धुँआ करने से फसल पाले से बजाए जा सकते हैं।	8–10 किग्रा/हे दूरी 50X20 सेमी.	2–3 बार भिन्न पौधों एवं खरपतवारों को निकाल लें।	15 T FYM 90 40 30	जब पौधे पीले एवं भूरे हो जाए पौधें को हाथ से उखाड़कर सुबह में रख लिया जाता है तथा अच्छी तरह सूखाकर डंडे से पीटकर बीज को अलग कर लेते हैं तथा सुखने के बाद बोरियो में भंडारित करते हैं।	15–20 क्वि0/हे	
मेथी	ट्राईगोनेला फोईनमग्रकम *Trigonella foenumgra-ecum* L. Family: Leguminoceae	स्वैच्छि पौधों एवं खरपतवार से दूर हो। रेतीली भूमि छोड़कर सभी तरह की मिट्टी में। कार्बनिक पदार्थ युक्त भूमि हो।	स्वपरागित	अक्टूबर–नवम्बर	20 किग्रा/हे. दूरी 25X10 सेमी. कसूरी मेथी 10 किग्रा/हे	2–3 बार भिन्न पौधों एवं खरपतवारों को निकाल लें।	15 T FYM 25 20 20	जब फसल पीले पड़ने लगे तथा अधिकांश पत्तियां उपरी को छोड़कर गिर जाए तो फसल की कटाई करें। छोटी पूलिया बनाकर गहाई फर्श पर सुखने देने के बाद डंडों से पीटकर दानों को अलग करें तथा बोरियों में भंडारित करें।	10–15 क्वि0/हे कसूरी मेथी 6–8 क्वि0/हे	
अजवायन	ट्राईस्पर्मम एमी *Trachy-spermum ammi* L. Family: Apiaceae	स्वैच्छि पौधों एवं खरपतवार से दूर हो। रेतीली भूमि छोड़कर सभी तरह की मिट्टी में। कार्बनिक पदार्थ युक्त भूमि हो।	पर परागित	अगस्त (असिंचित) सितम्बर–अक्टूबर (सिंचित)	4 किग्रा./हे. दूरी 45 सेमी. देरी कतारों में। 2.5 किग्रा./हे. दूरी 20 सेमी	2–3 बार भिन्न पौधों एवं खरपतवारों को निकाल लें।	10 T FYM 40 20 20	जब पौधे पीले एवं भूरे हो जाए पौधो को हाथ से उखाड़कर सुबह में रख लिया जाता है तथा अच्छी तरह सूखा कर उंडों से पिटकर बीज को अलग कर लेते हैं तथा सुखाने के बाद बोरियों में भंडारित करते हैं।	10–15 क्वि/हे (सिंचित) 6–8 क्वि0/हे (असिंचित)	

Contd...

हल्दी	कूर्कुमा डोमिस्टीका *Curcuma domestica* L. Family जिन्जीवरेसी Zingeberecea	स्वैच्छि पौधों एवं खरपतवार से दूर हो। रेतीली भूमि छोड़कर सभी तरह की मिट्टी में तथा भूमि मटियार दोमट जैविक खाद से भरपूर हो तथा छायादार जगह होनी चाहिए।	मई–जून	1250–1500 किग्रा./हे कंद दूरी 45X15 सेमी. 4 सेमी. गहराई पर	2–3 बार भिन्न पौधों एवं खरपतवारों को निकाल लें।	FYM 10 T/ha Neem 200 kg/ha 25 kg N & 18 kg/ha K की भुरकाव 30, 69, 90, 120 दिन बाद डालें। 40 20 20	फसल के पकने पर पत्तियां पीली पड़ जाती है तथा सूख जाती हैं। प्रकंद पुंजों को भूमि से निकालने के बाद ऊपर की पत्तियों को काटकर अलग करें तथा प्रकंदों को धो लें। बीज मातृ प्रकंदों को समूह में छाया तथा नमी रहित भंडारित करें।
अदरक	जींजीवर ओकीसीनेल *Zingiber officinale* Family	स्वैच्छि पौधों एवं खरपतवार से दूर हो। रेतीली भूमि छोड़कर सभी तरह की मिट्टी में तथा भूमि मटियार देमट जैविक खाद से भरपूर हो तथा छायादार जगह होनी चाहिए।	अप्रैल–जून	700–1000 किग्रा./हे दूरी 20 X15 सेमी. तथा 5 सेमी. गहराई पर	2–3 बार भिन्न पौधों एवं खरपतवारों को निकाल लें।	250 q/ha FYM 80 30 40	अदरक लंबी अवधि की फसल 8–10 महीने में तैयार होता है। पकने पर पत्तियां पीली पड़ जाती है और मुरझाकर सूखने लगती है। खुदाई कर कंदों को निकालें 2–3 बार पानी में धोकर साफ करें। इसके अलावा फसल जब 3 महीने की हो जाये तो उसपर मिट्टी चढ़ाते समय बीज कंद को निकाला जा सकता है।

आलू का बीजोत्पादन

भारत में आलू (*Solanum tuberosum* L.) की खेती मुख्यतया सब्जी के रुप में होती है। परन्तु इसकी गणना चावल, गेहूँ और मक्का जैसे महत्वपूर्ण खाद्यान्नों की श्रृंखला में की जाती है। यूरोप और अमेरिका के अनेक क्षेत्रों में यह महत्वपूर्ण फसल है। अनेक फसलों में इसका अपना विशेष महत्व है, क्योंकि यह फसल लगभग 60 दिन की अल्पावधि में तैयार हो जाती है और इसकी यह विशेषता आलू की अनेक जातियों में उपलब्ध विभिन्नता के कारण है जो इसकी खेती के लिए बहुमूल्य विलक्षण है। आवश्यकतानुसार आलू की विभिन्न जातियों को अनेक प्रकार के फसल चक्र में सम्मिलित करना संभव है। सन्तुलित आहार के रुप में भी आलू की गणना उत्कृष्ट खाद्य पदार्थों में की जा सकती है। इसमें लगभग सभी प्रकार के आवश्यक पोषक तत्व उपलब्ध हैं। मानव शरीर के लिए आवश्यक कार्बोहाइड्रेट आलू में पर्याप्त मात्रा में उपलब्ध होते हैं, इसके अतिरिक्त, प्रोटीन, विटामिन ए, कैल्शियम और फास्फोरस भी प्रर्याप्त मात्रा में उपलब्ध होते हैं।

आलू की सफल खेती में रेाग विमुक्त बीज का विशेष महत्व होता है, अर्थात उपज के लिए स्वस्थ बीज होना आवश्यक है। खराब बीज के कारण 50–75 प्रतिशत तक उपज कम होना सम्भव है। इसकी खेती की विभिन्न लागतों में लगभग 40–50 प्रतिशत खर्च केवल बीज पर किया जाता है यदि बीज विषाणु रोगों से मुक्त हों तो लगभग दुगुनी उपज की उपेक्षा की जा सकती है। विषाणु रेाग वाहक कीट, विशेषकर *Myzus persici* जाति के समूह द्वारा आलू के बीज के गुणों का अत्याधिक ह्रास होता है। स्वस्थ बीज के लिए केवल विश्वसनीय बीज विक्रेताओं पर निर्भर करना चाहिए। आलू के बीज की विभिन्न श्रेणियों का निम्नलिखित स्तर पर मानकीकरण निश्चित किया गया है।

दोष के कारण	अवस्था	अधिकतम दूषित पौधे (प्रतिशत)		
		प्रथम मूल बीज% (FS-I)	द्वितीय मूल बीज% (FS-II)	प्रमाणीकृत बीज% (CS)
अवांछनीय पौधे	प्रथम एवं द्वितीय निरीक्षण की अवस्था में *	0.05	0.05	0.10
मृदु मोजेक वाले पौधे		1.00	2.00	3.00
तीक्ष्ण मोजेक वाले पौधे		0.50	0.75	1.00
पर्णकुंचन एवं अन्य पीत रोग वाले पौधेः		1.00	2.00	3.00
विषाणु रोग वाले कुल पौधे		1.00	2.00	3.00
भूरा विगलन वाले पौधे		0.0	अधिकतम 3 पौधे प्रति हे.	अधिकतम 10 पौधे प्रति हे.

सभी अवांछनीय पौधों को कन्द सहित निकालकर नष्ट करना होगा। आशंकित भूरा विगलन रोग ग्रस्त पौधों को भी निकालना आवश्यक है।

1. अधिकतम दूषित पौधों की संख्या द्वितीय निरीक्षण की अवस्था में निर्धारित की जाती है।
2. जब बीज केवल पूरा भूरा रोग ग्रस्त क्षेत्र में प्रयोग होगा।
3. बीजोत्पादन हेतु फसल में अवांछित और रोग ग्रस्त पौधों की संख्या 10 प्रतिशत से अधिक नहीं होनी चाहिए।
4. सीड प्लॉट तकनीक द्वारा बीजोत्पादन हेतु आलू के प्लॉट को प्रमाणीकरण संस्था द्वारा निर्धारित समय पर पूरी तरह काटना आवश्यक है अन्यथा बीज की फसल को रद्द किया जा सकता है।

सीड प्लाँट तकनीक

इस तकनीक के विकास से पूर्व भारत में आलू के बीजोत्पादन हेतु हिमालय के पर्वतीय क्षेत्रों (हिमाचल प्रदेश, जम्मू–कश्मीर और उत्तर प्रदेश के समुद्र तल से 2000 मी. से अधिक ऊंचाई वाले क्षेत्रों) को अनुकूल परिस्थितियों के कारण (विषाणु रोग से विमुक्त) सर्वोत्तम माना जाता था। पूरे भारत में आलू की खेती केवल पर्वतीय क्षेत्रों में उत्पन्न बीज से की जाती थी। किन्तु आधुनिक सीड प्लाँट तकनीक के विकास के कारण, पर्वतीय क्षेत्रों में उत्पन्न बीज की मांग बहुत कम हो गई है। इस नई तकनीक से पंजाब, हरियाणा, उत्तर प्रदेश, बिहार, मध्य प्रदेश और राजस्थान के मैदानी क्षेत्रों में, किसान अपनी आवश्यकतानुसार आलू का बीज स्वयं उत्पन्न करने में समर्थ हैं।

आलू की सीड प्लाँट तकनीक द्वारा विषाणु रोग रहित बीज उत्पन्न करने के निम्निलिखित नियम हैं:

1. आलू की उन्नत जातियों के रोग विमुक्त बीज राजकीय बीज निगम, केन्द्रीय आलू अनुसंधान संस्थान अथवा प्रादेशिक विभाग जैसे विश्वसनीय स्त्रोतों से लेने चाहिए।
2. फसल की बुआई उचित समय पर करना आवश्यक है। पूर्वी उत्तर प्रदेश, बिहार में अक्टूबर के तीसरे सप्ताह में बुवाई का समय उचित है।

3. फसल में बहुत अधिक नाईट्रोजन खाद का प्रयोग न करें अथवा पौधों में विषाणु रोग के लक्षण व्यक्त नहीं हो पाते।
4. खेत की मिट्टी, ग्रंथिका सूत्र कत्रमि, जीवाणु, झुलसा, साधारण स्कैब तथा भूरा विगलन जैसे मृदा जन्य रोगों से विमुक्त होनी चाहिए।
5. केवल अंकुरित कन्द लगाने चाहिए। बहुत छोटे कन्द न लगाएं, इनसे उपलब्ध खाद्य पदार्थ पौधों की प्राथमिक वृद्धि के लिए पर्याप्त नहीं होते और इस अवस्था में विषम तापमान आदि के कारण दुर्बल पौधों के मरने की संभावना अधिक होती है।
6. आलू के विषाणु रोग वाहक माहू और माइकोप्लाज्मा रोग वाहक पर्ण धानी (हॉपर) आदि कीड़ों की रोकथाम के लिए 15 कि. ग्रा. प्रति हेक्टेयर थिमेट जैसे सर्वांग कीटनाशकों का प्रयोग करना चाहिए।
7. बीज की फसल तैयार होने की अवस्था में पौधों पर मिट्टी न चढ़ाए और पौधों को सम्पर्क द्वारा फलने वाले विषाणु रोगों से बचाएं।
8. फसल में माहू की संख्या पर तापमान का विशेष प्रभाव पड़ता है। दिसम्बर माह में माहू का प्रकोप बढ़ जाता है और इस अवस्था में सर्वांग कीटनाशकों का छिड़काव करना चाहिए।
9. फसल के पलाल (पत्तियाँ और तनों) के काटने के 7–8 दिन पूर्व सिंचाई बन्द कर देनी चाहिए।
10. दिसम्बर के अन्त तक और लगभग एक सप्ताह बाद बिहार और पूर्व उत्तर प्रदेश के क्षेत्रों में बीज की फसल में माहू का प्रकोप क्रांतिक बिन्दु (20 माहू प्रति 100 पत्तियां) से अधिक हो जाता है। इस अवस्था में पौधों की पलाल को भूमितल से निकट काट दिया जाता है। इस प्रकार आलू बीज को विषाणु रोगों के संक्रमण से बचाव सम्भव है। यदि काटे गए तनों से पूनः फुटाव हो तो उसे भी भीघ्र काट देना चाहिए अन्यथा पलाल काटने का अभिप्राय पूरा नहीं होगा।
11. पलाल काटने के लगभग 10–15 दिन बाद बीज के आलू की बाहरी परत का गठन हो जाता है और इस अवस्था में आलू की खुदाई कर लेनी चाहिए। बीज के भंडारण से पूर्व कन्दों को 10–15 दिन तक छाया में सुखाना आवश्यक है।

12. बीज के लिए उगाए गये आलू को भीत भंडारण से पूर्व अगलाल अथवा एरिथन–6 (0.5 प्रतिशत पानी के घोल में) जैसी पारे वाली दवाओं से उपचार करना चाहिए इससे आलू की सतह के रोगाणु नष्ट हो जाते हैं। इस प्रकार उपचारित बीज की बोरों पर "जहरीली दवाओं से उपचारित" चिन्ह लगाना आवश्यक है।
13. आलू के बीजोत्पादन वाले खेत में कम से कम दो तीन वर्ष तक फसल चक्र अन्य फसनों का होना चाहिए।
14. बीजोत्पादन एवं सब्जी के लिए आलू के खेतों के बीच कम से कम 30 मीटर का पृथक्करण आवश्यक है।

बीजोत्पादन के खेत में कम से कम दो–तीन बार आवांछनीय पौधों को निकालना चाहिए। इसके लिए पौधों पर मोजेक, पत्तियों के कुर्वरण (Molting) एवं उनकी शिराओं के ऊतक क्षय (Veinal Necrosis), पत्तियों के गलने और सिकुड़ने वाले रोगों के लक्षणें पर विशेष ध्यान देना चाहिए। पहली बार खेत का निरीक्षण बीज के कल्ले निकलते ही किया जाता है। लगभग 20 दिन के अन्तर पर, पौधों की पत्तियां परस्पर छूने से पहले, दूसरा निरीक्षण और फसल के भोष वृद्धिकाल में नियमित रुप से अवांछनीय पौधों को निकाला जाता है।

आलू की खेती पर लागत का आधा खर्च बीज पर होता है, देश के अधिकतर गरीब किसान आलू के बीज के लिए भीत भंडारों के मालिकों पर निर्भर करते हैं जो बीज के बदले किसान से सस्ते दामों पर आलू खरीदते हैं। अच्छे बीज की उपलब्धी के लिए आलू उत्पादकों को बीजोत्पादन की नई तकनीक का ज्ञान आवश्यक है।

भारत में आलू की बीज की समस्या के सम्बन्ध में केन्द्रीय आलू अनुसंधान संस्थान के भूतपूर्व निदेशक, डॉ मुख्तियार सिंह ने अपने लेख "भारत में आलू की खेती का अतीत एवं भविष्य" नामक लेक में लिखा है कि "आलू के बीज पर अधिक लागत के कारण इसकी किश्त महंगी पड़ती है। यद्यपि इसकी उपज कम समय में और प्रति इकाई क्षेत्रफल के आधार पर अधिक होती है, फिर भी उपभोक्ता पर बीज की अधिक लागत का प्रभाव पड़ता है। आलू की खेती पर कुल लागत का आधा भाग इसके बीज पर लगता है जो बीज उगाने की नई तकनीक से कम किया जा सकता है। किसानों को मूल बीज से निम्नलिखित पद्धति द्वारा अपने खेत में बीज तैयार करना चाहिएः

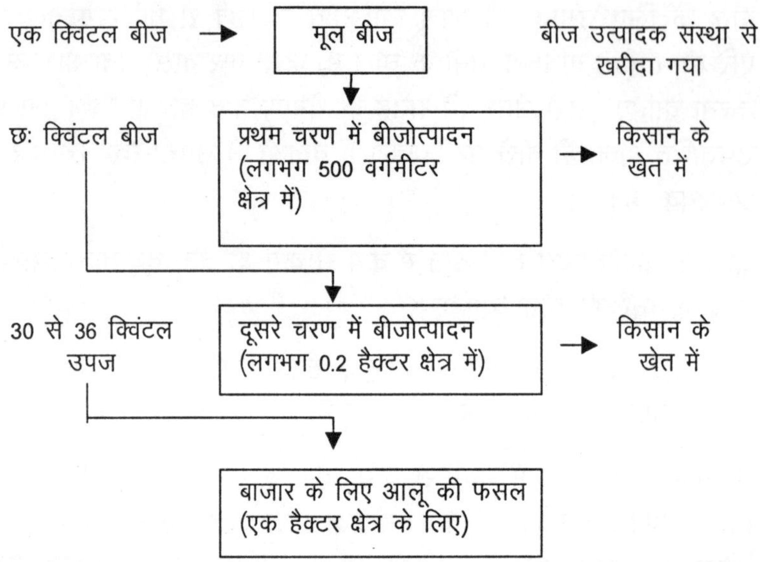

मूल बीज सदा विश्वसनीय स्त्रोत से प्राप्त करना आवश्यक है। ऊपर दिए गए क्रम द्वारा मूल बीज से दो बार बीजोत्पादन सीड प्लाँट तकनीक द्वारा करना चाहिए।

किसानों को उपरोक्त विधि से अपना बीज उगाने के लिए प्रति हैक्टर केवल एक क्विंटल मूल बीज की आवश्यकता पड़ती है जिसकी कीमत लगभग 800–1000/– रुपये तक होती है, इसकी तुलना में 30 क्विंटल प्रमाणित बीज खरीदा जाए तो लगभग 25,000 से 30,000/– रुप खर्च होंगे जो साधारण भारतीय किसान के लिए बहुत बड़ी राशि है। इस प्रकार सीड प्लाँट तकनीक स्वदेशी परिस्थितियों में अत्यन्त लाभकारी है, किन्तु किसान को इस तकनीक के सम्बन्ध में पूरा ज्ञान होना, और इससे जुड़ी अनेक क्रियाएं पूर्ण सावधानी से करनी चाहिए।

बुवाई का समयः आलू की अच्छी उपज के लिए उचित समय पर बुआई करना आवश्यक है। अधिकतम तापमान 30 से 32^0 सेल्सियस फसल की बुवाई के लिए अनुकूल होता है।

अधिक तापमान में अगेती बुवाई या अधिक पछेती बुवाई का उपज पर गहरा प्रभाव पड़ता है। बुवाई का समय इस प्रकार निश्चित करें कि बीज के तीव्र अंकुरण और पौधों की प्रारम्भिक वृद्धि की अवस्था में लगभग एक माह तक अनुकूल अथवा गर्म तापमान उपलब्ध हो। यदि पौधों की उचित वृद्धि के बाद तापमान में गिरावट

आए तो पर्याप्त मात्रा में कंद बनने और उनकी वृद्धि के लिए लाभदायक होता है। लगभग 30 क्विंटल बीज प्रति हैक्टर पर्याप्त होता है। बुवाई से पूर्व अंकुरित बीज डालने से पौधों की वृद्धि प्रायः तीव्र गति से और समान रुप से होगी और फसल तैयार होने में कम समय लगेगा। उत्तरी भारत के अनेक क्षेत्रों में अक्टूबर माह में बुवाई के समय कभी–कभी खेत में तापमान अधिक होता है, इससे बचने के लिए और शीघ्र फसल तैयार करने के अभिप्राय से किसान बीज के पूर्व अंकुरण का लाभ उठाते हैं। पूर्वी भारत में बुवाई के समय कभी–कभी पछेती वर्षा के कारण खेत में आलू का बीज गलने का संदेह रहता है। वहां के किसान पूर्व अंकुरित बीज लगाते हैं जो अपेक्षतया कम समय में जड़ें पकड़ लेते हैं और उन पर असमय वर्षा प्रतिकूल प्रभाव बहुत कम पड़ता है।

इस प्रकार बीजोत्पादन की फसल के लिए पूर्व अंकुरित बीज गलाने के अनेक लाभ होते हैं, इन बीजों से अपेक्षाकृत अधिक संख्या में तने निकलते हैं जिससे बीज के लिए उपयोगी आकार वाले कन्द अधिक संख्या में उत्पन्न होते हैं। पूर्व अंकुरण हेतु आलू की 'कुफरी चन्द्रमुखी' जैसी पछेती जातियों के बीज बुवाई से पंद्रह दिन पहले शीत भंडार से निकाल लेने चाहिए।

सत्य आलू बीजः पर्वतीय क्षेत्रों में आलू की सभी किस्मों में सामान्य पुष्पण, परागण, निशेचन और बीजोत्पादन सम्भव है। विभिन्न जातियों के बीज उचित पृथक्करण (1000–1200 मी.) से जातीय शुद्धता बनाए रखना भी संभव है। किन्तु इस बीज से उत्पन्न आलू की उपज बहुत कम होती है। बीज बड़े सूक्ष्म होने के कारण पौधों की उचित वृद्धि एवं आलू के विकास के लिए 6–7 सप्ताह का अतिरिक्त अनुकूल वातावरण आवश्यक है। आलू के उत्पादक इस अतिरिक्त अवधि तक फसल की देखभाल एवं सिंचाई आदि के खर्च के कारण सत्य आलू बीज नहीं लगाते। सम्भव है कि भविष्य में सत्य आलू बीज बीजोत्पादन एवं उससे फसल उगाने की तकनीक में सुधार हो। इस प्रकार उत्पन्न बीज की बहुत कम मात्रा लगती है एवं आलू की खेती पर लागत कम की जा सकती है।

शस्य क्रियाएंः क्षारीय अथवा बंजर खेत के अतिरिक्त आलू की खेती सभी प्रकार की मिट्टी वाले खेत में की जा सकती है किन्तु खेत के जल निकास का उचित प्रबन्ध होना और मिट्टी हल्की, भुरभुरी होनी चाहिए। रेतीली दोमट और पर्याप्त जैविक खाद मिली कम चिकनी मिट्टी में आलू की खेती हेतु सर्वाधिक उपयोगी होती है। हल्की और भुरभुरी मिट्टी में आलू की जड़ें सुगमता से फैलती हैं और कन्दों के समान और तीव्र विकास के लिए सहायक होती हैं। आलू के

रोगाणुओं और कीट व्याधियों से पीड़ित खेत में आलू की उपज पर गहरा प्रभाव पड़ता है। आलू के बीजोत्पादन हेतु चुने खेत कम से कम दो वर्ष का उचित फसल चक्र लगाने से उपज में वृद्धि और रोगों से अत्याधिक हानि की आशंका कम हो जाती है।

अधिक मात्रा में जैविक खाद लगाने से आलू की फसल को विशेष लाभ होता है। यदि पर्याप्त मात्रा में जैविक खाद उपलब्ध न हो तो वर्षा ऋतु में जब आलू के खेत खाली रहते हैं, उनमें हरी खाद की फसल लगाना उचित होगा। इस प्रकार खेत में खरपतवार पर भी नियंत्रण रखना सम्भव है और वर्षा के पानी के साथ मिट्टी के उर्वरक तत्वों को बहने से भी रोका जा सकता है। हरी खाद से मृदाग्राही रोगाणु कम होते हैं और मिट्टी में जैविक पदार्थों का अनुपात बढ़ जाता है। बीजोत्पादन से अपेक्षित लाभ के लिए खेत का उचित प्रबंध आवश्यक है और फसल के लिए 120 से 150 किलोग्राम नाइट्रोजन, 80 किलोग्राम फॉस्फोरस और 100 किलोग्राम प्रति है0 पोटाश खाद वाले रासायनिक उर्वरकों का प्रयोग करना चाहिए। यदि खेत की तैयारी के समय 40 टन प्रति है0 की दर से गोबर की खाद को आधे से पौना मीटर के अन्तर पर नालियों में डाल कर प्रयोग किया जाए तो आलू की उपज में 30–40 प्रतिशत तक वृद्धि होती है जिससे फास्फोरस और पोटाश वाले उर्वरकों की भी आवश्यकता नहीं पड़ती। बुआई के समय यूरिया खाद के अतिरिक्त किसी भी अन्य नाइट्रोजन वाले उर्वरक का प्रयोग किया जा सकता है। मिट्टी में बीज के निकट यूरिया लगाने से अंकुरण में बाधा होती है, किन्तु खड़ी फसल में यूरिया खाद लगाने से लाभ होता है। खेत की तैयारी के समय नाइट्रोजन खाद का आधा भाग, फास्फोरस और पोटाश की पूरी मात्रा प्रयोग करें। नाइट्रोजन खाद का शेष आधा भाग पहली बार पौधों की जड़ों पर मिट्टी चढ़ने से पहले खड़ी फसल में लगाएं। खाद सावधानी से मिट्टी में मिलाएं ताकि पौधों की जड़ें या अविकसित कन्द इसके संपर्क में न आएं।

आलू की अधिकतम उपज के लिए पंक्तियों के बीच 50–55 से.मी. और पौधों के बीज 20 से.मी. के दूरी रखें। जहां खेती के लिए मशीनों का प्रयोग हो वहां पक्तियों और पौधों के बीच क्रमशः 60 से.मी. और 15–20 से.मी. की दूरी रखें। फसल की प्रारम्भिक अवस्था में निराई–गुड़ाई का विशेष प्रबन्ध करें। बीजोत्पादन के खेत में खरपतवार नाशक दवाओं के प्रयोग का विशेष महत्व है। इनके प्रयोग से सम्पर्क द्वारा फैलने वाले आलू के विषाणु रोगों को सीमित रखना सम्भव है। पौधों की 10–12 से.मी. वृद्धि होने तक उनकी जड़ों पर मिट्टी चढ़ाने का काम पूरा

कर लेना चाहिए। आलू की जड़ों पर अच्छी तरह मिट्टी चढ़ाने से हरे आलू उत्पन्न होने की सम्भावना नहीं रहती।

आलू की फसल को अधिक सिंचाई की आवश्यकता पड़ती है और उचित सिंचाई के प्रबन्ध से ही इस फसल को उगाकर लाभ होता है। कम अवधि के अन्तर पर अधिक संख्या में हल्की सिंचाई करने से उपज में वृद्धि होती है। हल्की मिट्टी वाले खेत में पहली सिंचाई, बुवाई के 2–4 दिन के अन्तर पर करते हैं उचित नमी बनाए रखने के लक्ष्य से अन्य सिंचाईयों का समय निश्चित करें। शाकीय वृद्धि की अपेक्षा कन्द बनने की अवस्था में फसल को अधिक जल की आवश्यकता पड़ती है। फसल की किसी भी अवस्था सिंचाई की कमी का आलू की उपज पर गहरा प्रभाव पड़ता है। प्रायः बुवाई के समय तापमान अधिक अथवा अंकुरण के लिए पूर्णतया अनुकूल नहीं होता, सिंचाई करने से भी मिट्टी के तापमान में अपेक्षित कमी नहीं होती। ऐसी परिस्थिति में खेत में घास फूस बिछाकर अथवा मल्चिंग क्रिया का लाभ उठाना हितकर है। मल्चिंग के लिए धान की पुआल अथवा भूसी, गेहूँ का खराब भूसा या किसी अन्य घास फूस का प्रयोग किया जा सकता है। मल्चिंग से बीज के अंकुरण के लिए उचित ठंडक मिलती है और सिंचाई पर खर्च में विशेष बचत होती है। फसल तैयार होने पर आलू की खुदाई से एक सप्ताह पहले सिंचाई बन्द कर दें।

आलू की खुदाई: बुआई के लगभग 60 दिन बाद कभी भी आलू की खुदाई कारना सम्भव है। यह क्रिया विशेषकर इसकी खेती के प्रयोजन पर निर्भर करती है।

आलू की खुदाई का समय एवं उसकी उपज का अनुपात

फसल उगने के दिन	उपज क्विंटल प्रति हेक्टेयर
60	287.3
70	379.4
80	387.4

श्रोतः गिल एवं कटारिया, 1998

ऊपर दी गई सारणी के अनुसार 60 से 70 दिन की अवधि में आलू की उपज में 6–7 क्विंटल प्रतिदिन वृद्धि होती है और यह वृद्धि दर 70 से 80 दिनों तक 4–5

क्विंटल प्रति दिन का होता है। इस प्रकार अच्छी उपज के लिए आलू की खुदाई अधिकतर जनवरी माह के आरम्भ में करते हैं। पलाल काटने के एक सप्ताह पूर्व सिंचाई बंद कर दें। पलाल काटने के 10–15 दिन बाद आलू की खुदाई करें जब कन्दों की बाह्य परत सुदृढ़ हो जाए।

बीज उपचारः कुछ बीज जन्य रोगों की रोकथाम के लिए बीज के आलू को सीड प्लाँट तकनीक में दी गई विधि के अनुसार 0.5 प्रतिशत पारा वाले यौगिक में डुबो कर 30 मिनट तक उपचार करना चाहिए।

इन सभी बिन्दुओ को ध्यान में रखते हुए यदि आलू का बीजोत्पादन किया जाएगा तब निश्चित रूप से स्वस्थ एवं गुणवत्तायुक्त बीजों की उपज प्राप्त होगी।

— xxx —

7

बीजोत्पादन में कीट परागण का महत्व

लगभग 150 खाद्यान्न फसलों एवं बहुत से जंगली पौधों में मधुमक्खियों व अन्य जंतुओं द्वारा पर–परागण होता है। वास्तव में हमारा लगभाग 30 प्रतिशत भोजन पर–परागित फसलों द्वारा आता है। भारत में लगभग 26 मिलियन हेक्टेयर भूमि पर पर–परागित फसलें उगाई जाती हैं। चौधरी (1999) के अनुसार अनुमानतः मधुमक्खियों के पर–परागण से प्रतिवर्ष 1,470 करोड़ रुपये का लाभ होता है। इसमें से 610 करोड़ पालतू मधुमक्खियों द्वारा एवं 846 करोड़ रुपये भँवरा मक्खी *एपिस* एवं लगभग 18 करोड़ रुपये *एपिस फलोरिया* द्वारा होता है।

कनाडा में एक अन्य अनुमान के मुताबिक प्रतिवर्ष पालतू मधुमक्खियों के द्वारा किये गये पर–परागण से 20–50 मिलियन डालर का फायदा होता है। मधुमक्ख्यिों की पर–परागण क्रिया से फसलों में बढ़ोत्तरी को देखते हुए अमेरिका एवं ब्रिटेन जैसे देशों ने परागण हेतु मधुमक्खियों के बक्सों को कुछ समय (पुष्पकाल) के लिए किराये पर लेना प्रारम्भ कर दिया है। अमेरिका में इस प्रकार मौनगृह किराये पर लेकर परागण कराने का प्रचलन बादाम, सेब, नाशपाती, क्रेनबेरी, किविफल, लूसर्न,

प्लम्, ब्लूबेरी, चेरी एवं खीरा जैसी फसलों में किया जाने लगा है। इनमें से मात्र बादाम में प्रतिवर्ष 6.5 लाख मौन पेटियाँ किराये पर ली जाती हैं। इसका प्रचलन बहुत हो गया है तथा मौन पेटियों को किराये पर लेने की दर भी सरकार निर्धारित करती है।

भारत में इलाईची की खेती करनेवाले कृषक खेतों में छायेदार पौधे लगाते हैं ताकि मधुमक्खियों के समूहों को निरंतर बनाए रखने में मदद मिले। इलाईची के फल उत्पादन के लिए परागवाहकों की आवश्यकता होती है। जब इलाईची में फूल लगते हैं तब बड़े पैमाने पर परागवाहक मिलते हैं। ज्यादातर परागवाहक वन्य होते हैं तथा भूदृष्य में घूमते रहते हैं। चूंकि इलाईची की फसल में सालो भर पुष्प नहीं निकलते हैं, इसलिए परागवाहक किसी अन्य फसलों में चले जाते हैं तथा फिर अगले वर्ष जब पुष्प आते हैं तब जरुरी नहीं है कि वे वापस लौटे, इसीलिए वाहकों के पलायन को रोकने के लिए छायादार पौधों की फसलोत्पादन सुनिश्चित किया जाता है।

भारत में लगभग 85 प्रतिशत पर–परागित फसलें हैं जिनमें पराग बाहरी वाहकों द्वारा उसी जाति के अन्य पौधों द्वारा होता है। बाहरी वाहको में मधुमक्खी बहुत ही महत्वपूर्ण भूमिका निभाती है। हमारे देश में लगभग 50 मिलीयन हेक्टेर भूमि मधुमक्खियों द्वारा परागित फसलें जैसे फल, सब्जी वर्गीय, तिलहन एवं दलहनी फसलों के अन्तर्गत आते हैं। अधिकतर फसलों में लगभग 3–9 मधुमक्खियों के समूह प्रति हेक्टेर भूमि में अवश्य होती हैं। भारत में राष्ट्रीय मधुमक्खी परिषद (National Bee Board) का पूर्ण गठन हुआ है जिसमें सचिव (कृषि एवं संहकारिता A & C) सभापति होते हैं तथा उद्यान कमीश्नर सदस्य सचिव (Member Secretary) होते हैं जिनका मुख्य कार्य मौनपालन में हुए विकास से सम्बन्धित कार्यों का संचालन करते हैं।

भारतवर्ष में पर–परागण आधारित अध्ययनों से पता चलता है कि इससे फसल की पैदावार में काफी वृद्धि होती है। यह वृद्धि फसल एवं जलवायु के आधार पर 12 प्रतिशत से 10,246 प्रतिशत तक पायी गई है। यदि हम यह वृद्धि सरसों, तोरिया में 30 प्रतिशत, सूरजमुखी में 40, प्याज में 100, पत्ता गोभी व फूल गोभी में 40, दालों में 10, सेब व अन्य सर्दीवाले फसलों में 50 प्रतिशत की मानकर चले तब भी मौन पालन का व्यवसाय एक फायदे का व्यवसाय है। क्योंकि इसमें कम मेहनत पर जहाँ एक ओर फूलों की पैदावार में अच्छी वृद्धि होती है वहीं खाने व बिक्री हेतु

शहद प्राप्त होती है। इसलिए किसान भाईयों को चाहिए कि वे इस व्यवसाय को ज्यादा से ज्यादा अपनायें।

वर्तमान में मौन विलुप्त होने की कई घटनायें सम्पूर्ण विश्व में पायी जा रही हैं जैसे – डेफरा (यू.के.) में वर्ष 2008 में पाया गया कि यू.के. में जिन फसलों का वणिज्यिक उत्पादन किया जाता है उनमें प्रति वर्ष मौन पालन से लगभग 120 से 200 मिलीयन पौंड का अर्थिक लाभ प्राप्त होता है, तथा 10 से 30 मिलीयन पौंड मूल्य का मधु उत्पादन होता है। सम्पूर्ण यू.के. में लगभग 40,000 मौनपालक हैं जो लगभग 2,74,000 मौन के समूहों का अनुरक्षण कर रहे हैं। इनमें से लगभग 300 ऐसे वाणिज्यिक मौन पालक हैं जो मौन कृषक संगठन (Bee Farmers Association) के सदस्य हैं जो लगभग 40,000 समूहों का प्रबन्धन करते हैं, इसके अतिरिक्त राष्ट्रीय एवं स्थानीय मौनपालक संगठन जैसे इंग्लैण्ड की ब्रिटिश मौनपलक संगठन के सदस्य हैं। इंलैण्ड में भी लगभग 33,000 मौनपालक हैं जो 2,30,000 मौन समूहों के अनुरक्षण के कार्य को देखते हैं।

अमेरिका में इन दिनों बड़े पैमाने पर समूहों के ढहने का विकार [Colony Collapse Disorder (CCD)] पाया गया है। शोध में पाया गया कि अमेरिका के लगभग 24 राज्यों में तथा कनाडा के कुछ स्थानों में कम से कम एक CCD की घटना होती है। हेबरीयू विश्वविद्यालय के प्रो. इलान सेला ने वर्ष 2004 में CCD विकार एवं इजराईल एक्यूट पेरालाईसीस वाईरस (Isreal Acute Paralysis Virus) में साहचर्य पाया, जिसके कारण मौन अपने पंखों में सिहरन महसूस करने के पश्चात पक्षाघात सें ग्रसित होते हैं तथा छत्तों के बाहर उनकी मृत्यु हो जाती है। इसके नियंत्रण के लिए कुछ महत्वपूर्ण तथ्यों को बताया गया है जैसे ढहने वाले समूहों को निरोग समूहों से मिश्रित न करें, जब ढहे हुए समूह पाए जाते हैं तो साधन को ऐसे स्थानों पर रखें जहां रोग निवारक उपायों को अपनाया जा सके। यदि मधुमक्खी को चीनी की चाशनी देते है तो उसे फयूमाग्लिन से उपचारित करें। मधुमक्खियों के समूहों में निरंतर गिरावट के कई कारण हैं जैसे शहरीकरण, कीटनाशियों का उपयोग, ट्रैकीयल एवं वेरो (Varroa) माईट्स तथा वाणिज्यिक मौनपालकों की सेवानिवृत्ति तथा इस व्यवसाय से किसी अन्य व्यवसाय में जाना।

विश्व कृषि एवं खाद्य संगठन (Food and Agriculture Organization, FAO) ने मिर्च फसलोत्पादन तकनीक के अध्ययन में पाया कि यदि उचित एवं समय पर मिर्च की फसल में मधुमक्खी द्वारा परागण कराया जाता है तो कृषक को अगेती फसल की प्राप्ति होती है जिसके विपणन द्वारा अधिक आय की प्राप्ति संभव है तथा लंबे

समय तक उपज की प्राप्ति होती रहती है। FAO के मतानुसार कृषक ऐसे कीटनाशियों का उपयोग करें जो वातावरण–मैत्री हो। ग्लोबल वार्मिंग के कारण भी परागक कीटों में निरंतर कमी महसूस की जा रही है।

एशियाई सब्जी अनुसंधान एवं विकास केन्द्र (Asian Vegetable Research and Development Centre, AVRDC) ताईवान द्वारा अध्ययन में पाया गया कि जब ऑरगेनिक प्रक्षेत्रों में डेलिलिस (Daylilies) तथा सूर्यमूखी (Sunflower) के फसलों को लगाया गया तो इनके पुष्प मधुमक्खियों एवं अन्य परागवाहकों को आकर्षित करती है, मृदा की उर्वरा क्षमता बढ़ाती है, खरपतवारों तथा भूक्षरण में कमी पाई जाती है। डेलिलिस प्रक्षेत्र को सौन्दर्य तो प्रदान करती है तथा उसके कंद (Bud) खाद्य रुप में भी प्रयोग किया जा सकता है।

आइसेक एवं अन्य (2005) ने शोध में पाया कि जब पुष्प खुले हुए होते हैं तो उनमें कीटनाशियों का प्रयोग नहीं करना चाहिए इससे परागवाहकों की मृत्यु हो सकती है, इसलिए जब भी कीटनाशियों का प्रयोग करना हो तो लेबल अवश्य पढ़ लें, क्योंकि कुछ कीटनाशी मधुमक्खियों के लिए हानिकारक नहीं होते हैं, यदि वे हानिकारक हैं तो मधुमक्खी के बक्सों को छिड़काव से पहले अवश्य हटा कर सुरक्षित स्थान में रखें, इससे मधुमक्खियों को हानिकारक कीटनाशी के प्रभाव से बचाया जा सकता है।

पोलैन्ड में जिक एवं जाकुबिक (2005) में अपने शोध में 19 कीटपरागित फसलों में कीटों की भूमिका पर अध्ययन किया और पाया कि इन फसलों की वाणिज्यिक बाजार मूल्य लगभग 7.5 बिलीयन PLN (लगभग 1.8 बिलीयन यूरोपीयन डॉलर) तथा इसके 39 प्रतिशत में कीटों की भूमिका है, जिसमें मधुमक्खी सबसे अहम है (इनकी सेवा मूल्य लगभग 2.5 मीलीयन PLN/0.6 बिलीयन EUR है) तथा डिप्टेरेन्स (dipterans) में लगभग 0.3 बिलीयन PLN/74 बिलीयन EUR है।

वर्ष 2007 में हक पी. ने अमेरिका में यह सूचित किया कि रहस्यमय ढंग से अमेरिका के 35 राज्यों से लगभग 2.4 मिलीयन मधुमक्खी के छत्ते नष्ट हो गए हैं। डेव हेकनबर्ग जिन्हें मधुमक्खी पालन में 45 वर्षों के अनुभव प्राप्त है, वे मृत मधुमक्खियों के प्रतिदर्श को पेनीसीलवानिया के शोधकर्ता के पास जांच हेतु भेजा जिसमें शोधकर्ता ने पाया कि इन मधुमक्खियों के अंग काले एवं सूजनयुक्त हो गए हैं। डंक ग्रंथी भी कवक के संक्रमण से ग्रसित हैं, जिसे समूह ढह विकार (Colony Collapse Disorder) कहा गया। मोनसेन्टो की मधुमक्खी सतर्क प्रौद्योगिकी (Bee

Alert Technologies) के अनुसार अमेरिका के 35 राज्यों में समूह ढह विकार के प्रकोप से 25 प्रतिशत मधुमक्खी पालकों को नुकसान सहना पड़ा। 2.4 मिलीयन मधुमक्खी छत्ते में 8,75,000 संक्रमित छत्ते थे, प्रत्येक छत्ते में 35 से 90 प्रतिशत तक ढहने के विकार को देखा गया। पेनीसीलवानिया के चर्चित कीट विशेषज्ञ के अनुसार समूह ढह विकार का मुख्य कारण नियोनिकोटिनोइड्स है जो निकोटीनयुक्त कीटनाशक हैं जो मधुमक्खी एवं अन्य परागणकारियों के लिए अति हानिकारक हैं।

प्रसिद्ध वैज्ञानिक अलबर्ट आइन्स्टाइन के कथनानुसार "यदि पृथ्वी से मधुमक्खियाँ विलुप्त हो जाए तब मनुष्य के पास अपने जीवनकाल का सिर्फ चार वर्ष शेष रह जाएगा। मधुमक्खियाँ नहीं––परागण नहीं––पौधे नहीं––पशु नहीं––तो मनुष्य नहीं।

लेत्सच के अनुसार मधुमक्खियों की विलुप्तता का एक कारण कृषि में जेनेटिक इंजीनीयरींग की बढ़ती उपयोग भी हो सकती है। इस तथ्य की पुष्टी वाल्टर हेफेकर भी कर रहे हैं जो जर्मन मौनपालक संघ के निदेशकों में से एक हैं।

स्वपरागित फसलें

हमारी अधिकांश खाद्यान्न फसलें स्व–परागित हैं लेकिन इनमें भी 5 प्रतिशत तक पर–परागण हो सकता है। प्रकृति में स्व–परागण क्रिया किसी भी पादप प्रजाति के हित में नहीं मानी जाती क्योंकि इससे कुछ पीढ़ियों बाद आंतरिक क्षमता या ओज में कमी आ जाती है।

पर–परागित फसलें

ये वे फसलें हैं जिनमें पर–परागण 5 प्रतिशत से अधिक होता है। इसमें कुछ 5 से 30 प्रतिशत तक पर–परागण वाली फसलों को एक अलग समूह बहुधा पर–परागित फसलों में रखते हैं। यहाँ पर ये सभी पर–परागित फसलों में शामिल हैं। पर–परागण पौधे के उत्थान एवं विकास हेतु आवश्यक है, क्योंकि इसके द्वारा दूसरी किस्म के गुणसुत्रों का मेल एवं उनके अंश का आदान–प्रदान होता है जिससे आगे की पीढ़ी के पौधों में ज्यादा क्षमता एवं ओज (Vigour) आने की सम्भावना रहती है।

सारणी 7.1: प्रमुख पर–परागित फसलें

क्रम सं.	फसल समूह	फसल
1.	धान्य फसलें	मक्का, बाजरा व ज्वार
2.	तिलहनी फसलें	पीली सरसों की कुछ किस्में, सूरजमुखी, तोरिया, अरंडी, काला तिल, कुसुम इत्यादि
3.	दलहनी फसलें	अरहर
4.	शाकीय फसलें	पत्तागोभी, फूलगोभी, गाजर, मूली, खीरा, प्याज, कद्दु, शलजम, ब्रोकली, ब्रूसेल्स–स्प्राउट, पालक, लहसुन, धनिया इत्यादि।
5.	फल वृक्ष	बादाम, सेब, नाशपाती, ब्लैकबेरी, रैस्पबेरी, अखरोट, सुपारी, केला, चेरी, खजूर, अंजीर, नारियल, अंगूर, पपीता, आलू बुखारा (प्लम्), लोकॉट, स्ट्राबेरी, खरबूजा, तरबूजा, चप्पन कद्दु इत्यादि।
6.	चारे की फसलें	जॉनसन ग्रास, अल्फा–अल्फा, क्लोवर्स (रेड, व्हाईट, क्रिसमन व स्टीव) इत्यादि।
7.	रेशे की फसलें	कपास व जूट इत्यादि।

फूलों की संरचना

ज्यादातर स्व–परागित फसलों में नर व मादा अंग, आवरण द्वारा संरक्षित रहते हैं एवं एक समय पर परिपक्व होते हैं जिससे अधिकांशतः स्व–परागण की क्रिया द्वारा ही निषेचन सम्भव होता है। इन फसलों में गेहूँ, चावल, जौ इत्यादि प्रमुख हैं।

प्रर–परागित फसलों में नर व मादा अंग ज्यादातर खुले होते हैं। इनके नर व मादा भाग एक समय पर परिपक्कव होते हैं या नहीं भी होते हैं। इन फसलों के फूल खुले तस्तरीनुमा (सूरजमुखी, कलैंडुला), छतरीनुमा (धनिया, गाजर), कपनुमा, गुलाब, कपास, गला युक्त (गुड़हल, कद्दू, टमाटर इत्यादि) एवं पंखुडियों द्वारा ढके फूल जैसे सोयाबीन, अरहर, मटर, चना, राजमा, सेम इत्यादि। फूलों की संरचना, आकार, मधुरस व पराग के अनुसार परागणकारी कीट की प्रजाति में परिवर्तन होता है। छोटे फूलों में छोटी मधुमक्खियां जैसे *एपिस फ्लोरिया,* डंकहीन मधुमक्खियां एवं अन्य छोटे परागणकारी कीट परागण की क्रिया को सम्पन्न करते हैं। बड़े फूलों में बड़े व छोटे दोनों प्रकार के कीट इस क्रिया को पूर्ण करते हैं। गलायुक्त फूलों

में बड़े कीट जिनकी जीभ लम्बी होती है या फिर जो आकार में छोटे होते हैं एवं सकरे स्थान पर जाने में समर्थ होते हैं, वे करते हैं। पंखुडियों से ढके फूलों का परागण कुछ बड़े कीट जैसे बम्बल मक्खियां एवं सॉलिटरी मक्खियां करती हैं जो इन फूलों के शीर्ष पर बैठती हैं जिनके वजन से इन फूलों की पंखुड़ी कुछ खुल जाती है एवं वर्तिकाग्र (Stigma) बाहर आ जाती है (इस प्रक्रिया को ट्रिपिंग कहते हैं) और कुछ हद तक पर–परागण की क्रिया हो जाती है।

विभिन्न फसलों के उत्पादन में वृद्धि

मधुमक्खियों के परागण के फलस्वरुप विभिन्न पर–परागित फसलों में बीज व फल के उत्पादन में वृद्धि काफी मात्रा में देखी गयी है। ऐसी वृद्धि कुछ हद तक स्व–परागित फसलों में भी देखी गयी है।

अन्न, दलहन एवं तिलहन फसलों के उत्पादन में वृद्धिः मधुमक्खियों के परागण के फलस्वरुप, कुट्टू (बक व्हीट) के बीज उत्पादन में स्व–परागण के मुकाबले 52 से 132 प्रतिशत की वृद्धि देखी गयी है इस प्रकार राजमा में 500 से 600 व राई सरसों में 13.0 से 139.0 प्रतिशत की वृद्धि पायी गयी है। इसी तरह कुछ अन्य फसलों में भी वृद्धि पायी गयी है (सारणी 7.2)।

सारणी 7.2: अन्न, दलहन एवं तिलहनी फसलों के उत्पादन में मधुमक्खियों के परागण से वृद्धि

क्रम सं.	फसल	बीज उत्पादन में वृद्धि (प्रतिशत)
1.	कुट्टू (बक व्हीट)	52–132
2.	सोयाबीन	12
3.	राजमा	500–600
4.	पीली सरसों	128–158
5.	राई सरसों	13–139
6.	काला तिल या राम तिल (नाइजर)	41–61

सब्जी फसलों के बीज व फलोत्पादन में वृद्धिः मधुमक्खियों द्वारा परागण की वजह से कुछ सब्जियों के बीज व फल उत्पादन में आश्चर्यजनक रुप से वृद्धि पायी गयी है। इनमें वृद्धि का स्तर सब्जी फसल में मौजूद पर–परागण की सीमा व परागणकारियों की संख्या पर निर्भर करता है।

फूलगोभी के शोध में यह पाया गया कि जिन प्रक्षेत्रों में मौणपालन किया गया उनमें तीन गुणा ज्यादा बड़े आकार की फूलगोभी हुई तथा उपज में 300 प्रति0 की बढ़ोतरी हुई, इसके अतिरिक्त 46.4 बीज/पौधा जिसका 1000 बीज का भार 4.8 ग्राम तथा 96 प्रतिशत अंकुरण क्षमता वाला पाया गया तथा मौनरहित प्रक्षेत्रों में केवल 0.1 बीज जिनका करीब सून्य बीज भार एवं अंकुरण पाया था। इससे पता चलता है कि मौनपालन परपरागित फसलों में अहम भूमिका निभाता है।

गूदेदार फसलें जैसे बैंगन एवं भिंडी में भी मौनपालन से दोगुने उपज की प्राप्ति हुई। मिर्च में मौनपालन से अगेती उपज में बढ़ावा करीब 34 प्रतिशत हुआ, फल भार (24 प्रति0), फल व्यास (11 प्रति0), फल की लंबाइ (10 प्रति0), फल की मोटाई (25 प्रति0) फल के आयतन (25 प्रति0) तथा बीजों की संख्या में 69 प्रति0 की बढ़ोतरी मौणरहित प्रक्षेत्रों से पाई गई है। परिणामस्वरुप गुणवत्ता बीज उत्पादन के क्षेत्र में मौणपालन का बहुत महत्वपूर्ण योगदान है। अब ऐसा देखा जा रहा है कि हर संभव प्रयास के बावजूद उपज में स्थिरता आ गई है तो मौनपालन एक अच्छा विकल्प सिद्ध हो सकता है जिससे उच्च गुणवत्तावाले बीजोत्पादन संभव हो सकता है तथा बीज उत्पादन की लागत में भी कमी आएगी चूंकि एक मौन कॉलोनी 300 दैनिक मजदूरों के समानान्तर है, इसे अपना कर समृद्धि की ओर जा सकेंगे।

एक अन्य शोघ में देलाप्लाने एवं मेयर ने स्कॉष, कोहड़ा एवं अन्य कुश्मांडु कुल में पर परागण की उपस्थिति को दर्शाया है। कुश्माडु कुल के अधिकतर पौधे एकलिंगिय हैं, इनमें नर एवं मादा कुल एक ही पौधे पर पाए जाते हैं। नर फूलों की संख्या मादा फूलों से अधिक होती है जिसका अनुपात करीब 3.5: 1 से 10: 1 है। हर पुष्प करीब 3 इंच चौड़ा होता है। नर पुष्पों में पराग एवं मधुरस होता है तथा मादा पुष्प में मधुरस उत्पन्न होता है। मादा पुष्पों में अधिक मधुरस होता है तथा वे अधिक मौनों को आकर्षित करती है। परागकण बड़े एवं कीट द्वारा आसानी से उठाए जा सकते हैं। मादा फूल सुबह में खुलती है तथा मध्य (noon) में कभी न खुलने के लिए बंद हो जाती है। इनमें वायु द्वारा परागण नहीं होता है। बीजांड पुष्पण अवधि के दौरान ही क्रियाशील रहते हैं अथवा उसके एक दिन पहले परागकण की जीवन क्षमता तुरन्त खुले हुए नर पुष्प में 92 प्रतिशत होती है जो उसी सुबह पुष्प बंद होने के समय में 75 प्रतिशत हो जाती है तथा दूसरे दिन घटकर 10 प्रतिशत हो जाती है। इसलिए यह अत्यन्त आवश्यक है कि मादा पुष्प में उसी दिन परागण हो जाए जिस दिन वह खुलती है।

जब जलवायु शुष्क रहती है तो उन दिनों मधुमक्खियों की क्रियाएँ भी पहले होनी चाहिए चूंकि गर्मी में पुष्प जल्दी बंद हो जाते हैं। फल लगने की दर स्वतः एवं पर–परागण क्रिया में एक समान होता है परन्तु पर परागण द्वारा उत्पादित फलों का भार अधिक होता है। कुष्मांडु कुल में एक ही स्पेसीज के अलग–अलग प्रजातियों में तथा अलग स्पेसीज में भी संकरण/परागण हो सकता है। असंगता स्पेसीज में भी एक का परागकण दूसरे में अफलोत्पादी (Parthenocarpic)/बीज रहित फलों के विकास को उत्तेजित करता है। इस प्रक्रिया से बीजों में संदूषण तो नहीं होता है लेकिन बीज के कुल उपज में कमी आती है। इसलिए यह आवश्यक है कि कुष्मांडु कुल के स्पेसीज के बीच में भी पृथक्करण दूरी बनाए रखें ताकि अधिक मात्रा में शुद्ध बीज उपज की प्राप्ति हो सके।

कुष्मांडु कुल की स्पेसीज में ज्यादातर परागण स्कॉश मधुमक्खी (*Peponapis pruinosa*) एवं सामान्य मधुमक्खियों द्वारा होती है। सामान्य मधुमक्खी की तुलना में स्कॉश मधुमक्खी पुष्पों के जनन अंगों से ज्यादा सम्पर्क में आती है तथा सुबह में ज्यादा एवं जल्दी कार्य करती है तथा जिन स्कॉश पौधों को मधुमक्खी रहित रखा जाता है उनमें फल नहीं लगते।

सारणी 7.3ः मधुमक्खी परागण से सब्जी फसलों के बीज व फल उत्पादन में वृद्धि

क्र0 सं0	**सब्जी फसल**	**उत्पादन**	**उत्पादन में वृद्धि (प्रति0)**
1.	मूली	बीज	22–100
2.	पत्तागोभी	बीज	100–300
3.	फूलगोभी	बीज	84–303
4.	बैंगन	बीज	35–67
5.	गाजर	बीज	91–135
6.	प्याज	बीज	277
7.	टमाटर	फल लगना	8–27

सब्जी फसलों में पर–परागण की आवश्यकता मुख्यतः नर व मादा भागों का एक समय पर परिपक्व न होना या नर व मादा फूलों का अलग–अलग पाये जाने के कारण होती है।

फलदार फसलों के उत्पादन में वृद्धिः मधुमक्खियों के परागण के फलस्वरुप, फल उत्पादन में काफी वृद्धि पायी गयी है। फलदार फसलों में पर–परागण की आवश्यकता मुख्यतः फलों में स्व–बंध्यता के कारण होती है।

चारा वाली फसलों के उत्पादन में वृद्धिः प्रमुख रुप से मधुमक्खियों, बम्बल इत्यादि मक्खियों के परागण के द्वारा कई चारा फसलों के बीज उत्पादन में वृद्धि पायी गयी है। ऐसा इनमें मुख्य रुप से स्व–बंध्यता व फूल के नर व मादा भाग पंखुडियों से ढके होने के कारण होती है। मधुमक्खियों व अन्य परागणकारियों की पर्याप्त उपस्थित में सामान्य परागण या ट्रिपिंग परागण द्वारा अल्फा–अल्फा के बीज उत्पादन में 23 से 19,733 प्रतिशत व बरसीम एवं अन्य क्लोवर्स की किस्मों में 24 से लेकर 33,150 प्रतिशत की आश्चर्यजनक वृद्धि दर्ज की गयी है।

मधुमक्खियों के परागण द्वारा उत्पाद की गुणवत्ता में वृद्धि

मधुमक्खियों द्वारा समय पर परागण करने से सूरजमुखी में तेल की मात्रा में 6.5 प्रतिशत व प्रोटीन की मात्रा 7.0 प्रतिशत की वृद्धि पायी गयी है। सरसों के बीज में तैलीय अवयव ट्राइग्लीसेराइड्स की मात्रा में 2000 प्रतिशत व काला तिल (रामतिल) में तेल की मात्रा में 248 प्रतिशत की वृद्धि पायी गयी है।

सारणी 7.4: विभिन्न फसलों में समुचित परागण हेतु मौन गृहों या परागण कारियों की उचित संख्या

क्र. सं.	फसल	मौन गृहा की संख्या/हे. (1000 वर्ग मी.)
1.	सेब	1.0–3.0
2.	नाशपाती	5.0–6.0
3.	बादाम	2.0
4.	चप्पन कद्दू	5.0
		1.0 मौन /पौधा
5.	सूरजमुखी	1.0–5.0
		1.0 मौन/मिनट/पौधा
6.	सरसों	2.0
		5.0 मौन/फूल
7.	कुट्टू (बक व्हीट)	2.0–3.0
8.	कपास (हाइब्रिड लाइंस)	0.4–1.7 मौन ए–लाईन हेतु/100 फूल
		0.1–1.2 मौन बी–लाईन हेतु/100 फूल
9.	अल्फा–अल्फा	0.6 बम्बल मक्खियां/10,000 फूल

मौन परागण द्वारा तिलहन फसलों की उपज में वृद्धि

मौन परागण से काफी फसलों के उपज में वृद्धि पाई गई है। अमेरिका में तो परागण के लिए लाखों मधुमक्खियों के बक्से किराये पर लिये जाते हैं। राई व पीली सरसों काफी हद तक स्वयं–परागित हैं और मक्खियों की अनुपस्थिति में भी 97 प्रतिशत तक फली बन जाती है परन्तु तोरिया व भूरी सरसों में फलियों व दानों की संख्या काफी प्रभावित होती है। मौन परागण का सूरजमुखी में काफी ज्यादा महत्व है। और यह फसल उन फसलों में से एक है जहाँ चूसने वाली मधुमक्खी परागकण लेने वाली मक्खियों की तुलना में ज्यादा परागण करती है रस की ग्रन्थि एंथर नली के निचले हिस्से में होती है अतः उनसे रस लेने के लिए मक्खियों को नीचे झुकना पड़ता है। ऐसा करते वक्त परागकण उनके धड़ के अबालों पर चिपक जाते हैं और जब वे अगले पौधे पर जाती हैं तो परागण करती हैं। राई/तोरी में मौन परागण से बीज भार/फली में 2.46 से 4.08 ग्राम की बढ़ोतरी हुई है तथा प्रति पौधे फलियों की संख्या में 53.2 प्रति0 तथा फली की लंबाई में 6.1 प्रति0 प्रति फली में बीज की संख्या में 12.6 प्रति0, बीज भार में 9.7 प्रति0 तक की बढ़ोतरी पाई गई है। इसके अतिरिक्त इनमें 15–20 दिन अगेती तथा समरुपेण परिपक्वता (15–20 दिन) तथा बीजों में प्रोटीन तथा एमीनोअम्ल की भी अधिक मात्रा पाई गई है।

सूर्यमुखी में मौनपालन से बीजों की उपज में 10.0–79.0 प्रतिशत बढ़ोतरी तथा प्रति हेड पूर्ण भरे हुए बीजों की भी अधिक मात्रा पाई गई है। पर–परागित सब्जी वर्गीय फसलें जैसे शलगम पर शोध में यह देखा गया कि जिन प्रक्षेत्रों को मौन कीट से दूर रखा गया उनके 1/3 बीजीय फसल में अंकुरण में कमी तथा पौधो भी कम ओजवाली थे।

हॉफमैन एवं चेम्बर्स (2006) ने शोध में पाया कि सूर्यमुखी के कुछ व्यवसायिक प्रभेद में स्वपरागण होता है चूंकि उनके पुष्प परिपक्व हो जाते हैं और उनमें बीज बनते हैं। परन्तु ऐसे स्वपरागित प्रभेदों में बीज सेट (seed set) को सुधारा जा सकता है यह निश्चित नहीं है। जब मधुमक्खियों द्वारा परागण कराया गया तो यह पाया गया कि उनमें बीजों का बैठना ज्यादा अच्छा हुआ। यह भी देखा गया कि गर्मी की स्थिति में कुछ प्रभेदों में ज्यादा बीजों का बैठाव हुआ। इस शोध से यह भी पता चला है कि सूर्यमुखी की स्वपरागित प्रभेदों में यदि मौन कॉलोनी ज्यादा बड़ी हो तो बीज उपज में उन्नती होती है।

सारणी 7.5: मधुमक्खियों द्वारा विभिन्न फसलों की उपज में वृद्धि

क्र.सं.	फसल	स्वयं परागण की बजाय उपज में वृद्धि (प्र0)
1.	पीली सरसों	128–158
2.	राई	18.4
3.	तोरिया	8400
4.	गोभी, सरसों	20
5.	सूरजमुखी (किस्में)	26.5–27.4
6.	सूरजमुखी (हाइब्रिड)	191.0

गुणवत्ता में वृद्धि

तिलहनी फसलों में तेल की मात्रा उपज का मुख्य घटक है, परागण द्वारा सूरजमुखी में 6.5 प्रतिशत तक तेल की मात्रा में वृद्धि पायी गई है। तोरिया में भी स्वयं परागण की बजाय पर–परागण से 300 प्रतिशत तक दानों के वजन में वृद्धि पायी गयी है मोटे दाने तेल के हिसाब से अच्छी गुणवत्ता के माने जाते हैं।

संकर बीज उत्पादन (Hybrid Seed Production)

सूरजमुखी में संकर किस्में काफी प्रचलित हैं। संकर बीज उत्पादन के लिए नर तथा मादा पंक्तियों को अनुशंसित अनुपात में एक साथ लगाया जाता है। मादा पंक्ति पर परागकण नहीं होते हैं इसलिए हाइब्रिड बीज बनाने के लिए नर का पराग कण मादा तक प्राकृतिक रुप से मक्खियों द्वारा ही पहुँचाया जाता है, इसकी 100 प्रतिशत सफलता परागण पर ही निर्भर करती है।

मधुमक्खियों के परागण द्वारा फलों के उत्पादन में वृद्धि

ज्यादातर शीतोष्ण फलों (Temperate Fruits) में स्वफलोत्पादकता का अभाव होता है एवं ऐसे फलों में संतोषजनक पैदावार बिना पर–परागण के सम्भव नहीं हो पाता है। इस प्रकार का पर–परागण मघुमक्खियों द्वारा किया जाता है। मघुमक्खियों के परागण के फलस्वरुप इन फसलों की फलोत्पादकता में कई गुना तक की वृद्धि देखी गयी है (सारणी 7.6)।

सारणी 7.6: मौन परागण द्वारा फलों के उत्पादन में वृद्धि

क्र.सं.	फल वाली फसल	वृद्धि का प्रकार	स्व–परागण से अधिक उत्पादकता (प्र0)
1.	सेब	फल का लगना	180–6,950
2.	नाशपाती	फल का लगना	240–6014
3.	प्लम् (आलू बुखारा)	फल का लगना	6.7–2739
4.	चेरी	फल का लगना	56.1–1000
5.	परसीमॉन (तेंदू)	फल का लगना	20.8
6.	स्ट्रॉबेरी	फल का लगना	17.4–919
7.	लोक्वॉट	फल का लगना	1975
8.	लीची	फल का लगना	4538–10246
		फलोत्पादन	26.0
		फल का आकार	8.2–18.2

चौधरी एवं सिन्हा (2006) द्वारा एक शोध में पाया गया कि सुनियोजित परागण हेतु मौनपालन एक अच्छा प्रबन्धनीय परागक (pollinators) है।

मधुमक्खियों की प्रजातियां, झुंड संरचना व मौन पालन हेतु प्रयुक्त प्राकृतिक संसाधन

भारतवर्ष में मधुमक्खियों की कम से कम छः प्रजातियां पायी जाती हैं जिनमें प्रमुख रुप से *एपिस डॉरसेटा* (भँवरा, सारंग, डूमना या भण्डौर मधुमक्खी), *एपिस सिराना* (ओरिएण्टल, पहाड़ी, देशी, भारतीय मधुमक्खी), *एपिस फ्लोरिया* (छोटी या लड्डू मधुमक्खी), *एपिस मेलीफेरा* (यूरोपियन या इटैलियन मधुमक्खी), डंकहीन मधुमक्खियाँ (भूषनूं) ट्रिगोना एवं मेलीपोना प्रजाती। ये प्रजातियां पौधो की परागण क्रिया में सहायक होती हैं।

1. *एपिस डॉरसेटा* (भँवरा, सारंग)

- यह आकार में सबसे बड़ी होती है।
- यह प्रजाति समुद्र तल से 2100 मी. उँचाई तक पायी जाती है।
- यह अपना छत्ता अकेला, कुछ तिरछा करके बनाती है। ज्यादातर इनके छत्ते पेड़ों की ऊँची शाखाओं, पहाड़ों, चट्टानों, मकान के छज्जों एवं पानी की

टंकियों पर मिलते हैं। छत्ता एक या उससे अधिक, एक ही जगह पर हो सकते हैं।

- इनके छत्ते हमेशा खुली जगह, रोशनी युक्त स्थान पर मिलते हैं।
- एक छत्ता 1.5 से 2.0 मी. लम्बा एवं 0.6 से 1.2 मी. चौड़ा हो सकता है।
- यह बहुत ही उग्र स्वभाव की एवं झुंड में आक्रमण करती हैं।
- इनकी कमेरी मक्खियां 16 से 18 मि.मी. लम्बी होती हैं। रानी, कमेरी मक्खियों से थोड़ी ही बड़ी होती है। रानी के पिछले भाग पर काला धब्बा होता है।
- इस मधुमक्खी के निखट्टू (ड्रोन) एवं कमेरी (वर्कर) मक्खियां एक प्रकार के प्रकोष्ठ में पायी जाती हैं। रानी का प्रकोष्ठ अलग होता है।
- इनके एक परिवार में 50–80 हजार कमेरी मक्खियां हो सकती हैं।
- यह एक स्थान पर नहीं रहती एवं अपना स्थान, भोजन की उपलब्धि के अनुसार परिवर्तित करती रहती हैं।
- इनके एक छत्ते से 35–40 कि.ग्रा. तक शहद निकाली जा सकती है।
- इस प्रजाति को पालने में अभी तक कोई संतोष जनक सफलता नहीं प्राप्त हुई है।

2. *एपिस सिराना* (पहाड़ी देशी, भारतीय मधुमक्खी)
   - यह मधुमक्खी अपने छत्ते अंधेरी जगह जैसे पेड़ों के खोखले दीवार, दिमक की माँद, पहाड़ों की खोखली जगहों, इत्यादि में घर बनाकर रहती हैं।
   - अंधेरे में रहने की वजह से यह प्रजाति आधुनिक मौन गृह में पाली जाती है। ये तेल के पीपें व मिट्टी के घड़ों में भी पाली जा सकती है।
   - यह एक स्थान पर, पास–पास कई छत्ते समानांतर रुप से बनाती हैं।
   - यह प्रजाति समुद्रतल से 2500 मी. की ऊंचाई तक पायी जाती है।
   - इस प्रजाति के निखट्टू, कमेरी व रानी मक्खियां तीनों अलग–अलग प्रकोष्ट में पलती हैं।
   - एक कुटुम्ब में लगभग 25 से 30 हजार मक्खियां पायी जाती हैं।

- इनमें बक छूट (गण छूट) व घर की प्रवृति के साथ–साथ मोमी पतंगा का प्रकोप अधिक होता है।
- एक मौन गृह से साल भर में 8 से 9 कि.ग्रा. शहद प्राप्त होता है।
- इस प्रजाति को पालने हेतु दक्षिणी भारत में न्यूटन व उत्तरी भारत में ज्योलीकोट मौन पेटियां प्रयोग की जाती हैं।

3. *एपिस फलोरिया* (छोटी, लड्डू मधुमक्खी)

- यह मधुमक्खी अपना अकेला, छोटा सा छत्ता बगीचों, झाड़ियों की टहनियों पर नीचे ही बना लेती हैं।
- यह प्रजाति खुले स्थान पर छत्ता बनाती है एवं सफलता पूर्वक नहीं पाली जा सकी है।
- यह शीघ्र ही एक स्थान छोड़कर अन्य स्थान पर चली जाती है।
- यह समुद्र तल से 300 मी. की ऊंचाई तक मिलती है।
- इस प्रजाति में गण या बक छूट की प्रवृति अधिक होती है।
- एक छत्ते से 200 से 900 ग्रा. तक शहद प्राप्त होती है।
- यह आकार में छोटी होती है।
- इस मक्खी के निखट्टू, कमेरी व रानी मक्खी अलग–अलग प्रकोष्ठ में पलती हैं।

4. *एपिस मेलीफेरा* (येरोपियन या इटैलियन मधुमक्खी)

- यह एक विदेशी मधुमक्खी है जिसे 1962 में पंजाब कृषि विश्वविद्यालय के वैज्ञानिकों ने गर्भित रानी को इटली से आयातित कर *एपिस सिराना* मौनगृहों में हिमाचल प्रदेश के नगरोटा भगवान नामक स्थान पर सफलता पूर्वक आरोपित किया गया था। बाद में यह लुधियाना एवं हरियाणा लायी गयी। अब यह प्रजाति पूरे देश में फैल चुके हैं। इस प्रजाति के फैलने से पिछले एक दो दशक में भारत में शहद का उत्पादन कई गुणा बढ़ गया है।
- यह प्रजाति सुनहरी–भूरी होती है एवं भारतीय मधुमक्खी से बड़ी होती है। इसका भी छत्ता बनाने की प्रवृति अंधेरे में हमारी भारतीय या देशी मक्खी के ही समान होती है एवं मौनगृहों में पाली जाती है।

- इसमें भी रानी, निखट्टू एवं कमेरी मक्खियों के प्रकोष्ठ अलग–अलग होते हैं।
- इसको पालने हेतु लैंग्सेट्रॉथ एवं डडॉट मौनपेटियाँ प्रयोग में लाई जाती हैं।
- यह भारतीय मक्खी से ज्यादा शांत स्वभाव की होती हैं।
- इसमें घर छूट, बक छूट व मोमी पतंगे का प्रकोप होता है।
- इसमें चिचड़ी (माइट) का प्रकोप अधिक होता है।
- इसके एक मौन गृह से शहद का वार्षिक उत्पादन 15–20 कि.ग्रा. होता है। परंतु स्थानांतरण के द्वारा मौनपालक 40–50 कि.ग्रा. तक शहद प्राप्त कर लेते हैं।

एपिस मेलिफेरा मौन परिवार की झुण्ड संरचना

इस मधुमक्खी के परिवार में तीन प्रकार के सदस्य होते हैं, नामतः रानी, कमेरी मक्खी एवं निखट्टू।

1. रानी

एक मौनगृह में केवल एक ही रानी होती है जो अंडे देने का काम करती है। एक दिन में यह 1000 से 1500 तक अंडे देती है। इसका जीवनकाल 2 से 3 वर्ष का होता है। परंतु व्यवसायिक मौन पालक इसे प्रति वर्ष बदलते रहते हैं। रानी एक बार मैथुन हेतु उड़ान भरती है। उसके बाद मौनगृह में आकर अंडे देने का काम करती है। यह अपनी इच्छानुसार निषेचित एवं गैर निषेचित अंडे दे सकती है। निषेचित अंडों से रानी व कमेरी मक्खियां बनती हैं एवं अनिषेचित से नर या निखट्टू बनते हैं। रानी एवं कमेरी मक्खियों के बनने में मुख्य भूमिका भोज्य पदार्थ की होती है। रानी का लार्वा अपने पूरे काल तक रॉयल जेली पर पलता है। जब कि कमेरी मक्खियों के लार्वा को केवल पहले तीन दिनों तक रॉयल जेली दी जाती है एवं तीन दिन के बाद पराग एवं शहद को मिलाकर बी–ब्रेड दी जाती है। इसलिए कमेरी मक्खियां अविकसित रानी के रुप में रह जाती हैं।

रानी जब अंडे कम देने लगती है तब कमेरी मक्खियाँ उसे या तो मौनगृह छोड़ने पर विवश कर देती हैं या फिर मार देती हैं।

रानी का अंडा काल 3 दिन का, शिशुकाल 5 दिन का कोषावस्था (Pupal Period) 7 से 8 दिन एवं इनका पूरा अंडे से रानी निकलने तक का समय 15 से 16 तक का होता है।

2. नर या ड्रोन (निखट्टू)

नर का आकार कमेरी मक्खियों से बड़े परंतु रानी से छोटा होता है। इनकी आँखें बड़ी, उदर गोल, रंग कुछ ज्यादा भूरापन लिए होता है। इनकी टांगों में पराग थैली व डंक नहीं होते हैं। इनका मुख्य कार्य मैथुन करना होता है। इन्हें अधिक भोजन की आवश्यकता होती है। ये किसी अन्य कार्य में हाथ नहीं बंटाते हैं एवं प्रजनन काल के बाद मौन गृह पर बोझ बनकर रहते हैं। भोजन के अभाव में कमेरी मक्खियां इन्हें मौनगृह से बाहर निकाल देती हैं।

निखट्टू का अंडा काल 3 दिन का, शिशुकाल (लार्वल पीरियड) 7 दिन का, कोषावस्था 14 दिन की एवं अंडे से नर निकलने का समय 24 दिन होता है।

3. कमेरी मक्खियां

- कमेरी मक्खियां मौनगृह कर्ता–धर्ता होती हैं। इनका कार्य नया छत्ता बनाना उसकी मरमम्त करना, मधुरस एवं पराग लाना, छत्तों की सफाई करना, लार्वा का पालन पोषण करना, शत्रुओं से रक्षा करना एवं मौनगृह के तापमान का नियमन करना होता है।
- ये आकार में छोटी, उदर नुकीला एवं डंकदार होता है। इनके उदर की निचली सतह पर मोम ग्रंथियां होती हैं। एक मौनगृह में कमेरी मक्खियों की संख्या 40–50 हजार होती हैं।
- साधारणतया ये अंडे नहीं देती हैं परंतु यदि भोजन अभाव के समय रानी मर या चली जाती है तब अंडे देने लगती हैं परंतु उनसे केवल नर पैदा होते हैं।
- इनका अंडाकाल 3 दिन का, लार्वा का समय 5–6 दिन एवं कोषावस्था 11–12 दिन की एवं अंडे से कमेरी बनने तक का समय 19–20 दिन का होता है।

ज्यादातर यह देखा गया है कि कमेरी मक्खियां दो से तीन दिन की उम्र में छत्ते के कोठों को साफ एवं पालिश करती हैं, 4–6 दिन की उम्र में नर्स मक्खी का कार्य करती है एवं 4 दिन से बड़ी सुडियों को शहद एवं पराग मिलाकर (बि–ब्रेड) खिलाती है। 7–13 दिन तक प्रचुर मात्रा में रॉयल जेली श्रावित होता है तब ये 3 दिन से कम के शिशुओं को रॉयल जेली देती हैं। सातवें दिन के बाद ये अपने छत्ते से बाहर उड़ना एवं छत्ते की जगह को समझना एवं पहचानना शुरु कर

देती हैं। 18 दिन के बाद ये मोम का उत्पादन करने लगती हैं एवं छत्ता बनाने का कार्य करती हैं। 10 से 20 दिन की आयु में ये गृह के प्रवेश द्वार पर रक्षक का कार्य करती हैं एवं 21 दिन के बाद पराग, मधुरस, पानी एवं गोंद इत्यादि लाती हैं एवं कार्य करते–करते रास्ते में आते–जाते समय इनके जीवन का अंत हो जाता है।

— xxx —

8

बीज प्रसंस्करण (Seed Processing)

बीज प्रसंस्करण (Seed Processing)

फसल की कटाई के समय जो बीज प्राप्त होता है, उसमें अनेक प्रकार की वस्तुएँ; जैसे– कंकड़, मिट्टी, भूसी, खरपतवारों, अन्य किस्मों व अन्य फसलों के बीज, कीड़ों व रोगों से क्षतिग्रस्त, सिकुड़े, बदरंग, टूटे व असमान आकार के बीज मिले रहते हैं तथा बीज में नमी भी निर्धारित स्तर से अधिक होती है। परिणामतः उपज कम व निम्न कोटि की प्राप्त होती है और फसल उगाने में लगा श्रम व व्यय व्यर्थ जाता है। अतः ऐसे बीज को सुधारा जाना आवश्यक है। बीज को सुरक्षित आर्द्रता की मात्रा तक सुखाया जाता है, सफाई करके अशुद्धियाँ दूर की जाती है, श्रेणीकरण करके असमान अकार के बीज अलग किये जाते हें, कवक नाशकों एवं कीटनाशकों से उपचारित करके बोरों में भंडारित किया जाता है अथवा बिक्री के लिये जारी किया जाता है। **"फसल की कटाई व गहाई के बाद बीजों को सुरक्षित नमी के स्तर तक सुखाना, उसकी सफाई, छँटाई व उपचार के बाद थैलों में भरकर भंडारित करना, बीज संसाधन कहलाता है।"**

वैज्ञानिक बीज संसाधन में बीज की गुणवत्ता बनाये रखने के लिये उसे संदूषण के सभी श्रोतों से बचाया जाता है तथा संसाधन की विभिन्न क्रियाओं के दौरान बीज समूह (Seed Lot) की पहचान बनाये रखी जाती है। इस प्रकार बीज उद्योग में बीज संसाधन का प्रमुख स्थान है।

बीज उद्योग में बीज संसाधन का महत्व (Role of Seed Processing in Seed Industry)

(1) **गुणवत्ता उन्नयन (Quality Improvement)**– बीज संसाधन में बीज को सुखाकर उचित नमी स्तर पर लाया जाता है, जिससे वह भंडारण के दौरान खराब न हो, उसकी सफाई करके उसमें से कुड़ा–करकट (Inert Matter) अलग किया जाता है, जिससे शुद्ध बीज का प्रतिशत बढ़ जाता है और बीज आकर्षक बन जाता है।

(2) **स्वस्थ बीज (Healthy Seeds)**– कीटनाशको तथा फफूंदीनाशकों के द्वारा बीज का उपचार संसाधन का एक महत्वपूर्ण अंग है, जिससे बीज न केवल बीज–जन्य रोगों व कीड़ों से मुक्त हो जाता है, बल्कि भंडारण में भी खराब होने से बचा रहता है और खेत में भी बीज तथा नवोद्भिद इनके आक्रमण से बचे रहते हैं।

(3) **उचित भंडारण (Proper Storage)**– यदि बीज में नमी अधिक है तो वह भंडारण के दौरान बीमारियों व कीड़ों से ग्रसित हो जाता है और श्वसन दर अधिक होने से जल्दी खराब हो जाता है, लेकिन बीजों को उचित नमी अवस्था तक सुखाकर उपचारित करने के बाद भंडारित किया गया बीज लम्बे समय तक अंकुरणक्षमता तथा ओजपूर्ण बनाये रखा जा सकता है। इसके अतिरिक्त बीज में से कूड़ा–करकट निकल जाने से भंडारण में कम स्थान की आवश्यकता होती है।

(4) **अधिक उपज (Higher Yield)**– संसाधित बीज में शुद्ध बीज की प्रतिशत मात्रा अधिक होने से खेत में पादप संख्या अधिक मिलती है तथा फसल निरोग तथा ओजपूर्ण होती है, जिससे उपज अधिक मिलती है। असंसाधित बीज से उत्पादित फसल से उपज कम व निम्न गुणवत्ता वाली होती है।

(5) **कम उत्पादन लागत (Lower Cost of Production)**– संसाधित बीज अन्य फसलों, खरपतवारों के बीजों, बीमारियों तथा कीड़ों से मुक्त होता है,

जिससे बीज फसल में अवाँछित पौधा निष्कासन एवं कीटनाशकों व फफूंदीनाशकों के प्रयोग पर होने वाला अनावश्यक व्यय नहीं करना पड़ता, जिससे बीज उत्पादन की लागत कम आती है।

(6) **मशीनों से बुवाई में सुविधा (Easy Mechanical Sowing)**– असंसाधित बीज में कूड़ा–करकट (Chaffy Material) होता है जो बुवाई करने वाली मशीन की बीज धानियों में अटक जाता है, जिससे बीज समान मात्रा में नहीं बोये जा सकते। संसाधित बीज से मशीन से बुवाई आसान हो जाती है। इसके अतिरिक्त संसाधित बीज में समान आकार के बीज रखे जाते हैं, जिससे मशीनों में एक निश्चित समायोजन (Calibration) करना सम्भव होता है।

बीज संसाधन के मुख्य सिद्धांन्त (Main principles of Seed Processing)

बीज संसाधन का कार्य निम्नलिखित सिद्धान्तों के आधार पर किया जाता है–

(1) **पूर्ण सफाई व छँटाई (Complete Cleaning and Separation)**– बीज में प्रायः अनेक किस्मों, फसलों व खरपतवारों के बीज मिले रहते हैं, जो बुवाई के बाद फसल के साथ प्रतियोगिता करते हैं और उसकी वृद्धि एवं विकास पर प्रतिकूल प्रभाव डालते हैं, साथ ही छोटे आकार के, सिकुड़े, बदरंग, टूटे व रोगग्रस्त बीज मिले होने से फसल का उचित दाम नहीं मिलता, बीज की अंकुरण क्षमता कम रहती है और पैदावार भी कम मिलती है। अतः उत्तम कोटि की भरपूर उपज प्राप्त करने के लिये उसकी पूर्ण सफाई व छँटाई अति आवश्यक है।

(2) **न्यूनतम बीज हानि (Minimum Loss of Seed)**– संसाधन का अधिकांश कार्य मशीनों के द्वारा किया जाता है और जब बीज में अशुद्धियाँ बीज के समान होती हैं, तो उनके साथ कुछ बीज भी बेकार चला जाता है, क्योंकि मशीन बीज व अशुद्धि में पहचान नहीं कर पाती। इसलिये इस बात की कोशिश की जाती है कि संसाधन के दौरान बीज की हानि न्यूनतम हो।

(3) **न्यूनतम श्रम (Minimum Labour)**– संसाधन की ऐसी व्यवस्था की जानी चाहिये जिसमें न्यूनतम श्रमिक लगाकर अधिकाधिक कुशलता से कार्य सम्पन्न किया जा सके, अन्यथा संसाधन लागत बढ़ने से बीज महँगा हो जायेगा और शुद्ध लाभ कम होगा।

(4) **यॉँत्रिक दक्षता (Mechanical Efficiency)**–संसाधन के दौरान मशीनें ठीक रहें, जिससे संसाधन कार्य अच्छा और अधिकाधिक हो सके। खराब मशीन बीज को विपरीत और खराब कर देती है तथा संयंत्र की दक्षता पर भी विपरीत प्रभाव पड़ता है।

(5) **गुणवत्ता उन्नयन में सुधार (Quality Improvement)**– संसाधन का कार्य बीज की गुणवत्ता सुधारने के विचार से किया जाता है। अतः संसाधन के अन्तर्गत उन सारे पदार्थों तथा बीजों को निकाला जाता है, जो सम्बन्धित फसल की किस्म के बीजों से भिन्न होते हैं, या सड़े–गले, टूटे हुए कीटग्रस्त, रोगग्रस्त या निम्न गुणवत्ता वाले होते हैं और केवल शुद्ध, स्वस्थ व उच्च अंकुरण क्षमता वाला बीज रखा जाता है।

बीज संसाधन के विभिन्न चरण (Various Steps in Seed Processing)

उन्नत प्रभेदों के गुणवत्ता बीज उत्पादन में बीज संसाधन (Seed Processing) एक महत्वपूर्ण प्रक्रिया है। मड़ाई के बाद बीज का संसाधन (Processing) किया जाता है। बीज संसाधन की मुख्य क्रियाएँ निम्नलिखित होती हैं: (1) सुखाना (2) सफाई व श्रेणीकरण (Cleaning and Grading) (3) परीक्षण (Testing) (4) उपचार (Treatment) तथा (5) बोराबन्दी व चिन्ह (Bagging and Labelling)।

सुखाना (Drying): समुचित संसाधन (Processing) व भण्डारण (Storage) के लिए बीज में अनुकूलतम नमी (Optimum Moisture) का होना अनिवार्य है। साधारणतया, मड़ाई से प्राप्त बीजों में आवश्यकता से अधिक नमी या आद्रता (Moisture) होती है, अतः उन्हें सुखाना आवश्यक होता है। बीजों को (1) प्रकृतिक या (2) कृत्रिम रुप से सुखाया जा सकता है। बीजों को प्राकृतिक रुप से सुखाने के लिए उन्हें धूप में फैला दिया जाता है। यह विधि रबी फसलों के लिए काफी उपयुक्त होती है क्योंकि इस समय मौसम गर्म व सूखा होता है। परन्तु कभी–कभी रबी में भी वर्षा हो जाती है, जिससे बीजों को धूप में सुखाना संभव नहीं होता है। इसके साथ ही, खरीफ की फसलों के बीजों को सामान्यतया धूप में सुखाना मुश्किल होता है, क्योंकि इस समय मौसम नम होता है तथा वर्षा होने की काफी सम्भावना रहती है। इन दशाओं में बीजों को कृत्रिम रुप से सुखाया जाता है। कृत्रिम रुप से बीजों को सुखाने के लिए गर्म हवा या सूखी किन्तु ठंडी हवा को बीजों में से प्रवाहित करते हैं। सूखे मौसम में ठंडी हवा उपयोगी होती है, परन्तु नम

मौसम में गर्म हवा का उपयोग अनिवार्य होता है। गर्म हवा के उपयोग से किसी भी मौसम में बीजों को सुखाया जा सकता है। परन्तु इसके उपयोग के लिए (1) महंगे उपकरणों (Equipments) की आवश्यकता होती है, (2) ईंधन की आवश्यकता होती है, जिससे खर्च बढ़ता है (3) आग लगने का भय रहता है, तथा (4) अतितापन (Over Heating) की सम्भावना रहती है, जिससे अंकुरण (Germination) पर बुरा असर पड़ सकता है।

बीजों को सुखाने के लिए हवा का अधिकतम संस्तुतित तापक्रम 40^0C है। परन्तु यदि बीज को क्षतिग्रस्त होने से बचाना है तब तपाक्रम को 40^0C से कम रखना चाहिए। यदि बीज में नमी की मात्रा 18 प्रतिशत से अधिक है तब बीज को सुखाने का अधिकतम तापक्रम 32^0C की सलाह दी जाती है एवं जब बीज में नमी की मात्रा 18 प्रतिशत से कम है तब उसे सुखाने के तापक्रम को 40^0C रखने की सलाह दी जाती है।

सफाई व श्रेणीकरण (Cleaning and Grading): बीजों में यदि 15 प्रतिशत नमी है तब उन्हें सुखाया जाता है परन्तु सोयाबीन, मटर एवं अरहर में यदि नमी की मात्रा 10 प्रतिशत से कम है तब उनमें संसाधान के दौरान क्षतिग्रस्त होने की संभावना बढ़ जाती है इसलिए इन्हें परिस्थित (Conditioned) करना आवश्यक हो जाता है इसके पश्चात ही इनकी सफाई एवं श्रेणीकरण किया जाता है। बीज को उपयुक्त नमी तक सुखाने के बाद उसकी सफाई की जाती है। बीज में से निर्जीव पदार्थों तथा खरपतवारों एवं अन्य फसलों के बीजों को अलग करना ही **बीज की सफाई** है। बीजों की सफाई साधारणतया मशीनों की सहायता से की जाती है। विभिन्न फसलों व खरपतवारों के बीज एक–दूसरे से आमाप (Size) आकार (Shape), भार (Weight), घनत्व (Density), सतह के खुरदरेपन (Surface Roughness), रंग (Colour), विद्युतीय गुणों (Electrical Properties) आदि में भिन्न होते हैं। बीजों की सफाई करने वाली मशाने बीजों को भौतिक गुणों के आधार पर उन्हें एक–दूसरे से अलग करती हैं।

सफाई करने के बाद, स्वस्थ तथा अच्छी तरह से भरे बीजों को छोटे एवं सिकुड़े बीजो से अलग किया जाता है, इसे श्रेणीकरण (Grading) कहते हैं। श्रेणीकरण के लिए बीजों को उचित आमाप एवं आकार के छेदों वाली छन्नी (Seive) से छाना जाता है। सफाई व श्रेणीकरण के लिए वायु एवं छन्नी (Air and Screen) मशीन का उपयोग किया जाता है। इस मशीन द्वारा बीजों की सफाई करने के लिए उन्हें एक निश्चित गति से बह रही हवा की धारा में से गुजारते हैं।

इससे साफ किए जा रहे बीजों में से हल्के पदार्थ या बीज हवा द्वारा उड़ा दिए जाते हैं, और अपेक्षाकृत भारी पदार्थ भी अलग हो जाते हैं **(सफाई)**। इसके बाद बीजों को एक निश्चित आमाप के छेदों वाली छन्नी में छाना जाता है **(श्रेणीकरण /Grading)**। इस मशीन में सम्बन्धित फसल के बीज आमाप के अनुसार छन्नी को बदलने की सुविधा होती है।

बीज बोराबंदी (Seed Bagging)

बीजोपचार के बाद बीज संसाधन का अगला चरण बीज की बोराबंदी है, जिसमें बोरे को नियत भार तक भरना, बंद करना तथा बोरे पर चिन्हन लगाना आदि क्रियाएँ सम्मिलित की जाती है।

बोराबंदी के लाभ (Advantages of Seed Bagging)

(1) **बीज को उठाने–रखने में आसानी (Easy Handling)**– बीज छोटी–छोटी इकाइयों में बँट जाता है, जिससे उसके भंडारण की आवश्यकता नहीं होती है।

(2) **निश्चित भार (Specific Weight)**– बोरे में एक निश्चित भार रखा जाता है, जिससे बीज को बार–बार तोलने की आवश्यकता नहीं होती।

(3) **पहचान (Identification)**– बोरा भरने के बाद उस पर बीज के पूर्ण ब्यौरा वाला लेबिल तथा प्रमाणीकरण टैग लगाया जाता है, जिससे बीज की पहचान बनी रहती है।

(4) **कृषि की उन्नत विधियों की जानकारी (Knowledge of Improved Cultivation Practices)**– बोरे को बंद करने से पूर्व उसके अन्दर सम्बन्धित फसल व किस्म की खेती की विधियों के संबंध में जानकारीयुक्त प्रपत्र रखा जाता है।

(5) **बीज गुणवत्ता का अनुरक्षण (Maintenance of Seed Quality)**– वायुरोधी एवं नमीयुक्त बोरों/पात्रों में बीज, भंडारण के दौरान सुरक्षित रहता है एवं उसकी अंकुरण क्षमता तथा ओज में अधिक परिवर्तन नहीं होता है।

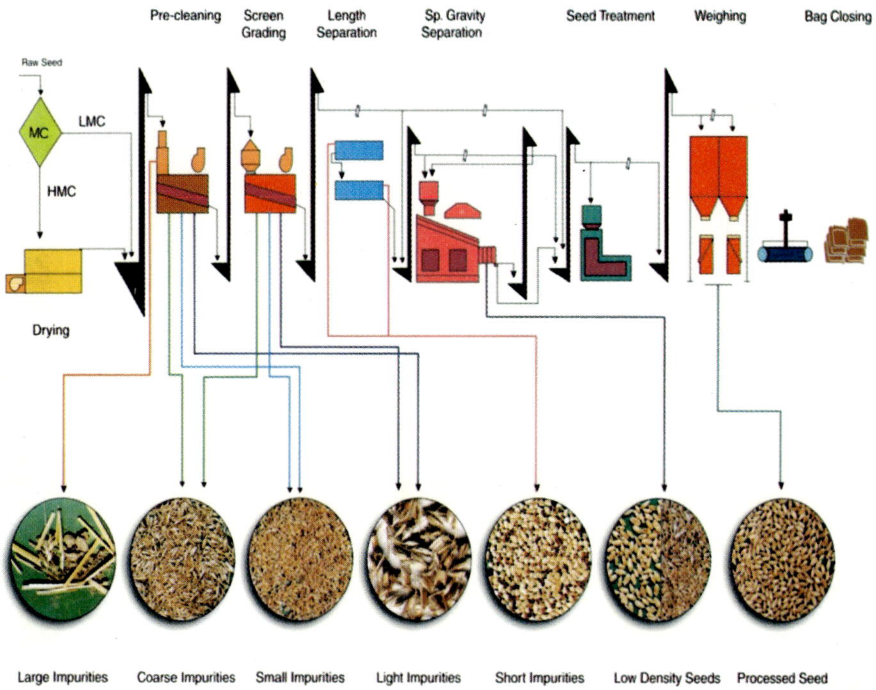
Pre-cleaning
Screen Grading
Length Separation
Sp. Gravity Separation
Seed Treatment
Weighing
Bag Closing
Raw Seed
MC
LMC
HMC
Drying
Large Impurities
Coarse Impurities
Small Impurities
Light Impurities
Short Impurities
Low Density Seeds
Processed Seed

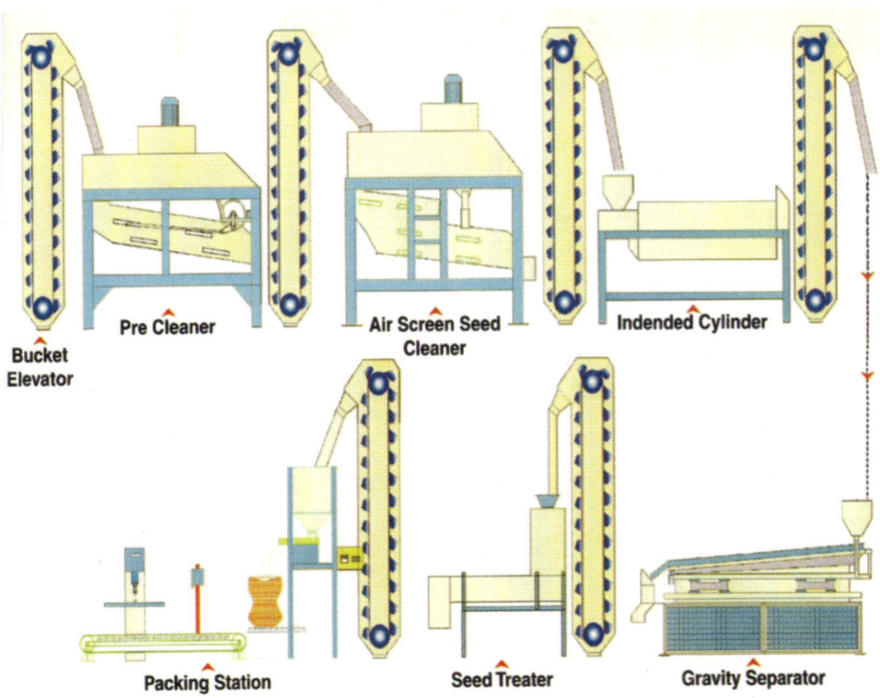
Bucket Elevator
Pre Cleaner
Air Screen Seed Cleaner
Indended Cylinder
Packing Station
Seed Treater
Gravity Separator

अप्रसंस्कृत बीज

बेकार बीज

प्रसंस्कृत बीज

सारणी 8.1: बीज सफाई हेतु प्रयुक्त जालियों का आकार

फसल		जालियों का आकार (मिली मीटर)	
		उपरी जाली	निचली जाली
धान्य फसलें			
गेहूँ	*Triticym aestivym*	6.00r	1.80s, 2.10s, 2.30s
	T. durum	6.00r	2.10s, 2.30s
धान		2.80s, 9.00r	1.80s, 1.85s
मक्का		10.50r, 11.00r	6.40r, 8.00r
मक्का		8.75r	4.5r, 4.75r
ज्वार		4.75r	2.10s, 3.50r
बाजरा		3.25r	1.30r, 1.30s, 1.40r 1.40s, 1.60r, 1.90r
दलहनी फसलें			
चना		9.00r, 10.00r	5.00r, 5.50r, 6.00r
लोबिया		7.00r	3.50r, 4.00r
मूंग		5.50r	2.80s, 3.20s
मसूर		7.00r	3.20s, 4.00r, 4.75r
अरहर		9.50r	3.20s, 4.00r, 4.75r
तिलहनी फसलें			
तोरया एवं सरसों		2.75r, 3.00r	0.90s, 1.00s, 1.10s
कुसुम		7.25r	1.20s
सोयाबीन		8.00r	4.00s
सूर्यमुखी		9.00r	2.40s
रेशेवाली फसलें			
कपास	Fuzzy	14.30r	5.20s
	Delinted	7.20r	3.90s
जूट	*Corchorus capsularis*	2.40r	1.20r, 1.60r
	C. olitorius	2.00r	0.80r, 1.00r
चारा वर्गीय फसलें			
ज्वार		4.00r, 4.75r	2.10s
रिजका		2.50r	0.70s, 0.70 x 0.70m
जई		7.50r	2.00s
सुडान घास		4.00r	1.20s, 1.30s
शाकीय फसलें			
बैंगन, मिर्च एवं टमाटर		4.00r	0.80s, 2.10r
पत्ता गोभी		2.75r	0.90s
गाजर		2.30r	1.00r
फूल गोभी		2.75r	1.10s
भिंडी		6.00r	4.30r
प्याज		3.80r	2.00r
मूली		4.50r	2.00r

r = गोल (round) छिद्र वाली जाली s = अण्डाकार (oblong) छिद्र वाली जाली

m = तार से बनी छन्नी

बोराबंदी की विधि (Method of Bagging)– बोराबंदी हाथ अथवा मशीनों से की जा सकती है।–

(1) **हाथ से बोरा भराई (Manual Bagging)**– इस प्रकार की बोरा भराई में अधिकतर कार्य हाथ से किया जाता है। इस विधि में सबसे पहले बोरे में बीज, अनुमान से नियत भार तक भर तेले हैं। इसके बाद बोरे को मंच तुला (Platform Balance) पर रखकर, निर्धारित भार मात्रा करने के लिए बीज डोई (Scoop) से निकाला या मिलाया जाता है। इस प्रकार से बोरा भरने में समय व श्रम अधिक लगता है, लेकिन यदि बोरा भराई धान्य–कोष्ठ उपलब्ध न हो, बीज आसानी से बहने वाला (Free flowing) न हो (भूसीनुमा बीज) अथवा सस्ता मानव श्रम उपलब्ध हो तो यह विधि उपयोगी रहती है।

(2) **अर्द्ध–स्वचालित बोरा भराई मशीन (Semi-automatic Bagging Machine)**– इस मशीन में हाथ से अधिक काम नहीं करने पड़ते, इसलिये इसकी कार्यक्षमता अधिक होती है। इस मशीन में धान्य–कोष्ठ के निचले भाग में तुला जुड़ी होती है और तुला के निचले भाग में शिकंजा (Clamp) लगा होता है, जिसमें बोरा फँसाया जाता है। बोरे में अभीष्ट भार तक बीज भरने के बाद का कार्य हाथ या मशीन से किया जाता है। ऐसी मशीन के प्रत्येक मॉडल का शिकंजा विशेष मोटाई तथा निर्माण सामग्री के बोरो को ही पकड़ता है।

(3) **स्वचालित बोरा भराई मशीन (Automatic Bagging Machine)**– इस प्रकार की मशीन में सारा कार्य मशीन द्वारा सम्पन्न होता है। इसमें अर्ध–स्वचालित मशीन में एक ऐसा साधन (Device) जोड़ा जाता है, जिससे खाली बोरा स्वतः उठकर बोरा भराई मशीन के शिकंजे में लग जाता है और नियत भार तक बीज भरने के बाद बोरा, संवाहक द्वारा बोराबंदी मशीन तक पहुँच जाता है तथा दूसरा बोरा शिकंजे में लग जाता है।

बोरों को बंद करना (Bag Closing)– बोरों को हाथ अथवा मशीनों से बंद किया जाता है। कागज या कपड़े के बोरों को सिलाई मशीन से सिला जाता है, प्लास्टिक के थैलों को विशेष मशीन द्वारा गर्म करके बंद किया जाता है।

सिलाई मशीन के कार्य की देखभाल व नियंत्रण, मशीन की सफाई, स्नेहन (Lubrication), धागा डालने, सुई तथा लूप (Loop) फिट करने के लिये कुशल प्रचालक की आवश्यकता होती है। बीज उद्योग में आजकल फिसबीन वाहनीय

बोराबंदी मशीन, यूनियन स्पेशल मशीन व उषा, सिंगर मेरिट तथा रीबो आदि कम्पनियों के विभिन्न मॉडल प्रचलित हैं।

बोरों पर लेबिल लगाना (Attaching Labels)– बोरे को बंद करने से पहले उसमें सम्बन्धित उन्नत किस्म के बीज की खेती की विधियों के विषय में एक पत्रक (Leaflet) रखना चाहिए। प्रत्येक बोरे से एक नमूना लेकर एक बीज खेप के सारे नमूनों को मिलाकर उसे परीक्षण हेतु बीज प्रयोगशाला में भेज देते हैं। प्रयोगशाला सें संतोषजनक परिणाम मिलने पर बोरों पर अंकन पत्र तथा सील लगा दी जाती है। अंकन पत्र पर बीज का पूर्ण ब्यौरा, बीज की खेप संख्या, बीज की गुणवत्ता व शुद्धता के साथ–साथ प्रमाणीकरण संस्था का प्रमाणपत्र भी लगाया जाता है। पॉलिथीन के बोरों पर लेबिल लगाने के बजाय बीज का ब्यौरा छापा जाता है।

बोरों के प्रकार (Types of Bags)– इस प्रयोजन के लिये प्रयुक्त बोरे नये, साफ व उपयुक्त आकार के होने चाहिए। यदि पुराने बोरे प्रयोग करने हों, जो उन्हें अच्छी तरह साफ कर लेना चाहिये, क्योंकि उनमें पहले से अन्य फसल के बीज या कीड़े आदि हो सकते हैं। अच्छा रहे उन्हें 3 प्रतिशत डी.डी.टी. के घोल में डुबोकर अच्छी तरह सुखा लिया जाये। जहाँ तक संभव हो, नमी मुक्त (Water Proof) बोरे प्रयोग में लाये जाने चाहिए। इसके लिये प्लास्टिक अथवा पॉलिथीन के बोरे उपयुक्त रहते हैं। शुष्क दशाओं में जूट के बोरे प्रयोग किये जा सकते हैं। छोटे पैकटों के लिये कपड़े अथवा कागज के थैले काम में लाये जाते हैं।

— xxx —

9

बीज उपचार (Seed Treatment)

बीज उपचार का अर्थ है – फफूंदनाशी रसायनों, कीटनाशी रसायनों, जीवाणुनाशी रसायनों तथा अन्य परजीवीनाशी रसायनों इत्यादि का बीज के ऊपर लेप देकर बीज को विगलन, क्षारण अथवा अन्य बीमारीयों से बचाया जा सकता है। इसका यह भी अभिप्राय है कि बीज को सूर्य के ताप से कितना बचाया जाये अथवा किसी विशेष प्रकार के द्रव या घोल में कितनी देर रखा जाये या कितनी धूप दिखाई जाये। बीज उपचार एक ऐसी प्रक्रिया है जिसके द्वारा उत्पाद (Product) तथा विधि (Process) दोनों की व्याख्या की जाती है।

बीजोपचार से (1) बीज–जनित/वाहित रोगों (Seed-borne/carrier Diseases), जैसे गेहूँ में बंट (Bunt), ज्वार में अनाज कंड (Grain Smut) आदि, का नियंत्रण, (2) मृदावाहित रोगों (Soil-Borne Diseases) से सुरक्षा, (3) भण्डारण के दौरान कीटों से रक्षा, तथा (4) बुआई पश्चात मृदा में बीज की कीटों से रक्षा होती है।

सारणी 9.1: बीज उपचार का उद्भव

समय	बीज उपचार से संबंधित जानकरी
ईसा से लगभग 2000 वर्ष पूर्व से लेकर पहली शताब्दी तक	भिगोने/डुबोने की पहली विधियां– प्याज के रस का बीजोपचार हेतु प्रयोग (मिस्र, ग्रीस तथा रोमन समराज्य)
मध्यकाल	क्लोरिन युक्त साल्ट/लवण/खाद में बीज को भिगोना/डुबोना
16वीं शताब्दी	बीजोपचार हेतु नमक/लवण के पानी में बीज को भिगोना/डुबोना
17वीं शताब्दी के मध्य से	कॉपर युक्त लवणों का प्रयोग
1740	आरसेनिक लवणों का बीजोपाचार हेतु प्रयोग
1765	गरम पानी में बीज को भिगोना/डुबोना (जर्मनी)
1808	आरसेनिक लवणों पर प्रतिबंध
1915	ऑरगेनो–मर्कुरल्स का बीजेचार हेतु प्रयोग
1960's	प्रथम दैहिकी कवकनाशी (Systemic fungicide) का बीजोपचार हेतु प्रयोग
1970's	प्रथम दैहिकी कवकनाशी (Systemic fungicide) का हवाजनित वयाधियों के विरुद्ध बीजोपचार हेतु प्रयोग
1982's	पश्चिमी युरोप में ऑरगेनो–मर्कुरल्स का बीजेचार हेतु प्रयोग पर प्रतिबंध
1990's	नई एवं आधुनिक कवकनाशी/कीटनाशकों का बीजेपचार हेतु प्रयोग

स्रोत: FIS, 1999

बीजोपचार के लाभ (Advantages of Seed Treatment)

बीजोपचार के अनेक लाभ हैं– जिनमें प्रमुख निम्नलिखित हैं:

(1) **बीज–जन्य रोगों का नियँत्रण (Controlling Seed Borne Diseases)–** सही बीज उपचार अधिकतर बीज–जन्य रोगों की रोकथाम करने में सक्षम होता है।

(2) **बीज का रक्षण (Protecting Seeds)**– बीजोपचार से बीज के उपर एक रक्षक लेप (Protective Coating) चढ़ जाता है जो बीजों को बीज–जन्य व मृदा–जन्य सूक्ष्मजीवों के साथ–साथ उन्हें सड़ने से बचाता है।

(3) **अंकुरण में सुधार (Improving Germination)**– बीजों को उचित कवकनाशी द्वारा उपचारित करने से विभिन्न कवक बीजावरण को क्षति नहीं पहुँचा पाते, जिससे बीज की जैविकता बनी रहती है। प्रसुप्ति समाप्त करके, अंकुरण बाधक पदार्थों को दूर करने तथा अंकुरण वर्धक पदार्थों द्वारा बीजोपचार करके भी अंकुरण में वृद्धि की जा सकती है।

(4) **भंडारण कीटों से सुरक्षा (Protecting Against Storage Insects)**– बीजों को उचित कीटनाशी द्वारा उपचारित करने के पश्चात् भंडारगृह में भी कीट–क्षति से बचा रहता है।

(5) **मृदा कीटों का नियँत्रण (Controlling Soil Insects)**– उपचारित बीज पर रसायनों का लेप बुवाई के बाद भी अनेक मृदा कीड़ों से बीज तथा पौध की रक्षा करता है, जिससे पौधे का विकास निर्विघ्न होता है।

(6) **बीज उत्पादन लागत में कमी (Reducing the Cost of Seed Production)**– उपचारित बीज बोने से फसल की वृद्धि अवस्था में कीड़ों व रोगों की संभावना कम हो जाती है, जिससे फसल सुरक्षा पर होने वाला खर्च बच जाता है।

(7) **लाभदायक कीड़ों की वृद्धि (Increasing Beneficial Insects)**– फसल सुरक्षा के लिये रसायनों का छिड़काव करने से कुछ लाभदायक (परागण में) कीड़ों की कमी से उपज प्रभावित होती है। उपचारित बीज बोनो से इनकी संख्या में वृद्धि होती है।

(8) **गुणवत्ता संपन्न बीज का उत्पादन (Producing Good Quality Seeds)**– उपचारित बीज बोने से फसल स्वस्थ रहती है, जिससे उत्पादित बीज उच्च गुणो वाला होता है।

कीड़ों व बीमारियों के नियंत्रण के लिये बीजोपचार (Seed Treatment for Controlling Insects Pests and Diseases)

इस प्रकार के उपचार का उद्देश्य बीज को रागजनकों से मुक्त रखना है। इसके अन्तर्गत बीज विसंक्रमण (Seed Disinfection), बीज विग्रसन (Seed Disinfestation) तथा बीज रक्षण (Seed Protection) आते हैं।

(1) **बीज विसंक्रमण/बीज रोगाणुनाशन (Seed Disinfection)**– सही बीज उपचार अधिकतर बीज जन्य रोगों की रोकथाम करने में सक्षम होता है। उदाहरणार्थ– गेहूँ एवं जौ का अनावश्त कन्ड, जौ का धारीदार रोग आदि। इसमें भौतिक विधियाँ–उष्ण जलोपचार (Hot Water Treatment) तापोपचार (Solar Treatment) अथवा प्लान्टवैक्स, विटावैक्स, बेनलेट आदि का प्रयोग किया जाता है जो बीजों को बिना नुकसान पहुँचाए रोगकारक को समाप्त कर देता है।

(2) **बीज विग्रसन/बीज निर्वाधन (Seed Disinfestation)**– बहुत से रोगजनक (बिजाणु, मुक्त कीट व उनके प्यूपा आदि) बीज में प्रवेश नहीं करते, बल्कि उनकी सतह पर स्थित होते हैं। बीजों को ऐसे रोगजनक जीवों से मुक्त करने के लिये उन्हें रासायनिक घोलों में डुबोया या भिगोया जाता है। उदाहरणार्थ– जौ एवं जई का आवश्त कंड, ज्वार का अनावश्त और दाना कंड, गेहूँ का बट आदि। इसके लिए सेरेसन, कापर सल्फेट, कापर कार्बोनेट, पेनोजन आदि का प्रयोग किया जाता है।

(3) **बीज रक्षण (Seed Protection)**– कुछ रोगजनक मृदा में रहते हैं, जो बुवाई के बाद बीज व पौध को क्षति पहुँचाते हैं, जिनसे बचाव की क्षमता उत्पन्न करने के लिए बीज रसायनों का आवरण (Coating) चढ़ाया जाता है। इसके लिए कैप्टान, थायरम, ऐग्रोसन जी एन, सेरेसन, रोजेमिल आदि रसाय्नों का प्रयोग किया जाता है।

बीज उपचार की विधियाँ (Methods of Seed Treatment)

बीजोपचार की अनेक विधियाँ हैं–

(1) यॉंत्रिक उपचार (Mechanical Treatment)

यह कई प्रकार से किया जाता है–

(i) **उचित सफाई (Proper Cleaning)**– विभिन्न रोगों से प्रभावित बीज खुरदरे (Rough), विकृत (Deformed) विवर्णित (Discoloured) तथा हल्के हो जाते हैं, जिन्हें बीज भार पृष्ठ गठन व रंग आदि के आधार पर पृथक्करण करने वाली पृथक्कारी मशीनों के द्वारा अथवा हाथ से चुनकर बीज ढेर से अलग किया जा सकता है। उचित सफाई से संक्रमित भूसीनुमा अक्रिय पदार्थ भी बीज से अलग हो जाते हैं।

(ii) **याँत्रिक क्षति में कमी (Reducing Mechanical Injury)**– बीज में नमी अधिक होने और संसाधन मशीनों के ठीक से काम न करने से बीज में यॉत्रिक क्षति अधिक होती है। ऐसे बीजो पर रोगों व कीड़ों का आक्रमण अधिक होता है। अतः बीज में यॉत्रिक क्षति कम करके रोगों और कीड़ों का प्रकोप कम किया जा सकता है।

(2) भौतिक उपचार (Physical Treatment)

इनकी कई विधियाँ हैं–

(i) **सुरक्षित नमी स्तर (Safe Moisture Content)**– बीज में संक्रमण को रोकने की सर्वाधिक प्रभावी विधि बीजों को सुरक्षित नमी स्तर तक सुखाना है, जिस पर विभिन्न रोगजीव नहीं पनपते, जो विभिन्न बीजों के लिये अलग–अलग है, जैसे– धान्य के लिये 12 प्रतिशत, कपास व सोयाबीन के लिये 10 प्रतिशत, दलहनों के लिये 9 प्रतिशत, तिलहनों के लिये 8–10 प्रतिशत व सब्जियों के लिये 8 प्रतिशत आदि।

(ii) **बीजों का कुछ समय के लिये उचित भंडारण (Safe Storage of Seeds)**– कुछ बीज–जन्य रोगों का जीवन–चक्र बहुत छोटा होता है। यदि बीज उचित दशाओं (कम नमी व कम ताप) में कुछ समय के लिये भंडारण करने के बाद बोयें तो रोगजनक स्वतः समाप्त हो जाते हैं। उदाहरण के लिये, हमारे देश में बाजरा के अर्गट (Ergot) रोग का रोगजनक 5–8 माह में (बुवाई के समय से पूर्व) समाप्त हो जाता है। अतः इस रोग द्वारा संक्रमित बीज को उचित भंडारण के बाद अगले वर्ष निडर होकर बोया जा सकता है।

(iii) **सौर उपचार (Solar Treatment)**– विभिन्न बीज–जन्य रोगों व कीड़ों को नष्ट करने के लिये इस उपचार की सहायता ली जाती है। यह विधि मई–जून के महीनों में (जब तापमान 45^0–50^0 से. हो) अपनायी जाती है। इस विधि में बीजों को सवेरे लगभग 2 घण्टे पानी में भिगोने के बाद फर्श पर फैलाकर धूप में सुखाया जाता है। इस उपचार के द्वारा गेहूँ व जौ के अनावृत कण्ड (Loose smut) रोग के रोगाणुओं एवं कपास के गुलाबी कीट को आसानी से नष्ट किया जा सकता है।

(iv) **शुष्क बीजों को गर्म करना (Dry Heating of Seeds)**– कुछ बीजों को कुछ समय उँचे तापमान पर रखने से कुछ रोगजनक मर जाते हैं। टमाटर का मौजेक विषाणु सूखे बीजों को 70^0 से. तापमान पर 3 दिन रखने से समाप्त हो जाता है, लेकिन अत्यधिक ताप बीजांकुरण को प्रभावित कर सकता है।

(v) **उष्ण जलोपचार (Hot Water Treatment)**– बीजों को कुछ समय के लिये गर्म पानी में भिगोकर रखने से भी कुछ रोगजनकों से छुटकारा मिल जाता है। फूलगोभी के बीजों को 50^0 से. तापमान वाले पानी में 20 मिनट तक रखने से *जेन्थोमोनाज कम्पेस्ट्रिस* (*Xanthomonas campestris*) नामक जीवाणु मर जाता है। यह विधि बंदगोभी गाजर, खीरा, प्याज, सलाद, पालक, मिर्च, मूली, शलजम आदि के लिये भी प्रयोग की जा सकती है। इस उपचार से एक लाभ यह भी है कि कुछ अंकुरण बाधक पदार्थ बीज की धुलाई से अलग हो जाते हैं, जिससे अंकुरण बढ़ जाता है। बहुत से भंडारगृहों में कीड़ों को मारने के लिये गर्म पानी के नल (Heating Pipes) लगाये जाते हैं। यह विधि उन बीजों के लिये प्रयोग में नहीं लायी जा सकती, जो नमी सोखते हैं, जिससे बीजावरण फट जाते हैं (जैसे– दलहन) अथवा चिपचिपाहट पदार्थ श्रावित करते हैं (जैसे– अलसी)। इस विधि में बीजों को झरझरे सूती कपड़े के थैले में आधा भरकर जल उष्मक (Water Bath) में गर्म करने के बाद ठंडा करके अच्छी तरह सुखाते हैं। कभी–कभी पानी के स्थान पर तेल का प्रयोग किया जाता है।

(vi) **नमकीन जल उपचार (Saline Water Treatment)**– बीजों को साधारण नमक के 10 प्रतिशत के घोल में डुबोने से संक्रमित बीज व स्कलेरोशियम (Sclerotium) उपर तैर जाते हैं जिन्हें हाथ से अलग किया जा सकता है। गेहूँ गेगला (*Anguina tritici*) से युक्त बीजों को 20 प्रतिशत नमक के घोल में डुबोकर अलग किया जा सकता है।

(vii) **जल वाष्प उपचार (Steam Treatment)**– यह विधि शुष्क बीजों को गर्म करने अथवा गर्म जल उपचार से अधिक सुरक्षित एवं प्रभावी है। इसमें कम समय व कम तापमान की आवश्यकता होती है। इस विधि में बीजों को सुखाना आसान है, तापमान नियँत्रण सम्भव है, दलहनी बीजों के बीजावरण अविकल रहते हैं और अलसी के बीज लसदार नहीं होते।

अन्य बीजोपचार (Other Seed Treatment) – संयुक्त राज्य अमेरीका में अभी हाल ही में एक नई निवेशन प्रक्रिया विकसित की गई है, जिसमें निवेशन चार चरणों में पूरा होता है। पहले बीजावरणों को प्रवेश्य (Permeable) बनाने के लिये यॉंत्रिक रुप से बीजों पर क्षत चिन्ह (Scarification Marks) बनाये जाते हैं। फिर चुने हुए जीवाणु विभेद के द्रव निलंबन को प्रत्येक बीज में मशीनों द्वारा प्रविष्ट कराया जाता है। तीसरे चरण में निर्वात स्थिति (Vacuum) उत्पन्न की जाती है, जिसमें जीवाणु को बीज में प्रविष्ट कराया जाता है तथा चौथे और अंतिम चरण में बीज को सुखाकर थैलों में भर दिया जाता है।

बीज निवेशन विलयन सामान्य रुप से ऐसे आर्द्र संवर्ध (Wet Culture) होते हैं, जो एगर (Agar) या नमीदार पीट (Peat) या ह्यूमस विनिर्मित पदार्थों से बने होते हैं। कुछ ऐसे भी संवर्ध होते हैं, जो पूरी तरह शुष्क होते हैं। एगर संवर्ध फली जीवाणुओं के शुद्ध संवर्ध होते हैं और ये ह्यूमस विनिर्मित पदार्थों से बने निवेशनों की अपेक्षा कम समय तक जीवन–क्षम रहते हैं। एगर विलयनों से उपचारित बीज को जहाँ तक सम्भव हो यथाशीघ्र बोना चाहिए। ह्यूमस और पीट से विर्निमत पदार्थों में निवेशन अधिक समय तक जीवन–क्षम रहते हैं और इनको पर्याप्त आसानी से बाहर भी भेजा जा सकता है। इन जीवाणुओं के संवर्ध सभी सरकारी संस्थायें, कृषि विश्वविद्यालय एवं बहुत सी निजी संस्थाएँ बनाती हैं।

जीवाणु निवेशन उपचार (Bacterium Culture Treatment)

वायुमंडल में आयतन के अनुसार 78 प्रतिशत तक नत्रजन पायी जाती है, जो गैस के रुप में होती है। अतः उच्च श्रेणी के पौधे (Higher Plants) इसका उपयोग नहीं कर सकते। फैक्ट्रियों में इस नत्रजन को स्थिर करके उर्वरकों का निर्माण किया जाता है, जिन्हें पौधो को उपलब्ध कराया जाता है, लेकिन दलहनी फसलों की जड़ों की ग्रन्थियों (Nodules) में पाया जाने वाला राइजोबियम (Rhizobium) जीवाणु इस वायुमंडलीय नत्रजन को भूमि में स्थिर करने की क्षमता रखता है, जो पौधों के काम आती है। अलग–अलग प्रकार की दलहनी फसलों की जड़ों में इस जीवाणु की भिन्न–भिन्न जातियाँ (Species) पायी जाती हैं। जो दलहनी फसल किसी क्षेत्र में पहले–पहले उगायी जाती है, वहाँ मृदा में यह जीवाणु नहीं पाया जाता या बहुत कम संख्या में पाया जाता है। अतः इसे बाहर से मिलाना पड़ता है, जिसे 'जीवाणु निवेशन' कहा जाता है। फलीदार फसलों में बीजों को 'राइजोबियम' जीवाणुओं से निर्मित खाद से उपचारित करने का प्रचलन काफी समय से है, लेकिन हाल ही में ऐसे जीवाणु संवर्ध का प्रयोग अन्य फसलों में भी प्रारंभ हुआ है।

धान्य फसलों (गेहूँ, धान, मक्का आदि) में 'एजोटोबेक्टर' नामक जीवाणुओं के संवर्ध का प्रयोग करने से इन फसलों को दी जाने वाली नत्रजन की मात्रा को कुछ सीमा तक कम किया जा सकता है। 'एजोटोबेक्टर संवर्धन' का उपयोग सब्जियों की फसलों में भी लाभकारी पाया गया है।

बुवाई से पूर्व बीजों को किसी पक्के फर्श या कपड़े पर डालकर पानी में गुड़ अथवा चीनी के 10 प्रतिशत घोल द्वारा हल्का सा गीला कर लिया जाता है। इसके बाद जीवाणु संवर्ध की आवश्यक मात्रा (एक पैकिट प्रति 10 कि. ग्रा. बीज) को बीजों के उपर डालकर उसे बीजों के साथ अच्छी प्रकार मिला लिया जाता है, जिससे संवर्ध समान रुप से सारे बीजों के साथ चिपक जाये। इसके बाद बीजों को कुछ समय छाया में सुखाया जाता है। जीवाणु निवेशन के दौरान तथा निवेशन के बाद बीजों को घूप से बचाना आवश्यक है।

जीवाणु निवेशन उपचार के लाभ (Advantages of Bacterium Culture Treatment)

(1) जीवाणु निवेशन उपचार करने के बाद बोयी गई फसल में नत्रजन की कम मात्रा की आवश्यकता होती है, जिससे उर्वरकों पर होने वाला व्यय घट जाता है।

(2) जीवाणुओं के द्वारा नत्रजन भूमि में कार्बनिक रुप में स्थिर होती है, अतः रिसाव (Leaching) से भी इसकी हानि नहीं होती।

(3) जीवाणु भूमि में कुछ वृद्धिकारक एवं कवकनाशी पदार्थों का श्राव भी करते हैं, जिससे बीजों की अंकुरण क्षमता एवं पौधों की बढ़ोतरी में वृद्धि होती है, जिससे उपज अधिक मिलती है।

बुवाई में सुविधा हेतु बीज उपचार (Seed Treatment to Facilitate in Sowing)

बीजों का उपचार कभी–कभी बीजों की बुवाई को आसान बनाने के लिये भी करते हैं–

(i) **कपास के बीजों से रेशा हटाना (Removing Fuzz of Cotton Seeds)**– कपास के बीज में रुई के अनेक रोयें (Fuzz) इस प्रकार लगे रहते हैं कि

बीज आपस में उलझे हुए रहते हैं। जब तक इनको अलग नहीं किया जाता, बीज अलग नहीं होते और गुच्छों के रुप में खेत में बोये जा सकते हैं। किसान इन बीजों को प्रायः गोबर में मसल कर राख में मिलाकर बोते हैं। इन्हें अम्ल उपचार अथवा ज्वाला उपचार से भी बीजों से हटाया जा सकता है।

(ii) **बीजों पर परत चढ़ाना (Seed Coatings)**– कभी–कभी बीजों पर कुछ पदार्थ (कीटनाशी, कवकनाशी, पोषक तत्व आदि) की परत चढ़ाई जाती है, जिससे बीज अलग–अलग गिरते हैं (Free Flowing)।

यह उपचार भी दो प्रकार से किया जाता है–

(1) **बीजो पर पपड़ी जमाना (Encrustation)**– इसमें बीज के उपर एकसमान पतली परत चढ़ायी जाती है, जिससे बीज के आकार (Size) तथा भार में तो अन्तर आ जाता है, लेकिन उसकी शक्ल (Shape) वही बनी रहती है। यह पंक उपचार (Slurry Treatment) के समान है। इस उपचार में सूखने के बाद परत बहुत सख्त हो जाती है। इससे मशीन बुवाई में आसानी हो जाती है व रसायन की बचत होती है, जबकि बिखेरने (Broadcasting) अथवा कूंडों में देने (Furrow Application) पर रसायन की अधिक मात्रा की आवश्यकता होती है। यह परत बीज को अतिरिक्त नमी सोखने से भी बचाव करती है। कभी–कभी यह परत संकर बीज उत्पादन में देरी से अंकुरण कराने के लिये भी चढ़ायी जाती है, जिससे नर तथा मादा जनकों में एक साथ पुष्पण (Synchronization) कराया जा सके।

(2) **बीजो की गोलीयां बनाना (Pelleting)**– इस विधि में बीज के आकार तथा भार में ही परिवर्तन नहीं आता, बल्कि उसकी शक्ल भी बदल जाती है। सभी बीज समान आकार के तथा गोलाकार (Spherical) हो जाते हैं। इससे मशीन बुवाई में बहुत आसानी हो जाती है। बुवाई मशीन का समायोजन (Calibration) एक निश्चित बीज के आकार के लिये किया जा सकता है। यह उपचार उन बीजों के लिये किया जाता है, जो समान गोलाई के न हों अथवा बीज बहुत छोटे और हल्के हों। इस उपचार में पूरकों (Fillers), जैसे– मृत्तिका (Clay), चूना पत्थर, चाक मिट्टी आदि के मिश्रण (Amalgam) के

साथ कुछ जोड़ने वाले पदार्थः जैसे– गोंद, जिलेटिन, मोम आदि मिलाये जाते हैं। ये पदार्थ कवकनाशी, कीटनाशी व पोषक पदार्थों के अतिरिक्त होते हैं। कभी–कभी इन पदार्थों में कैल्शियम ऑक्साइड मिलाया जाता है, जो खेत में पानी भरने की स्थिति (Flooding) में आक्सीजन प्रदान करता है। इस उपचार में यह दोष है कि बीज उपचार के दौरान कुछ नमी सोख लेते हैं, जिसका बीज गुणता पर असर पड़ता है और कभी–कभी यह परत अंकुरण में बाधा उत्पन्न करती है और कभी–कभी बीज एक साथ लिपट जाते हैं, जबकि प्रत्येक बीज की एक गोली बननी चाहिए अथवा बिना बीज के ही कुछ गोली बन जाती है।

बीजों को बाजार ग्राही बनाने के लिये बीजोपचार (Treatment for Improving Market Quality of the Seed)

(i) बीजों को रंगना (Seed Colouring)

कभी–कभी कवकनाशी व कीटनाशी उपचार के पश्चात् बीजों को आकर्षक बनाने के लिये उन्हें रंगा जाता है अथवा कीटनाशी व कवकनाशी में ही रंग मिला दिया जाता है।

बीज रंगने के उद्देश्य (Aims of Colouring the Seeds)– बीजों की रंगाई विभिन्न उद्देश्यों के लिये की जाती है–

(1) **चेतावनी (Warning)**– बीजों को यह चेतावनी देने के लिये रंगा जाता है कि बीज विषैले पदार्थें से उपचारित है और खाने के उपयोग में नहीं लाया जा सकता।

(2) **पहचान (Identification)**– कुछ बीज कम्पनियाँ अपना अलग रंग का ब्रांड प्रयोग करती हैं, जिससे बीज पहचाना जा सकता है कि यह किस्म कम्पनी का उत्पाद है।

(3) **उपचार की पूर्णता की पहचान (Mark of Completeness of the Treatment)**– यदि पूरे बीज रंग समान रुप से दिखाई देता है तो वह दर्शाता है कि बीज पर उपचार रसायन भी अच्छी तरह लगा हुआ है।

(4) **आकर्षक (Appearance)**– बीज आकर्षक हो जाता है और बाजार में इसका अच्छा मूल्य प्राप्त होता है। कभी–कभी यह बीज की कमियों को भी छिपा देता है।

चिकनी सतह वाले बीज (जैसे– मक्का, सेम आदि) आसानी से रंगे जाते हैं, लेकिन खुरदरे बीजों (जौ, जई आदि) को रंगना कठिन है। अतः समान रंग प्राप्त करने के लिये रंग के साथ कोई रंजक (Pigment) मिलाया जाता है। कोई एक रंग जो किसी फसल विशेष के लिये उपयुक्त है, वह अन्य बीजों के लिये विपरीत प्रभाव दिखा सकता है। प्रायः लाल तथा बैंगनी रंग अधिक चमकदार होते हैं। हल्के रंग वाले बीजों को गाढ़ा रंग दिया जा सकता है, जबकि गहरे रंग के बीजों को हल्का रंग देना कठिन होता है।

(ii) बीजों की पॉलिश करना (Seed Polishing)

कुछ बीजों की सतह गंदी अथवा रोगों के प्रभाव से विवर्णित (Discoloured) हो जाती हैं, उन्हें पालिशकारी मशीन के द्वारा चमकाया जाता है।

बीज प्रभंजन (Seed Priming)

बुवाई के पश्चात् बीज पर्याप्त समय भूमि से नमी सोखने में लगाते हैं। कुछ बीजों की पौध धीमी वृद्धि करती है तथा कुछ बीज अंकुरित ही नहीं हो पाते, जिससे खेत में पादप संख्या (Plant stand) घट जाती है और अन्ततः उपज कम होती है। यह समस्या भुष्क एवं अर्द्ध ुष्क (Arid & Semi-arid) जलवायु वाले क्षेत्रों में अधिक गंभीर है। अनि चत वर्षा, अनउपजाऊ भूमि तथा निम्न गुणवत्ता के बीज ऐसी स्थिति का निर्माण करते हैं, जिसमें अच्छी फसल संभव नहीं है। ऐसी स्थिति में, यदि बीजों को बोने से पहले कुछ समय के लिये पानी में भिगो दिया जाता है, तो अंकुरण प्रति ात काफी बढ़ जाता है तथा पौध का निर्गमन तीव्र गति से होता है। यह प्रथा भारत सहित अनेक दे ाों में बहुत पहले से है, लेकिन इसमें बीजों को भिगाने का समय नि चत नहीं है और इस विधि में बीजों को भिगोने के बाद तुरंत बोना पड़ता है। अनुसंधानकर्ताओं ने बीज में नमी के प्रवे ा की सुरक्षित सीमाएँ निध ाारित की हैं, जिसमें बीज को नमी ग्रहण करने के प चात् पुनः सुखाकर भंडारित किया जा सकता है। बीजों में नियंत्रित जल योजना (Hydration) की क्रिया, जिससे बीज में अंकुरण पूर्ण चयापचयी क्रियाएँ (Metabolic) प्रारम्भ हो जायें, लेकिन मूलांकुर बाहर न निकले एवं बीजों का पूर्व की नमी अवस्था तक निर्जलीकरण, **बीज प्रभंजन** कहलाती है।

सारणी 9.2: बीज उपचार के लिए सिफारिश की गई अनुसूची

फसल	रसायन का नाम और इसका संरुपण	100 कि.ग्रा. बीज के लिए मात्रा		
		रयायन की मात्रा (ग्राम)	उपचार का प्रकार	पानी की मात्रा (लि.)
1	2	3	4	5
खाद्यान्न फसलें				
मक्का	थायरम 75% डब्ल्यू.डी.पी. या	70	गा.	1/2
	कैप्टान 75% डब्ल्यू.डी.पी.	70		1/2
धान	(क) थायरम 75% डब्ल्यू.पी. या	250	गा.	1/2
	(ख) कार्बन्डेजिम 50% या	250	गा.	1/2
	(ग) सिरेसन (एम.ई.एम.सी.) या ई.एम.सी. या	60	गी.	बीज को पूरी तरह डुबोने के लिये
	ऑर्गेनो–मर्क्यूरियल 1%	250	सू.	–
पर्ल मिलेट (बाजरा)	थायरम 75% डब्ल्यू.डी.पी. या	75	ग्रा.	1/2
	थायरम 75% धूल या	300	सू.	–
	कैप्टान 75% धूल	300	सू.	–
	मैटलैक्सिल 35 % डब्ल्यू.एस.	600	गा.	–
	*ऑर्गेनो–मर्क्यूरियल 1%	250	सू.	–
	*ब्राइन	बीज को पूरी तरह डुबाने के लिए घोल		
ज्वार	थायरम 75% या	85	गा.	1/2
	कैप्टाफॉल	200	सू.	1/2
गेहूं	थायरम 75% डब्ल्यू.डी.पी. या	100	गा.	1/2
	मनकॉजेब	200	गा.	1/2
	ऑर्गेनो–मर्क्यूरियल 1%	250	सू.	–
	***कार्बोक्सिन 75% डब्ल्यू.डी.पी. या	250	सू.	–
		250	गा.	1/2
	*** कार्बोक्सिन 50% डब्ल्यू.डी.पी.	250	सू.	1/2
दलहनी फसलें				
चना	कैप्टाफॉल	250	गा.	1/2
उड़द	थायरम 75% धूल या	250	सू.	–
	कार्बन्डेजिम 50% डब्ल्यू.पी.	100	गा.	1/2
लोबिया	कैप्टान % डब्ल्यू.डी.पी. या	100	गा.	1/2
	थायरम 75% धूल	250	सू.	–
मूंग	थायरम 75: डब्ल्यू.डी.पी. या	75	गा.	1/2
	कैप्टाफॉल	250	सू.	–
	कार्बन्डेजिम 50: डब्ल्यू.पी.	100	सू.	–
अरहर	थायरम 75: डब्ल्यू.पी.	175	गा.	1/2

Contd...

तिलहनी फसलें				
मूंगफली	कैप्टान 75% धूल या	250	सू.	–
(करनल)	थायरम 75% डब्ल्यू.डी.पी. या	125	गा.	1/2
	कैप्टाफॉल	200	सू.	–
रेपसीड	कैप्टान 75% धूल या	250	सू.	–
	थायरम 75% डब्ल्यू.डी.पी.	125	गा.	1/2
	कैप्टान	200	सू.	–
सरसों	थायरम 75% धूल	250	सू.	–
सोयाबीन	कैप्टान 75% धूल और	150	सू.	–
	थायरम 75% धूल या	150	–	–
	मनकॉजेब या	300	सू.	–
	कैप्टाफॉल धूल	300	सू.	–
तिल	थायरम 75% धूल	300	सू.	–
सूरजमुखी	थायरम 75% धूल या	250	सू.	–
	मनकॉजेब	250	सू.	–
रेशेवाली फसलें				
कपास	कैप्टान 75% धूल और	250	सू.	–
	थायरम 75% डब्ल्यू.डी.पी.	100	गा.	–
	ई. एस., एस. ई. एम. सी.	6 घंटे तक भिगोयें	0.2 घोल में बीज को	
जूट (पटसन)	कैप्टान 75% डब्ल्यू.डी.पी. या	80	गा.	1/2
	कार्बेन्डेजिम 50% डब्ल्यू.पी.	200	सू.	–
चारे वाली फसलें				
बरसीम	कवकनाशी/कीटनाशी से उपचार न करें	–	–	–
रिजका	थायरम 75% डब्ल्यू.डी.पी.	75	गा.	1/2
जई	थायरम 75% डब्ल्यू.डी.पी.	75	गा.	1/2
सब्जियाँ				
फलीदार	कैप्टान 75% डब्ल्यू.डी.पी. या	100	गा.	1/2
	थायरम 75% धूल	250	सू.	–
चुकंदर	थायरम 75% धूल	250	सू.	–
भिंडी	थायरम 75% डब्ल्यू.डी.पी. या	100	गा.	1/2
	कैप्टान 75% धूल	250	सू.	–
बैंगन	थायरम 75% धूल या	250	सू.	–
	कैप्टान 75% धूल	250	सू.	–
गाजर	थायरम 75% धूल	250	सू.	–
गोभी वर्गीय	थायरम 75% धूल	250	सू.	–
मिर्च और	थायरम 75% धूल या	250	सू.	–
शिमला मिर्च	कैप्टान 75% धूल	250	सू.	–
ग्वार	थायरम 75% डब्ल्यू.डी.पी.	75	गा.	1/2

Contd...

लोबिया	कैप्टान 75% डब्ल्यू.डी.पी. या	100	गा.	1/2
	थायरम 75% धूल	250	सू.	–
खीरा वर्गीय	थायरम 75% धूल या	250	सू.	–
	कैप्टान 75% धूल	250	सू.	–
प्याज	थायरम 75% धूल	250	सू.	–
पालक	थायरम 75% धूल	335	सू.	–
मटर	कैप्टान 75% डब्ल्यू.डी.पी. या	100	गा.	1/2
	थायरम 75% धूल	200	सू.	–
मूली	थायरम 75% धूल	250	सू.	–
चुकन्दर	थायरम 75% धूल या	250	सू.	–
(चीनी वाली)	कार्बोक्सिन 75% डब्ल्यू. डी. पी.			
	कार्बेन्डेजिम 50 डब्ल्यू. पी.	100	सू.	–
टमाटर	थायरम 75% धूल	335	सू.	–
शलजम	थायरम 75% धूल	250	सू.	–

टिप्पणी

1. कालम 2 में बताई गई दवाईयां वरीयता/प्राथमिकता के क्रम में दी गई हैं।
2. सू. गा. और गी. से तात्पर्य क्रमशः सूखा बुरकना, गारा बनाकर तथा गीला करके बीज उपचार करने से है।
3. सब्जियों के बीजों के उपचार के लिए उपर कालम 2 में वर्णित दवाइयों के न होने पर निम्नलिखित वैकल्पिक दवाइयों की सिफारिश की गई है।

दवाई का नाम	100 कि.ग्रा. बीज के लिए मात्रा (ग्राम में)	उपचार की विधि
कैप्टाफॉल	250	सूखा फैला कर
मेनकॉजेब	250	सूखा फैला कर

4. कार्बन–पारायुक्त (ऑर्गनो मरक्यूरियल) कवकनाशी को सूखा बुरक कर बीज का उपचार करने के लिए बीज को थैले/बोरियों में भरने से पूर्व उसका उपचार न करके दवाई की सिफारिश की गई मात्रा प्लास्टिक/कागज के पैकेट में भरकर बीज के थैले/बोरी में रख देनी चाहिए तथा किसानों की जानकारी के लिए उसमें यह सूचना लिख देनी चाहिएः "बुआई से पूर्व थैले/बोरी में रखे बीज को पैकेट में रखी दवाई से बीज उपचार करने वाले ड्रम में उपचारित करें लेकिन यह उपचार किसी भी दशा में बुआई की तिथि से अधिक पहले न करें"।
5. *यदि खेत में प्रमाणीकरण के निर्धारित मानक से अधिक संख्या में दाने कंड से ग्रस्त पाये जाएं तभी बीज का उपचार करें।
6. **यदि खेत में अर्गट रोग प्रमाणीकरण के निर्धारित मानक के अन्दर ही हो ता बीज का उपचार करें। निर्धारित मानक से अधिक अर्गट रोग वाले खेत की फसल अस्वीकार कर

दी जाती है। ब्राइन से उपचार के संबंध में विशेष सावधानी यह रखें कि ब्राइन मिश्रण में बीज 5–10 मिनट से अधिक नहीं पड़ा रहना चाहिए। बीजों के अर्गट स्कलेरॉटिया हटाने के बाद उसे साफ पानी से बार–बार धोए ताकि ब्राइन मिश्रण बीज के साथ न लगा रह जाये।

7. **अनावृत कंड रोग का यह विशेष उपचार है। बीज पैदा करने के लिए रखे गए बीज का ही उपचार करें।

8. ई. एम. सी. – ईथाइल मर्करी क्लोराइड एम.ई.एम.सी. – मिथॉक्सी ईथाइल मर्करी क्लोराइड

9ए. बीज उपचार के लिए सिफारिश

रसायन का नाम एवं इसका प्रतिपादन	मात्रा
डेल्टामेथ्रिन 2.5% डब्ल्यू.पी0 डब्ल्यू.पी.	4 से 6 माह तक बीजों के संरक्षण हेतु 1.0 मीट्रीक टन में 40 ग्राम

9बी. बीज भण्डारण के दौरान सतही उपचार के लिए प्रोफ्लेक्टिक स्प्रे की सिफारिश

रसायन का नाम एवं इसका प्रतिपादन	100 वर्ग मीटर क्षेत्र के लिए मात्रा
डेल्टामेथ्रिन 2.5% डब्ल्यू.पी0	3 माह तक संरक्षण हेतु 3 लीटर पानी में 120 ग्राम

हेरिस एवं अन्य (2001) ने भारत एवं जिम्बाबवे में **पी.आर.ए. तकनीक** के द्वारा करीब 1250 प्रक्षेत्रों में बीजों को बोने के पूर्व रात्रि में पानी में डुबोकर रखा गया। दूसरे दिन प्रातः काल उन्हें बोने से पूर्व पानी से निथार कर छाया में सुखाने के बाद उसकी बुआई की गई तथा साथ ही पास के भुखण्ड (Plot) में सूखे बीजों (बिना भिगोए हुए बीज) की बुआई की गई। समय–समय पर किसान खेतों का निरीक्षण करते थे। कृषकों ने पाया की इस तरह की बीज प्रभंजन की तकनीक के फलस्वरुप हर फसल में बीजों का अंकुरण जल्द होता है साथ ही अच्छा, स्वस्थ एवं समान्तर होता है, पुनः बुआई की कम जरुरत होती है, सूखे को सहन करने की अधिक क्षमता, अगेती फूल निकलना, जल्द तैयार होने वाला एवं अधिक उपज देनेवाले फसल की प्राप्ति होती है। भारत में जिन स्थानों में वर्षा के बाद फसल लिया जाता है वहाँ खेतों में वर्षा की भोष बची नमी को ही उपयोग में लाया जाता है, चूँकि वर्षा की फसल से खेत जल्द खाली होने के उपरान्त तीसरी फसल जैसे

मूंगबीन लगायी जा सकती है। जिससे किसान एवं मजदूरों के पलायन को भी रोका जा सकता है।

इससे पता चलता है कि "बीज प्रभंजन" में जहाँ सिर्फ बीजों को बिजाई के पूर्व पानी में फुलाकर लगाया जाता है, **यह क्रिया कम लागत वाली, कम हानी वाली एवं अधिक मुनाफे की तकनीक है जिसे हमारे देश के सभी कृषक गण आसानी से अपना सकते हैं।**

हेरिस एवं अन्य (2007) ने अपने दूसरे प्रयोग में जिंक सल्फेट ($ZnSO_4$) का मक्के पर असर देखा। यह प्रयोग चूनायुक्त (केल्केरियस) भूमि जहाँ जिस्ते की कमी होती है वहाँ किया गया। $ZnSO_4$ पाउडर का भूरकाव मृदा में किया गया एवं कुछ अन्य बीजों को 1 प्रति ात $ZnSO_4$ एवं पानी के घोल में रात भर भिगोए हुए बीजों की बिजाई की गई। परिणामस्वरुप लागत : लाभ अनुपात (cost: benefit ratio) $ZnSO_4$ के घोल में भिगाए हुए बीजों में अधिक पाया गया। सिर्फ पानी में भिगोए हुए बीजों में लगभग 14 प्रति ात तक की उपज में बढ़ोतरी होती है, परन्तु 16 घंटे तक 1 प्रतिशत $ZnSO_4$ के घोल में बीजों को भिगाने से उपज दोगुनी हो गई। यह प्रयोग पाकिस्तान के जिस्ता की कमी वाले क्षेत्रों में किया गया था। इसी तरह के प्रयोग हमारे देश भारत में जिस्ता की कमी वाले क्षेत्रों में करने से प्रभावशाली परिणाम मिल सकते हैं।

भारतवर्ष में प्रक्षेत्र परीक्षण (On Farm Trials) जोकि 1996 खरीफ ऋतु से चना एवं गेहूँ की फसल पर प्रारम्भ किये गये थे, अनुसंधान के उपरान्त यह पाया गया कि प्रभंजन बीजों का अंकुरण साधारण बीजों की तुलना में 1 से 3 दिन पहले हुआ। जल्दी अंकुरण होने से बाद में फसल वृद्धि के समय अनेक लाभ मिले। उदाहरणतया, भीघ्र फसल वृद्धि, अपेक्षाकृत भीघ्र पुष्पण, सुखाड़ जैसी स्थिति से बचाव, तथा अगेती दानों का विकास इत्यादि। इसके अतिरिक्त फसल 7–10 दिन पहले पककर तैयार हो गई तथा अधिक उपज की प्राप्ति भी सम्भव हुई। रबी की फसलों का व्यवहार भी बीज प्रभंजन के द्वारा सामान्य बीजों की तुलना में लाभकारी सिद्ध हुआ। यदि खरीफ तथा रबी दोनो ऋतुओं में प्रभंजित बीजों का प्रयोग किया जाय तब इस प्रक्रिया के द्वारा तीसरी फसल जोकि कम अवधि वाली हैं, के लेने की सम्भावनाएँ काफी प्रबल हो जाती हैं, जैसेः मूंगबीन इत्यादि।

बीज प्रभंजन कोई नई तकनीक नहीं है, यह भारत के कई प्रदेशों में संस्तुतित तकनीक है। कृषकगण को इसमे कम लागत, कम खतरे वाली तकनीक को

अधिकाधिक अपनाना चाहिए। कृषको नामक सहकारी संस्था के माध्यम से इस तकनीक का प्रत्यक्षण एवं इसके प्रभाव को देखते हुए लगभग 1000 प्रक्षेत्र परीक्षण मक्का, धान, चना तथा गेहूँ इत्यादि पर किये गये। इसके परिणाम काफी उत्साहवर्धक रहे और अधिकाधिक किसान इस नई तकनीक को अपना रहे हैं।

बीज प्रभंजन का महत्व (Significance of Seed Priming)

(1) **तीव्र एवं समान अंकुरण (Rapid and Uniform Germination)**– बीज प्रभंजन द्वारा उपचारित बीज बोने से अंकुरण प्रतिशत एवं अंकुरण की दर में वृद्धि होती है, जिससे बेहतर पादप स्थापन (Better plant establishment) होने से इकाई क्षेत्र में पादप संख्या (Plant Stand) में वृद्धि होती है। ब्रैड फोर्ड (Bradford), 1986, बैनेट आदि (Bennet et al. 1992; झेंग, विलेन, स्लिंकार्ड एवं गुस्टा (Zheng, Wilen, Slinkard and Gusta), 1994 के अनुसंधानों से इस बात की पुष्टि हुई है।

(2) **अधिक उपज (Higher yields)**– इस उपचार से पादप संख्या बढने से अधिक उपज होती है। इस उपचार से ऐसे क्षेत्रों में फसलोत्पादन संभव हुआ है, जहाँ फसल बिल्कुल नहीं हो सकती थी। वैज्ञानिकों ने बंगलादेश के एक ऐसे क्षेत्र, बैरिंड (Barind) में फसलोत्पादन में सफलता अर्जित की, जहाँ भूमि परती (Fallow) रहती थी।

(3) **फसल अवधि में कमी (Shorter Duration of Crops)**– प्रभंजित बीजों में अंकुरण तेज होता है, पुष्प जल्दी निकलते हैं तथा फसल जल्दी पकती है, जिससे जलवायु की दशाएँ बिगड़ने से पूर्व फसल काट ली जाती है।

बीज प्रभंजन की सीमाएँ (Limitations of Seed Priming)

(1) **सीमित प्रभाव (Limited Response)**– यह उपचार सभी फसलों में लाभकारी नहीं है। कुछ फसलों में इसका कोई प्रभाव नहीं होता, बल्कि कभी–कभी विपरीत प्रभाव होता है।

(2) **सुरक्षित सीमाएँ (Safe Limits)**– जलयोजन की समय सम्बन्धी सुरक्षित सीमाओं का निर्धारण कठिन है। समय अधिक होने पर कुछ फसलों पर हानिकारक प्रभाव हो सकता है।

(3) **बीज गुणवत्ता ह्रास (Deterioration in Seed Quality)**– कभी–कभी प्रभंजन उपचार के बाद बीजों को भंडारित करने से उनकी जीवन–क्षमता तथा ओज में कमी आ जाती है।

बीज प्रभंजन की विधियाँ (Methods of Seed Priming)– बीज प्रभंजन की दो विधियाँ प्रयोग में लायी जाती हैं।–

(1) **ओस्मो कंडीशनिंग (Osmo Conditioning)**– इस विधि में बीजों को कुछ पदार्थों (प्रायः नमकों) के वातित जलीय घोल (Aerated Aqueous Solution) में डुबोया जाता है, जिनमें पॉलिइथाइलिम ग्लाकॉल (PEG), KNO_3, K_3PO_4, KH_2PO_4, $MgSO_4$, NaCl, ग्लिसरॉल तथा मैनिटोल प्रमुख हैं। ये बीज को अंकुरण के दौरन प्रोटीन निर्माण के लिये नत्रजन तथा अन्य पोषक तत्वों की पूर्ति करते हैं। कई बार ये बीजांकुर के लिये विषैला प्रभाव रखते हैं। इनमें PEG सर्वाधिक उपयोग में लाया जाता है। बीजों को उपचार के बाद छाया में सुखाया जाता है। यह विधि छोटे बीजों वाली फसलों, जैसे– टमाटर, मिर्च प्याज गाजर, गेहूँ, जौ, ज्वार, सरसों, राई आदि में प्रयोग की जाती है।

(2) **मैट्री कंडीशनिंग (Matri Conditioning or Solid Matrix Priming)**– इस विधि में जलयोजन के लिये कुछ ठोस पदार्थों, जैसे– रेत, पीटमॉश (Peatmoss), बर्मिकुलाइट में (Vermiculite), सेलाईट (Celite) तथा माइक्रो–सेल (Micro-cel) आदि का प्रयोग किया जाता है। उपचार के बाद ये पदार्थ छानकर बीज से अलग कर दिये जाते हैं। यह विधि सभी फसलों (बड़े दानो वाली फसलों के लिये भी) उपयोगी है।

— xxx —

10

बीज भंडारण (Seed Storage)

बीज भंडारण का मुख्य उद्देश्य बीज की जीवितता (Seed Viability) तथा ओज (Vigour) में कमी को कम करना है तथा बीज समूह (Seed Lot) में काल क्षय (Aging) एक समान नहीं होती। बीजों का भंडारण निम्नलिखित कारणों के द्वारा किया जाता है:

1. बीज फसल कटाई के उपरान्त नई फसल बोने में लगभग 6 महीने का समय होता है।
2. बीजों को कभी–कभी 18–36 महीनों तक भी भंडारित किया जाता है ताकि फसल के न होने की स्थिति में या फसल की गुणवत्ता अच्छी नहीं हो, या बाजार में मूल्यों में अत्याधिक परिवर्तन हो या प्राकृतिक आपदायें तथा लड़ाई इत्यादि की स्थितियों में भंडारित बीज का उपयोग किया जा सके।
3. जनन द्रव्य (Germ Plasm) तथा प्रजनक बीजों का भंडारण लम्बी अवधि के लिए 5–50 वर्षों तक भी किया जा सकता है।

बीजों को उनकी जीवितता (Viability) के आधार पर दो भागों में विभाजित किया जा सकता है:

1. **सरल समूह (Orthodox Group):** इस प्रकार के बीजों में उपलब्ध नमी की मात्रा घटाने पर बीज की जीवितता में वृद्धि होती है। धान्य, दलहनी, तिलहनी फसलों के बीज इस श्रेणी में आते हैं तथा इस प्रकार के बीजों को जीवित अवस्था में एक वर्ष से लेकर अनेक वर्षों तक सुरक्षित भंडारण अवस्था में रखा जा सकता है। इस समूह के बीजों में भंडारण क्षमता के आधार पर काफी विविधता पायी जाती है। सामान्यतः इस समूह के बीजों को पुनः उच्च भंडारण क्षमता वाले बीज, उदाहरणतया भिंडी, मूंगबीन, मध्यम भंडारण क्षमता वाले बीज उदाहरणतया कपास, ज्वार, गेहूँ, मक्का तथा निम्न भंडारण क्षमता वाले बीज उदाहरणतया सोयाबीन तथा प्याज इत्यादि आते हैं। इस प्रकार के बीजों में विविधता का गुणांक (Coefficient of Variation) एक ही प्रजाति (उदाहरणतयाः मक्का तथा दालें इत्यादि) के विभिन्न बीजों के बीच में 2–3 प्रतिशत तक पाया जाता है।

2. **अड़ियल समूह (Recalcitrant group):** राबर्ट (1973) के अनुसार इस प्रकार के बीजों में उपलब्ध नमी की मात्रा घटने पर (इन बीजों में परिपक्वता के समय नमी की मात्रा 30–70 प्रतिशत तक होती है) बीजों की जीवितता घटती है। इस प्रकार के बीजों की जीवितता साधारण वातावरण में अल्प अवधि की होती है। रबर, ककाओ, नारियल, उष्णीय फल जैसे आम (Durian), कटहल तथा इमारती वृक्षों (*Araucariaceae* एवं *Dipterocarpaceae*) के बीज इस श्रेणी में आते हैं। इस प्रकार के बीजों में विविधता का गुणांक (Coefficient of Variation) एक ही प्रजाति के विभिन्न बीजों के बीच में 13 प्रतिशत तक पाया जाता है। इस श्रेणी के बीज हिमकारी (Freezing) तथा निर्जलीकरण (Dessication) जैसी दैहिक क्रियाओं के लिए अतिसंवेदनशील होते हैं।

कीट पतंगें, भंडारित बीजों को न केवल हानि पहुँचाते हैं बल्कि इन बीजों की गुणवत्ता को भी प्रभावित करते हैं। भंडारण के दौरान बीज जीवितता (Seed Viability), बीज ओज (Seed Vigour) तथा बीज स्वास्थ्य (Seed Health) सबसे ज्यादा प्रभावित होते हैं। अच्छी बीज भंडारण सुविधा (नियंत्रित परिस्थितियाँ) कीटों के गमनागमन को प्रभावी रुप से कम करने में सहायक होती हैं। कम तापमान

(<20^0C) तथा कम आपेक्षित आद्रता (<30%) अच्छे भंडारण के लिए उपयुक्त पाये गये हैं। बीज उत्पादक साधारणतया इस तथ्य की तरफ ध्यान नहीं दे पाते हैं।

बीजों द्वारा नमी को शोषित करना आपेक्षित आर्द्रता पर निर्भर करता है, क्योंकि बीज आद्रग्राही (Hygroscopic) होते हैं तथा बीज द्वारा नमी को चूसना या नमी की कमी करना जहाँ पर बीज भंडारण किया गया, वातावरणीय आपेक्षित आर्द्रता पर निर्भर करता है। उचित भंडारण हेतु आपेक्षित आद्रता प्रतिशत एवं तापमान (डिग्री फॉरेन हाइट) का योग 100 से अधिक नहीं होना चाहिए। बीज भंडारण हेतु मुख्यतया दो सिद्धान्त, जिनका प्रतिपादन हेरिंगटन द्वारा किया गया। ध्यान देने योग्य हैं (1) बीज में प्रत्येक एक प्रतिशत नमी की कमी करने से भंडारण समय को दोगुना किया जा सकता है तथा यह नियम बीज में 5–14 प्रतिशत तक नमी की मात्रा होने पर लागू होता है। आपेक्षित आद्रता प्रतिशत बीज गुणवत्ता को काफी हद तक निर्धारित करती है। (2) **प्रत्येक पाँच डिग्री सेल्सियस (5^0C) तापमान में कमी** के द्वारा बीजों की भंडारण समय को (बिना अंकुरण प्रतिशत कम हुए) दोगुना किया जा सकता है। यह नियम 0^0C से 50^0C तक के तापमान पर लागू होता है। उपरोक्त वर्णित सिद्धांत स्वतंत्र रुप से कार्य करते हैं तथा इन दोनों सिद्धांतों का मिश्रण भी किया जा सकता है। जब इन दोनों नियमों को मिश्रित रुप से लागू करते हैं तब प्रभाव ज्यामितीय रुप से होता है। किसी भी स्थिति में बीज में नमी की मात्रा भंडारण के समय 14 प्रतिशत से अधिक नहीं होनी चाहिए, वास्तविक रुप से 9 प्रतिशत से कम नमी भंडारण के लिए उचित मानी जाती है। 21^0C से 27^0C का तापमान अधिकतर कीटों तथा कवकों (Fungi) की क्रियाशीलता के लिए उचित होता है। इसलिए भंडारण कक्ष का तापमान 21^0C से कम जहाँ तक सम्भव हो को लम्बे समय तक सुरक्षित बीज भंडारण के लिए रखना चाहिए, इस तापमान से नीचे कीटों तथा कवकों की गतिशीलता कम हो जाती है फलस्वरुप बीज गुणवत्ता का ह्रास हुए बिना लम्बे समय तक बीज भंडारित किया जा सकता है। बीजों में कालिक क्षय (Aging) न केवल समय के द्वारा होता है बल्कि तापमान तथा बीजों में उपलब्ध नमी की मात्रा पर भी निर्भर करता है। कोई भी एक कारक (तापमान या उपलब्ध नमी) में वृद्धि बीजों की जीवितता को कम करता है।

प्रजनक बीज का भंडारण (Storage of breeder seed)

प्रजनक बीज के भंडारण हेतु विशेष प्रबंधन की आवश्यकता होती है क्योंकि प्रजनक बीज का भंडारण लम्बी अवधि के लिए किया जाता है। प्रायः यह देखा गया है कि बीज की जीवन क्षमता/जीवितता (Seed Viability) में ह्रास के कारण

बचे हुए जीवित बीजों में गुणसुत्रीय क्षति (Chromosomal damage) तथा उत्परिवर्तन (Mutation) पाये गए हैं। रोबर्ट (1972) के अनुसार बीज की जीवन क्षमता का प्रतिशत के आकलन के द्वारा कुछ हद तक आनुवांशिकी क्षति का अनुमान लगाया जा सकता है। यद्यपि, आनुवांशिकी क्षति का परिलक्षण इस प्रकार के बीजों द्वारा उगाई गई प्रथम संतति में प्रकट नहीं होते परन्तु बाद की संततियों में पौधों के विसंयोजन (Segregation) के द्वारा इस प्रक्रिया का प्रभाव स्पष्ट रुप से देखा जा सकता है। अतः प्रजनक बीज के भंडारण में विशेष सावधानी को अपनाने की आवश्यकता है जिसके द्वारा जीवन क्षमता (Seed Viability) एवं आनुवांशिकी क्षति (Genetic damage) के प्रभाव का कम किया जा सके। जैसे ही प्रजनक बीज की जीवन क्षमता प्रारंभिक जीवन क्षमता (90–95 प्रतिशत) से घटकर 20 से 30 प्रतिशत पर आ जाती है बीज को पुनर्जिवीत (Regeneration) करना चाहिए, इस प्रकार के बीजों का नियंत्रित वातावरण में भंडारण करना आवश्यक है तथा बीजों को लम्बी अवधि तक सुरक्षित करने हेतु मार्गदर्शन निम्न सारणी में दिया गया है–

सारणी 10.1: प्रजनक बीज तथा जनन द्रव्य (Breeder's seeds & germ plasm) को भंडारण करने हेतु उचित परिस्थितियां

भंडारण की अवधि (वर्ष में)	तापमान (^{0}C)	आपेक्षित आद्रता (RH%)
5–7	15–20	45–50
20–25	2–4	40–45
50 से अधिक	–10	40–45

स्रोतः Agrawal (2006)

सारणी 10.2: खाद्यान्न फसलों के बीजों की भंडारण अवधि (32^{0}C स्थिर तापमान) पर बीज की नमी का प्रभाव (हेरिंगटन एवं डग्लस, 1970)

बीज में उपलब्ध नमी की मात्रा	भंडारण अवधि
11–13 प्रतिशत	आधावर्ष
10–12 प्रतिशत	एक वर्ष
9–11 प्रतिशत	दो वर्ष
8–10 प्रतिशत	4 वर्ष

सारणी 10.3: परिवेश परिस्थितियों में सुरक्षित बीज भंडारण हेतु भारत में विभिन्न स्थानों का वर्गीकरण

आन्ध्र प्रदेश	: करनूल (अ), अनन्तपुर (अ), हैदराबाद (म), निजामाबाद (म) एवं हनामकोंडा (म)
बिहार	: पटना एवं गया (सभी मध्यम)
झारखण्ड	: डालटनगंज, राँची एवं हजारीबाग (सभी मध्यम)
गुजरात	: भुज, दहोड, अहमदाबाद, बड़ोदा, भरुच, जमनागढ़ एवं राजकोट (सभी मध्यम)
हरियाणा	: हिसार (अ), अंबाला (म) एवं कर्नाल (म)
कर्नाटक	: बेल्लारी (अ), बीजापुर (अ) एवं बिदार (म)
मध्य प्रदेश	: इंदौर, भोपाल, सागर, ग्वालियर एवं जबलपुर (सभी मध्यम)
छत्तीसगढ़	: रायपुर (म)
महाराष्ट्र	: शोलापुर (अ), पुणे, नागपुर, अमरावती, अकोला, औरंगाबाद, परभनी, जलगांव, मालेगांव एवं बुलदना (सभी मध्यम)
पंजाब	: लुधियाना (अ), पटियाला (अ), अमृतसर (अ), पठानकोट एवं फिरोजपुर (म)
राजस्थान	: जयपुर (अ), अजमेर (अ), बिकानेर (अ), कोटा (अ), गंगानगर (अ), जैसलमेर (अ) एवं सिकार (अ), आबु, झलवार एवं उदयपुर (म)
तमिलनाडु	: कूनूर (अ), मदुराई (अ) एवं सलेम (अ), कोयम्बाटूर (म), पलायनकोट्टई (म), वेल्लुर (म) एवं तीरुचीरापल्ली (म)
उत्तर प्रदेश	: अलीगढ़, आगरा, बहराइच, बरेली, गोंडा, गोरखपुर एवं वाराणसी (सभी मध्यम)
उत्तरांचल	: देहरादून एवं रुड़की (म)
केन्द्र प्रशासित राज्य	: दिल्ली (अ)

स्रोत : Adopted and modified from Agrawal (1982)

अ : अनुकुल परिस्थिति

म : मध्यम परिस्थिति

बीज भंडारण की विधि (Method of Seed Storage)– भंडारण की संरचना, भंडारण विधि (बोरों में भंडारण या पुंज भंडारण) वातावरण की दशाओं (खुला, वायुरोधी अथवा शीत भंडारण) तथा भंडारण काल (आपात्कालीन, अल्पकालीन अथवा दीर्घकालीन भंडारण) पर निर्भर होती है।

(1) **बोरों में भंडारण (Bag Storage)**– भारत में बोरों में भंडारण की विधि बहुत पुरानी है, जो जूट अथवा कपड़े के बने होते हैं। ये प्रायः नमी सोख लेते हैं और इनमें सूक्ष्मजीवों के लिये आश्रय स्थल भी होता है। आजकल पॉलिथीन लगे जूट के बोरे प्रयुक्त होते हैं, जो नमीमुक्त होते हैं और उनमें कीडों का प्रवेश भी नहीं हो पाता। बोरों की क्षमता 20, 30, 50 या 100 कि. ग्रा. होती है। बोरों को किसी कमरे या मालगोदाम में लकड़ी के लट्ठों पर अलग–अलग रखा जाता है और एक ढेर से दूसरे ढेर में कम–से–कम आधा मीटर दूरी रखी जाती है।

(2) **पुंज भंडारण (Bulk Storage)**– इस विधि में बीज ढेर लगा दिया जाता है। प्रायः ग्रामीण स्तर के भंडारों तथा बड़े संसाधन संयंत्रों पर इस विधि को अपनाया जाता है। इसमें श्रम व व्यय की बहुत बचत होती है। इस विधि में बीज को 8–12 प्रतिशत नमी स्तर पर भंडारित करना चाहिए और फर्श पूर्णतया नमीरोधी होना चाहिए।

(3) **खुला भंडारण (Open Storage)**– शुष्क जलवायु वाले क्षेत्रों में खुले भंडारण की विधि अपनायी जाती है, जिससे बीज के आस–पास की वायु और वायुमंडल में विनिमय होता है, जिससे बीज की नमी, उष्मा व दुर्गन्ध दूर हो जाती है।

(4) **वायुरोधी भंडारण (Air Tight Storage)**–इस विधि में बीज को ऐसे पात्रों (ड्रम व बीन आदि) में रखा जाता है, जिसमें बाहरी ऑक्सीजन व जलवाष्प न पहुँच पाये, जिससे श्वसन दर बहुत कम रहे। इस विधि में बीज में 8–10 प्रतिशत से अधिक नमी नहीं होनी चाहिए। इस विधि में वातन संचय नहीं होता और अतिरिक्त नमी, उष्मा व दुर्गंध दूर करना कठिन होता है।

(5) **शीत भंडारण (Cold Storage)**– बीज की उचित सफाई और सुखाई के बाद उसे वायुरोधी या अवायुरोधी भंडारों में रखा जाता है, जिसमें निम्न ताप की व्यवस्था रहती है और सापेक्षिक आर्द्रता 60–65 प्रतिशत के नीचे बनाये रखी जाती है। इस विधि से भंडारण में श्वसन दर व कीड़ों तथा सूक्ष्मजीवों

की सक्रियता न्यूनतम हो जाती है। यह विधि अति महत्वपूर्ण बीजों (कोमल बीजों व आधार बीज) के लिये अपनायी जाती है।

(6) **अल्पकालीन या आपातकालीन भंडारण (Short-term or Emergency Storage)**– ऐसा भंडारण फसल की कटाई के समय खराब मौसम होने या अन्य कठिन परिस्थितियों में किया जाता है। अतः बीज प्रायः गीले (14–22 प्रतिशत नमी वाले) होते हैं। यह भंडारण बहुत थोड़े समय (एक या दो माह) के लिये किया जाता है और पूर्णतया अस्थायी होता है। बीज का बाद में स्थायी भंडारण किया जाता है। इस विधि में धातु अथवा प्लास्टिक के धान्य–कोष्ठों में भंडारण किया जाता जाता है, जो प्रायः वहनीय (Portable) होते हैं।

(7) **दीर्घकालीन भंडारण (Long-term Storage)**– यह विधि लम्बे समय तक (कभी–कभी एक वर्ष से भी अधिक) भंडारण में प्रयोग की जा सकती है, जो स्थायी होते हैं। इस प्रकार के भंडारण में बीज उपचार पर अधिक ध्यान दिया जाता है, जिससे नाशक जीवनग्रसन (Infestation) न हो। इनकी कार्यक्षमता हजारों टन तक होती है। ऐसे भंडार प्रायः सरकारी संस्थाओं व निगमों, जैसे– राष्ट्रीय बीज निगम, तराई विकास निगम आदि के पास होते हैं।

भंडारण पात्र (Storage Containers)

अधिकतर बीजों को किसी–न–किसी भंडारण पात्र में रखा जाता है। प्रायः इस कार्य के लिये बोरों का प्रयोग किया जाता है, जो प्रायः जूट, कपड़े अथवा पोलिथीन के बने होते हैं।

भंडारण पात्र दो प्रकार के हो सकते हैं–

(1) **सरंध्र पात्र (Porous Containers)**– ये पात्र नमी के आदान–प्रदान में कोई बाधा नहीं डालते और भंडार की दीवारों व फर्श से जल्द नमी सोख लेते हैं, जैसे– कागज, कपड़े व जूट के थैले।

(2) **सीलबंद पात्र (Air Tight Containers)**– यदि बीज को ठीक से सुखाया जाये तो ये पात्र बीज की जीवन–क्षमता बनाये रखने के लिये अत्युत्तम सिद्ध होते हैं, अन्यथा अधिक नमी अवस्था में श्वसन अधिक होने से अधिक उर्जा उत्पन्न होगी, जिससे तापमान में वृद्धि होगी और संचित पदार्थ शीघ्र समाप्त

हो जायेंगे तथा श्वसन क्रिया में उत्पन्न कार्बन–डाई–आक्साइड व जल बाहर नहीं निकल पाने से बीज की जीवन–क्षमता को हानि पहुँचाती है।

इन्हें भी दो वर्गों में बांटा जा सकता है–

(क) **नमीरोधी पात्र (Moisture Resistant Containers)**– इनमें नमी के बहुत निम्न अंश का आदान–प्रदान संभव है; जैसे पोलिथीन के थैले, एस्फाल्ट (Asphalt) निर्मित भंडारण रचनाएँ।

(ख) **नमीसह पात्र (Moisture Proof Containers)**– इनमें नमी बिल्कुल प्रवेश नहीं कर सकती; जैसे– लोहे या एल्यूमीनियम के ड्रम।

सीलबंद पात्रों के प्रयोग के कुछ गुण–दोष हैं–

गुण

(1) बीज की जीवन–क्षमता एवं ओज सुरक्षित रहती है।

(2) बीज के भार में परिवर्तन नहीं होता है।

(3) रोगों तथा कीड़ों से बीज की रक्षा होती है।

(4) बीज के यॉंत्रिक मिश्रण का भय नहीं रहता।

(5) प्रयोग करने में आसानी रहती है।

दोष

(1) ये पात्र महँगे होते हैं और अधिक स्थान घेरने व भारी होने के कारण परिवहन एवं भंडारण में अधिक लागत आती है।

(2) इन पात्रों को खोलकर निरीक्षण करना कठिन होता है।

बीज भंडारण पर प्रभाव डालने वाले कारक (Factors Affecting Storability of Seeds)– बीज की भंडारण क्षमता को अनेक कारक प्रभावित करते हैं–

(1) **बीज के प्रकार (Kind of Seed)**– कुछ बीज प्राकृतिक रुप में अल्पायु होते हैं; जैसे– मूँगफली, सोयाबीन, प्याज आदि जबकि कुछ अन्य जातियों के बीजों (धान्यों) को अंकुरण तथा ओज में विशे ा अन्तर आये बिना लम्बे समय तक भंडारित किया जा सकता है। सरल बीजों (Orthodox Seed) में

नमी की मात्रा 5 प्रतिशत या और कम करके जीवन–क्षमता में ह्रास के बिना उनका लम्बे समय तक सुरक्षित भंडारण किया जा सकता है, जबकि अड़ियल बीज (Recalcitrant Seeds) में नमी स्तर 12–13 प्रतिशत से नीचे लाने पर उनकी जीवन–क्षमता पर विपरीत प्रभाव पड़ता है। अतः इन्हें अधिक समय तक भंडारित नहीं किया जा सकता है। विभिन्न बीजों के रासायनिक संघटन बीजावरण की मोटाई एवं बनावट, बीज का आकार आदि में अंतर होता है, जिससे उनकी भंडारण क्षमता में अंतर आ जाता है, जो आनुवांशिक कारणों से होता है। स्टार्चयुक्त बीज उच्च नमी अवस्था (11–13 प्रतिशत) पर भंडारित किये जा सकते हैं, जबकि तेलयुक्त बीज कम (8–11 प्रतिशत) नमी अवस्था पर।

(2) **बीज की प्रारम्भिक गुणवत्ता (Initial Quality of Seeds)**– निम्न गुणवत्ता वाले बीज अथवा ऐसे बीज जिनमें कटाई से पूर्व खराब वातावरणीय दशाओं, कटाई व गहाई के दौरान क्षति, सुखाई के समय ताप क्षति अथवा बीजोपचार के समय रसायन से क्षति के कारण बीज ह्रास प्रारम्भ हो गया है, भण्डारण के दौरान उचित दशाएँ होते हुए भी गुणता ह्रास तीव्र गति से होता है। क्षतिग्रस्त बीजों पर रोगजीवों व कीड़ों का आक्रमण आसान हो जाता है तथा बीज में अशुद्धियाँ अधिक होने पर ये कीटों एवं रोगजनकों को आश्रय स्थल प्रदान करते हैं। अतः उच्च गुणवत्ता संपन्न बीज का ही भंडारण किया जाना चाहिये।

(3) **बीज में नमी की मात्रा (Moisture Content in the Seeds)**– भंडारण के दौरान बीज की गुणवत्ता को प्रभावित करने वाले कारकों में बीज में नमी की मात्रा सर्वाधिक महत्वपूर्ण कारक है। कम नमी अवस्था पर बीज का लम्बे समय तक सुरक्षित भंडारण किया जा सकता है। कटाई के समय बीजों में नमी की मात्रा अधिक होती है, जिसे भंडारण से पूर्व सुरक्षित नमी स्तर तक सुखाया जाता है। सुरक्षित आर्द्रता मात्रा में 1 प्रतिशत की कमी बीज की भंडारण क्षमता को लगभग दोगुना कर देती है।

सुरक्षित आर्द्रता मात्रा बीज के प्रकार, भंडारण के प्रकार, भंडारण काल तथा क्षेत्र की जलवायु आदि पर निर्भर करती है। विभिन्न फसलों के लिये सुरक्षित आर्द्रता (नमी) मात्रा अलग अलग है (धान्य फसलों के बीज के लिये 11–12 प्रतिशत, कपास व सोयाबीन के बीजों के लिए 10 प्रतिशत, दलहनी फसलों के बीजों के लिए 9 प्रतिशत, तिलहनी फसलों के बीजों के लिए 8–9 प्रतिशत

व सब्जियों के लिये 8 प्रतिशत)। खुले भंडारण में एक वर्ष तक भंडारण के लिये नमी की मात्रा 11–13 प्रतिशत और अधिक समय के लिये 8–10 प्रतिशत तथा वायुरोधी भंडारण में खुले भंडारण से 2–3 प्रतिशत कम नमी मात्रा रखी जाती है।

(4) **तापमान (Temperature)**– तापमान बढ़ने पर बीज तथा सूक्ष्मजीवों की श्वसन दर में वृद्धि होने से बीज ओज व अंकुरण क्षमता घट जाती है। इसलिये भंडारण के दौरान निम्न तापमान बीज गुणता के अनुरक्षण में सहायक होता है। तापमान में 5^0 से. की कमी बीज की भंडारण क्षमता को लगभग दोगुना कर देती है। निम्न तापमान पर सापेक्षिक आर्द्रता (%) एवं तापमान (फे.) का योग 100 रहना चाहिए। अतः शुष्क व ठंडी दशाएँ भंडारण के लिये उत्तम हैं।

(5) **सापेक्षिक आर्द्रता (Relative Humidity)**– परिपक्व बीज आर्द्रताग्राही (Hygroscopic) होते हैं। अतः वायुमंडल की सापेक्षिक आर्द्रता के अनुसार बीजों में नमी की मात्रा में परिवर्तन होता है, क्योंकि बीज वायुमंडल से नमी ग्रहण कर सकते हैं अथवा निकाल सकते हैं। वायुमंडल में सापेक्षिक आर्द्रता 80 प्रतिशत से अधिक होने पर अधिकतर फसलों के बीजों में जीवन क्षमता समाप्त हो जाती है। अतः भंडारण के दौरान सापेक्षिक आर्द्रता 50 प्रतिशत के आसपास रहनी चाहिए। 50 प्रतिशत सापेक्षिक आर्द्रता तथा 50^0 से. तापमान पर भंडारित बीज 3–8 वर्ष तक सुरक्षित रखे जा सकते हैं।

(6) **ऑक्सीजन की पूर्ति (Oxygen Supply)**– बीज की परिवेशी वायु में ऑक्सीजन की मात्रा बढ़ने पर बीज के श्वसन में वृद्धि हो जाती है, जिससे जल व उष्मा उत्पन्न होती है, जो बीज की जीवन–क्षमता पर विपरीत प्रभाव डालते हैं। खुले भंडारों की अपेक्षा वायु–रोधी भंडारों में बीज की गुणवत्ता अच्छी बनी रहती है।

(7) **सूक्ष्मजीवों तथा कीटों की सक्रियता (Activity of Micro Organisms and Insects)**– कीड़े व सूक्ष्मजीव बीज को क्षति पहुँचाते हैं, जिससे बीज की जीवन–क्षमता तथा ओज में कमी आती है। सूक्ष्मजीवों तथा कीड़ों की सक्रियता सापेक्षिक आर्द्रता, तापमान व बीज में नमी की मात्रा पर निर्भर करती है। सापेक्षिक आर्द्रता 62 प्रतिशत से कम होने पर कवकों की क्रियाशीलता समाप्त हो जाती है, जबकि जीवाणु 90 प्रतिशत से अधिक

आर्द्रता पर क्रियाशील होते हैं। कुछ सूक्ष्मजीव बहुत निम्न तापमान (–8° से. तक) अथवा उच्च तापमान (80° से. तक) वृद्धि कर सकते हैं। अतः तापमान नियंत्रण से सूक्ष्मजीवों का नियंत्रण संभव नहीं है। कवक बीज में 12–14 प्रतिशत से अधिक तथा कीट 8–9 प्रतिशत से अधिक नमी होने पर क्रियाशील हो जाते हैं।

(8) **भंडारण पात्र (Storage Containers)**– वायुरोधी एवं नमीयुक्त पात्रों में भंडारण करने के लिये बीजों में नमी की मात्रा बहुत कम (4–8 प्रतिशत) रखी जाती है, जिससे श्वसन दर बहुत कम रहे, अन्यथा बीज ह्रास की दर सरंध्र पात्र से भी अधिक हो सकती है।

(9) **बीज परिपक्वता (Seed Maturity)**– जब बीज शरीर क्रियात्मक दृष्टि से (Physiologically) परिपक्व अवस्था को प्राप्त करता है, उसकी गुणता उच्चतम होती है, जिसमें इसके तुरंत बाद गिरावट प्रारम्भ हो जाती है अतः कोशिश यह की जानी चहिए कि इस अवस्था को प्राप्त करते ही फसल की कटाई करने के बाद बीजों को तेजी से सुरक्षित आर्द्रता स्तर तक सुखाकर शीघ्रातिशीघ्र उपयुक्त दशाओं में भंडारित कर दिया जाये।

बीज भंडारण क्षमता का पूर्वानुमान (Prediction of Storability of Seeds)– शायद ही बीज कटाई के तुरंत पश्चात् बो दिये जाते हों, उन्हें अल्पाधिक समय के लिये भंडारण में रखना पड़ता ही है, जहाँ भंडारण की अवधि, भंडारित बीज का प्रकार तथा भंडारण दशाएँ (तापमान सापेक्षिक आर्द्रता तथा आक्सीजन का स्तर) आदि कारक, बीज की जीवन–क्षमता तथा ओज को प्रभावित करते हैं। भंडारण के दौरान भी बीज में अनेक परिवर्तन होते हैं, जो बीज ओज तथा अंकुरण में ह्रास के लिये उत्तरदायी हैं। प्रयोगशाला में इन परिवर्तनों की माप की जा सकती है। इसके लिये भंडारण से पूर्व तथा भंडारण के दौरान कुछ गुणवत्ता परीक्षण किये जाते हैं, जिससे यह पत चलता है कि बीज को भंडारित किया जा सकता है या फिर उसका निस्तारण (Disposal) कर दिया जाता है। इन परीक्षणों में बीज ओज के लिये किया जाने वाला गाड़ा परीक्षण (GADA test) तथा जीवन–क्षमता के लिये टेट्राजोलियम परीक्षण (TZ test) प्रमुख हैं। गाड़ा परीक्षण बीज में श्वसन दर का द्योतक है, क्योंकि भंडारण के दौरान श्वसन के स्तर में कमी आती है, जबकि टेट्राजोलियम परीक्षण जैविकता तथा विभिन्न विकारों की स्थिति का माप है, जो उन चयापचयी क्रियाओं के लिये उत्तरदायी हों, जो बीजांकुरण तथा पौध की वृद्धि के लिये आवश्यक हैं।

बीज भंडारण के दौरान होने वाले परिवर्तन (Changes During Seed Storage)– भंडारण का मुख्य उद्देश्य लम्बे समय तक बीज गुणता का अनुरक्षण करना है। लेकिन कितनी भी अच्छी दशाओं में बीज का भंडारण क्यो न किया जाये, उसकी गुणता में कमी आती है। भंडारण के दौरान निम्नलिखित मुख्य परिवर्तन होते हैं–

(1) **भौतिक परिवर्तन (Physical Changes)**– भौतिक परिवर्तनों में रंग, संरचना (Texture), यांत्रिक सामर्थ्य (Mechanical Strength), नमी की मात्रा तथा शुष्क पदार्थों में कमी आते हैं। भंडारण के दौरान तापमान तथा सापेक्षिक आर्द्रता में होने वाले परिवर्तनों से बीज के बीजावरण में औक्सीजन क्रियाएँ होती हैं, जिससे बीज का रंग गहरा हो जाता है तथा उस पर धब्बे (Lesions) पड़ जाते हैं। लम्बे समय तक भंडारण से बीज पीले पड़ जाते हैं तथा नमी अवशोषण से कुछ शुष्क पदार्थ निकल जाते हैं, जो अंकुरण के लिये आवश्यक हैं तथा बीज मुलायम पड़ जाते हैं। इन परिवर्तनों से बीज गंदा दिखाई देने लगता है, जिससे उसका बाजार मूल्य घट जाता है।

(2) **शरीरक्रियात्मक परिवर्तन (Physiological Changes)**– इन परिवर्तनों में मुख्य रुप से बीजों में होने वाली श्वसन क्रिया है। यद्यपि भंडारण में ऐसी स्थितियाँ बनाये रखने का भर्सक प्रयत्न किया जाता है, जिनमें श्वसन निम्नतम हो, लेकिन बीज एक सजीव बॉडी (Living Body) है, इसलिये उसमें थोड़ी–बहुत श्वसन क्रिया चलती ही रहती है। श्वसन क्रिया में कार्बन डाई–ऑक्साइड, जल तथा उष्मा की उत्पति होती है, जिनका बीज ओज तथा अंकुरण क्षमता पर विपरीत प्रभाव पड़ता है।

(3) **पोषण सम्बंधी परिवर्तन (Nutritional Changes)**– श्वसन क्रिया में भोज्य पदार्थों का विघटन (Decomposition) होता है, जिससे बीज में पोषक तत्वों की कमी हो जाती है, जिनकी अंकुरण के समय आवश्यकता होती है।

(4) **कोशिकीय परिवर्तन (Cytological Changes)**– श्वसन क्रिया में उत्पन्न होने वाली कार्बन–डाई–ऑक्साइड की सान्द्रता (Concentration) अधिक होने पर यह बीज के ऊत्तकों पर वि ैला प्रभाव डालती है, जिससे बीज के ऊत्तक तथा कोशिकाएँ मर जाती हैं। कभी–कभी ऑक्सीजन की अनुपस्थिति में अवायु श्वसन (Anerobic Respiration) होता है, जिसमें ऐसे यौगिकाओं का निर्माण होता है, जो विषैले होते हैं; जैसे– इथाइल एल्कोहल, लैक्टिक

अम्ल, एल्डिहाइड आदि। कभी–कभी बीज में नमी की कमी के कारण भंडारण उत्तकों से भोज्य पदार्थ श्वसन के स्थान (Site of Respiration) तक नहीं पहुँच पाते, जिससे इन कोशिकाओं की पोषण की कमी (Starvation) के कारण मृत्यु हो जाती है। कभी–कभी बीजोपचार रसायन (विशे ाकर पारायुक्त रसायन) भंडारण के दौरान बीज को क्षति पहुँचाते हैं। भंडारण के दौरान कीटों से बचाव के लिये किया जाने वाला धूमन (विशेषकर दोहराने पर अथवा बीज में नमी की मात्रा अधिक होने पर) उपचार बीज को क्षति पहुँचाता है।

अच्छे बीज भंडारण की आवश्यकताए (Basic Requirements of Good Seed Storage)– बीज के अनुरक्षण के लिये भंडारण के दौरान उचिततम परिस्थितियाँ प्रदान की जाती हैं–

(1) **भंडारण रचनाएँ (Storage Structures)**– भंडारण रचना का आकार व प्रकार भंडारित बीज की मात्रा, बीज के प्रकार, भंडारण के प्रकार (पुंज अथवा बोरों में भंडारण) तथा अवधि, भंडारण पात्र (सान्ध्र अथवा नमीयुक्त), क्षेत्र की जलवायु आदि पर निर्भर करता है।

(क) **भंडारण धान्य–कोष्ठ (Storage Bins)**– पुंज भंडारण के लिये प्रायः धान्य–कोष्ठ प्रयोग में लायी जाती हैं। ये धातु, लकड़ी अथवा सीमेंट की बनाई जाती हैं। ये मजबूत, वायुरोधी, नमीयुक्त व चूहों से सुरक्षित होनी चाहिए। इनकी भीतरी सतह चिकनी होनी चाहिये, जिससे कीट आदि छुप न सकें। कभी–क्भी ये सुखाई व भंडारण दोनों के लिये प्रयोग की जाती हैं, जिनमें फर्श छिद्रित बनाया जाता है और ये धातु की ही बनायी जाती हैं। ये गोल अथवा चौकोर भी हो सकती हैं।

इनका फर्श इतना मजबूत होता है कि बीज का भार सहन कर सके। एक धान्य–कोष्ठ की उँचाई उसके व्यास से कम अथवा बराबर होती है और उसकी तली समतल होती है व छत वर्षा जल के निकास के लिये उभरी हुई बनाई जाती है। घातु की धान्य कोष्ठ बनाना आसान है, लेकिन ये अवरोधी नहीं होती। सूर्य की किरणों को परावर्तित करने के लिये इसकी बाहरी सतह पर सफेद पेंट कर देना चाहिये तथा वायुरोधी बनाने के लिये जोड़ों को वेल्ड कर देना चाहिए। सीमेंट–कंक्रीट की बनी धान्य–कोष्ठ की उष्मीय चालकता कम होती है, परन्तु वे पूरी तरह वायुरोधी नहीं होती हैं।

यदि ये रचनाएँ पूर्णतया वायुरोधी न हों तो इनमें वातन प्रणाली (Aeration system) तथा धूमन प्रणाली की व्यवस्था होनी चाहिये। इनमें उपर से अनाज भरा जाता है तथा नीचे से निकाला जाता है।

(ख) **मालगोदाम (Ware Houses)**– मालगोदाम में बीज बोरों में भंडारित किया जाता है। इनका फर्श नमीरोधी (Water proof) बनाया जाता है, दीवारें ईंट व सीमेंट की तथा छत सीमेंट व कंक्रीट की बनायी जाती है। दीवारें तथा छत नमीरोधी व तापरोधी बनायी जाती हैं। जिसके लिये रेत व तारकोल मिश्रण (Asphalt) तथा प्लास्टिक अथवा फोम (Foam) का प्रयोग किया जा सकता है। वातन के लिये खिड़कियाँ बनायी जाती हैं, जो शुष्क मौसम में रात के समय भंडार का तापमान कम करने के लिये खोल दी जाती हैं। कीड़ों व चिड़ियों की रोकथाम के लिये इन पर तार की जाली लगायी जाती हैं। दरवाजों तथा रोशनदानो को अच्छी तरह सील कर दिया जाता है। प्रवेश द्वारा के पास एक अन्तः कक्ष (Ante Chamber) बनाया जाता है, जिससे बीज निकालने या रखने वक्त भंडारण कक्ष में बाहर की नमी प्रवेश न कर सके। चूहों से रक्षा करने के लिये भंडार का फर्श जमीन के स्तर से 90 से0 मी. उँचा तथा 15 से. मी. दीवार से बाहर निकलता हुआ (Lip) बनाया जाता है। बोरों के चट्टे (Stacks) लगाये जाते हैं, जो लकड़ी के तख्तों (Pallets) पर रखे जाते हैं। चट्टों के बीच में आने–जाने के लिये स्थान (Passage) छोड़ा जाता है। छोटे पैकेट रखने के लिये शेल्फ (Shelves) बनायी जाती हैं। भंडारण के लिये बीज के आयतन (घन फीट अथवा घन मीटर) से दोगुना स्थान रखा जाता है, क्योंकि कुछ स्थान आने–जाने के लिये रास्ते, बोरों के चट्टों के बीच स्थान तथा बीज की सतह तथा छत के बीज स्थान, प्रवेश द्वार, अन्तः कक्ष आदि के लिये छोड़ा जाता है। धान्यों के एक क्विंटल बीज का आयतन लगभग 5 घन फीट (0.14 घन मी.) होता है। भंडारण कक्ष की बाहरी दीवारों पर सफेद रंग किया जाना चाहिये। भंडारण कक्ष पहले से स्थित भवन में बनाया जाये अथवा किसी उँची इमारत के उत्तर में बनाया जाये, जिससे छाया रहे और इसका तापमान कम रहे। कभी–कभी कक्ष की छत से कुछ इंच ऊपर घास फूस (Thatching Material) की छत (False Ceiling) बनायी जाती है।

बीज भंडारगृहों में कीट समस्या (Pest Problem in Seed Storages)– बीज भंडारगृहों में बीजों को सूक्ष्मजीवों, कीड़ों व चूहों आदि से सुरक्षित रखने की

समस्या अत्यन्त महत्पूर्ण है। भंडारगृह में सूक्ष्मजीवों के अतिरिक्त अनेक कीट जैसे– खपड़ा, घुन, सुरसुरी, दीमक, चींटियाँ, तिलचट्टे, झींगुर एवं चूहे बीज को क्षति पहुँचाते है। बीजों में नमी की अधिकता, कीड़ों के श्वसन के लिये ऑक्सीजन की उपलब्धता तथा उच्च तापमान कीटों की वृद्धि में सहायक हैं। अतः बीजों को सुरक्षित आर्द्रता मात्रा तक सुखाकर तथा भंडारगृहों में ऑक्सीजन की कमी व निम्न तापमान रखकर कीट–क्षति को कम किया जा सकता है। इसके साथ–साथ बीजों को भंडारण से पूर्व कीटनाशियों से उपचारित करके, बीजों की गहाई, संसाधन एवं वितरण के समय सफाई एवं भंडारण पात्रों (बोरों) व भंडारगृह की सफाई तथा नमीमुक्त भंडारण, इसे बिल्कुल ही कम कर सकते हैं।

विभिन्न प्रकार की आवश्यकताओं की पूर्ति के लिये आजकल विशेष प्रकार के सुरक्षित भंडारण उपकरणों की रचना की गई है, जिनमें बीजों को कीटों, चूहों तथा सूक्ष्मजीवों के आक्रमण से बचाया जा सकता है; जैसे– पूसा बीन, पंतनगर कुठला, हापुड़ बीन इत्यादि।

लगभग एक दर्जन कीट पतंगें बीज को भंडारण के दौरान क्षति पहुँचाते हैं, इन कीट पतंगों को दो प्रकार से विभाजित किया गया है:

(1) **आन्तरिक कीट/मुख्य कीटः** इस श्रेणी के कीट अपने अंडे फसल कटाई से पहले बीजों के उपर देते हैं। सुंडी की अवस्था बीजों के अन्दर खाने तथा बढ़ने में सक्षम होती है। इनमें मुख्यतः राईस वेविल (*साइटोफाइलस ओराइजी* लीन), लेसर ग्रेन बोरर (*राईजोप्रथा डोमिनिका* फैब), ग्रेन मोथ (*साइटोट्रोगा सीरीयलीला* ओलिव) तथा पल्स बीट्ल (*कैलोसोब्रुकस साइनेन्सिस* लीन) एवं *कैलोसोब्रोकस मैकुलेटस* फैब मुख्य हैं।

(2) **वाहय कीट/गौण कीटः** इस प्रकार के कीट बीज के बाहर गमनागमन करते हैं तथा बीज भ्रूण / अंकुर (जर्म) भाग को खाते हैं जिसके द्वारा बीज अंकुरण करने में सक्षम नहीं रहता। इस प्रकार के कीट टूटे हुए बीज या पाउडर के द्वारा अधिक विग्रसन (Infestation) करते हैं। इस प्रकार के कीट जाला, प्युपेशन कोकुन्स की सहायता से बीज की गुणवत्ता को प्रभावित करते हैं। इनमें मुख्यतः चावल की तितली (*कोरसाइरा सिफेलोनिका* स्टेन्ट), मील वॉर्म मोथ/मक्के का पतंगा/इण्डियन मील मोथ (*प्लोडिया इंटरपक्टेला* हबनर), खपरा बीटल (*ट्रोगाडर्मा ग्रेनेरियम*), दांतेनुमा दांतों वाली ग्रेन बीटल (*ओराइजीफीलस सुरीनेमेन्सिस* लीन तथा *ओराइजाफाइलस मर्केटर* फेवल),

अनाज का चपटी भृंग/रस्टी रेड ग्रेन मोथ (*क्राइपटोलेस्टेस फेरुजिनेस* स्टीफन्स) इत्यादि प्रमुख हैं।

साधारणतया अधिक तापमान पर बीजों में गुणवत्ता का उपलब्ध नमी पर तेजी से ह्रास होता है। भंडारण के समय बीज में उपलब्ध नमी की मात्रा तथा भंडारण तापमान दोनों क्रिया करके बीज की जीवितता (Seed Viability) को प्रभावित करते हैं। कम तापमान उचित एवं सुरक्षित भंडारण के लिए अधिक तापमान की तुलना में अपेक्षाकृत अधिक उपयुक्त होता है। तापमान में दैनिक परिवर्तन बीज भंडारण में सतह से कुछ सेंटी मीटर की गहराई तक ही प्रभावित करता है। शुष्क बीज द्वारा लगभग 1×10^{-7} Cal sec^{-1} cm^{-3} तथा नमीयुक्त बीज 1×10^{-5} Cal sec^{-1} cm^{-3} उपापचयी उष्मा (Metabolic Heat) उत्पन्न होती है। कवकों, कीटों तथा अन्य जीवों द्वारा आक्रमित बीज से अधिक उष्मा उत्सर्जित होती है।

1. चींटियाँ (Mites) 5^0C से कम तापमान पर तथा कीट 15^0C से कम तापमान पर जीवित नहीं रहते।
2. भंडारकक्ष (बीज गोदाम) कवकों *(एसपरजीलस* तथा *पैनिसीलीयम)* में 0^0C से नीचे वृद्धि नहीं होती है। यदि बीजों को ऐसे वातारण में भंडारण किया जाये जिसमें आपेक्षित आद्रता 70 प्रतिशत है, तब ये कवक बीजों को हानि नहीं पहूँचाती।
3. किसी भी जीव पर तापमान के प्रभाव का सीधा सम्बन्ध उपलब्ध नमी पर निर्भर करता है, क्योंकि तापमान में वृद्धि वातावरण में उपलब्ध नमी की मात्रा को कम करते है।

वातावरण में उपस्थित 70 प्रतिशत तक अपेक्षित आद्रता (RH) साधारणतया सुरक्षित बीज भंडारण के लिए स्वीकार कर ली जाती है तथा 20^0C का तापमान सुरक्षित बीज भंडारण के उचित होता है, परन्तु उष्ण कटिबन्धीय क्षेत्रों में वर्ष भर का औसत तापमान 20^0C से अधिक हो जाता है।

कीट विग्रसन के मुख्य श्रोत (Source of Insect Infestation)

1. **खेत विग्रसनः** कुछ कीट जैसे राईस वेविल (*साइटोफाइलस ओराइजी* लीन),, लेसर ग्रेन बोरर (*राईजोप्रथा डोमिनिका* फैब), दाल का घुन (*कैलोसोब्रुकस मैक्यूलेटस*) फसल परिपक्वता के समय फसल को प्रभावित करते हैं, तथा फसल कटाई के साथ भंडारण से पहले /भंडारण के समय अपनी संख्या में वृद्धि/गुणन करते हैं।

2. **गोदामः** व्यस्क या सुंडी अवस्था में गोदाम के अन्दर की दिवारों के दरारों तथा बिजली के उपकरण इत्यादि इस प्रकार के कीटों द्वारा विग्रसन के मुख्य स्रोत हैं।

3. **पुराने थैले/बोरियां इत्यादिः** कुछ कीट पुराने बोरों की बुनाई में अथवा कोनों में छिपे रहते हैं, तथा जब बीज को इन बोरों में भंडारित किया जाता है तब ये कीट बीज पर आक्रमण करते हैं। पुराने थैले/बोरियां/कन्टेनर्स इत्यादि की पूर्णतयः सफाई तथा कीटनाशी द्वारा उपचारित करने के पश्चात ही पुनः प्रयोग में लाने चाहिए।

4. **बीजवाहक वाहन (Vehicle)**: यदि बीजवाहक वाहनों का बारम्बार प्रयोग होता है जब ये वाहन कुछ कीट पतंगों के मुख्य स्रोत होते हैं। बीजवाहक वाहनों में प्रयुक्त पुराने थैले/बोरियां/कन्टेनर्स इत्यादि की पूर्णतयः सफाई तथा कीटनाशी द्वारा उपचारित करने के पश्चात ही पुनः प्रयोग में लाने चाहिए।

भंडारगृहों का उपचार (Treatment of Seed Stores)– भंडारगृहों में पहले से कीड़ों की उपस्थिति की संभावना को समाप्त करने के लिये भंडारण से पूर्व उन्हें निम्नलिखित में से किसी एक के द्वारा उपचारित कर लेना चाहिए।

(1) ई. डी./सी. टी. मिश्रण (Killoptera) 24 घंटे तक 10 लीटर प्रति 40 घ. मी. स्थान की दर से प्रयोग करना चाहिए।

(2) एल्यूमीनियम फास्फाइड की एक गोली (3 ग्रा.) प्रति आधे घ. मी. स्थान की दर से प्रयोग करना चाहिये।

(3) 0.5 प्रतिशत मैलाथियान का घोल बनाकर 0.5 लीटर प्रति 100 वर्ग मीटर की दर से गोदाम के अन्दर छिड़कना चाहिये।

बोरों का उपचार (Treatment of Bags)– जहाँ तक सम्भव हो, नये बोरे प्रयोग में लाने चाहिये। यदि पुराने बोरे प्रयोग में लाना हो, तो अग्रलिखित दवाओं से उन्हें उपचारित कर लेना चाहिये–

(1) 1 प्रतिशत मैलाथियान घोल में 10 मिनट डुबोकर, बोरों को सुखाकर प्रयोग करना चाहिये।

(2) ई. डी./सी. टी. मिश्रण का 1 लीटर घोल प्रति 10 बोरे की दर से धूमन के लिये प्रयोग करना चाहिए।

(3) बोरों को 15 मिनट गर्म पानी में उबालने अथवा 6 घंटे तेज धूप में सुखाने से भी सभी कीट मर जाते हैं।

बीज उपचार (Seed Treatment)– यदि बीज में पहले से ही कीट संक्रमण हो गया है, तो उसे भंडारण से पूर्व उपचारित कर लेना चाहिये–

(1) ई. डी./सी. टी. मिश्रण की 15 लीटर मात्रा प्रति 400 कुंटल बीज की दर से 24 घंटे तक प्रयोग करना चाहिये। बीजों में नमी की मात्रा 10 प्रतिशत से कम होनी चाहिए अन्यथा बीजों के अंकुरण पर प्रतिकूल प्रभाव पड़ता है।

(2) बीज को 100:1 के अनुपात में नीम के बीजों की गिरी के चूर्ण के साथ मिलाकर रखने से कीटों का प्रकोप नहीं होता।

भंडारण के दौरान उचपार (Treatment During Storage)– यदि उपर्युक्त सावधानियाँ बरतने के पश्चात् भी भंडार में कीटों का आक्रमण हो जाता है, तो निम्नलिखित दवाओं का प्रयोग करना चाहिये–

(1) ई. डी./सी. टी. मिश्रण 0.5 कि.ग्रा. प्रति मिट्रिक टन बीज की दर से।

(2) एल्यूमीनियम फास्फाइड की दो गोली प्रति मिट्रिक टन बीज की दर से।

(3) ई.डी.बी. एम्पुल (3 मि.ली.) प्रति मीट्रिक टन बीज की दर से।

पीड़क कीट

भंडारित खाद्यान्नों एवं उनके उत्पादों को विश्व के विभिन्न भागों में नाशी कीटों की हजारों प्रजातियां हानि पहुचाती हैं। भारत सरकार द्वारा गठित वैज्ञानिकों के एक दन ने अपने अध्ययन में (1967) में बताया है कि भंडारण अवधि में होने वाली कुल क्षति (9–33 प्रतिशत) का 2–55 प्रतिशत भाग नाशी–कीटों द्वारा नष्ट किया जाता है। हमारे देश में भंडारित अनाज की कितनी मात्रा में और कैसी हानि पहुंचती है इसके बारे में अनेक अनुसंधानकर्ताओं ने कार्य किया है। इनके अध्ययनों के परिणामों से यह स्पष्ट है कि निम्नलिखित नाशी–कीटों द्वारा अनाजों एवं बीजों का हानियां पहुचती हैः

आन्तरिक कीट

1. सुरसुरी (Weevil)

वैज्ञानिक नामः *सिटोफिलस ओराइजी* (लिन)
सिटोफिलस ग्रेनारियस (लिन)
एस. जीमेज (मौट्‌श)

पहचान

- पूर्ण विकसित कीट की लम्बाई लगभग 2.5–4.0 मिलीमीटर होती है।
- रंग गहरा भूरा होता है। चाकलेट रंग से बिलकुल काला तक इनका रंग होता है।
- आगे के प्रत्येक पंख के ऊपर लाल से या पीले हल्के रंग के दो धब्बे होते हैं। पीठ पर गोल छिद्र होते हैं तथा यह उड़ सकता है।

नुकसान की प्रकृति

विश्व के समस्त भागों में भंडारित अनाज को क्षति पहुंचाने वाला यह सबसे गंभीर पीड़क कीट माना जाता है। यह कीट संसार के ऊष्ण, उपोष्ण एवं शीतोष्ण जलवायु वाले भागों में पाया जाता है। यह प्रजाति मोटे दानों वाले अनाज जैसे मक्का की अपेक्षा छोटे दानों वाले अनाजों उदाहरण के लिए– गेहूं में अधिक तेजी से अंडे व बच्चे देती है। जिन अनाजों में नमी की मात्रा 10 प्रतिशत से कम या 16 प्रतिशत से अधिक होती है उन पर इसका हमला नहीं होता है।

जीवन चक्र

मादा, उपलब्ध खाद्यान्न एवं वातावरण के अनुसार सैकड़ों की संख्या में अंडे देती है। यह अपना एक–एक अंडा दानों में किए गये छेद में रख उसका मुंह एक चिपचिपे पदार्थ से बंद कर देती है। इष्टतम ताप पर (लगभग 30^0 सें. तापमान) इसका जीवन चक्र चार सप्ताह में पूरा हो जाता है। अंडे से शंखी तक का जीवन चक्र दाने के अन्दर ही पूरा होता है। प्रौढ़ अवस्था में परिवर्तित होने के तुरंत बाद ही कीट दाने से बाहर निकल आता है। अनाज का तापमान जब 12^0 से. से कम या 50^0 सें. से अधिक हो जाता है तब ये कीट लगभग निष्क्रिय हो जाते हैं।

प्रभावित होने वाले सामग्री : गेहूँ, धान, मक्का ज्वार

2. छोटा अनाज छिद्रक

वैज्ञानिक नाम – *राइजो परथा डौमिनिका* (फैव)

पहचान

- प्रौढ़ अवस्था में यह कीट गहरे बादामी रंग का एवं बेलनाकार होता है।
- पूर्ण विकसित कीट की लम्बाई लगभग 2.5–3.0 मिलीमीटर तक होती है।
- इसका मुख्य पहचान है कि इसका सिर नीचे की ओर झुका होता है।
- प्रौढ़ तुरंत उड़ जाता है। थुथनी नहीं पाई जाती है तथा एंटीना तीन हस्सों में बंटा हुआ होता है।

नुकसान की प्रकृति

इल्ली एवं प्रौढ़ अवस्था में यह कीट बहुत अधिक नुकसान पहुंचाता है। प्रभावित अनाज में अनुपयोगी आटे जैसा पदार्थ अधिक मात्रा में नजर आता है (इसे कीड़े के हमले का संकेत समझा जाता है)। क्षतिग्रस्त दाने में अनियमित छिद्र पाए जाते हैं, ये दाने को बहुत तेजी से क्षति पहुचाते हैं तथा कुछ दिनों में ही दाने का सम्पूर्ण स्टार्चयुक्त गूदा समाप्त हो जाता है और केवल छिलका शेष रह जाता है।

जीवन चक्र

एक मादा लगभग 300–550 तक अंडे देती है। अक्सर इस प्रजाति के पूर्ण विकसित प्रौढ़–कीट अच्छे अनाज में अपने अंडे देने एवं जीवन चक्र चलाने हेतु तापमानयुक्त वातावरण शीघ्र बना लेते हैं। सामान्यतया मादा अंडे, दाने के ऊपर और दानों के बीच देती है। लार्वे तीसरे अन्तर्रुप तक की प्रारंभिक अवस्था में दाने के बाहर स्वतंत्र घूमते रहते हैं, तत्पश्चात् इस अवस्था में कीट दाने के अन्दर प्रवेश कर अपने विकास की शेष अवस्था दाने के भीतर ही पूरा करते हैं। यद्यपि पूर्ण विकसित प्रौढ़ अच्छे उड़ने वाले होते हैं परन्तु वे खेत में अनाज को हानि नहीं पहुंचाते क्योंकि इन इल्लियों की प्रारंभिक अवस्थाएं स्वतंत्र रहने वाली होती हैं। अनुकूलतम परिस्थितियों में लगभग 25 दिन में जीवन चक्र पूर्ण हो जाता है।

प्रभावित होने वाले सामग्री : गेहूँ, धान, मक्का

3. अनाज का पतंगा

वैज्ञानिक नाम – *साइटोट्रोगा सिरियलेला* (ओलिवियर)

पहचान

- यह प्रौढ़ अवस्था में तितली जैसा उड़ने वाला कीट है।
- इसके पंख पूर्ण रुप से विकसित होते हैं।

नुकसान की प्रकृति

प्रौढ़ अवस्था में कीट नुकसान नहीं करता लेकिन व्यावसायिक गोदामों में अथवा ढेर के रुप में रखे हुए अनाज की सतह पर इस कीट का अधिक प्रकोप दिखाई देता है। डिम्भ अतिविनाशकारी होते हैं।

जीवन चक्र

मादा 250 के लगभग अंडे देती है। अंडे से शंखी तक की अवस्थाएं दाने के अंदर ही व्यतीत की जाती है। प्रौढ़ अवस्था प्राप्त करते ही कीट दाने के बाहर निकल आता है। गर्मी के मानसून में यह बहुत सक्रीय हो जाता है। कम तापमान को सहन नहीं कर सकता है। अनुकुलतम स्थितियों में अर्थात 30^0 सें. ताप तथा 75–80 प्रतिशत सा0 आर्द्रता की स्थिति में यह अपना जीवन चक्र 32 दिनों में पूरा कर लेता है। अतः खरीफ की फसलों को अधिक क्षति पहुंचाता है।

प्रभावित होने वाले सामग्री : गेहूँ, धान, मक्का

4. दाल भृंग

वैज्ञानिक नाम – *कैलीसोबुकस प्रजातियां* (लिन.)

पहचान

- प्रौढ़ कीट छोटे आकार (2.5–4.5 मि.मी.) के होते हैं।
- ये भूरे या लालिमा लिए भूरे रंग के होते हैं।
- चाकलेटी रंग के इसके अगले पंखों पर हाथी दांत जैसे चार धब्बे होते हैं, इन धब्बों की सहायता से ही कुछ प्रजातियों की पहचान की जाती है।
- विभिन्न दलों में अलग–अलग प्रजाति का प्रकोप मिलता है।

नुकसान की प्रकृति

केवल डिम्भ विनाशकारी होते हैं, जो दाने में छेद बना लेते हैं। यह केवल साबुत दाने को नुकसान पहुंचाता है तथा खड़ी फसल पर भी हमला कर देता है।

जीवन चक्र

मादा खेतों में फलियों की ऊपरी सतह या भंडारित दाने पर एक–एक करके 80–100 अंडे देती है, जिनका रंग प्रारंभ में नारंगी या क्रीमी होता है मगर बाद में धूसर सफेद रंग के हो जाते हैं। गर्म जलवायु में लगभग 5 दिन में ही अंडा डिम्भ में परिवर्तित हो जाता है। ये डिम्भ, फलियों या दाने के अन्दर घुस जाते हैं। एक दाने में अनेक डिम्भ (लार्वा) धुस जाते हैं लेकिन सामान्यतः एक ही डिम्भ पूर्णतः विकसित हो पाता है। प्यूपा की स्थिति गर्मियों में 4 दिन की रहती है जबकि सर्दियों में दो सप्ताह तक रह सकती है। 30^0 सें. तापमान एवं 70 प्रतिशत आपेक्षिक आर्द्रता पर जीवन चक्र 23 दिन में पूरा हो जाता है।

प्रभावित होने वाले सामग्री : दलहनी फसलें

5. सिगरट बीटल

वैज्ञानिक नाम – *लेसियोडरमा सेरीकोरनी* (एफ)

पहचान

- प्रौढ़ कीट बादामी अथवा गहरे बादामी रंग का होता है।
- ये आकार में छोटे होते हैं।
- प्रौढ़ अवस्था के कीट उड़ सकते हैं व प्रकाश की ओर आकर्षित होते हैं।

नुकसान की प्रकृति

यह संग्रहित तम्बाकू, सिगरेट तथा कभी–कभी बीड़ी पर बहुत गंभीर रुप से आक्रमण करता है। कई बार इसका आक्रमण मसालों, संग्रहित खाद्यान्नों, दालों से बनी चीजों तथा कई प्रकार की अन्य खाद्य सामग्रियों पर भी होता है।

प्रभावित होने वाले सामग्री : तम्बाकू, सिगरेट, मसालों इत्यादि

वाह्य कीट

1. खपरा भृंग

वैज्ञानिक नाम – *ट्रोगोडरमा ग्रेनेरियम*

पहचान

- प्रौढ़ः पूर्ण विकसित कीट छोटे आकार का (2–3 मिलीमीटर) एवं हल्के से लेकर गहरे भूरे रंग का होता है। यह अंडाकार होता है।
- डिम्भ या इल्लीः शरीर पर मखमल के रुओं जैसे मुलायम पतले बाल होते हैं। आमतौर पर शरीर के आखिरी तीन खंडों पर काले बालों का एक धब होता है। रंग पीला सा (निचला भाग) तथा हल्का भूरा सा होता है। विकसित डिम्भ की लम्बाई लगभग 4.5 मि.मी. होती है।

नुकसान की प्रकृति

इसका प्रौढ़ अनाज को नुकसान नहीं पहुंचाता है, लेकिन इल्ली अवस्था पश्चिमी भारत के बहुत बड़े भाग में भंडारित अनाज को बहुत अधिक नुकसान पहुंचाती है। ये दाने को उसके भ्रूण से खाना प्रारंभ करते हैं और धीरे–धीरे लगभग पूरे दाने को खा जाते हैं। जैसे–जैसे इसका प्रकोप बढ़ता जाता है उस पात्र का तापमान भी बढ़ता जाता है तथा इल्लियां अनाज की सतह की ओर बढ़ती जाती हैं। इसलिए कीट सतह पर अधिक पाए जाते हैं। प्रौढ़ अनाज को क्षति नहीं पहुंचाता है।

जीवन चक्र

मादा 10 से 15 दिन तक जीवित रहती है और लगभ्ग 120 अंडे देती है। अनुकूलतम परिस्थितियों में जीवन चक्र 25 दिन में पूरा हो जाता है। भोजन के अभाव में डिम्भ के रोएं झड़ जाते हैं तथा आकार में छोटा हो जाता है। जैसे ही इस डिम्भ को फिर से भोजन मिलता है वह पुनः सक्रिय हो जाता है। यद्यपि इनके पंख भी होते हैं मगर कभी उड़ते हुए नहीं देखे जाते हैं। डिम्भ 11 प्रतिशत नमी पर दाने को क्षति पहुंचाने लगते हैं तथा 35^0 सें. तापमान तथा 25 प्रतिशत आपेक्षिक आर्द्रता इसके विकास के लिए इष्टतम होती है।

प्रभावित होने वाले सामग्री : गेहूँ, मक्का, ज्वार, धान, दलहनी एवं तिलहनी।

2. आरी दंत भृंग (चावल की सुरसुरी)

वैज्ञानिक नाम – *ओराइजीफिलिस सुरीनमेनसिस* (लिन)

पहचान

- यह एक छोटा एवं बादामी रंग का कीट है।
- इसकी छाती का भाग आरी के दांतों जैसे आकार का होता है।
- प्रौढ़ अवस्था के कीट दीवारों अथवा फर्श की दरारों में रहते हैं।

नुकसान की प्रकृति

यह कीट खाद्यान्नों जैसे गेहूं, चावल, ज्वार, मक्का और इनसे बने आटे तथा सूखे फलों पर आक्रमण करता है। साबुत दानों में टूटे हुए दानों की उपस्थिति इस कीट के प्रकोप को बढ़ाने में मदद करती है। प्रौढ़ अवस्था में कीट दीवारें अथवा फर्श की दरारों में रहते हैं, जिससे विपरीत परिस्थितियों में भी इन कीटों को अधिक नुकसान नहीं पहुंच पाता है।

जीवन चक्र

कम तापमान के वातावरण में यह कई वर्षों तक जीवित रह सकता है। अधिक नमीयुक्त वातारण में तथा 30^0 सें. ग्रे. तापमान पर इस कीट का जीवन चक्र 3 सप्ताह में पूर्ण होता है।

प्रभावित होने वाले सामग्री : चावल, ज्वार, मक्का और इनसे बने आटे तथा सूखे फल इत्यादि।

3. अनाज का चपटा भृंग

वैज्ञानिक नाम – *क्रिट्टोलसक्स फेरजेमियस* (ओलिवर)

पहचान

- यह नाशी कीटों में सबसे छोटे आकार का कीट है।
- इसका आकार 1.5 मि.मी. से 2.0 मि.मी. तक होता है।
- यह हल्के से गहरा भूरा होता है।
- एंटीना शरीर के आकार के लगभग आधे से कुछ अधिक लम्बाई का होता है।

नुकसान की प्रकृति

यह कीट प्रायः सभी जगह पाया जाने वाला कीट है। यह खाद्यान्नों, उनसे बनी वस्तुओं तथा तिलहनों को नुकसान पहुंचाने वाला कीट है।

जीवन चक्र

यह तापमान एवं वातावरण की नमी की कई सीमाओं को सहन करने में सक्षम होता है। प्रौढ़ मादा 6 से 9 माह तक जीवित रह सकती है व इस अवधि में प्रत्येक मादा 200 तक अंडे दे सकती है।

प्रभावित होने वाले सामग्री : खाद्यान्नों, उनसे बनी वस्तुओं तथा तिलहन।

4. मक्का का पतंगा

वैज्ञानिक नाम – *पलोडिया इन्टरपकचुयेला* (ह्यूवेन)

पहचान

- इसके अगले पंख चांदी के समान सफेद भूरे होते हैं। जब पतंगा बैठा होता है, एंटीना (जो आकार में रीर के लगभग 2/3 होते हैं) पंखों पर रहते हैं।
- धड़ हल्का लालिमायुक्त होता है, जिस पर इसी रंग के रोएं होते हैं।

नुकसान की प्रकृति

ये दाने के भ्रूण को बहुत चाव से खाते हैं अर्थात यह अंकुरण क्षमता को प्रभावित करने वाला पतंगा है। इसके अलावा यह मक्का के बाल एवं दानों को क्षति पहुंचाने वाला प्रमुख कीट है। यह क्षतिग्रस्त अनाज को अपने पंखों आदि के द्वारा गंभीर रुप से दूषित कर देता है। मक्का के अतिरिक्त यह अन्य धान्य फसलों, सूखे मेवों, मुंगफली एवं संसाधित खाद्य–पदार्थों को भी क्षति पहुंचाता है।

जीवन चक्र

मादा रात में अंडे देती है, जो भूरे सफेद रंग के होते हैं। मादा लगभग 39 से 275 अंडे अपने जीवन काल में देती है। पूर्ण विकसित लार्वा लगभग 13 मि.मी. लम्बा होता है। लार्वे का रंग धूसर–सफेद होता है। शरीर पर रोएं होते हैं। यह सतह

को क्षति पहुंचाता है मगर छेद भी करने में सक्षम होता है। डिम्भ की अवधि सामान्य परिस्थितियों में 30–35 दिन की होती है। प्यूपा कोकून में जीवन व्यतीत करता है। जीवन चक्र 26 दिन में पूर्ण हो जाता है (30^0 से. ताप एवं 70^0 प्रतिशत आर्द्रता पर)। इस कीड़े द्वारा कई प्रकार की संग्रहित वस्तुएं जैसे– साबुत खाद्यान्न उनसे बने खाद्य पदार्थ, दालें तिलहन आदि को नुकसान पहुंचाया जाता है। इल्लियों द्वारा घने जाले, प्रभावित खाद्यान्न पर बनाये जाते हैं।

प्रभावित होने वाले सामग्री : मक्का, धान्य, सूखे फल मूंगफली एवं धान्य उत्पाद।

5. चावल की तितली

वैज्ञानिक नाम – *कोरसाइरा सिफोलीनीका* (स्टेंट)

पहचान

- इसके पंख फैलने पर 25 मि.मी. तक आकार के होते हैं।
- अगले पंखों पर शिराए स्पष्ट (गहरे रंग की) नजर आती है।
- कोकून गहरे सफेद होते हैं।
- इसका लार्वा लगभग 12 मि.मी. लम्बा होता है।
- प्रौढ़ आकार में भंडारित खाद्यान्नों को क्षति पहुंचाने वाले सभी पतंगों से बड़ा होता है।

नुकसान की प्रकृति

ये भंडारित खाद्यान्नों को क्षति पहुंचाते है। रबी की फसलों पर इसका प्रकोप कम मिलता है। रात्रिचर होने के कारण दिन में केवल उन्हीं गोदामों में देखा जा सकता है जिनमें अंधेरा रहता है।

जीवन चक्र

इसके अंडे छोटे एवं अंडाकार होते हैं। दीवारों, बोरों या दानों पर मादा अंडे देती है। लार्वा क्रीमी रंग का होता है जो अनाज को क्षति पहुंचाता है। प्यूपा, लार्वा द्वारा बुने गये कोकून में अपना जीवन चक्र पूरा करता है। प्रौढ़ 7–15 दिन जीवित रहता है तथा खाद्यान्न को नुकसान नहीं पहुंचाता है। इष्टतम तापमान (28^0 से. से 32^0 से.) एवं आर्द्रता (75 प्रतिशत) में अंडे से प्रौढ़ तक का जीवन चक्र 4–5 सप्ताह में पूरा हो जाता है।

प्रभावित होने वाले सामग्री : मक्का, धान्य, सुखे फल मूंगफली एवं धान्य उत्पाद।

सारणी 10.4: बीज भंडार–गृह के प्रमुख कीटों का संक्षिप्त विवरण (Major Pests of Storage Seeds)

क्र. स.	सामान्य नाम	वैज्ञानिक नाम	क्षतिकारक अवस्था	क्षति का रुप	पहचान के लक्षण	नियंत्रण
1	2	3	4	5	6	7
1.	गेहूँ का खपड़ा (Khapra beetle)	*Trogoderma granarium*	सूंडी	संक्रमण दाने के भ्रूणीय बिंदू से शुरु होकर, दूसरे भागों में पहुँचता है, संक्रमण बीज की उपरी सतह पर होता है।	पूर्ण विकसित सूंडी भूरी उसके उपर भूरी सफेद पट्टियाँ तथा शरीर बालों से ढका हुआ प्रौढ़ मादा 2.5 मि.मी. लम्बी, नर की लम्बाई आधी, अण्डाकार भूरा, शरीर पर लाल भूरे बाल, एक पूंछ, पंखों तथा एन्टिनी पर धब्बे व एन्टिनी छोटे व अंडाकार।	फॉस्टोक्सिन 1 गोली/2 कु. बीज या 1 ई. डी. बी एम्पूला/कुं.।
2.	चावल का घुन (Rice Weevil)	1- *Sitophilus orzyae*(L.) 2- *Sitophilus granaries (L.)*	सूंडी एवं प्रौढ़	अनाजों का सर्वाधिक क्षति कारक कीट। सूंडी प्रौढ़ से अधिक क्षतिकारक, सूंडी एक छोटे छिद्र के द्वारा प्रवेश करके दाने को खोखला कर देती है।	पूर्ण विकसित सूंडी पीली सफेद, सिर पीला भूरा 3 मि. मी. लम्बा। प्रौढ़ 3.5 मि.मी. लम्बा, हल्के से गहरा भूरा, दो जोड़ी पंख जिन पर चार–चार हल्के, हल्के भूरे धब्बे, लम्बी थूथन। *S. granaries* में पंखों पर धब्बे नहीं, पंख जुड़े, जिससे ये उड़ नहीं सकते।	खपड़ा के अतिरिक्त बीज में नमी कम करना लाभकारी।
3.	अनाज का पतंगा (Grain and Flour moth)	(i) *Sitotroga cereallela* (Olivier)	सूंडी	सूंडी खेत में ही दाने की दूधिया अवस्था में छेद करके घुस जाती है जो भंडार गृह में पहुँच जाती है। उपरी सतह पर अधिक क्षति, दाने को खोखला कर मल से भर देती है।	सूंडी का रंग सफेद, सिर पीला भूरा, 6 मि. मी. लम्बी, प्रौढ़ पीला भूरा चमकदार 6 मि.मी. लम्बा, पंख 12 मि.मी. लम्बे, संकरे तथा नुकीले, पिछली टांगें लम्बी, सिर छोटा, काला, आँखें काली व एन्टिनी धागेनुमा।	चावल के धुन के समान।
4.	सुरसुरी	1- *Triboleum castaneum* (Herbst) 2- *Tribolium confusum*	सूंडी एवं प्रौढ़	पूरे दाने को क्षति नहीं, कटे या दूसरे कीट ग्रसित दोन को क्षति। दूसरे कीटों के साथ पाया जाता है।	सूडी छोटी, पतली व बेलनाकार, शरीर पर छोटे रोम, उदर के अंतिम खण्ड पर एक जोड़े काँटे, प्रौढ़ 3.5 मि. मी. लम्बा, चपटा, चौड़ाई 1.2 मि.मी., लाल, भूरा रंग, सिर, वक्ष व उदर स्पष्ट, लाल भूरे पंख एन्टिनी झुके हुए, उपर के 3 खण्ड मिलकर मोटा विकसित भाग बनाते हैं। *T. Casteneum* से *T. confusum* कीट बड़े आकार के।	खपड़ा के समान, बीज में नमी कम करना।

Contd...

5.	दालों का घुन	*Callosobruchus chinensis* (L.)	सूंडी एवं प्रौढ़	कीट का प्रकोप खेत से शुरु, सूंडी फली में घुसकर दाने खाती है और भंडार में पहुँचती है। सूंडी प्रौढ़ से अधिक क्षतिकारक।	सूंडी 5 मी. मी. लम्बी, बेलनाकार, माँसल सिकुड़ी, रंग सफेद, सिर भूरा, 3 जोड़ी टांगें, नखर युक्त। प्रौढ़ 3.5 मि.मी. लम्बा, हृदयाकार, छोटा सिर, थूथन दबा हुआ, शरीर भूरा, अगला भाग नुकीला, पीपीछे चौड़ा, वक्ष पर छोटा सफेद दाग, छले पैर की फीमर मोटी, पंख कटे हुए, छोटे, उदर अधढका।	खपड़ा के समान।
6.	लाल सूरही (Lesser grain borer)	*Rhizopertha dominica* (Fab.)	सूंडी एवं प्रौढ़	सूंडी भ्रूण के पास छेद करके दाने में घुसकर खाती रहती है। यह दानों में बिना घुसे भी खाती है। प्रौढ़ अधिक क्षति कारक, खाते कम हैं बेकार ज्यादा करते हैं।	पूर्ण विकसित सूंडी, 2 मि.मी. लम्बी, गंदी सफेद, हल्का भूरा सिर, शरीर पर रोम, उदर 'C' की तरह मुड़ा। प्रौढ़ 3.4 मि. मी. लम्बा, पतला बेलनाकार, गहरा भूरा या काला, खुरदरा बदन, सिर वक्ष के नीचे झुका हुआ, एन्ठिनी 80 खण्डीय, उपर तीन खंडों पर आरी नुमा रचनाएँ।	खपड़ा के समान।
7.	आलू की सूंडी (Potato tuber moth)	*Gnorimoschema opercullela* (Zell.)	सूंडी	सूंडी खेत में टहनियों के साथ–साथ आलू के खुले भाग में प्रवेश कर गूदा खाती है और भंडार में पहूँचकर क्षति जारी रखती है। ऐसे कंदों में जीवाणु संक्रमण भी हो जाता है, जिससे आलू सड़ जाते हैं और दुर्गन्ध आने लगती है।	पूर्ण विकसित सूंडी 2.2 मि.मी. लम्बी, हरी, बीच में पीली सफेद, सिर काला शरीर पर छोटे रोम, पतियों, टहनियों व कंदों में सुरंग बनाती हैं। प्रौढ़ भूरे कत्थई 6 मि.मी. लम्बे, पंख 12 मि.मी. लम्बे, अगले पंख भूरे, जहाँ–तहाँ काले धब्बे, संकरे, पिछले पंखों पर लम्बे, भूरे बाल, चौड़े, नुकीले, सलेटी रंग के।	शीत भंडार, संक्रमित कंदों को हटाना, 5% मैलाथियान चूर्ण 1.5 कि. ग्रा./टन की दर से।

भंडारगृह में चूहों का नियंन्त्रण (Rodent Control in Storage)– भंडारगृह को चूहा–रोधी बनाया जाना चाहिये। इसके लिये भंडारगृह का फर्श जमीन के स्तर से 90 से.मी. उठा हुआ तथा 15 से.मी. दीवार से बाहर निकला हुआ होना चाहिये। इसके अतिरिक्त बीज गोदाम में तथा आस–पास सफाई रखनी चाहिये। चूहों का आक्रमण होने पर निम्नलिखित साधन अपनाने चाहिये–

(1) **चूहेदानी का प्रयोग (Traps)–** चूहेदानी में खाद्यपदार्थ (Food) रखकर चूहों को पकड़ा जा सकता है।

(2) **विष चारा (Poison Baiting)–** चूहों को मारने के लिये चूहों के बिलों के पास विष चारे की गोलियाँ बनाकर रखी जाती है, जिसके लिये वारफेरिन तथा जिंक फॉस्फाइड अधिकतर प्रयोग में लाये जाते हैं।

(3) **धूमन (Fumigation)–** चूहों को मारने के लिये कभी–कभी साइनोगैस धूलि, हाइड्रोसायनिक अम्ल (HCN) तथा सैलफॉस का धूमन किया जाता है।

(4) **बंध्य रसायन (Chemosterilants)–** कुछ रसायन ऐसे हैं जिनके खाने से चूहे नपुंसक हो जाते हैं, जैसे– फुराडेन्टीन (Furadantine) तथा कोल्वीसीन (Colchicine) आधी–आधी गोली खाद्य पदार्थों में मिलाकर खिलाते हैं।

बीज भंडारण हेतु मुख्य बातें

1. गोदाम, जहाँ बीज को रखना हो, स्वच्छ रहे, नियंत्रित रोशनदान हो, उँचा प्लिन्थ हो, जिसमें नमी न आ सके तथा चिड़ियों के आक्रमण से भी सुरक्षित रहे।
2. बीज रखने से पूर्व गोदाम को 1:300 के अनुपात में 3 लीटर प्रति 100 वर्गमीटर की दर से मेलाथियान (50% ई.सी.) को छिड़ककर कीटमुक्त कर लें।
3. बीज रखने के लिये अगर पुराने कपड़े के थैलों का प्रयोग करें तो उन्हें ऐलुमिलिनयम फॉस्फाइड से धूमित कर लें।
4. बीज को 30' X 20' के मानक आकार के टैंक पर रखें, जिससे उनपर गैस–रोधी पोलीथिन के आवरण तथा धुमित करना आसान हो।
5. बीज रखने के पूर्व पूर्णतः सन्तुष्ट हो लें कि बीज में अधिक नमी, जीवाणु और रोगाणु नहीं है।

6. एक निश्चित समय पर बीज की देख–रेख अवश्य करें और निम्नलिखित तरीकों का पालन करें।

(क) मेलाथियोन को 1:300 के अनुपात में घोल तैयार कर 3 लीटर प्रति 1000 वर्गफीट की दर से तले में हर तीन सप्ताह बाद छिड़काव करें।

(ख) मेलाथियोन के साथ ही सुमिथियान का घोल भी 1:900 के अनुपात में तैयार कर 2–3 बार छिड़काव करना लाभदायक है।

(ग) डी.डी.बी.पी. या नुवान या वापोना का 0.25 प्रतिशत घोल तैयार कर 1 लीटर प्रति 200 घनमिटर की दर से इस भाँति छिड़काव करें कि गोदाम के सारे वातारण में दवा की गंध भर जाये।

(घ) धूमिकरणः वायु की कमी वाली स्थिति या गैस रहित आवरण में धूमिकरण करना हो तो ऐलुमिनियम फॉस्फाइड की एक टिकिया (वजन तीन ग्राम) प्रति आधे टन बीज की दर से प्रयेाग करें। वायु का दबाव अधिक होने पर दो टिकिया का प्रयोग किया जा सकता है। धूमीकरण 60 दिनों के अन्तर पर अधिक से अधिक तीन बार किया जाये। धूमीकरण के 5–7 दिनों के बाद ही गोदाम खोलना चाहिए और कम से कम 6 घंटे तक खिड़की–दरवाजा खुला रखकर हवा लगा लें। धूमिकरण के पहले रोगरोधी दवाओं का छिड़काव भी उपयुक्त रीति से आवश्यक है।

भंडारण के दौरान चिड़ियों व चूहों से बीजों का बचाव

बीज भंडार में क्षति पहुँचाने वाली चिड़ियां एवं उनका प्रबन्धन

ऐसे बीज भंडार जिनकी खिड़कियाँ खुली होती हैं या उनमें चिड़ियों के प्रवेश के लिए स्थान मिल जाता है वहाँ गौरैया, कबूतर एवं मैना द्वारा क्षति पहुँचती है। चिड़ियों द्वारा बीज को ज्यादातर क्षति बाहर सुखाने के दौरान होती है। इसमें प्रमुख तौर पर क्षति गौरैया एवं कबूतर द्वारा होती है, परंतु कौआ, मैना एवं तोता जैसे पक्षी भी कुछ नुकसान पहुँचाते हैं।

चिड़ियों की पहचान

गौरैया (*पैसर डोमेस्टिकस*)

- इस पक्षी के शरीर की लम्बाई 15–16 से. मी., चोंच मोटी व नुकीली होती है। पैर गुलाबी रंग के होते हैं।
- इनमें मादा व नर अलग– अलग तरह के होते हैं।
- मादा का पंख हल्का भूरा होता है एवं उस पर थोड़ी गाढ़ी भूरे रंग की टेढ़ी लकीरें होती हैं। पेट का भाग कुछ ज्यादा हल्का एवं सफेद रंग लिए होता है। चोंच पीले रंग की होती है।
- नर का सिर भूरा, चोंच काली या पीली होती है। पंख पर सफेद धब्बे एवं काली लकीरें होती हैं। गर्दन एवं छाती पर काला धब्बा एंव गाल सफेद होते हैं।
- मादा 3–5 हरे–सफेद रंग के अंडे देती है। जिन पर भूरे रंग के धब्बे होते हैं।
- यह घरों के आँगन या बाहरी दीवारों के छिद्रों या दरारों में घास–फूस के घोसले बनाती हैं।
- प्रजनन वर्ष भर होता है एवं एक वर्ष में पाँच बार अंडे देती है।

क्षति का स्वरुप

यह बीज या अनाज भंडार में क्षति पहुँचाने वाली सर्वाधिक महत्वपूर्ण पक्षी है जो बीजों या अनाज को सुखाते समय तो क्षति पुहँचती ही है परंतु भंडारगृह में अंदर जाकर बोरियों या खुले बीजों को भी नुकसान पहुँचाती हैं एवं अपनी विष्ठा इत्यादि से प्रदूषित करती है।

कबूतर (*कोलम्बा लिविया*)

- इसके शरीर की लम्बाई 32 से 35 से.मी. होती है।
- इसका रंग सलेटी–भूरा, गर्दन एवं ऊपरी वक्ष पर चमकदार हरी, बैंगनी और रानी रंग की चमक होती है।
- पंखों पर दो काली धारियाँ एवं पूंछ पर एक काली धारी होती है।
- ये गुटर–गूँ, गुटर–गूँ की आवाज निकालता है।
- कबूतर का प्रजनन साल भर चलता रहता है। अंडे, लम्बे, सफेद व बेदाग होते हैं। एक वर्ष में 3 से 5 बार अंडे देता है।

क्षति का स्वरुप

यह पक्षी ज्यादातर सूखने के लिए डाले गये बीज को क्षति पहुँचाता है। कभी–कभी भंडार गृहों में भी इनका प्रकोप देखा गया है।

मैना (*एक्रीडोथेरेस ट्रिस्टिस*)

- मैना की लम्बाई 23 से 27 से.मी. होती है। इसके सिर का रंग काला एवं पंख का रंग गहरा भूरा होता है। पंख पर सफेद धब्बे होते हैं। चोंच एवं टांगें पीली होती है। चोंच से लगा पीले रंग का धब्बा होता है।
- यह पक्षी अप्रैल से सितम्बर के मध्य प्रजनन करते हैं।
- इसके अंडे चमकदार, नीले रंग के होते हैं।

क्षति का स्वरुप

यह पक्षी मुख्य रुप से सूखने के लिए डाले गये बीज को क्षति पहुँचाता है।

चिड़ियों का प्रबन्धन

पक्षियों के प्रकोप को कम करने के लिए जो उपाय अपनाये जाते हैं उन्हें निम्नलिखित भागों में बाँटा जा सकता है।

1. भौतिक उपाय
2. जैविक उपाय
3. पक्षियों को दूर भगाना

1. भौतिक उपाय

इसमें भंडार गृह या गोदाम की खिड़कियों एवं रोशनदानो में 0.6 सें.मी. की जालियां लगा देते हैं जिससे वे अन्दर प्रवेश नही कर पाते हैं। गोदाम या भंडारगृह के आस–पास, चिड़ियों के घोसलों को नष्ट करते रहना चाहिए।

2. जैविक उपाय

इस उपाय के अंतर्गत परभक्षी पक्षियों जैसे बाज, उल्लू की संख्या बढ़ाने की कोशिश करनी चाहिए एवं बिल्ली जैसे जानवर को भी पालना चाहिए।

3. पक्षियों को दूर भगाना

- पक्षियों को दूर भगाने के लिए पत्थर के टुकड़ों को हाथ द्वारा फेंका जाता है।
- पुराने टिन के डिब्बे को पीटने से उत्पन्न हुई आवाज से भी पक्षी भाग जाते हैं।
- आक्सीजन एवं एसिटिलीन गैस के मिश्रण को यंत्र द्वारा अनियमित अन्तराल पर आवाज करने से पक्षी भाग जाते हैं।
- कहीं–कहीं इलेक्ट्रॉनिक उपकरण द्वारा ऊँची आवाज टेप करके, उन्हें चलाकर पक्षियों को भगाते हैं।
- आजकल, कुछ देशों में वायुचालित, विशेष आकृति के पंखे बनाकर उन्हें खास पेंटस द्वारा रंगकर एवं उँचाई पर लगाकर पक्षियों को भगाया जाता है।
- जहाँ पर व्यवहारिक हो वहाँ आदमी के पुतले लगाकर भी चिड़ियों को भगाया जाता है।

बीज भंडार के चूहे एवं उनका प्रबन्धन

हमारे घरों में चूहों का होना एक आम बात है। चूहे जितना खाते हैं उससे ज्यादा खराब करते हैं व अपने मल मूत्र एवं बालों द्वारा किसी भी खाद्य वस्तु को दुषित करते हैं। हमारे देश के किसान समस्त बीज का लगभग दो–तिहाई भाग स्वयं भंडारित करते हैं वह भी लगभग उसी प्रकार जैसे कि वे खाद्यान्न को करते हैं यही कारण है कि बीज ज्यादा क्षतिग्रस्त होता है। चूहों के द्वारा होने वाली क्षति का एक कारण यह भी है कि उनके आगे के दो कृतंक (इन्साइजर) दांत जीवन

पर्यन्त, 12.5 सें.मी. प्रतिवर्ष के हिसाब से निरन्तर बढ़ते रहते हैं जो यदि कुतरने में घिसे नही तो उनके दांत ही बढ़कर उनकी मृत्यु का कारण बन जायेंगे, यही कारण है कि चूहे कुछ न कुछ कुतरते रहते हैं। घरों एवं बीज भंडार में चूहों की दो मुख्य प्रजातियाँ क्षति पहुँचाती हैं। एक है घर की चुहिया (*मस मस्कुलस*) एवं दूसरा घर का चूहा (रैट्स रैट्स)। कभी–कभी खेतों के पास बने घरों में, जो खासकर मिट्टी के बने होते हैं, उनमें बरसात के दिनों में खेत का चूहा, छोटी घूस (*बैंडीकोटा बेंगालेंसिस*) भी आकर क्षति पहुँचाता है।

भंडार के चूहों की पहचान

घर की चुहिया (*मस मस्कुलस*)

- शरीर पर हल्का लाल–भूरा रंग के समतल बाल होते हैं।
- पूँछ पर बाल नहीं होते हैं।
- पूँछ की लम्बाई, सिर, गर्दन एवं उदर की लम्बाई से बड़ी होती है।
- सिर, गर्दन एवं उदर की लम्बाई 10 से.मी. से कम होती है।
- इनका वजन 23 से 25 ग्राम होता है।
- मादा के आठ स्तन होते हैं।
- इनमें प्रजनन वर्ष भर चलता रहता है एवं 8 बार तक बच्चे देते हैं।
- ये घरों में बिल बनाकर रहती हैं जो प्रायः आगे से खुली होती है।

घर का चूहा (*रैट्स रैट्स*)

- शरीर पर काले–भूरे रंग के बाल होते हैं। पेट के बाल सफेद या जंगदार–सफेद होते हैं।
- पूँछ पर बाल नहीं होते हैं।
- पूँछ की लम्बाई, सिर, गर्दन एवं उदर की लम्बाई से बड़ी होती है।
- सिर, गर्दन एवं उदर की लम्बाई 10 से.मी. से अधिक होती है।
- इसका थूथन चौड़ा एवं चपटा होता है।
- इनका वजन 150 से 200 ग्राम होता है।

- मादा के 10 स्तन होते हैं।
- इनमें प्रजनन वर्ष भर चलता रहता है एवं 5 से 7 बार तक बच्चे देते हैं।
- घरों में यह बिना बिल बनाये, उपर छत या अन्य स्थान पर, दिन का समय व्यतीत करता है एवं रात को नीचे उतर कर क्षति पहुँचाता है।

छोटी घूस (*बैंडीकोटा बेंगालेंसिस*)

- शरीर पर काले–भूरे रंग के बाल होते हैं। पेट पर भूरे–सफेद रंग के बाल होते हैं।
- पूँछ पर बाल नहीं होते हें। बल्कि पपड़ीदार चक्र होते हैं।
- पूँछ की लम्बाई, सिर, गर्दन एवं उदर की लम्बाई से कम होती है, परन्तु दो–तिहाई लम्बाई से अधिक होती है।
- इसका वजन लगभग 300 ग्राम होता है, सिर छोटा, गोल एवं सुअर जैसा होता है।
- मादा में 12 से 18 स्तन होते हैं।
- यह बिल बनाकर रहता है एवं दिन के समय बिल के निकास द्वारा को ताजी, बिना सूखी मिट्टी द्वारा बन्द करके रखता है।

घर एवं गोदाम में चूहा प्रबन्धन

निरोधक उपाय

- घर और गोदाम को साफ–सुथरा रखें। चूहों को खाने की सामग्री एवं रहने का उचित स्थान न दें।
- घरों या गोदाम की नींव के पास कुछ ऊँचाई तक आवश्यकतानुसार पत्थर एवं कंकड़ के एक इंच से ज्यादा बड़े टुकड़े डालकर बनायें, जिससे चूहे आसानी से बिल न बना पायें।
- बाहरी दरवाजे व चौखट के 25 सें.मी. ऊँचाई तक ओगे लोहे या एलुमिनियम की चादर लगवायें जिससे चूहे छिद्र न कर सकें।

नियंत्रण के उपाय

चूहों की संख्या कम करने के लिए घरों या गोदाम में दो प्रकार के उपाय किये जाते हैं।

चूहेदानी द्वारा

- पहले उपाय के तौर पर चूहेदानी (पिंजड़ा) लगाकर चूहों को मार देते हैं। बाजार में विभिन्न प्रकार की चूहेदानी या ट्रैप उपलब्ध हैं जैसे स्नैप ट्रैप, (गर्दन तोड़ ट्रैप) लकड़ी का बक्सानुमा ट्रैप, शरमन ट्रैप व वंडर ट्रैप।
- स्नैप ट्रैप लगाते समय यह ध्यान रखें कि पहले ट्रैप के खाने वाले स्थान पर रोटी या अन्य खाद्य सामग्री, ट्रैप के बिना सेट किये हुए रखें। जब चूहा एक बार खा ले तब अगले दिन सेट करें।
- लकड़ी के बक्सानुमा ट्रैप, शरमन ट्रैप (लोहे का फोल्डिंग ट्रैप) व वंडर ट्रैप (कई चूहे एक साथ पकड़ने हेतु) में चारा डालकर पहले दिन से ही सेट करके रखें।
- ट्रैप लगाते समय इस बात का ध्यान रखना चाहिए कि उन्हें चूहों के सबसे ज्यादा आवागमन वाले रास्तों पर रखना चाहिए। उनमें जब चूहे फंस जाएं तो उन्हें अच्छी तरह धोकर ही दुबारा लगायें।
- आजकल बाजार में गोंदयुक्त बोर्ड ट्रैप भी उपलब्ध हैं जो कार्ड पर अत्यन्त चिपचिपा पदार्थ पॉलीब्यूटीन (एन.–ब्यूटीलीन एवं आइसो–ब्यूटीलीन द्वारा निर्मित) लगाकर बनाये गये हैं। यह पदार्थ खाने में हानिरहित है। ये ट्रैप चूहों के आने–जाने वाले रास्तों में रख देते हैं जिसमें चूहे फंस जाते हैं एवं निकल नहीं पाते हैं। यह महंगा परन्तु अच्छा परिणाम देने वाला ट्रैप है। इसे धूल रहित स्थान पर प्रयोग करना चाहिए।

विषयुक्त चारे द्वारा नियंत्रण

- चूहों को नियंत्रित करने के लिए दूसरा उपाय है कि उन्हें विषयुक्त चारा खिलाया जाए। घरों में पहले जिंक फॉस्फाइड युक्त चारा दिया जाता रहा है परन्तु इसकी मानव के प्रति विषाक्त एवं आत्महत्या की घटनाओं को देखते हुए घरों में इसके प्रयोग को वर्जित कर दिया गया है। इसके स्थान पर दो अन्य प्रकार के चूहानाशियों के प्रयोग की अनुशंसा की गयी है। इनमें पहली

बहु–खुराक वाली ब्रोमाडिलोन (मक्की) व ब्रोडीफैकम (टेलोन) हैं। ये आतंचनरोधी (एंटीकागुलेंट) हैं।

- वारफारिन का शुष्क प्रलोभन चारा (0.025 प्रतिशत) बनाने हेतु, वारफारिन एवं खाद्य पदार्थ को 1:19 के अनुपात में मिलाकर चारा तैयार करते हैं। इसमें 500 ग्राम चारा बनाने हेतु, वारफारिन की 25 ग्राम, आटे की 450 ग्राम, चीनी या गुड़ की 15 ग्राम एवं खाद्य तेल की 10 ग्राम मात्रा प्रयोग की जाती है। इस चारे की कम से कम 100 ग्राम मात्रा किसी मिट्टी के बर्तन या कागज में रखकर, चूहों के आने–जाने वाले स्थान पर रख देते हैं एवं 5 से 7 दिनों तक चारा वहीं रखा रहता है। जिससे चूहे इस चारे को खाते रहें। चूहों का मरना एक सप्ताह बाद शुरु होता है।
- पानी या दूध में वारफारिन मिलाने के लिए इसकी एक भाग मात्रा पानी की 19 भाग मात्रा में मिलाकर रखते हैं। तेज गर्मी के माह में पानीयुक्त चारा ज्यादा कारगर सिद्ध होता है।
- एक खुराकीय आतंचरनोधी जैसे ब्रोमाडिलोन या ब्रोडीफैकम का 0.005 प्रतिशत चारा बनाने हेतु एक भाग विष एवं 49 भाग चारा सामग्री की मात्रा प्रयोग करते हैं। इसका 500 ग्राम चारा बनाने हेतु 10 ग्राम विष, 465 ग्राम आटा या टूटे चावल इत्यादि, 15 ग्राम गुड़ या चीनी, 10 ग्राम खाद्य तेल का प्रयोग किया जाता है। इसकी 5 से 10 ग्राम मात्रा चूहों के आने जाने वाले स्थान पर रख देते हैं। पानी या दूध में मिलाने हेतु इस विष की एक ग्राम मात्रा को 49 भाग पानी या दूध में मिलाकर रखते हैं।

—xxx—

11

बीज परीक्षण (Seed Testing)

बीज उद्योग व अधिक उत्पादन तथा उत्पादकता प्राप्ति हेतु बीज गुणवत्ता का विशेष महत्व है। बीज गुणवत्ता से तात्पर्य बीज के उन लक्षणों के सामूहिक स्वरूप से है, जिनमें बीज की आनुवांशिक एवं भौतिक शुद्धता, जीवन क्षमता, उच्च अंकुरण प्रतिशत, ओज, रंग रूप इत्यादि सम्मिलित हैं। **बीज गुणवत्ता के इन मूल्यों, की माप अर्थात बुवाई मान की माप, बीज परीक्षण कहलाती है।**

बीज परीक्षण, बीज प्रमाणीकरण के लिए अनिवार्य होता है। यह परीक्षण प्रादेशिक बीज प्रमाणीकरण एजेन्सी द्वारा बीज परीक्षण प्रयोगशालाओं में किया जाता है। बीज परीक्षण प्रत्येक प्रदेश में स्थित बीज परीक्षण प्रयोगशालाओं में किए जाते हैं। बीज परीक्षण का मुख्य उद्देश्य बीज की (1) भौतिक व आनुवांशिक शुद्धता, (2) अंकुरण क्षमता (3) नमी अंश (4) बीज स्वास्थ्य एवं (5) अन्य फसलों, खरपतवारों तथा एक फसल के अन्य प्रजातियों के बीजों की संख्या इत्यादि की जानकारी ज्ञात करना होता है। बीज परीक्षण के लिए बीज समूह (Seed Lot) में से सावधानीपूर्वक यादृच्छिक प्रतिदर्श (Random Sample) बोरों में से परखी द्वारा एकसमान मात्रा में बीज निकाल कर उन्हें एक साथ अच्छी तरह मिश्रित कर लेते

हैं। इस मिश्रण में से 25 ग्राम वजन के कार्यकारी प्रतिदर्श (Working Samples) निकाले जाते हैं। बीज प्रचय में से नमूने निकालते समय इस बात की पूरी सावधानी बरती जाती है कि ये नमूने यादृच्छिक (Random) हों। यादृच्छिक नमूनों के अध्ययन से ही पूरे बीज प्रचय के अभिलक्षणों के बारे में विश्वसनीय जानकारी मिल सकती है।

बीज परीक्षण का इतिहास (History of Seed Testing)

बीज परीक्षण की आवश्यकता सर्वप्रथम उन्नीसवीं शताब्दी में यूरोप व पश्चिम के कुछ देशों में बीजों में समान आकार, प्रकार वाली किस्मों व खरपतवारों के बीजों, रेत व मिट्टी के कणों की मिलावट रोकने के लिये महसूस की गई। सर्वप्रथम सन् 1816 में एक कानून बनाया गया जिसके द्वारा लोबिया के बीजों में मिलावट पर रोक लगाई गई। सन् 1868 में ब्रिटेन में 'अपमिश्रित बीज अधिनियम' (Adulterated Seeds Act) के द्वारा मिलावटी बीजों के विक्रय पर नियंत्रण शुरु हुआ। बीजों में मिलावट के साथ–साथ अंकुरण क्षमता भी कम होने से फसलोत्पादन पर प्रतिकूल प्रभाव पड़ता था और उपज भी घटिया किस्म की होती थी। **विश्व की प्रथम बीज परीक्षण प्रयोगशाला की स्थापना एफ. नोबे (F. Nobbe) के द्वारा सन् 1869 में जर्मनी में की गई।** इसके बाद के वर्षों में विश्व के अन्य देशों में भी ऐसी प्रयोगशालाएँ स्थापित की गईं।

सन् 1924 में अन्तर्राष्ट्रीय बीज परीक्षण संघ (International Seed Testing Association, ISTA) की स्थापना हुई। इस संघ ने नमूना लेने व बीज परीक्षण की विधियाँ विकसित की तथा इसके प्रयासों से सभी देशों की बीज परीक्षण प्रयोगशालाओं में समान परीक्षण विधियाँ प्रयोग में लायी जाती हैं। बीज बाहर भेजने या मंगवाने के लिये उसके साथ अंतर्राष्ट्रीय बीज परीक्षण प्रमाणपत्र होना आवश्यक है। **किसी बीज परीक्षण प्रयोगशाला में परिचित बीज के लिये प्रदान किया प्रमाणपत्र सरकार की प्रत्येक संस्था द्वारा मान्य होगा तथा न्यायालय वाद में भी मान्य होगा।**

बीज परीक्षण के सार्वभौतिक नियम विकसित करने तथा उनके प्रचार व प्रसार के उद्देश्य से सन् 1908 में अधिकारिक बीज विश्लेषक संघ (Association of Official Seed Analysts) की स्थापना हुई। सन् 1922 में अमेरिका तथा कनाडा की कुछ बीज कंपनियों ने बीज उद्योग में सहयोग बढ़ाने के लिये वाणिज्यिक बीज विश्लेषक संघ (Society of Commercial Seed Technologists) बनाया। 'भारत में

सन् 1961 में रॉकफेलर फाउन्डेशन की सहायता से भारतीय कृषि अनुसंधान संस्थान (I.A.R.I.), नई दिल्ली में केन्द्रीय बीज परीक्षण प्रयोगशाला (Central Seed Testing Laboratory, C.S.T.L.) की स्थापना हुई और इसके बाद राज्यों में भी ऐसी प्रयोगशालाएँ स्थापित की गई। सन् 1961 में ही भारत अंतर्राष्ट्रीय बीज परीक्षण संघ (I.S.T.A.) का सदस्य बना। वर्तमान में भारत में एक सौ से अधिक बीज परीक्षण प्रयोगशालाएँ कार्यरत हैं।

बीज परीक्षण का महत्व (Importance of Seed Testing)

बीज परीक्षण निम्नलिखित उद्देश्यों की प्राप्ती के लिये किया जाता है–

(1) **बीज स्वास्थ्य का मूल्यांकन (Evaluation of Seed Health)**– यदि बीज अशुद्ध है तथा बीमारियों व कीड़ों से संक्रमित है, तो ऐसे बीज से फसल उगाने पर उपज कम व निम्न कोटि की होगी, जिसका बाजार में मूल्य कम मिलेगा और लागत अधिक आयेगी तथा अन्य फसलों व खरपतवारों के पौधों से खेत में अनेक रोगों व कीड़ों में वृद्धि होगी। अंतः फसल सुरक्षा के उपाय और अवांछित पौधों को निकालने (Roguing) का खर्च बढ़ जायेगा।

(2) **बीज के बुवाई मान का निर्धारण (Determination Planting Value of Seed)**– यदि बीज शुद्ध एवं स्वच्छ है और उसकी अंकुरण क्षमता अधिक है तो बुवाई में बीज कम लगता है और यदि उसमें अशुद्धियाँ अधिक हैं और अंकुरण क्षमात कम है तो तदानुसार बीज की मात्रा बढ़ानी पड़ेगी अन्यथा खेत में पादप संख्या (Plant Stand) कम रह जाने से पैदावार कम मिलेगी। अतः **बीज परीक्षण का मुख्य उद्देश्य किसी नमूने में ऐसे बीजों का अनुपात निर्धारित करना है जो अनुकूल दशाओं में स्वस्थ पौधे उत्पन्न कर सके।**

(3) **बीज के विक्रय मूल्य का निर्धाण (Determination of Selling Price of Seed)**– बीज की गुणता जिस स्तर की होती है, उसी के अनुसार बीज का विक्रय मूल्य तय किया जाता है।

(4) **बीज के न्यूनतम मानकों का अनुरक्षण (Maintenance of Minimum Seed Standards)**– बीज गुणता परीक्षण से यह पता लगाया जाता है कि बीज निर्धारित मानकों के अनुरूप है या नहीं, ताकि उसे प्रमाणीकरण सम्बन्धी प्रमाण–पत्र दिया जा सके अन्यथा उसे अमान्य कर दिया जाता है। साथ ही बीज अधिनियम के अनुपालन के लिये भी बीज गुणवत्ता की जाँच करानी पड़ती है।

(5) **गुणवत्ता ह्रास के कारण का पता लगाना (To Detect the Cause of Seed Deterioration)**– बीज परीक्षण से पता लगाया जाता है कि बीज ह्रास का कारण क्या है, जिससे उसका निवारण कर आगे गुणवत्ता ह्रास रोका जा सके।

(6) **बीज भंडारण क्षमता का पूर्वानुमान (Predicting Storability of Seeds)**– बीजों का भंडारण उनकी गुणवत्ता के अनुरक्षण हेतु किया जाता है, लेकिन बीज की गुणता यदि पहले से ही खराब है तो ऐसा बीज भंडारण में बहुत जल्द खराब हो जाता है। अतः परीक्षण कर पता लगाया जाता है कि बीज भंडारण के योग्य है या नहीं। भंडारण के दौरान भी गुणवत्ता परीक्षण करके यह देखा जाता है कि बीज को भंडारण में रखा जाये या कि हटा दिया जाये।

नमूना लेना (Sampling)

बीज की किसी सम्बद्ध मात्रा का नमूना लेना इसलिए आवश्यक है ताकि बीज का सही प्रतिनिधित्व किया जा सके। प्रयोगशाला में चाहे कितनी ही शुद्धता से तकनीकी कार्य किया गया हो, नमूने की जाँच से जो परिणाम मिलेगा वह विश्लेषण के लिए प्रस्तुत किए गए नमूने की गुणवत्ता का परिचायक होगा। जिस खेत में बीज पैदा किया जाता है उसमें कई प्रकार की विभिन्नता होती है जिसके कारण उस खेत से ली गयी बीज की सम्बद्ध मात्रा पूरी तरह से एक जैसी नहीं होती है। बीज की किसी सम्बद्ध मात्रा में विजातीय तत्व का अंश, मुख्य रुप से कटाई के बाद किये जाने वाले विभिन्न कार्यों पर निर्भर करता है। यदि बीज को यांत्रिक विधि से समुचित रुप से शुद्ध न किया गया तो ऐसा भी हो सकता है कि एक ही थैले में रखा बीज पूरी तरह से समान न हो। थैले में रखे बीज में मिले विजातीय तत्वों के थैले की निचली सतह में आ जाने के कारण होता है। अतः विश्लेषण के लिए भेजा गया नमूना बीज की उस सम्बद्ध मात्रा की सही प्रतिरुप होना चाहिए जिससे नमूना लिया गया है।

बीज ढेर से बीज परीक्षण के लिये ऐसी अल्प मात्रा लेना, जिसमें सभी घटक (Components) उसी अनुपात में उपस्थित हों, जैसे कि वे पूरे बीज ढेर में हैं, बीज नमूना लेना (Seed Sampling) कहलाता है।

प्रयोगशाला में कोई परीक्षण चाहे कितनी भी कुशलता और यथार्थता से क्यों न किया जाये उससे जो परिणाम मिलेगा उससे विश्लेषण के लिये प्रस्तुत किये गये नमूने की गुणवत्ता का ही पता चलता है।

बीज नमूनों के प्रकार (Kinds of Seed Samples)

(1) **प्रारम्भिक नमूना (Primary Sample)**– बीज ढेर से यादृच्छिक रुप से (Randomly), अलग–अलग स्थानों से, थोड़ी–थोड़ी मात्राओं में जो बीजांश एकत्र किये जाते हैं, वे प्रारम्भिक नमूने कहलाते हैं।

(2) **मिश्रित नमूना (Composite Sample)**– यदि निकाले गये प्रारम्भिक नमूने समरुप (Homogeneous) दिखाई देते हों, तो उन्हें एक जगह मिला लिया जाता है, जिसे मिश्रित नमूना कहा जाता है। प्रारम्भिक नमूनों में भिन्नता होने पर उन्हें अलग–अलग रखा जाता है।

(3) **प्रस्तुत नमूना (Submitted Sample)**– मिश्रित नमूने से प्राप्त बीज में से विभिन्न परीक्षणों के लिये वांछित बीज की मात्रा निकालकर बीज परीक्षण प्रयोगशाला को भेजी जाती है, जिसे प्रस्तुत नमुना कहा जाता है। यदि मिश्रित नमूने की मात्रा लगभग ठीक ही हो तो इस पूरे नमूने को प्रस्तुत नमूना मान लिया जाता है। प्रस्तुत नमूना पूरे विवरण के साथ सील बंद पात्रों/थैलों में प्रयोगशाला भेजना चाहिए।

प्रयोगशाला को परीक्षण हेतु नमूना किसके द्वारा भेजा गया है और किस उद्देश्य से भेजा गया है, इस आधार पर प्रस्तुत नमूने तीन प्रकार के होते हैं–

(क) **सेवा नमूना (Service Sample)**– किसी किसान, बीज विक्रेता, सहकारी समितियों व बीज फार्मों द्वारा परीक्षण के लिये भेजा गया प्रस्तुत नमुना, सेवा नमूना कहलाता है।

(ख) **प्रमाणित नमूना (Certification Sample)**– वह बीज नमूना जो किसी बीज प्रमाणीकरण अधिकारी/निरीक्षक के द्वारा प्रयोगशाला को यह जानने के उद्देश्य से भेजा जाता है कि बीज ढेर की गुणवत्ता प्रमाणीकरण मानकों के अनुरुप है अथवा नहीं, ताकि उस बीज ढेर को प्रमाणीकरण प्रमाणपत्र प्रदान करके उसे बिक्री के लिये जारी किया जा सके।

(ग) **कार्यकारी नमूना (Working Sample)**– कार्यकारी नमूना प्रस्तुत नमूने का एक छोटा भाग है, जिससे गुणवत्ता परीक्षण किये जाते हैं। यह प्रयोगशाला में लिया जाता है। कार्यकारी नमूने की मात्रा आवश्यक मात्रा से थोड़ी अधिक लेने का प्रयास किया जाना चाहिए।

नमूना लेने के उपकरण

थैले तथा धानियों से नमूने लेने के लिए सामान्यता ट्रायर (Trier) नामक उपकरण का प्रयोग किया जाता है। यह उपकरण विभिन्न आकार–प्रकार के होते हैं। नली वाले ट्रायर में पीतल की एक खोखली नली होती है तथा उसके उपर फिट बैठने वाला बाहरी खोल होता है। नली तथा खोल में छिद्र बने होते हैं। जब नली तथा खोल के छिद्र एक ही सीध में होते हैं तो उसमें से होकर बीज नली में भर जाता है। तब नली को आधा घुमा देने से छिद्र बन्द हो जाते हैं। थैले के लिये पीतल या स्टील की विभिन्न आकारों की एक नली वाली ट्रयर का उपयोग किया जाता है।

नमूना कितना लें

डिब्बों इत्यादि में बीज होने पर

5 डिब्बे होने पर	सभी डिब्बों से नमूने लें, लेकिन कम से कम पाँच प्राथमिक नमूने अवश्य लें।
6 से 30 डिब्बे	प्रत्येक तीन डिब्बों में से एक डिब्बे से नमूना लें लेकिन कम से कम पाँच प्राथमिक नमूने अवश्य लें।
30 से अधिक डिब्बे	प्रत्येक पाँच डिब्बों में से एक डिब्बे से नमूना लें, लेकिन कम से कम दस प्राथमिक नमूने अवश्य लें।

खुला बीज होने पर

50 किलोग्राम से कम	कम से कम तीन प्राथमिक नमूने।
50 से 500 कि.ग्रा.	कम से कम पाँच प्राथमिक नमूने।
500 से 3,000 कि.ग्रा.	प्रत्येक 300 कि.ग्रा. के ढेर से एक प्राथमिक नमूना लेकिन कम से कम पाँच प्राथमिक नमूने।
3,000 से 20,000 कि.ग्रा.	प्रत्येक 500 कि. ग्रा. के ढेर से एक प्राथमिक नमूना लेकिन कम से कम दस प्राथमिक नमूने।

नमूने लेने की विधि

नमूना लेने के लिए थैले में ट्रायर को तिरछा अन्दर डाले तथा ट्रायर का छिद्र वाला भाग नीचे की तरफ रखें। पूरा ट्रायर अन्दर डालने के बाद छिद्र वाला भाग

उपर की तरफ कर दें जिससे बीज छिद्र द्वारा नली में चला चाए। इसके बाद ट्रायर को धीरे से निकाल लें। नमूना लेने के कारण थैले में बने छेद को बन्द कर दें। यदि बीज के लॉट में कूड़ा–कचरा अथवा भूसा इत्यादि अधिक हो जिसके कारण बीज ट्रयर के छिद्रों में न घुस पा रहे हों तो हाथ से ही नमूना लें।

नमूने का आकार

विश्लेषण के लिए प्रयोगशाला में नमूना भेजते समय उसका आकार भेजे जाने वाले नमूने के आकार के बराबर होना चाहिए।

नमूने भेजना

नमूना कपड़े की थैली में भेजा जाना चाहिए। यदि नमी परीक्षण भी कराना हो तो नमूने के लिए अपेक्षित 100 ग्राम बीज वाष्परोधी डिब्बे में भेजा जाना चाहिए। नमूने के साथ निम्न विवरण भी भेजा जाना चाहिए।

दिनांक .... प्रकार ....

किस्म .... बीज का वर्ग ....

लॉट संख्या .... लॉट में बीज की मात्रा .... कि.ग्रा ....

अपेक्षित परीक्षण : शुद्धता/अंकुरण/नमी

भेजने वाले का नाम ....

पता ....

....

अभ्युक्ति ....

शुद्धता परीक्षण

किसी बीज में प्रमाणित की जा रही किस्म के बीज की प्रतिशत मात्रा ही बीज की शुद्धता कहलाती है। कार्यकारी प्रतिदर्श (Working Sample) का आवर्धक लेंस (Magnifying Lens) की सहायता से सूक्ष्म निरीक्षण करते हैं, और उसे निम्नलिखित अवययों में बाँट देते हैं।

क्रमांक 1. प्रमाणित की जा रही किस्म के स्वस्थ बीज या शुद्ध बीज (Pure Seed)।

क्रमांक 2. इसी फसल की अन्य किस्मों के बीज।

क्रमांक 3. अन्य फसलों के बीज।

क्रमांक 4. खरपतवारों/अनिष्टकारी खरपतवारों (Noxious Weeds) के बीज।

क्रमांक 5. निर्जीव पदार्थ, जैसे बालू, भूसा, पत्थर, कंकड़, मिट्टी के टुकड़े आदि।

क्रमांक 6. दोषपूर्ण बीज (Defective Seed) इसे निर्जीव पदार्थ की श्रेणी में रखा जाता है। (आधे से बड़े एवं स्वस्थ भ्रूण (Embryo) वाले बीजों को शुद्ध बीज माना जाता है)।

नोट : क्रम संख्या 2 से 6 तक के अवयय अशुद्धियाँ (Impurities) हैं।

$$\text{शुद्धता (प्रतिशत)} = \frac{\text{शुद्ध बीज की मात्रा (क्र. सं 1)}}{\text{बीज की कुल मात्रा (क्र. सं. 1–6 का योग)}} \times 100$$

$$= \frac{\text{शुद्ध बीज की मात्रा (क्र. सं 1)}}{\text{25 ग्राम}} \times 100$$

(क्योंकि कार्यकारी प्रतिदर्श का भार 25 ग्राम होता है)।

अतः अशुद्ध (प्रतिशत) = 100 – शुद्धता (प्रतिशत)

$$= \frac{\text{क्र. सं. 2 से 6 तक का योग (ग्राम)}}{\text{25 ग्राम}} \times 100$$

नोटः अशुद्धता (प्रतिशत) को डॉकेज (Dockage) भी कहते हैं।

अंकुरण परीक्षण

इस परीक्षण से यह ज्ञात किया जाता है कि प्रतिदर्श के कितने प्रतिशत बीज अंकुरित होने की क्षमता रखते हैं। बीज का उद्देश्य ही फसल उगाना होता है। अतः बीज की अंकुरण क्षमता उसका सबसे महत्वपूर्ण अभिलक्षण है। अंकुरण क्षमता का

आकलन (Estimation) निम्नलिखित दो विधियों से किया जाता है: (1) अंकुरण परीक्षण, एवं (2) टेट्राजोलियम (Tetrazolium) परीक्षण।

अंकुरण परीक्षण में बीजों को पेट्री डिश (Petridish) में नम फिल्टर पत्रों (Filter Papers) पर उपयुक्त तापमान पर अंकुरित कराते हैं। अधिकांश फसलों के बीजों के अंकुरण के लिए 10–20^{0}C तापमान, तथा अंधकार या विसरित प्रकाश (Diffused Light) उपयुक्त होता है। लेकिन कुछ फसलों के लिए विशिष्ट वातावरण की जरुरत हो सकती है। अधिकांश फसलों के अंकुरण के लिए 7 दिन काफी होते हैं, परन्तु कुछ फसलों में 20–25 दिन भी लग सकते हें। पेट्री डिश में निश्चित संख्या (अधिकतर 100) में बीज रखे जाते हैं। निश्चित अन्तराल (Interval) पर अंकुरित बीजों की संख्या गिन ली जाती है, एवं अंकुरित बीजों को पेट्री डिश से हटा दिया जाता है। अन्त में पेट्री डिश में न अंकुरित हुए बीज बचे रहते हैं।

इस प्रकार,

$$\text{अंकुरण (प्रतिशत)} = \frac{\text{अंकुरित बीजों की संख्या}}{\text{कुल बीजों की संख्या}} \times 100$$

प्रत्येक बीज समूह (Seed lot) में से 100 बीजों के कम से कम चार प्रतिदर्शों (samples) का अंकुरण परीक्षण करते हैं। इन प्रतिदर्शों का औसत अंकुरण ही बीज प्रचय की अंकुरण क्षमता का आकलन है।

जीवनक्षमता परीक्षण: अंकुरण परीक्षण को पूरा करने में 7 से 28 दिन या इससे अधिक समय लग जाता है। कभी–कभी बीज की जीवनक्षमता की जानकारी तुरन्त करनी होती है जिससे समय पर भंडारण, संसाधान आदि के बारे में निर्णय लिए जा सके। इसके लिए त्वरित परीक्षण (Quick test) के रुप में टैट्राजोलियम परीक्षण का विकास किया गया है। इस परीक्षण में बीज भ्रूण के अंतर्गत जैव तंत्र की डिहाइड्रोजिनेज एंजाइम की सक्रियता का निर्धारण किया जाता है। बीज इस तरह तैयार किए जाते हैं कि जलीय विलयन में उसके भ्रूणीय ऊत्तक रसायन टैट्राजोलियम क्लोराइड को अंत:शोषित कर लें। टैट्राजोलियम क्लोराइड जल–विलेय और रंगहीन होता है। फिर भी जब यह रसायन उन कोशिकाओं में प्रविष्ट होता है, जिनमे डिहाइड्रोजिनेज एंजाइम सक्रिय होते हैं (जीवित कोशिका), तो यह यह रसायन अविलेय लाल वर्णक के रुप में अपचित हो जाता है, जबकि मृत कोि ाकाओं (सक्रिय डिहाड्रोजिनेज एंजाइमों से रहित) में यह अभिक्रिया नहीं होती

है। इस परीक्षण से अभिक्रिया के फलस्वरुप जो अभिरंजन होता है, उसके प्रतिरुप (Pattern) के मूल्यांकन से जीवनक्षमता का निर्धारण किया जाता है। जीवनक्षमता परीक्षण के लिए कार्यकारी नमूना भाुद्व बीज घटक से प्राप्त किया जाता है। प्रायः 100 बीजों को विि ाष्ट विधियों पर तैयार करके उनका मूल्यांकन किया जाता है व जीवनक्षम बीजों का प्रति ात ज्ञात किया जाता है।

जीवनक्षमता परीक्षण के लिए बीज को रात भर पानी में भिगो देते हैं, उनमें भारीरक्रियात्मक क्रियाएँ (Physiological Activities) भाुरु हो जाती हैं। इसके बाद, बीजों को स्कैल्पेल (Scalpel) से लम्बवत दो भागों में इस प्रकार काटते हैं, जिससे बीज के दोनों भागों में भ्रूण (Embryo) का कुछ (आद िस्थिति में आधा) भाग उपस्थित रहे। प्रत्येक बीज के अर्द्ध–भाग (जिसमें भ्रूण लगा हो) को एक पेट्री डिश में एकत्रित कर लिया जाता है, और उन्हें 2, 3, 5–ट्राइफिनाईल टेट्राजोलियम क्लोराइड (2, 3, 5–Triphenyl-tetrazolium Chloride) के 1 प्रतिशत घोल, जो कि रंगहीन होता है, में डुबो दिया जाता है। चार घण्टे बाद जीवित भ्रूण वाले अर्द्ध–बीज लाल रंग के हो जाते हैं, जबकि मृत भ्रूण वाले अर्द्ध–बीज अपने प्राकृतिक रंग में ही बने रहते हैं। लाल रंग के अर्द्ध–बीजों को गिन लिया जाता है और उनकी आवृत्ति (Frequency) ज्ञात कर ली जाती है।

$$\text{जीवित बीज (प्रतिशत)} = \frac{\text{लाल रंग के अर्द्ध–बीजों की संख्या}}{\text{कुल अर्द्ध–बीजों की संख्या}} \times 100$$

इस विधि से उन बीजों की आवभर्त्ति ज्ञात की जाती है, जो कि जीवित होते हैं, और अंकुरण (germination) की क्षमता रखते हैं। यह विधि अंकुरण विधि की अपेक्षा कम समय लेने वाली होती है। इसके साथ ही, इस विधि के लिए किसी वि ोष तापमान (Temperature) की आव यकता नहीं होती है, जो कि अंकुरण विधि के लिए अनिवार्य है। परन्तु इस विधि का उपयोग बहुत छोटे बीज वाली फसलों, जैसे बहुत सी घासों आदि, में नहीं किया जा सकता, क्योंकि उनके बीजों को दो भागों में काटना व उनका निरीक्षण करना काफी मुि कल काम होता है।

भाुद्धता एवं अंकुरण क्षमता के आधार पर बीज का **वास्तविक मूल्य** (Real Value of Seed) ज्ञात किया जाता है। बीज के वास्तविक मूल्य का अर्थ है, बीज प्रतिद ि (Seed Sample) का वह अंश (प्रतिशत में), जो कि प्रमाणित किस्म

(Certified Variety) का पौध या पौधे उत्पन्न करेगा। इसका आकलन निम्नलिखित विधि से किया जाता है।

$$\text{बीज का वास्तविक मूल्य} = \frac{\text{भुद्धता (प्र0) x अंकुरण (प्र0)}}{100}$$

बीज के वास्तविक मूल्य का उपयोग दो या दो से अधिक बीज समूह (Seed Lots) की तुलना के लिए किया जाता है।

नमी की मात्रा (Moisture Content)

बीज में उपस्थित पानी की प्रतिशत मात्रा को नमी अंश कहते हैं। बीज का नमी अंश (1) ओवेन (Oven) या (2) नमी मापक (Moisture Meter) यंत्र द्वारा ज्ञात करते हैं। ओवेन विधि (Oven Method) में सबसे पहले बीज प्रतिदर्श (Seed Sample) का भार (W_1) ज्ञात कर लेते हैं। इसके बाद बीज प्रतिदर्श को **आवा (Oven) में 130^{0}C पर 90 मिनट तक सुखाते हैं**, तथा पुनः उसका भार (W_2) ज्ञात करते हैं। आवा में सुखाने से प्रतिदर्श (Sample) के भार में हुई कमी बीजों से पानी वाष्पित (Evaporate) होने के कारण होती है। अतः प्रतिदर्श के भार में हुई कमी ($W_1 - W_2$) ही बीज में उपस्थित पानी का भार है। इस प्रकार,

बीज में पानी की मात्रा = $W_1 - W_2$

$$\text{तथा, नमी अंश (प्रतिशत)} = \frac{W_1 - W_2}{W_1} \times 100$$

जबकि, W_1 बीज प्रतिदर्श (Seed Sample) को सुखाने से पहले तथा W_2 सुखाने के बाद भार है।

नमी मापक यंत्र (Moisture Meter) द्वारा विद्युत प्रवाह में बीज के कारण उत्पन्न अवरोध का मापन किया जाता है। चूँकि यह अवरोध मुख्य रुप से बीज के नमी अंश पर निर्भर होता है, अतः इसे बीज का नमी अंश ज्ञात किया जा सकता है। परन्तु प्रत्येक फसल के बीज के नमी अंश मापन के पहले उस फसल के ज्ञात नमी अंश वाले बीजों का उपयोग करके नमी मापक यंत्र का अंशांकन (Calibration) करना अनिवार्य होता है। अतः हर फसल में इन यंत्रों के लिए भारु में आवा

विधि के द्वारा प्रतिद र्शों (Seed Sample) का नमी अंश अत्यन्त सरलता एवं भीघ्रतापूर्वक ज्ञात किया जा सकता है। इन यंत्रों द्वारा एक बीज प्रतिद र्श का नमी अंश ज्ञात करने में 3–5 मिनट से भी कम समय लगता है।

बीज ओज का निर्धारण (Determination of seed Vigour): बीज–ओज का तात्पर्य बीज की उस आकारित और भारीरक्रियात्म स्वास्थता से है जिसमें तीव्रता से एकसमान अंकुरण होता है और पौधा विकसित होता है। सभी जीवीत जीवों की तरह बीज का भी ह्रास होता है। बीज ओज का ह्रास इस स्तर तक होता है कि उसकी अंकुरणक्षमता समाप्त हो जाती है। ह्रास के कारण कम ओज वाले बीज धीरे–धीरे उगते हैं, कमजोर होते हैं तथा रोगों के प्रति ग्रहण शील होते हैं।

मानक अंकुरण परीक्षण सं बीज ओज का ठीक से मूल्यांकन नहीं होता है। इसलिए निम्न परीक्षणों का उपयोग किया जाता है:

(i) **अंकुरण और पौध वृद्धि दर**: नियंत्रित द शाओं में अंकुरण या वृद्धि की दर को ओज का परिचायक माना जाता है। अंकुरण/वृद्धि की यह दर जितनी तीव्र होती है, बीज ओज की मात्रा उतनी ही अधिक होती है।

(ii) **प्रतिकूल परिस्थितियों में सहिष्णु परीक्षण**: प्रतिकूल दशाओं में (ठंडी, गीली, अधिक तापमान अवस्थाओं में) बीज की अंकुरित होने की अनुक्रिया जांची जाती है जिससे उसकी सहिष्णुता का परिचय मिलता है। बीज का ओज जितना अधिक होता है, उतनी ही अधिक मात्रा में बीज प्रतिकूल दशाओं में सहिष्णुता प्रदर्शित करेगा।

बीज स्वास्थ्य परीक्षण (Seed Health Test): भाुद्धता परीक्षण में अलग किए गए भाुद्ध बीज घटक से बीज स्वास्थ्य परीक्षण के लिए कार्यकारी नमूना प्राप्त किया जाता है। प्रायः 100 बीजों की चार प्रतिकृतियों को वि ाष्ट विधियों के अनुसार जांचा जाता है और बीज नमूने में रोगजनकों की उपस्थिति व कीटक्षति की प्रतशित–मात्रा का निर्धारण किया जाता है। इस परीक्षण से बीज डेरों में रोगों व कीट क्षति की पूर्ण जानकारी प्राप्त होती है।

आनुवांशिक शुद्धता परीक्षण (Genetic Purity Test): किस्म वि ोष की आनुवांशिक भाुद्धता का परीक्षण बीज प्रयोग ााला, कांचघर (Glass House) अथवा परीक्षण खेत में आवश्यकतानुसार विधियों के अनुसार किया जाता है। इस परीक्षण से यह स्पष्ट हो जाता है कि प्रस्तुत नमूना किस हद तक सम्बन्धित किस्म के गुणों के अनुरुप है।

बीज परीक्षण की आवश्यकता

बीजों के विक्रय, मूल्य निर्धारण, विक्रय के लिए अंकन पत्र (Label) लगाने, बीज प्रमाणीकरण तथा बीज–अधिनियम के अनुपालन के लिए बीज–गुणता के सम्बन्ध में जानकारी प्राप्त करना आवश्यक है।

भारतीय बीज अधिनियम 1966 के अंतर्गत अधिसूचित प्रकार/किस्मों के बेचे जाने वाले बीज की अच्छी गुणता का उत्तरदायित्व बीज विक्रेताओं पर है। बीज विक्रेताओं को अधिसूचित किस्मों के सभी थैलों/पात्रों पर आवश्यक रुप से अंकन पत्र लगाना पड़ता है, जिस पर सम्बन्धित प्रकार/किस्म का नाम, भाुद्ध बीज प्रति ात, अक्रिय पदार्थ प्रतिशत, अंकुरण प्रतिशत, आद्रर्ता प्रतिशत, जांच करने की तारीख आदि बीज परीक्षण से सम्बन्धित सूचनांए अंकित होती हैं। साथ ही इन सभी पात्रों को सीलबंद करना होता है। इसी प्रकार बीज प्रमाणीकरण संस्था को भी बीज प्रमाणीकरण टैग जारी करने में पूर्व बीज ढेर के भाुद्धता संघटन, अंकुरण प्रति ात, नमी प्रतिशत तथा अन्य फसलों के बीजों में अन्य पहचानने योग्य बीजों की दर, निर्दिष्ट रोगों से ग्रस्त बीजों की दर, धान आदि में भूसी रहित बीजों की दर आदि के बारे में भी जानकारी की आवश्यकता होती है जिससे संस्था द्वारा यह निश्चित किया जा सके कि सम्बन्धित बीज ढेर बीज प्रमाणीकरण के मानकों के अनुरुप है अथवा नहीं। इनके अतिरिक्त बीज अधिनियम के अनुपालन के लिए भी बीज गुणवत्ता की जानकारी की आवश्यकता पड़ती है। बीज परीक्षण द्वारा यह सभी जानकारी सहज ही सुलभ हो जाती है।

— xxx —

12

बीज प्रमाणीकरण (Seed Certification)

बीज प्रमाणीकरण, विधान द्वारा स्वीकृत (Sanctioned) एक ऐसी प्रणाली है जो बीज उत्पादन एवं बीज गुणन क्रियाओ के विभिन्न चरणों मे गुणवत्ता नियंत्रण को सुनिश्चित (Verify) करता है। इसका मुख्य उद्देश्य सर्वजन साधारण हेतु उच्च गुणवत्तायुक्त बीज एवं संवर्धन सामग्री को अनुरक्षित कर रखना तथा उचित समय पर उपलब्ध कराना है। साथ ही, ये बीज एवं संवर्धन सामग्री जो सिर्फ अधिसूचित प्रकार (Kind) एवं प्रभेदो (Varieties) के होने चाहिए तथा वे ऐसे उगाये गए हो एवं वितरित किए गुए हो जिससे उनकी आनुवांशिक पहचान (Genetic identity) एवं आनुवांशिक शुद्धता (Genetic purity) सुनिश्चित किया गया हो (Tunwar and Singh, 1988)।

बीजोत्पादन एवं वितरण के समय बीजों की उचित गुणवत्ता को बनाये रखने हेतु भारतीय बीज अधिनियम (Seed Act) 1966 में पारित किया गया तथा केन्द्र एवं राज्य सरकारों को बीज प्रमाणीकरण हेतु विभिन्न पहलुओं पर सलाह देने के लिए केन्द्रीय बीज प्रमाणीकरण बोर्ड (Central Seed Certification Board, CSCB) का गठन 1972 में किया गया। तदोपरान्त भारतीय बीज उद्योग में आश्चर्यजनक रुप से वृद्धि पायी गई। 17 (सत्तरह) बीज प्रमाणीकरण संस्थानों का गठन हुआ तथा

बीज प्रमाणीकरण के अन्तर्गत क्षेत्रफल जोकि केवल कुछ सौ हेक्टेयर बीज प्रमाणीकरण की प्रारंभिक अवस्था में था, बढ़कर पाँच लाख हेक्टेयर से भी अधिक क्षेत्रफल बीजोत्पादन के अन्तर्गत आच्छादित हुआ। वर्ष 1988 में केन्द्रीय बीज प्रमाणीकरण बोर्ड (CSCB) ने 102 फसलों के लिए भारतीय न्यूनतम बीज प्रमाणीकरण मानक (Indian Minimum Seed Certification Seed, IMSCS) विकसित किये तथा वर्ष 2002 में अनुपूरक के द्वारा 18 फसलों में भारतीय न्यूनतम बीज प्रमाणीकरण मानकों (IMSCS) में सुधार/संशोधन किया गया। इन 18 फसलों में 8 नई फसलों का समावेश भी किया गया।

बीज प्रमाणीकरण की सम्पूर्ण प्रक्रिया को निम्नलिखित चार स्तर पर विभाजित किया जा सकता है।

1. बीजोत्पादन हेतु बीज स्त्रोत का सत्यापन करना
2. बीज मानकों के अनुरुप फसल निरीक्षण द्वारा सिद्धिकरण करना
3. बीज परीक्षण
4. कटाई उपरान्त निरीक्षण

भारतीय न्यूनतम बीज प्रमाणीकरण मानक (IMSCS) कुछ चिन्हित बीज जनित व्यधियेां का उच्चतम स्तर निर्धारित करते हैं। उदाहरणतयाः बीज फसल में बीज जनित व्यधियों द्वारा प्रभावित पौधों का प्रतिशत तथा सीड समूह में प्रभावित बीजों का प्रतिशत। यद्यपि भारत में बीज स्वास्थ्य प्रमाणीकरण, बीज प्रमाणीकरण कार्यक्रम का एक भाग है, अधिकतर मामलों में यह केवल खेत स्तर पर उनमे मानकों द्वारा आधारित है। 110 बीज फसलों में से जिनके लिए भारतीय न्यूनतम बीज प्रमाणीकरण मानक (IMSCS) निर्धारित हैं, केवल 43 बीज फसलों (57 कवक व्याधियाँ, 17 जीवाणु व्याधियां, 14 विषाणु व्याधियां एवं 1 फाइटोप्लाजमा व्याधि) के लिए बीज स्वास्थ्य मानक उपलब्ध हैं जिनका प्रयोग खेत स्तर पर निरीक्षण के समय किया जाता है तथा 2 फसलों के लिए (2 कवक व्याधियां तथा 2 जीवाणु व्याधियां) का निरीक्षण बीज नमूना की गणना के उपरान्त बीज स्तर पर तथा 7 फसलों (21 कवक व्याधियां, 2 जीवाणु व्याधियां, 1 सूत्रकर्मी व्याधि, 1 जीवाणुव्याधि + सूत्रकर्मी संरचना तथा 2 विषाणु व्याधियों) का निरीक्षण खेत स्तर पर तथा बीज नमूना के स्तर पर किया जाता है। इस प्रकार केवल 9 फसलों में जिनमें आलू तथा सकरकंद शामिल हैं, कटाई उपरान्त रोग विज्ञान बीज प्रमणीकरण से जुड़ हुआ है।

प्रमाणीकरण के उद्देश्य (Aims of Seed Certification)

डोगलस (Douglas), 1971 के अनुसार प्रमाणीकरण तीन उद्देश्यों की प्राप्ति में सहायक है–

(1) उन्नत किस्मों के बीजों की व्यवस्थित ढंग से वृद्धि

(2) नई किस्मों की पहचान तथा उचित एवं सर्वमान्य मानों से तीव्र लेकिन नियंत्रित वृद्धि

(3) गुणवत्ता संपन्न बीजों की आपूर्ति तथा उनका सावधानीपूर्वक अनुरक्षण।

भारत में बीज प्रमाणीकरण की प्रगति (Progress of Seed Certification in India)– भारत में बीज प्रमाणीकरण कार्य की शुरुआत राष्ट्रीय बीज निगम (National Seeds Corporation) की स्थापना (सन् 1963) से हुई। चूँकि उस समय बीज प्रमाणीकरण कार्य करने के लिये कोई उपयुक्त संस्था नहीं थी, अतः इस संस्था ने इस क्षेत्र में भी महत्वपूर्ण कार्य किया। इसने फसल निरीक्षण की व्यवहारिक विधियाँ विकसित कीं, बीज मानकों की स्थापना करने में सहायता की, राष्ट्रीय महत्व की फसलों की किस्मों के आधार बीज का वर्धन और प्रमाणित बीज का उत्पादन किया और बीज उद्योग में संलग्न अधिकारियों/कर्मचारियों को प्रशिक्षण दिया।

सन् 1966 में बीज अधिनियम पारित हुआ जिसमें अधिसूचित किस्मों के स्वैच्छिक प्रमाणीकरण और बीज थैलों पर अनिवार्य अंकन पत्र की व्यवस्था की गई। बीज प्रमाणीकरण के मानक निर्धारित किये गये और बीज प्रमाणीकरण का कार्य राज्यों में राज्यकीय प्रमाणीकरण संस्थाएं स्थापित करके उन्हें सौपा गया, जिसका संचालन प्रत्येक राज्य में गठित राज्य बीज प्रमाणीकरण परिषद् के द्वारा किया जाता है। सन् 1971 के केन्द्रीय बीज समिति ने भारतीय न्यूनतम बीज प्रमाणीकरण मानक तैयार किये। बीज अधिनियम (1966) में सन् 1968 में संशोधन करके प्रमाणीकरण से सम्बन्धित सभी मामलों के केन्द्र तथा राज्य सरकारों को सुझाव देने तथा राज्य प्रमाणीकरण संस्थाओं के कार्यों का समन्वयन करने हेतु एक केन्द्रीय बीज प्रमाणीकरण परिषद् का गठन किया गया।

राजकीय बीज उप समिति

राजकीय बीज उप–समिति का मुख्य उद्देश्य राज्य में नई किस्मों के विमोचन हेतु है साथ ही समिति, राज्य में प्रभेदों की नई किस्मों के प्रदर्शन का निरिक्षण भी

करती है तथा विभिन्न प्रभेदों को राज्य के भिन्न–भिन्न स्थानों में लगाने की योजना बनाती है, और साथ ही राज्य की प्रजनक, आधार तथा प्रमाणित बीजों की आवश्यकताओं की समीक्षा करती है।

इस समिति को प्रत्येक त्रैमासिक रुप में एक बार मिलकर स्थिति की समीक्षा कर लेनी चाहिए तथा प्रभेदों की रणनीति की योजना बनानी चाहिए। यह समिति केन्द्रिय उप–समिति को फसलों के मानक, अधिसूचना तथा प्रभेदों के विमोचन की सिफारिश करती है तथा ऐसे प्रभेद जिनकी अधिसूचना को रद्द करना है, ऐसे प्रभेदों की सूची जो सब्सिडी (Subsidy) आकर्षित करती है, उनसे वापस लिया जाना चाहिए या वे राज्य के किसी भी क्षेत्र में उनका प्रदर्शन अच्छा नहीं है या उनकी मांग नहीं है तथा 15 से अधिक वर्ष पहले अधिसूचित किया गया हो, इन सारे पहलुओं पर राज्य उप–समिति ध्यान देती है।

राजकीय बीज उप–समिति का संयोजन

राज्य में प्रभेद विमोचन राज्य बीज उप समिति द्वारा किया जाएगा, आमतौर पर इसके निम्नलिखित सदस्य हैं:

- सचिव, कृषि विभाग, DOA अध्यक्ष
- निदेशक, कृषि
- निदेशक अनुसंधान, राजकीय कृषि विश्वविद्यालय
- प्रबंधन निदेशक, राजकीय बीज निगम
- निदेशक, राजकीय बीज प्रमाणीकरण ऐजेन्सी
- मुख्य कार्यकारी, राज्य सहकारी विपणन संघ
- क्षेत्रिय प्रबंधक, राष्ट्रीय बीज निगम
- सहायक निदेशक, कृषि परीक्षण प्रयोगशाला
- निजी बीज क्षेत्र के प्रतिनिघि
- किसानों के दो प्रतिनिधि
- संयुक्त निदेशक (प्रभारी बीज) या उप निदेशक (बीज) राज्य सरकार–सह संयोजक तथा कृषि एवं सहकारिता विभाग, राज्य सरकार के एक उम्मीदवार–सह संयोजक

प्रभेदों के विमोचन का प्रस्ताव जो राजकीय कृषि विश्वविद्यालय द्वारा प्रजनित किया गया हो, जिसकी सिफारिश कृषि विश्वविद्यालय ने की हो या उनके निदेशक अनुसंधान द्वारा निर्धारित रुप में राज्य बीज उप समिति के सह–संयोजक को प्रस्तावित किया जाता है। तत्पश्चात सह–संयोजक, प्रपत्र को राज्य बीज उप समिति के पास राज्य में प्रभेद के विमोचन हेतु प्रस्ताव की मंजूरी के लिए प्रस्तुत करता है।

राज्य स्तरीय प्रभेद मूल्यांकन समिति (State Variety Evaluation Committee, SVEC)

राज्य स्तरीय प्रभेद के परीक्षण (State Varietal Testing System, SVTS) की प्रणाली तथा उसके विमोचन की पद्धति लगभग केन्द्रीय प्रणाली के समान ही है। केन्द्रीय और राज्य स्तर के परीक्षण, पहचान और नव विकसित फसलों के किस्मों के विमोचन का उद्देश्य एक ही है अर्थात किसानों को वर्तमान की तुलना में काफी बेहतर किस्मों को प्रदान करना इनका मुख्य उद्देश्य है। AICCIP की परीक्षण प्रणाली के अन्तर्गत जांच की प्रणाली पूरे देश में किया जाता है जबकि राज्य की स्तरीय प्रभेद चयन की प्रणाली सिर्फ एक ही राज्य में सिमित रहती है। AICCIP की जांच प्रणाली में कोई भौगोलिक सीमा में परीक्षण नहीं किया जाता है बल्कि पूरे देश में हर कृषि जलवायु क्षेत्र में किया जाता है। एक कृषि जलवायु क्षेत्र एक राज्य से दूसरे राज्य में भी फैल सकता है। फसल किस्मों के SVTS में विभिन्न चरण शामिल किया गया है। प्रथम वर्ष में, किसी एक विशेष अनुसंधान स्टेशन पर स्टेशन परीक्षण (Station trial) आयोजित किया जाता है, जो बेहतरीन प्रविष्टियां हैं उन्हें राज्य के बहु स्थानीय प्रभेद परीक्षण–I (Multilocation Varietal Trial-I) में कम से कम तीन से पांच स्थानों में परीक्षण के लिए प्रोत्साहित किया जाता है। जो प्रविष्टियां अच्छे चेक प्रभेद (Check Variety) से 10–15 प्रतिशत की उपज में श्रेष्ठता दर्शाता है उन्हें राज्य स्तरीय प्रभेद परीक्षण–II (State Varietal Trial-II) के परीक्षण में शामिल किया जाता है और यह परीक्षण अधिक से अधिक स्थानों में किया जाना चाहिए। असंगत परिणाम या संदेह की स्थिति में परीक्षण और एक वर्ष के लिए दुहराया जाता है। श्रेष्ठ प्रविष्टियां बाद में अनुकूलि परीक्षण में राज्य के कृषि विभाग द्वारा जांच के लिए भेजा जाता है साथ ही प्रविष्टियां का मिनी–कीट परीक्षण (Mini-Kit-Trials) भी किया जाना चाहिए, इससे किसानों की राय भी जानी जा सकती है। नई किस्म को खेतों में भी प्रदर्शन कर श्रेष्ठता का परीक्षण किया जा सकता है।

यदि कोई प्रविष्टि लगातार तीन वर्षों के परीक्षण में अपनी श्रेष्ठता दर्शाता है तब पहचान (Identification) तथा विमोचन के प्रस्ताव को निर्धारित प्रारुप में तैयार किया जाता है तथा प्रस्ताव की पच्चीस प्रतियां राज्य स्तरीय प्रभेद मूल्यांकन समिति (SVEC) को प्रस्तुत किया जाता है। इस समिति के अध्यक्ष राज्य के कृषि विश्वविद्यालय के निदेशक अनुसंधान होते हैं तथा इसके सदस्य हैं– कृषि निदेशक/उद्यान/राज्य विभाग के विभागाध्यक्ष, शस्य विज्ञान, पादप प्रजनन, पादप रोग विज्ञान तथा कीट विज्ञान के होते हैं। यह समिति विभिन्न पहलुओं पर ध्यान देती है जैसे–

- प्रभेद का परीक्षण राज्य में न्यूनतम तीन वर्षों के लिए बहु–स्थानों में प्रतिकृतियों में किया गया हो।
- सबसे उत्कृष्ट चेक प्रभेद (best check variety) से श्रेष्ठ हो।
- इसकी जांच कृषि परीक्षणों (Agronomic trials) में भी किया गया हो।
- यह रोग एवं कीट प्रतिरोधी हो तथा वांछनीय परिपक्वता भी दर्शाता हो।
- इनकी जांच अनुकूली परीक्षण (Adaptive trials) तथा अन्य खेतों में भी परीक्षण (On farm trials) होनी चाहिए।

राज्य स्तरीय प्रभेद मूल्यांकन समिति में यदि प्रविष्टि श्रेष्ठ पाया जाता है तब प्रविष्टि की सिफारिश राज्य बीज उप समिति को करती है ताकि उसे राज्य में विमोचित किया जा सके। राज्य बीज उप समिति, AICCIP को यह सिफारिश करती है कि प्रभेद का एक वर्ष तक सिर्फ बिमारियों की प्रतिक्रिया के लिए ही परीक्षण किया जाए। प्रासंगिक डाटा की पचास प्रतियां तथा विमोचन प्रस्ताव को अधिसूचना प्रायोजन हेतु प्रस्तुत किया जाता है। राज्य में निजी एजेंसियां और गैर सरकारी संगठन भी प्रभेद के विकास, उसके परीक्षण तथा विमोचन में योगदान कर सकते हैं।

राज्य स्तर पर, राज्य बीज उप समिति को प्रभेद जारी करने का अधिकार है तथा इसे अधिसूचित करने के लिए केन्द्रीय बीज उप समिति को सिफारिश कर सकती है। राज्य के कृषि विभाग एवं राज्य के कृषि विश्वविद्यालय बीज के वितरण का कार्य करती है। राज्य की बीज उप समिति राज्य के विभिन्न क्षेत्रों में लगाए जाने वाले भिन्न–भिन्न प्रभेदों की योजना बनाती है, इसके साथ ही राज्य में नई किस्मों के बीज की आवश्यकता का भी आकलन करती है। यदि किसी किस्म में रोग अथवा कीट के प्रति अति संवेदनशीलता आ जाती है अथवा उसके उपज में अत्यंत गिरावट आ जाती है तब समिति को उस किस्म की अधिसूचना को रद्ध करने का अधिकार है।

राज्य स्तरीय प्रभेद मूल्यांकन समिति (SVEC) की संरचना

राज्य में राज्य स्तरीय प्रभेद मूल्यांकन समिति का गठन राज्य बीज उप समिति द्वारा किया जाता है। इसका कार्यक्षेत्र राज्य के पादप प्रजननकर्ता तथा प्रयोजन एजेंसी विमोचन के प्रस्तावों की जांच करना तथा राज्य में प्रभेदों के विमोचन हेतु उपयुक्तता पर फैसला करना है। SVEC राज्य बीज उप समिति को प्रभेद के विमोचन हेतु सिफारिश करती है। इस SVEC के निम्नलिखित सदस्य हैं:

- निदेशक अनुसंधान – अध्यक्ष
- निदेशक, कृषि, राज्य सरकार
- निदेशक उद्यान, राज्य सरकार
- मुख्य सांख्यिकी अधिकारी, राज्य सरकार
- राजकीय कृषि विश्वविद्यालय के विभिन्न विभागों जैसे सस्य, पादप प्रजनन, पादप रोग विज्ञान, कीट विज्ञान के विभागाध्यक्ष

बीज प्रमाणीकरण संस्था (Seed Certification Agency)

बीज प्रमाणीकरण संस्था का एक निदेशक मंडल (Board of Directors) होता है, जिसका मुख्य कार्य योजना एवं नीति बनाना है। संस्था के बोर्ड में विभिन्न संगठनों से सम्बन्धित विशेषज्ञ सम्मिलित किये जाते हैं, जैसे– कृषि विभाग व कृषि विश्वविद्यालयों के प्रतिनिधि, विभिन्न विषयों (पादप प्रजनन, पादप रोग विज्ञान, कीट विज्ञान, बीज परीक्षण) के विशेषज्ञ, बीज प्रमाणीकरण संस्थाओं एवं बीज उत्पादाकों के प्रतिनिधि। इसके अतिरिक्त तकनीकी व अन्य (लिपिकीय) कर्मचारी होते हैं। यदि बीज परीक्षण की व्यवस्था राज्य बीज परीक्षण प्रयोगशाला में हो सकती है, तो संस्था को अलग से बीज परीक्षण प्रयोगशाला स्थापित करने की आवश्यकता नहीं होती है।

बीज प्रमाणीकरण संस्था का गठन निम्नलिखित सिद्धांतों के आधार पर किया जाता है–

(1) यह एक स्वायत्तशासी संगठन (Autonomous Body) होना चाहिए।

(2) संस्था को बीज उत्पादन एवं विपणन कार्य से अलग रहना चाहिए।

(3) संस्था को देश के अन्य भागों में अपनाये जाने वाले मानकों व पद्धतियों का अनुसरण करते हुए एकरुपता बनाये रखनी चाहिये।

(4) संस्था को किसी तकनीकी संस्था/कृषि विश्वविद्यालय से निकट सम्बन्ध रखना चाहिए और अन्य संस्थाओं के साथ उसके सम्बन्धों की स्पष्ट व्याख्या की जानी चाहिये।

(5) संस्था का दीर्घकालीन उद्देश्य 'न लाभ, न हानि' (No Profit No Loss) होना चाहिये।

(6) संस्था के पास बीज प्रमाणीकरण कार्य में कुशल एवं प्रशिक्षित अधिकारी/कर्मचारी होने चाहिये।

(7) संस्था के पास यथासमय एवं सम्पूर्ण निरीक्षण सम्पन्न करने के लिये उचित प्रावधान एवं सुविधाएँ होनी चाहिये।

(8) संस्था को बीज उत्पादकों तथा खरीदारों के हितों का ध्यान रखना चाहिये।

बीज प्रमाणीकरण संस्था के कार्य (Functions of Seed Certification Agency)– बीज प्रमाणीकरण संस्था का मुख्य उद्देश्य किसानों को आनुवांशिक रुप से शुद्ध एवं उच्च गुणवत्ता वाले बीज सुलभ कराना है। इस उद्देश्य को ध्यान में रखते हुए बीज प्रमाणीकरण संस्थाओं को निम्नलिखित कार्य सौंपे गये हैं:

(1) बीज उत्पादको से बीज प्रमाणीकरण के लिये प्राप्त आवेदनों की जाँच करना और बीज की किस्म एवं भूमि की उपयुक्तता व किसान की क्षमता की जाँच करना।

(2) सभी प्रकार की अधिसूचित किस्मों के बीजों का प्रमाणीकरण करना।

(3) बीज फसल के बीज स्रोत के बारे में जानकारी प्राप्त करना कि बीज किसी मान्य स्रोत से प्राप्त किया गया है अथवा नहीं।

(4) बीज फसल के खेतों का निर्धारित विधियों व मानको की कसौटी से फसल की विभिन्न अवस्थाओं में निरीक्षण करना।

(5) फसल कटाई, गहाई, बीज संसाधन संयंत्र आदि की देख–रेख करना।

(6) प्रयोगशाला में बीज गुणवत्ता का मूल्यांकन करना या करवाना।

(7) सभी मान्य पादप प्रजनकों की सूची तैयार करना।

(8) बीज उत्पादकों को कृषि उन्नत विधियों व बीज उत्पादन की तकनीकों से परिचित कराने के लिये शैक्षिक कार्यक्रमों का आयोजन करना।

(9) प्रमाणित बीज उत्पादकों की एक सुचि प्रकाशित करना।

(10) बीज प्रमाणीकरण मानक के अनुरुप पाये जाने वाले बीज ढेरों के लिये प्रमाणपत्र आदि प्रदान करना।

(11) सभी प्रकार के प्रमाणित बीजों का प्रमाणकरण सम्बन्धी लेखा–जोखा रखना।

(12) बीज प्रमाणीकरण के आवश्यक मानकों की प्रतियाँ, निरीक्षण रिपोर्ट के फार्म, किस्मों को पहचानने के लिये आकृतिक विवरण, फसलों के सामान्य रोगों के वितरण, संदर्भ के लिये अन्य शस्य वैज्ञानिक विवरणों आदि की पूर्ति करना।

(13) पिछले मौसम में प्रमाणित किये गये बीज ढेरों से यादृच्छिक रुप से नमूने लेकर (5 प्रतिशत) एवं परीक्षण करवाकर देखना कि परीक्षण ठीक हुए हैं।

(14) बीज फसल को मानकों के अनुरुप न पाये जाने पर उसे अस्वीकृत करना।

बीज प्रमाणीकरण की विधि (Method of Seed Certification)

(1) **बीज प्रमाणीकरण के लिये आवेदन (Application for Seed Certification)**– कोई भी व्यक्ति अथवा संस्था, जो अपने बीज का प्रमाणीकरण करवाना चाहे, अपने क्षेत्र की प्रमाणीकरण संस्था का 25 रुपये फीस के साथ, एक निर्धारित फार्म भरकर बीज प्रमाणीकरण के लिये आवेदन कर सकता है।

(2) **आवेदकों का सत्यापन (Verification of Application Forms)**– आवेदन प्राप्त होने के पश्चात् बीज प्रमाणीकरण संस्था यह सत्यापित करती है कि बीज किस्म प्रमाणीकरण के योग्य है (केवल अधिसूचित किस्मों का ही प्रमाणीकरण किया जा सकता है) तथा बीज मान्य स्रोत से लिया गया है और निर्धारित शुल्क अदा कर दिया गया है।

(3) **प्रमाणीकरण शुल्क (Certification Fees)**– आवेदन के साथ जमा किया जाने वाला आवेदन शुल्क के अतिरिक्त प्रार्थनापत्र की स्वीकृति के बाद उत्पादक को कुछ अन्य शुल्क; जैसे– निरीक्षण शुल्क (सामान्य फसलों के लिये 275 रु0 व संकर कपास के लिये 750 रु0 प्रति हेक्टेयर) बीज परीक्षण शुल्क (50 रु0 प्रति नमूमा) आदि जमा करने होते हैं।

(4) **बीज फसल का निरीक्षण (Inspection of the Seed Crop)**– बीज फसल के खेतों का प्रमुख अवस्थाओं पर निरीक्षण करके, खेत का चयन, मिट्टी की किस्म, फसल में अन्य किस्मों व फसलों के पौधों तथा आपत्तिजनक खर–पतवारों की उपस्थिति, पृथक्करण दूरी तथा रोग के आंकड़े एकत्र कर,

यह देखा जाता है कि वह निर्धारित मानकों के अनुरुप है या नहीं। यदि कोई कमी पायी जाती है तो उसमें समय रहते उचित निर्देश देकर सुधार कराया जाता है। ऐसे निरीक्षण कब और कितने किये जायें, यह भिन्न–भिन्न फसलों के लिये भिन्न–भिन्न हैं। प्रायः ऐसे निरीक्षण बुवाई के समय, पुष्पण पूर्व, पुष्पण अवस्था पर, फसल पकते समय व कटाई के समय किये जाते हैं। खेत में प्रत्येक पौधे का निरीक्षण संभव नहीं है। अतः खेत में यादृच्छिक ढंग से कुछ स्थान छाँटकर आंकड़े लिये जाते हैं।

(5) **संसाधन के दौरान बीज ढेरों का निरीक्षण (Inspection during Seed Processing)**– बीज फसल की कटाई के बाद गहाई, सुखाई, सफाई, थैले भराई व भंडारण आदि उचित पहचान बनाये रखी जाये।

(6) **बीज नमूने लेना एवं विश्लेषण (Seed Sampling and Analysis)**– संसाधन के बाद बीज ढेरों से नमूने लेकर प्रयोगशाला में उनके भौतिक व आनुवांशिक शुद्धता, अंकुरण व नमी आदि के लिये परीक्षण कर यह निश्चित किया जाता है, कि बीज की गुणवत्ता निर्धारित स्तर की है या नहीं।

(7) **प्रमाणपत्र प्रदान करना और बीज थैलों पर सील लगाना (Grant of Certificate, Tagging and Sealing of Seed Bags)**– बीज को प्रमाणित करवाने के लिये दिये गये आवेदन पत्र की जाँच से लेकर सभी निरीक्षणों एवं परीक्षणों में बीज को निर्धारित मानकों के अनुरुप पाये जाने के बाद उस बीज के बोरों पर प्रमाणीकरण संस्था का टैग व सील लगा दी जाती है। साथ ही सम्बन्धित बीज ढेर का प्रमाणपत्र जारी करने की तिथि के साथ–साथ उसकी वैधता की अवधि, बीज की किस्म, बीज गुणवत्ता सम्बन्धी आंकड़े, अंकित किये जाते हैं। इस प्रकार प्रमाणित बीज एक उच्च गुणवत्ता संपन्न बीज होता है, जिसकी आनुवांशिक वंशावली ज्ञात रहती है।

(8) **बीज फसल/बीज खेप को रद्द करना (Rejecting Seed Crop/Seed lot)**– प्रमाणीकरण संस्था को ऐसे किसी बीज खेत अथवा बीज खेप को अस्वीकृत कर देने का अधिकार है, जो उस फसल के लिये निर्धारित मानकों को पूरा न करता हो।

(9) **प्रमाणपत्र को रद्द करना (Cancellation of Certificate)**– यदि बीज प्रमाणीकरण संस्था आश्वस्त होती है कि प्रमाणपत्र गलत तथ्य प्रस्तुत करके प्राप्त किया गया है अथवा प्रमाणपत्र धारक ने उन शर्तों को पूरा नहीं किया है, जिनकी प्रत्याशा में प्रमाणपत्र प्रदान किया गया है, धारक को पक्ष प्रस्तुत करने का अवसर देने के पश्चात् प्रमाणपत्र को रद्द कर सकती है।

(10) **अपील (Appeal)**– यदि कोई बीज उत्पादक प्रमाणीकरण संस्था के किसी निर्णय से व्यथित है, तो उस निर्णय के विरुद्ध 30 दिन के भीतर अपील अधिकारी को 100 रु0 निर्धारित शुल्क की अदायगी के पश्चात् अपील कर सकता है। अपील अधिकारी का निर्णय अंतिम होगा।

(11) **कंट्रोल प्लॉट परीक्षण (Control Plot Testing)**– बीज प्रमाणीकरण संस्था को पिछले मौसम में प्रमाणित किये बीज ढेरों में से कुछ नमूने लेकर प्रमाणीकरण कार्य की समीक्षा के लिये ग्रो–आउट परीक्षण करने चाहिए, जिससे लिये सम्बन्धित पादप प्रजनकों एवं बीज परीक्षण प्रयोगशाला का सहयोग प्राप्त किया जा सकता है।

(12) **वैधता अवधि का विस्तार (Extention of Validity Period)**– बीज प्रमाणीकरण की वैधता अवधि 9 माह होती है, जिसे धारक की प्रार्थना पर व बीज ढेर के प्रमाणीकारण मानकों के अनुरुप पाये जाने पर 6 माह के लिये और बढ़ाया जा सकता है।

प्रमाणित बीज की आवश्यक गुणवत्ता (Essential Qualities of Certified Seed)

किसी भी किस्म के बीज के प्रमाणीकरण (Certification) के लिए उस बीज में निम्नलिखित गुणवत्ता (Quality) आदि का होना अनिवार्य है।

(i) आनुवांशिक शुद्धता (Genetic Purity)

किसी किस्म के बीज में उसी फसल की अन्य किस्मों तथा अन्य फसलों के बीजों के अनुपस्थित होने को **आनुवांशिक शुद्धता** (Genetic Purity) कहते है। अधिकांश फसलों के बीजों में अन्य फसलों के बीजों की थोड़ी मात्रा (करीब 0.1%) में उपस्थिति क्षम्य है, परन्तु उसी फसल की अन्य किस्मों के बीजों की उपस्थिति की अनुमति नहीं है।

सारणी 12.1: विभिन्न श्रेणी के बीजों में आनुवांशिक शुद्धता (Genetic Purity) हेतु न्यूनतम मानक

वर्ग	आनुवांशिक शुद्धता (Genetic Purity) (प्रतिशत)
आधार बीज (Foundation Seed)	99.00
प्रमाणित बीज (Certified Seed)	98.00
प्रजाति, कम्पोजिट, सिन्थेटिक, मल्टीलाइनस	
संकर (Hybrid)	95.00

(ii) भौतिक शुद्धता (Physical Purity)

बीज का निर्जीव पदार्थो (Inert Matter), जैसे भूसा, कंकड़, मिट्टी के टुकड़े, बालू आदि, तथा दोषपूर्ण बीजों (Defective Seeds) से मुक्त होना भौतिक शुद्धता (Physical Purity) है। टूटे, सिकुड़े, रोग या कीटयुक्त बीज दोषपूर्ण (Defective) माने जाते हैं। यदि टूटे बीज का आमाप (Size) आधे बीज के बराबर हो तथा उसका भ्रूण (Embryo) सुरक्षित हो तो उसे ठीक या दोषमुक्त माना जाता है। बीज में निर्जीव पदार्थो का अनुमत (Permitted) परिमाण 1–2% तक है।

(iii) अंकुरण (Germination)

उपयुक्त वातावरण में बीज के अंकुर या पौध (Seedling) का निकलना **अंकुरण** (Germiantion) कहलाता है। फसल उगाले के लिए किसी बीज की उपयोगिता उसकी अंकुरण क्षमता पर ही निर्भर होती है। विभिन्न फसलों के प्रमाणित बीजों (Certified Seed) का न्यूनतम अंकुरण 65% (कपास) से लेकर 90% (मक्का) तक होना चाहिए।

(iv) खरपतवारों के बीजों की अनुपस्थिति (Absence of Weed Seeds)

प्रमाणित बीज को खरपतवारों के बीजों से मुक्त होना चाहिए। इससे खरपतवार फैलेंगे नहीं, और ऐसे बीज से उगाई गई फसल में भी खरपतवार कम होंगे। खरपतवारों के बीजों की न्यूनतम स्वीकृत मात्रा 0% (मक्का) से 0.5 (उर्द, सरसों) प्रतिशत तक होती है। प्रत्येक फसल के लिए कुछ खरपतवार अनिष्टकारी (Noxious) माने जाते हैं। सामान्यतया, **बीज का अनिष्टकारी खरपतवारों के बीजों से मुक्त होना अनिवार्य होता है।**

(v) रोग से मुक्ति (Freedom from Disease)

प्रमाणीकरण के लिए बीज का रोगमुक्त (Disease-free) होना अनिवार्य है। रोगग्रस्त (Diseased) बीज से उगाई गई फसल में रोग का तीव्र प्रकोप या महामारी (Epidemic) होना निश्चित है। रोगमुक्त रखने के लिए (1) बीज की फसल को रोगमुक्त रखा जाता है, तथा (2) बीज को रक्षकों (Protectants) एवं रोगनाशियों (Disinfectants) से उपचारित (Treat) किया जाता है।

(vi) अनुकूलतम नमी अंश (Optimum Moisture Content)

बीजों में अनुकूलतम नमी होनी चाहिए। नमी की अनुकूलतम मात्रा 8% (टमाटर, सरसों) से 13% (धान) तक हो सकती है। अधिक नमी होने पर (1) बीजों

की अंकुरण क्षमता (Germination Capacity) घटती है, (2) बीजों पर फफूंद (Fungi) उग सकती है, (3) भंडारण (Storage) के दौरान बीजों में कीड़े लग सकते है, (4) उपचारकों से बीजों को क्षति पहुँच सकती है, तथा (5) बीजों के संसाधन (Processing) में असुविधा होती है।

उन्नत बीज उत्पादन एवं पंजीकरण प्रक्रिया

1. आधार, प्रमाणित एवं उन्नत बीज उत्पादन हेतु राज्य या जिला कृषि पदाधिकारी को आवेदन देना।
2. आधार बीज उत्पादन हेतु प्रजनक अथवा आधार बीज लगाना, प्रमाणित बीज के उत्पादन हेतु आधार बीज लगाया जाता है एवं उन्नत बीज के उत्पादन हेतु उच्च गुणवत्ता वाले शुद्ध एवं चिन्हित प्रभेदों को लगायें।
3. टैग को संभाल कर रखें ताकि बीज का उद्‌गम स्थान एवं श्रेणी का प्रमाण रहे तथा आवेदन करने के समय उस प्रभेद का उद्‌गम स्थान एवं पूर्ण विवरण साथ में संलग्न करें।
4. साफ एवं खर–पतवार रहित स्थान का चयन करें। प्रक्षेत्र प्रमाणीकरण मानकों की पूर्ती करता हो उसका चयन करें, जैसे– अन्य प्रभेदों से पार्थक्कीय दूरी एवं विगत वर्ष में उस क्षेत्र का फसल इतिहास ।
5. बीजाई से पूर्व बीजाई उपकरणों की सफाई आवश्यक है।
6. सही आवेदन तथा शुल्क जमा करें।
7. प्रक्षेत्र को अन्य फसल, प्रभेद एवं खर–पतवारों से मुक्त रखें।
8. कटाई के पूर्व प्रक्षेत्र का निरीक्षण राज्य बीज प्रमाणीकरण संस्था के निरीक्षक द्वारा अवश्य करायें।
9. कटाई एवं ढुलाई के उपकरण तथा भंडार गृह को कटाई से पूर्व साफ–सफाई करें।
10. बीज परीक्षण हेतु बीज नमूने को राज्य बीज परीक्षण प्रयोगशाला में भेजें।
11. बीज परीक्षण के पश्चात टैग हेतु राज्य बीज प्रमाणीकरण संस्था से सम्पर्क करें।
12. प्रयोगशाला द्वारा पूर्ण परीक्षण के अनुपालन एवं बोरों में टैग के लग जाने के उपरान्त सभी बीज श्रेणियों की प्रमाणीकरण प्रक्रिया ''सम्पूर्ण'' मानी जाती है।

सारणी 12.2: विभिन्न फसलों के बीज उत्पादन हेतु मानक

फसल		आधार बीज की न्यूनतम पृथक्करण दूरी (मीटर में)	प्रमाणित बीज की न्यूनतम पृथक्करण दूरी (मीटर में)	न्यूनतम प्रक्षेत्र निरीक्षण संख्या	फसल अवधि के विभिन्न चरणों में निरीक्षण	आधार बीज में अधिकतम निष्क्रिय पदार्थ (प्रतिशत)	प्रमाणित बीज में अधिकतम निष्क्रिय पदार्थ (प्रतिशत)
जौ, जई, धान, गेहूँ	Barley, Oat, Rice, Wheat	3	3	2	पुष्पण से कटाई	0.05	0.3
मूंगफली	Groundnut	3	3	2	पुष्पण से कटाई	0.1	0.5
सोयाबीन	Soybean	3	3	2	पुष्पण तथा पत्तो के गिरने के बाद	0.1	0.5
आलू	Potato	5	5	3	बीजाई के 45 दिनों बादः हल कटाई के पूर्व एवं हल कटाई के बाद	0.2	0.5
चना	Chickpea	20	10	2	पुष्पण से कटाई	0.1	0.2
मटर	Gardenpea	20	10	3	पुष्पण के समय एवं फली तैयार होने के समय	0.1	0.5
मसूर, उरद, मूंग	Lentil, Urd bean, Mungbean	20	10	2	पुष्पण से पूर्व, पुष्पण के समय तथा फल लगने के समय	0.1	0.2
टमाटर	Tomato	50	20	3	पुष्पण से पूर्व, पुष्पण के समय तथा फल परिपक्कव होने के समय	0.1	0.5
लोबिया, मेथी	Cowpea, Methi	50	25	2	पुष्प आने के समय से फल आने तक	0.2	0.2
सलाद	Lettuce	50	25	3	मुढ़ीरण के पूर्व, मुढ़ीकरण के समय एवं पुष्पण के समय	0.1	0.2
कपास, पटुवा	Cotton, Jute	50	30	2	पुष्पण से कटाई तक	0.1	0.2
तिल	Sesame	100	50	3	पुष्पण से पूर्व, पुष्पण से फल लगने तक तथा फल परिपक्व होने से कटाई तक	0.1	0.2
अरहर	Pigeonpea	200	100	2	पुष्पण से कटाई	0.1	0.2
बैगन	Brinjal	200	100	3	पुष्पण से पूर्व, पुष्पण एवं फलन के समय तथा फल परिपक्व होने के समय		

Contd...

अरंडी	Castor	300	150	2	पुष्पण से कटाई	0.1	0.2
बरसीम, रिजका	Barseem, Lucerne	400	100	2	पुष्पण से कटाई	0.2	1.0
सरसो एवं तोरिया	Mustard & Rapeseed	400	200	3	पुष्पण से पूर्व, पुष्पण एवं फलन के समय तथा फल परिपक्व होने के समय	0.1	0.5
भिंडी, मिर्च	Okra, Pepper	400	200	3	पुष्पण से पूर्व, पुष्पण के समय तथा फल परिपक्कव होने के समय	0.1	0.2
कद्दुवर्गीय	Cucurbits	800	400	3	पुष्पण से पूर्व, पुष्पण एवं फलन के समय तथा फल परिपक्व होने के समय	0.1	0.2
प्याज	Onion	1000	400	4	अगेती (बीजाई के 20–30 दिन पश्चात) बल्व की खुदाई के बाद, बल्व के पुनः रोपण के समय एवं पुष्पण के समय	0.2	0.5
सूर्यमुखी	Sunflower	1000	500	2	पुष्पण से कटाई	0.2	0.5
गाजर	Carrot	1000	800	3	बीजाई के 20–30 दिनों बाद, उखाड़ने एवं पुनः रोपण के समय तथा पुष्पण के समय	0.1	0.2
मूली, पान,शलगम, पालक	Radish, Beetal, Turnip, Spinach	1600	1000	3	बीजाई के 20–30 दिनों बाद, उखाड़ने एवं पुनः रोपण के समय तथा पुष्पण के समय	0.1	0.2
फूलगोभी	Cauliflower	1600	1000	4	मुढ़ी बनने के समय, अधिकतर पौधों में मुढ़ी बनने के बाद, वाजार में लाने से पूर्व तथा पुष्पण के समय	0.1	0.5

सारणी 12.3: आधार एवं प्रमाणित बीज मानक

फसल		शुद्ध बीज (न्यूनतम प्रतिशत)		निष्क्रिय पदार्थ (Inert Matter)		अन्य फसलों के बीजों की अधिकतम संख्या		कुल खर–पतवारों के बीजों की अधिकतम संख्या		अस्वीकार्य खर–पतवारों की अधिकतम संख्या		अंकुरण न्यूनतम (प्रतिशत)		नमी अधिकतम (प्रतिशत) साधारण पात्र में		नमी अधिकतम (प्रतिशत) वाष्परोधी पात्र में		अन्य चिन्हित प्रभेद (other distinguishable var.)	
		आधार 2	प्रमाणित 3	आधार 4	प्रमाणित 5	आधार 6	प्रमाणित 7	आधार 8	प्रमाणित 9	आधार 10	प्रमाणित 11	आधार 12	प्रमाणित 13	आधार 14	प्रमाणित 15	आधार 16	प्रमाणित 17	आधार 18	प्रमाणित 19
खाद्यान फसलें																			
जौ	Barley	98.0	98.0	2.0	2.0	10/kg	20/kg	10/kg	20/kg	-	-	85	85	12.0	12.0	8.0	8.0	10/kg	20/kg
मक्का (अंतः प्रजात)	Maize (Inbreds)	98.0	-	2.0	-	5/kg	-	none	-	-	-	80	-	12.0	-	8.0	-	5/kg	-
मक्का (एकल प्रजात)	Maize (Single crosses)	98.0	-	2.0	-	5/kg	-	None	-	-	-	80	-	12.0	-	8.0	-	5/kg	-
मक्का (संकर)	Maize (Hybrids)	-	98.0	-	2.0	-	10/kg	-	None	-	-	-	90	-	12.0	-	8.0	-	10/kg
मक्का– संकूल एवं मुक्त परागित प्रभेद	Maize- Composite & open pollinated var.	98.0	98.0	2.0	2.0	5/kg	10/kg	None	None	-	-	90	90	12.0	12.0	8.0	8.0	-	-
जई	Oats	98.0	98.0	2.0	2.0	10/kg	20/kg	10/kg	20/kg	2/kg	5/kg	85	85	12.0	12.0	8.0	8.0	-	-
धान	Paddy	98.0	98.0	2.0	2.0	10/kg	20/kg	10/kg	20/kg	2/kg	5/kg	85	80	13.0	13.0	8.0	8.0	0.05%	0.2% by No.
बाजरा	Pearl Millet																		
संकर एवं मुक्त परागत प्रभेद	Hyb. & open pollinated var.	98.0	98.0	2.0	2.0	10/kg	20/kg	10/kg	20/kg	-	-	75	75	12.0	12.0	8.0	8.0	-	-
ज्वार (संकर)	Sorghum (Hyb.)	98.0	98.0	2.0	2.0	5/kg	10/kg	10/kg	-	-	-	75	75	12.0	08.0	8.0	10/kg	20/kg	20/kg
ज्वार मुक्त परागत	Open pollinated var.	98.0	98.0	2.0	2.0	5/kg	10/kg	5/kg	10/kg	-	-	75	75	12.0	12.0	8.0	8.0	10/kg	20/kg
गेहूँ	Wheat	98.0	98.0	2.0	2.0	10/kg	20/kg	10/kg	20/kg	2/kg	5/kg	85	85	12.0	12.0	8.0	8.0	-	-
दलहनी फसलें	**Pulses**																		
उरद / मूंग	Blackgram/Greengram	98.0	98.0	2.0	2.0	5/kg	10/kg	5/kg	10/kg	-	-	75	75	9.0	9.0	8.0	8.0	10/kg	20/kg
ग्वार	Clusterbean	98.0	98.0	2.0	2.0	10/kg	20/kg	None	None	-	-	70	70	9.0	9.0	8.0	8.0	10/kg	20/kg
लोबिया	Cowpea	98.0	98.0	2.0	2.0	None	10/kg	None	10/kg	-	-	75	75	9.0	9.0	8.0	8.0	5/kg	10/kg
सेम / फ्रेंच बीन	Dolichos/French-bean	98.0	98.0	2.0	2.0	None	None	None	10/kg	-	-	75	75	9.0	9.0	7.0	7.0	5/kg	10/kg
मटर	Garden pea	98.0	98.0	2.0	2.0	None	5/kg	None	None	-	-	75	75	9.0	9.0	8.0	8.0	5/kg	10/kg
चना	Gram	98.0	98.0	2.0	2.0	None	5/kg	None	None	-	-	85	85	9.0	9.0	8.0	8.0	5/kg	10/kg
कुलथी	Horse gram	98.0	98.0	2.0	2.0	None	10/kg	None	None	-	-	80	80	9.0	9.0	7.0	7.0	5/kg	10/kg
मसूर / खेसारी	Lentil/Khesari	98.0	98.0	2.0	2.0	5/kg	10/kg	10/kg	20/kg	-	-	75	75	9.0	9.0	8.0	8.0	10/kg	-
अरहर	Red gram	98.0	98.0	2.0	2.0	5/kg	10/kg	5/kg	10/kg	-	-	75	75	9.0	9.0	8.0	8.0	10/kg	20/kg

Contd...

तिलहनी फसलें	**Oilseeds**																		
अरंडी	Castor	98.0	98.0	2.0	2.0	None	None	None	None	-	-	70	70	8.0	8.0	5.0	5.0	5/kg	10/kg
अरंडी (संकर)	Castor (Hyb.)	98.0	98.0	2.0	2.0	None	None	None	None	-	-	70	70	8.0	8.0	5.0	5.0	5/kg	-
मूंगफली	Groundnut	96.0	96.0	4.0	4.0	None	None	None	None	-	-	70	70	9.0	9.0	5.0	5.0	-	-
तीसी	Linseed	98.0	98.0	2.0	2.0	10/kg	20/kg	5/kg	10/kg	-	-	80	80	9.0	9.0	7.0	7.0	10/kg	20/kg
तोरीया एवं सरसो	Rapeseed & Mustard	97.0	97.0	3.0	3.0	10/kg	20/kg	10/kg	20/kg	5/kg	10/kg	85	85	8.0	8.0	5.0	5.0	0.1%	0.5% by No.
कुसुम	Safflower & Niger	98.0	98.0	2.0	2.0	None	None	5/kg	10/kg	None	None	80	80	9.0	9.0	7.0	7.0	None	None
तिल	Sesamum	97.0	97.0	3.0	3.0	10/kg	20/kg	10/kg	20/kg	-	-	80	80	9.0	9.0	5.0	5.0	10/kg	20/kg
कपास	Cotton (var.)	98.0	98.0	2.0	2.0	5/kg	10/kg	5/kg	10/kg	-	-	65	65	10.0	10.0	6.0	6.0	-	-
कपास (संकर)	Cotton (Hyb.)	98.0	98.0	2.0	2.0	5/kg	10/kg	5/kg	10/kg	-	-	75	75	10.0	10.0	6.0	6.0	-	-
पटुआ	Jute	97.0	97.0	3.0	3.0	10/kg	20/kg	10/kg	20/kg	-	-	80	80	9.0	9.0	7.0	7.0	-	-
पटसन	Sunnhemp	98.0	98.0	2.0	3.0	10/kg	20/kg	-	10/kg	-	-	80	80	9.0	9.0	-	-	-	-
मेस्ता	Mesta	98.0	98.0	2.0	2.0	10/kg	20/kg	-	-	-	-	75	75	10.0	10.0	8.0	8.0	-	-
ढइंचा	Dhaincha	98.0	98.0	2.0	2.0	5/kg	10/kg	5/kg	10/kg	-	-	75	75	9.0	9.0	8.0	8.0	-	-
चारा	**Fodders**																		
बरसीम	Berseem	98.0	98.0	2.0	2.0	10/kg	20/kg	10/kg	20/kg	5/kg	10/kg	80	80	10.0	10.0	7.0	7.0	-	-
रिजका	Lucerne	98.0	98.0	2.0	2.0	10/kg	20/kg	10/kg	20/kg	5/kg	10/kg	80	80	10.0	10.0	7.0	7.0	-	-
टेयोसीनिट	Teosinte	98.0	98.0	2.0	2.0	5/kg	10/kg	None	None	-	-	80	80	12.0	12.0	8.0	8.0	-	-
चैना	Common millet																		
मडुवा/रागी	Fingermillet																		
तेनाई	Italian millet																		
कोदो मिलेट	Kodo millet	97.0	97.0	3.0	3.0	10/kg	20/kg	10/kg	20/kg	-	-	75	75	12.0	12.0	8.0	8.0	-	-
कुटकी	Little millet																		
सांवा	Barnyard millet																		
मार्वल ग्रास	Marvel grass	90.0	90.0	10.0	10.0	10/kg	20/kg	10/kg	20/kg	-	-	40	40	10.0	10.0	8.0	8.0	10/kg	-
एम.पी.चरी	M.P. Chari	97.0	97.0	3.0	3.0	5/kg	10/kg	5/kg	10/kg	-	-	75	75	12.0	12.0	8.0	8.0	10/kg	20/kg

Contd...

शाकीय फसलें	Vegetables																		
चौलई	Amaranthus	95.0	95.0	5.0	5.0	5/kg	10/kg	10/kg	20/kg	5/kg	10/kg	70	70	8.0	8.0	6.0	6.0	10/kg	20/kg
पत्ता गोभी	Cabbage																		
गांठ गोभी	Knol-khol	98.0	98.0	2.0	2.0	5/kg	10/kg	5/kg	10/kg	-	-	70	70	7.0	7.0	5.0	5.0	-	-
चाईनिज पत्ता गोभी	Chinese cabbage (heading & non-heading)																		
फूल गोभी	Cauliflower	98.0	98.0	2.0	2.0	5/kg	10/kg	5/kg	10/kg	-	-	65	65	7.0	7.00	5.0	5.0	-	-
शिमला मिर्च / मिर्च	Capsicum/Chilli	98.0	98.0	2.0	2.0	5/kg	10/kg	5/kg	10/kg	-	-	60	60	8.0	8.00	6.0	6.0	-	-
चुकन्दर (सब्जी)	Garden beet	96.0	96.0	4.0	4.0	5/kg	10/kg	10/kg	10/kg	-	-	60	60	9.0	9.00	8.0	8.0	-	-
गाजर	Carrot	95.0	95.0	5.0	5.0	5/kg	10/kg	5/kg	10/kg	-	-	60	60	8.0	8.00	7.0	7.0	5/kg	10/kg
बैंगन	Brinjal	98.0	98.0	2.0	2.0	None	None	None	None	-	-	70	70	8.0	8.00	6.0	6.0	-	-
कसुरी मेथी / मेथी	Kasuri Methi/Methi	98.0	98.0	2.0	2.0	10/kg	20/kg	10/kg	20/kg	2/kg	5/kg	70	70	8.0	8.00	6.0	6.0	-	-
सलाद	Lettuce	98.0	98.0	2.0	2.0	None	None	5/kg	10/kg	2/kg	5/kg	70	70	8.0	8.00	6.0	6.0	10/kg	20/kg
प्याज	Onion	98.0	98.0	2.0	2.0	5/kg	10/kg	5/kg	10/kg	-	-	70	70	8.0	8.00	6.0	6.0	-	-
मूली / शलगम	Radish/Turnip	98.0	98.0	2.0	2.0	5/kg	10/kg	5/kg	10/kg	-	-	70	70	6.0	6.00	5.0	5.0	-	-
भिंडी	Okra	99.0	99.0	1.0	1.0	None	5/kg	None	None	None	None	65	65	10.0	10.0	8.0	8.0	10/kg	20/kg
टमाटर	Tomato	98.0	98.0	2.0	2.0	5/kg	10/kg	None	None	-	-	70	70	8.0	8.0	6.0	6.0	-	-
सेन्जी	Indian clover	98.0	98.0	2.0	2.0	10/kg	20/kg	10/kg	20/kg	-	-	65	65	10.0	10.0	7.0	7.0	10/kg	20/kg
चुकन्दर (चीनी वाली)	Sugar beet	96.0	96.0	4.0	4.0	5/kg	10/kg	5/kg	10/kg	-	-	60	60	9.0	9.0	8.0	8.0	-	-
खीरा	Cucumber	98.0	98.0	2.0	2.0	5/kg	10/kg	None	None	None	None	60	60	7.0	7.0	6.0	6.0	-	-
करेला	Bittergourd	98.0	98.0	2.0	2.0	None	None	None	None	None	None	60	60	7.0	7.0	6.0	6.0	5/kg	10/kg
लौकी	Bottelgourd	98.0	98.0	2.0	2.0	None	None	None	None	-	-	60	60	7.0	7.0	6.0	6.0	-	-
लौन्गमेलन	Longmelon	98.0	98.0	2.0	2.0	5/kg	10/kg	None	None	None	None	60	60	7.0	7.0	6.0	6.0	-	-
खरबूज	Muskmelon	98.0	98.0	2.0	2.0	5/kg	10/kg	None	None	None	None	60	60	7.0	7.0	6.0	6.0	-	-
तरबूज	Watermelon	98.0	98.0	2.0	2.0	None	None	None	None	None	None	60	60	7.0	7.0	6.0	6.0	5/kg	10/kg
कोहड़ा	Pumpkin	98.0	98.0	2.0	2.0	None	None	None	None	-	-	60	60	7.0	7.0	6.0	6.0	-	-

Contd...

नेनुआ/तोरी	Spongegourd	98.0	98.0	2.0	2.0	None	None	None	None	-	-	60	60	7.0	7.0	6.0	6.0	5/kg	10/kg
चिचिंडा	Snakegourd	98.0	98.0	2.0	2.0	None	None	None	None	None	None	60	60	7.0	7.0	6.0	6.0	-	-
चप्पन कद्दु	Summer squash	98.0	98.0	2.0	2.0	None	None	None	None	-	-	60	60	7.0	7.0	6.0	6.0	-	-
विलायती कद्दु	Winter squash	98.0	98.0	2.0	2.0	None	None	None	None	-	-	60	60	7.0	7.0	6.0	6.0	-	-
धनिया	Coriander	95.0	95.0	-	-	-	-	-	-	-	-	65	65	-	-	-	-	-	-

टिप्पणी:

1. यह सारणी न्यूनतम बीज प्रमाणीकरण मानक (मार्च 1971) तथा इसके बाद समय–समय पर भारत सरकार द्वारा अनुमोदित मानकों के आधार पर बनायी गई है।
2. अंकुरण (स्तम्भ 12 तथा 13) में फली वाली सब्जियों जैसे बरसीम, सोयबीन, चना, रिजका, ग्वार, लोबिया, सेम, मेथी, कसूरी, सनई, अरहर, मूंग, उड़द, कुलथी, मसूर तथा खेसारी और भिण्डी तथा सेंजी के कठोर बीज भी शामिल हैं।
3. मक्का के ''अन्य फसलों बीज'' में ''अन्य पृथक्करणीय किस्में'' शामिल हैं।
4. मूंगफली का अंकुरण प्रतिशत ''सख्त–छिलके की गिरी'' के लिये है।
5. ज्वार में केवल सी.एस.एच.–5 संकर बीज तथा इसके मादाजनक अर्थात् एम.एस.–2077 ए बीज के प्रमाणीकरण के लिए अंकुरण स्तर 75 प्रतिशत (न्यूतम) है।
6. बाजरा, ज्वार, गेहूँ तथा धान में बीमारियों के लिए निम्नलिखित बीज दर निर्धारित किया गया है:

बाजरा तथा ज्वार (संकर तथा अनाव त परागित दोनों किस्में)	मू.	प्र.
अर्गट, स्क्लेरोटिया, स्क्लेरोटिया के रुप में आंशिक या पूर्णतः परिवर्तित बीज अथवा अगर्ट युक्त बीज (अधिकतम)	0.020% संख्या द्वारा	0.04% सुख्या द्वारा
गेहूं		
टुण्डु/ईयर कौकल के गोलकष्भि युक्त ग्रन्थियां अथवा करनाल बंट रोगयुक्त बीज	शून्य 0.5% संख्या द्वारा	शून्य 0.25% संख्या द्वारा
धान		
धान बंट	0.10% संख्या द्वारा	0.50% संख्या द्वारा

स्रोत : Farmer's Seeds Guide (2006)

कुछ फसलों के "अन्य पहचानने योग्य प्रजातियों" के मानक बीज मानकों के अंतर्गत भी दिये गए हैं जिनका वर्णन निम्न तालिका में किया गया है

सारणी 12.4: अन्य पहचानने योग्य प्रजातियों के मानक

फसल	(अधिकतम प्रति कि.ग्रा.) आधार	प्रमाणित	फसल	(अधिकतम प्रति कि.ग्रा.) आधार	प्रमाणित
सोयाबीन (Soybean)	5	10	जौ (Barley)	10	20
फारस बीन (French bean)	5	10	मक्का (inbreds)	5	-
चौलाई (Amaranthus)	10	20	मक्का (Single cross)	5	-
सेंजी (Indian Clover)	10	20	मक्क (Hybrids)	-	10
कलस्टर बीन (Cluster bean)	10	20	मक्का (Composites & varieties)	10	20
तोरीया (Ridge gourd)	5	10	धान (Paddy)	0.05 %	0.2% (संख्या अनुसार)
बाकला (Dolichos bean)	5	10	ज्वार (Hybrids)	10	20
मटर (Garden pea)	5	10	ज्वार मुक्त परागण प्रजाति	10	20
कसुरी मेथी	10	20	उरद, मूंग (Black gram, Green gram)	10	20
गाजर (Carrot)	5	10	चना (Gram)	5	10
भींडी (Okra)	10	20	कुलथी (Horse gram)	5	10
नेनुआ (Sponge gourd)	5	10	मसूर/खेसारी (Lentil/Lathyrus)	10	20
तरबुज (Watermelon)	5	10	अरहर (Red gram)	10	20
करेला (Bitter gourd)	5	10	अरंडी एवं संकर अरंडी (Castor & Hybrd castor)	5	10
लोबिया (Cowpea)	5	10	अलसी (Linseed)	10	20
सलाद (Lettuce)	10	20	सरसों/राई (Mustard & Rapeseed)	0.1	0.5 (संख्या अनुसार)
मेथी	10	20	कुसुम एवं सरगुजा (Safflowre & Niger)	-	-
मार्वल घास	10	20	तिल (Sesamum)	10	20
एम.पी. चरी	10	20			

स्रोत: Farmer's Seed Guide, 2006

आनुवांशिक अभियंत्रण के द्वारा रुपान्तरित पौधों की प्रमाणीकरण प्रक्रिया

Certification of Genetically Modified (GM) Plants

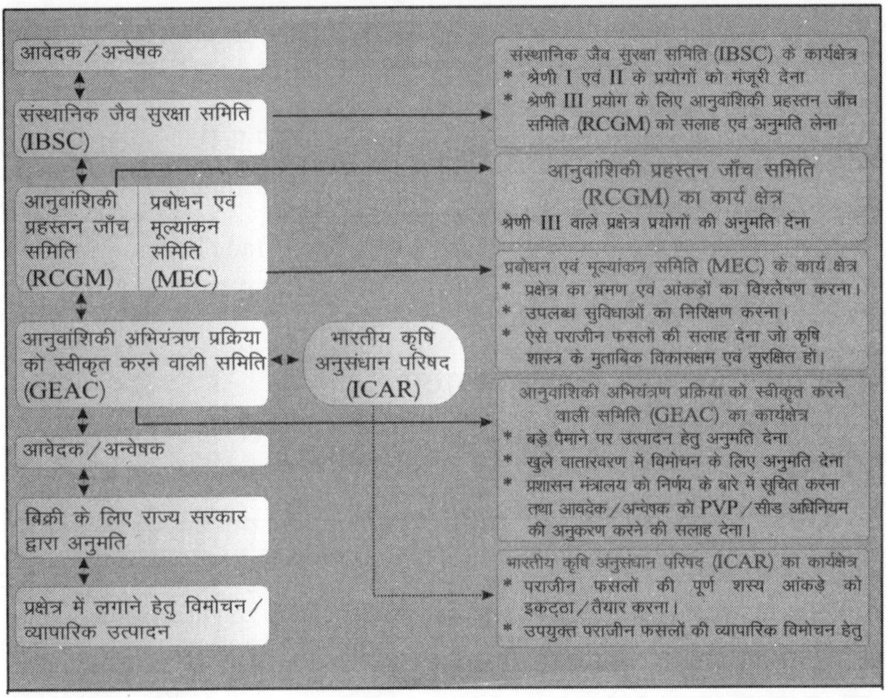

स्रोत :रेबोबैंक, 2007

बीज प्रमाणीकरण एवं अंतर्राष्ट्रीय संगठन

बीज प्रमणीकरण एक ऐसा उपकरण है जिसके द्वारा बीजों की मानकीकरण एव उसकी गुणवत्ता में सुधार लाया जा सकता है। अंतर्राष्ट्रीय स्तर पर कुछ ऐसे संगठन हैं जो बीज प्रमाणीकरण एजेंसी के अन्तर्गत नहीं आते हैं, परन्तु वास्तविक रुप में उनका कार्य अन्तर्राष्ट्रीय स्तर पर बीजों की गुणवत्ता को नियंत्रित करने का है। कुछ ऐसे संगठन इस प्रकार हैं:

1. आर्थिक सहयोग एवं विकास संगठन (Organization for Economic Cooperation and Development, OECD)
2. अन्तर्राष्ट्रीय बीज परिक्षण परिषद् (International Seed Testing Association, ISTA)

3. अन्तर्राष्ट्रीय फसल सुधार परिषद (International Crop Improvement Association, ICIA)
4. खाद्य एवं कृषि संगठन (Food and Agriculture Organization, FAO)
5. पौधों के नई किस्मों के संरक्षण का अन्तर्राष्ट्रीय संघ (International Union for Protection of New Varieties of Plant, UPOV)
6. पौध प्रभेदों के संरक्षण हेतु प्रजननकर्ताओं का अन्तर्राष्ट्रीय परिषद (International Association of Breeders for the Protection of Plant Varieties, ASSINEL)
7. अन्तर्राष्ट्रीय बीज व्यापार संघ (International Seed Trade Federation, FIS) जोकि अन्तर्राष्ट्रीय बीज संघ (ISF) के नाम से जाना जाता है।

आर्थिक सहयोग एवं विकास संगठन
(Organization of Economic Co-operation & Development, OECD)

आर्थिक सहयोग एवं विकास संगठन (OECD) योजना का प्रारम्भ द्वितीय विश्वयुद्ध के अन्तराल में हुआ, जब यूरोपीय देशों की कृषि व्यवस्था बहुत ही दयनीय हो चुकी थी तथा यह अतिआवश्यक हो रहा था कि पशुओं के चारे के लिए चारे की भूमि का सही से विकास हो सके। गुणवत्तायुक्त बीजों का आयात किया जाता था परन्तु इससे कठिनाईयों का सामना किया जा रहा था चूंकि प्रत्येक देश में गुणवत्ता नियंत्रण के अपने उपाय थे जो एक–दूसरे से भिन्न थे, तब यह महसूस किया जाने लगा कि सभी यूरोपीय देशों में उत्पादन एवं नियंत्रण में एकरुपता हो। इन सभी कठिनाईयों को देखते हुए 1952 के छठे अंतर्राष्ट्रीय चारा भूमि कांग्रेस में विस्तृत रुप से विचार किया गया। वर्ष 1953 में यूरोपीय आर्थिक सहकारिता संगठन (Organization for European Economic Cooperation, OEEC) ने चारा बीजों के प्रभेदों का प्रमाणीकरण प्रारम्भ किया जो अन्य कृषि फसलें, जो व्यापार में उपयोग में लाए जा रहे थे की स्थापना की जो वर्ष 1962 में OECD द्वारा ले ली गई।

इस योजना के अन्तर्गत कई योजनाएं चलाई जा रही हैं जिससे ऐसे फसलों के बीजों का प्रमाणीकरण कार्य में सहायक होती है जिनका अंतर्राष्ट्रीय स्तर पर आदान प्रदान होता है। इन योजनाओं का कार्यान्वयन राष्ट्रीय एजेन्सियों द्वारा किया जाता है जो OECD मान्य किया गया है। OECD प्रमाणन का मुख्य तत्व

है कि फसल को प्रक्षेत्र में निरीक्षण किया जाता है तथा उन्हें प्रभदे, पहचान और शुद्धता के अपेक्षित मानकों के अनुरुप होना चाहिए। जब प्रमाणीकरण की प्रक्रिया पूरी हो जाती है तब बीज की बोरीयों में OECD के अंकन पत्र (Labels) लगा दिए जाते हैं। OECD योजनाओं को व्यापक रुप से अंतर्राष्ट्रीय बीज व्यापार के लिए उपयोग किया जाता है लेकिन वे केवल ऐसे देशें में उपलब्ध है जहां प्रमाणीकरण प्रक्रियाओं को OECD द्वारा सत्यापित किया गया है। OECD योजना बीज के गुणवत्ता मानकों को निर्दिष्ट नहीं करते हैं, ये आमतौर पर उत्पादक/विक्रेता और क्रेता के बीच अनुबंध व्यवस्था बनाते हैं। जब अंतर्राष्ट्रीय व्यापार के लिए OECD प्रमाणन का अवसर मौजूद है, तब उसका उपयोग समान्य रुप से किया जाएगा। साथ ही जो देश OECD योजना के सदस्य नहीं हैं या जहां OECD की अन्य मानदंडों को स्वीकार नहीं किया जाता है, उन देशों के बीच में बीज की गतिविधियों (व्यापार) को गुणवत्ता घोषित बीज (Quality Declared Seed, QDS) के द्वारा भरपाई की जाती है।

आर्थिक सहयोग एवं विकास संगठन (OECD) की बीज से सम्बन्धित योजनाएं

1. 55 प्रत्याशी देशें में बीज के अंतर्राष्ट्रीय व्यापार की सुविधा उपलब्ध करती है जिनमें 22 गैर OECD सदस्य राज्य है।
2. प्रभेद की पहचान एवं शुद्धता को निम्न स्तर पर सुनिश्चित करते हैं।

(क) उत्पादन एवं चिन्हन

(ख) प्रक्षेत्र निरीक्षण एवं पृथक्करण दूरी

(ग) शुद्धता मानक

(घ) बीज समूह से नमूना प्राप्त करना तथा पोस्ट कंट्रोल प्लाँट जांच (Post Control Plot Testing)

(ड.) सरकारी प्रयोगशाला विश्लेषण

आर्थिक सहयोग एवं विकास संगठन तथा भारत

(Organization of Economic Co-operation & Development, OECD & India)

भारतवर्ष, जुलाई 2008 में इस संगठन का सदस्य बना। OECD Seed Scheme लागू करने का मुख्य उद्देश्य सदस्य देशों में उच्च गुणवत्तायुक्त बीजों के

प्रयोग को बढ़ावा देना है। अन्तर्राष्ट्रीय व्यवसाय हेतु प्रमाणित बीजों का उत्पादन, विधायन, लेबलिंग तथा प्रमाण पत्र निर्गत करना इस योजना का कार्य होगा। यह प्रक्रिया व्यवसायी देशों को मान्य सिद्धान्त मानकों पर आधारित होगी। **भारतवर्ष की इस सहभागिता का उद्देश्य मुख्य रुप से देश में इस योजना के अन्तर्गत उत्पादित बीजों के निर्यात को बढ़ावा देना है।** देश में योजना के संचालन हेतु 10 प्रदेशों की बीज प्रमाणीकरण संस्थाओं को चिन्हित प्राधिकरण (Designated Authority-DA) नियुक्त करते हुए अन्य प्रदेशों में कार्य का क्षेत्र (Area of operation) आवंटित किया जाता है जिसमें उत्तर प्रदेश राज्य बीज प्रमाणीकरण संस्था भी सम्मिलित है। सभी DAs का प्रशासनिक नियंत्रण राष्ट्रीय चिन्हित प्राधिकरण (National Designated Authority-NDA) जोकि भारत सरकार, कृषि मंत्रालय के अधीन है। भारत सरकार के तत्संबंधी निर्देशों के क्रम में दिनांक 14.05.2009 को उत्तर प्रदेश राज्य बीज प्रमाणीकरण संस्था द्वारा कोर ग्रुप के अधिकारियों जिसमें कृषि विभाग, राष्ट्रीय बीज निगम, उत्तर प्रदेश बीज विकास निगम, उत्तर प्रदेश कृषि अनुसंधान परिषद (UPCAR), भारतीय दलहन शोध संस्थान (IIPR) तथा निजी बीज उत्पादक संस्थाओं को आमंत्रित कर एक बैठक की जिसमें भारतीय बीज प्रमाणीकरण तंत्र (Indian Seed Certification System) तथा OECD Certification System का तुलनात्मक अध्ययन किया गया तथा प्रमाणीकरण से सम्बन्धित प्रक्रिया एवं विभिन्न शुल्कों के निर्धारण पर वार्ता की गई। इस संस्था द्वारा तत्संबंधी रिर्पोट दिनांक 27.05.2009 को भारत सरकार को प्रेषित की जा चुकी है।

अन्तर्राष्ट्रीय बीज परीक्षण संघ (International Seed Testing Association, ISTA)

अन्तर्राष्ट्रीय बीज परीक्षण संघ (ISTA) की स्थापना वर्ष 1924 में हुई थी। जब बीजों का अन्तर्राष्ट्रीय व्यापार होने लगा तब ऐसा महसूस किया जाने लगा कि कोई ऐसी व्यवस्था हो जिसके द्वारा विभिन्न देशों में जो परीक्षण किया जाता है उनमें एकरुपता हो, इसी बात को ध्यान में रखकर ISTA को लागू किया गया, जिसका मुख्य उद्देश्य पूरे विश्व में बीज परीक्षण की प्रक्रिया में एकरुपता प्रदान करना है।

ISTA बीजों को तीन प्रकार का प्रमाणपत्र निर्गत करती है: नारंगी (Orange), नीला (Blue) एवं हरा (Green), परन्तु हाल की में ISTA ने ब्राजिल में वर्ष 2007 को हरे प्रमाणपत्र को बंद करने के प्रस्ताव को मंजूरी दे दी है। ISTA के अध्याय

17 का नया संस्करण (जो ISTA बीज विश्लेषण प्रमाणपत्र पर है) को 1 जनवरी 2008 से लागू किया गया है। अब बीज परीक्षण के परिणामों को सिर्फ ISTA नीला एवं ISTA नारंगी प्रमाणपत्र द्वारा ही प्रस्तुत किया जाएगा। ISTA नीला बीज नमूना प्रमाणपत्र में जो जांच के परिणाम को प्रस्तुत किया जाता है वह जो नमूना भेजा गया है, उसकी गुणवत्ता को दर्शाता है जबकि ISTA द्वारा दी गई नारंगी प्रमाण पत्र के पूरे बीज ढेर की गुणवत्ता को दर्शाता है चूकि नमूना प्राप्ति एवं जांच ऐसे प्रयोगशाला द्वारा किया जाता है जिसे ISTA की मान्यता प्राप्त हो और वे ISTA के नियमों का पालन करते हैं।

अतीत में जब हरा प्रमाण पत्र दिया जाता था तब नमूना प्राप्ति एवं जांच दसे अन्य प्रयोगशालाओं द्वारा दो भिन्न देशों में किया जाता था, अब इस नारंगी प्रमाण पत्र के अन्तर्गत ही किया जाएगा। ISTA के नारंगी प्रमाण पत्र पर दोनों प्रयोगशालाओं का नाम एवं पता भी प्रस्तुत किया जाएगा जिससे पूर्ण रेखांकन (Tracebility) सुनिश्चित है। इस बदलाव के साथ ISTA को विश्वास है कि बीज व्यापार में अधिक पारदर्शिता एवं जांच के परिणामों में विश्वसनीयता बढ़ेगी।

अंतर्राष्ट्रीय नवीन पादप किस्म सुरक्षा संघ (UPOV)

अंतर्राष्ट्रीय नवीन पादप किस्म सुरक्षा संघ (UPOV) एक फ्रेंच नाम है। इसका मुख्य कार्य पूरे पादप प्रजननकर्ता के अधिकार के संरक्षण के बारे में जानकारी लोगों तक पहुँचाना तथा सदस्य देशों में सहचार्य बनाए रखना है। यह अधिकार सिर्फ उसी देश में है जहां पादप किस्मों के संरक्षण का विधेयक लागू है। हालांकि गुणवत्ता का आश्वासन जो गुणवत्ता घोषित बीज (Quality Declared Seed, QDS) के उपयोग में दिया जाता है उसका प्रभेद सुरक्षण पर कोई महत्वपूर्ण प्रभाव उस समय तक नहीं पड़ेगा जब तक प्रभेदों का उत्पादन तथा उनकी गतिविधि देशों में होती रहेगी ताकि वे प्रजननकर्ता रॉयल्टी देने से बचते रहे। यदि कोई पादप प्रभेद संरक्षण विधेयक देश में लागू है तब QDS में यह समझौता प्रजननकर्ता से होना चाहिए कि यदि वे किसी भी फसल के संरक्षित प्रभेद का उत्पादन करते हैं तब उस फसल की उत्पादित बीजों पर उन्हें रॉयल्टी मिल सके।

गुणवत्ता घोषित बीज (Quality Declared Seed, QDS)

पंजीकृत बीज उत्पादक द्वारा उत्पादित बीज जो किसी फसल के स्पेसीज के न्यूनतम मानकों की पुष्टि करती हो तथा जो गुणवत्ता नियंत्रण के उपाय जो

निर्देशों में उल्लेखित है, उनके सुझाव पर उत्पन्न किए गए हैं। यह व्यवस्था चार प्रमुख बिंदुओं पर आधारित है:

1. प्रभेदों की सूची की स्थापना की गई है जो Quality Declared Seed के रुप में उत्पादित होने के पात्र हैं।
2. बीज उत्पादकों के लिए यह आवश्यक है कि वे अपना पंजीकरण किसी उपयुक्त राष्ट्रीय प्राधिकरण द्वारा कराए।
3. राष्ट्रीय प्राधिकरण बीज फसलों की कम से कम 10 प्रतिशत जांच करेगा।
4. जो बीज Quality Declared Seed के पदनाम से विक्रय के लिए दिया जाएगा उनका कम से कम 10 प्रतिशत तक राष्ट्रीय प्राधिकरण जांच करेगी।

— xxx —

13

पौध सामग्री/ऊत्तक संवर्धित सामग्री का प्रमाणीकरण

भारतीय बीज अधिनियम (1966) जो दिसम्बर 1966 से कार्यरत है, के पश्चात बीज (सुधार) अधिनियम 1972 [Seed (Amendment) Act, 1972] तथा बीज (नियंत्रण) आदेश, 1983 (Seed Control Order, 1983) का भी प्रभावी रुप से क्रियान्वयन किया गया है इनके अतिरिक्त विनाशकारी कीट पतंगे अधिनियम 1914 (2 of 1914) (Destructive Insects and Pests Act, 1914, 2 of 1914) के अंतर्गत पौधा, फल तथा बीज (भारत में आयात का नियंत्रण) आदेश 1989. The Plants, Fruits and Seeds (Regulation of Import into India) Order, 1989 को भी भारत में बीजों के आयात के लिए अपनाया गया। राष्ट्रीय बीज नीति 2002 (National Seed Policy, 2002) के अतंर्गत बीज उद्योग की वृद्धि हेतु आर्थिक उदारीकरण का वातावरण तैयार करने हेतु मूल भूत विषयों पर विशेष बल दिया गया है जिसका मुख्य उद्देश्य भारतीय किसानों को समुचित मात्रा में गुणवत्ता युक्त बीज तथा पौधा सामग्री की उपलब्धता को सुनिश्चित किया जा सके। कोई भी व्यक्ति उद्यानिक पौधशाला का व्यवसाय तबतक नहीं कर सकता जबतक कि इन पौधाशालाओं का राज्य सरकार के द्वारा पंजीकरण न किया गया हो।

उद्यानिक पौधशाला के पंजीकर्ताधारी हेतु दिशा निर्देश

उद्यानिक पौधशाला के पंजीकर्ताधारी, पौधशाला पंजीकरण अधिनियम (खंड 23) के अंतर्गत निम्नलिखित तथ्यों को ध्यान में रखना तथा इनका निर्वाह करने के लिए बाध्य है

- प्रत्येक पौध सामग्री के मूल–भूत स्रोतों का संपूंण अभिलेख को रखना तथा मातृ वृक्षों का पौधशाला के अंदर प्रदर्शन की जानकारी का अभिलेख
- उद्यानिक फल वृक्षों हेतु मूल वृंत (Root stock) तथा शाख (Scions) के प्रयोग हेतु संपूर्ण मानचित्र (Lay out plan) का अभिलेख
- मातृ वृक्षों का पौधशाला के अंदर प्रदर्शन की जानकारी का अभिलेख
- उद्यानिक फल वृक्षों हेतु, मातृ वृक्ष तथा पौधशाला में उपस्थित सभी पौधों को संवाहक कीट पतंगों तथा व्याधियों से मुक्त रखना
- उद्यानिक फल वृक्षों हेतु पौध सामग्री का उत्पादन, मूल्य तथा पौधों की संख्या उपलब्ध कराने हेतु उपरोक्त वर्णित जानकारी राज्य सरकार को निर्धारित प्रपत्र में उपलब्ध कराना।

स्रोत: Planning Commission Report, Govt of India (Jan. 2007)

भारत में पौधशालाओं की स्थिति (Status of Nurseries in the Country)

वर्तमान में भारत में सरकारी एवं निजी क्षेत्रों के अन्तर्गत लगभग 6300 पौधशालाएँ हैं। केन्द्र सरकार द्वारा प्रायोजित एन. एच. एम. एवं टी. एम. एन. ई. के अन्तर्गत वर्ष 2006–07 में 1345 पौधशालाओं को विकसित करने की योजना है।

पौधशाला पंजीकरण अधिनियम (Nurseries Registration Act)

वर्तमान में पौधशाला पंजीकरण एक्ट भारत के कुछ ही राज्यों में लागू किया गया है। अधिकतर राज्यों में इसे पूर्णतः अथवा आंशिक रुप से अपनाया जा रहा है तथा कुछ राज्य बिल्कुल नये तरीके से इस पंजीकरण एक्ट को अपना रहे हैं।

सारणी 13.1: भारत के विभिन्न राज्यों में पौधशालाओं की संख्या

क्र0 सं0	राज्य	पौधशालाओं की संख्या			
		सरकारी संस्थाएं	एस.ए.यू./ आई.सी.ए. आर. संस्थाएं	निजी संस्था	कुल
1	आन्ध्र प्रदेश	57	-	913	970
2	अरुणाचल प्रदेश	20	-	37	57
3	आसाम	4	-	82	86
4	बिहार	127	27	126	280
5	छत्तीसगढ़	106	1	-	107
6	गोवा	-	-	-	-
7	गुजरात	23	14	335	372
8	हरियाणा	25	1	36	62
9	हिमाचल प्रदेश	78	-	648	726
10	जम्मु एवं कश्मीर	77	-	348	425
11	झारखण्ड	157	2	-	159
12	कर्नाटक	28	-	15	43
13	केरल	64	26	30	120
14	महाराष्ट्र	136	42	1300	1470
15	मध्य प्रदेश	270	-	-	270
16	मणिपुर	12	-	41	53
17	मेघालय	31	-	-	31
18	मिजोरम	9	-	8	17
19	नागालैण्ड	2	-	15	17
20	उड़िसा	92	-	62	154
21	पंजाब	24	7	39	70
22	राजस्थान	27	6	22	55
23	सिक्किम	-	-	-	-
24	तमिलनाडु	76	-	285	361
25	त्रिपुरा	41	-	9	50
26	उत्तर प्रदेश	79	-	-	79
27	उत्तराखण्ड	23	12	176	211
28	प0 बंगाल	6	-	80	86
	कुल	**1594**	**138**	**4607**	**6331**

सारणी 13.2: भारत के विभिन्न राज्यों में पौधशाला पंजीकरण अधिनियम (Nursery Registration Act) की स्थिति

क्र0 सं0	राज्यों के नाम	टिपणी
1	अरुनाचल प्रदेश, छत्तीसगढ़, गोवा, झारखण्ड, मध्य प्रदेश, मणिपुर, मेघालय, मिजोरम, नागालैण्ड, राजस्थान, सिक्किम, त्रीपुरा, प0 बंगाल	वर्तमान में इन राज्यों में पंजीकरण एक्ट लागू नहीं हैं
2	आन्ध्रप्रदेश, आसाम, बिहार, गोवा, गुजरात, हरियाणा, कर्नाटक, केरल, तमिलनाडु	इन राज्यों में पंजीकरण की शुरुआत कर दी गई है
3	पंजाब, महाराष्ट्र, हिमाचल प्रदेश, उत्तर प्रदेश, उत्तराखण्ड, जम्मु एवं कश्मीर, उड़ीसा, तमिलनाडु	इन राज्यों में कुछ पौधशाला पंजीकरण एक्ट लागू हैं।

पौध सामग्री के प्रमाणीकरण हेतु प्रक्रिया (Certification Mechanism for Plant Propagating Material)

वर्तमान में फल वृक्षों हेतु विभिन्न उद्यानिक पौधशालाओं में अलैंगिक विधि द्वारा उत्पन्न पौध संर्वधन सामग्री का नियंत्रण हेतु कोई विधान नहीं है। एक ऐसी प्रक्रिया, जिसके द्वारा पौध संवर्धन सामग्री की गुणवत्ता नियंत्रण करने हेतु पंजीकरण के द्वारा विकसित करना अत्यंत आवश्यक है। इस दिशा में राज्यों की स्थिति निम्नलिखित तालिका में दर्शाई गई है।

सारणी 13.3: विभिन्न राज्यों में पौध सामग्री के प्रमाणीकरण हेतु प्रक्रिया (Certification mechanism for plant material in different states)

क्र. सं.	राज्य	प्रमाणीकरण प्रक्रिया
1	आन्ध्र प्रदेश	राज्य में निजी नर्सरी में मातृखंड (Mother blocks) हेतु कोई अनिवार्य प्रमाणीकरण नियमक नहीं है। सरकार के द्वारा ली गई उद्यान प्रक्षेत्र जो HDA के अन्तर्गत आते हैं, इनके मातृ खंड को RARS/DAT केन्द्र (ANGRAU) के वैज्ञानिकों द्वारा निरिक्षण करवाया जाता है जिसमें सुनिश्चित किया जाता है कि मातृ पौध रोग/विषाणु मुक्त हो।

Contd...

2	अरुणाचल प्रदेश	सरकार/निजी क्षेत्र की नर्सरी में प्रमाणीकरण तंत्र प्रक्रिया सक्रिया नहीं है। परन्तु जो सरकारी नर्सरी है उनके मातृ खंडों को वैज्ञानिक/विशेषज्ञों एवं परामर्शदाताओं (Consultants) द्वारा नियमित रुप से निरीक्षण करवाया जाता है।
3	असम	असम राज्य में जब मातृ पौधों की प्रजाति एवं उसके स्रोत (Source) को असम कृषि विश्वविद्यालय के वैज्ञानिक जब प्रमाणित (Certification) करते हैं तब असम सरकार ने संयुक्त निदेशक, उद्यान (असम सरकार) को यह अधिकार दिया है, ताकि वे जब क्षेत्रीय संयुक्त निदेशक (Zonal Joint Director)/जिला कृषि पदाधिकारी (District Agricultural Officer) द्वारा भेजे गए प्रजाति एवं स्रोत की अनुशंसा प्राप्त करने पर अंतरकालीन पहचान प्रमाणपत्र (Provisional Recognition Certificate) पारित (Issue) करें।
4	बिहार	बीज अधिनियम के अनतर्गत नर्सरी का पंजीकरण, सत्यापन के बाद जिला कृषि पदाधिकारी द्वारा किया जाता है।
5	छत्तीसगढ़	पौध सामग्री की पंजीकरण हेतु कोई प्रमाणीकरण तंत्र उपलब्ध नहीं है, परन्तु राज्य के उद्यान विभाग के अधीन जो सरकारी क्षेत्र की नर्सरी है, इसके जो संयुक्त प्रभार (In-charge) है वे नीचे वर्णित मापदंडों पर नर्सरी को प्रमाणित करते हैं (i) मातृपौधखंडों की उपलब्धता (ii) मातृ पौधों की उम्र (iii) नेसरी में पौध सामग्री का सामान्य रुप एवं उम्र (iv) सिंचाई की उपलब्धता (v) विभागीय अधिकारीगण इसी मापदंड पर नर्सरी का निरीक्षण करते हैं, इसी तरह निजी क्षेत्रों की नर्सरी एवं राजकीय कृषि विश्वविद्यालयों द्वारा अनारक्षित नर्सरी का भी संरक्षण किया जाता है।
6	गोआ	राज्य के अन्तर्गत अपनी प्रमाणीकरण व्यवसथा है जो पौध समाग्री के प्रमाणकीरण को सुनिश्चित करती है। एक समिति का गठन किया गया है जिसकी अध्यक्षता निदेशक (कृषि) करते हैं एवं ICAR तथा राजकीय उद्यान निदेशालय

Contd...

		के अधिकारीगण इसके सदस्य है जो पौध सामग्री को प्रमाणित करते हें। राज्य में नर्सरी अधिनियम लागू नहीं है।
7	गुजरात	उद्यान विभाग, नर्सरी में मातृ पौधों और ग्राफटों का भौतिक रुप से उत्यापन करने के पश्चात उसका प्रमाणीकरण करते हैं। किसान अपनी पसंद से पोधों का चयन करते हैं। बगायतदर (BAGAYATDAR) पौध सामग्री की सत्य अनुरुपता (True to type) को सुनिश्चित करते है ताकि अन्य जाति का मिश्रण न होने पाए एवं निम्न जाति के पौध सामग्री पर रोक संभव हो पाए। पौधों को उनकी आनुवांशिक शुद्धता, उम्र एवं स्वास्थ्य की मूल मापदंडों पर प्रमाणित किया जाता है। ग्राफट्स (Grafts) को अच्छे स्वास्थ ग्राफट की उचित उंचाई एवं मातृ पौध के प्रमाणीकरण के अनुसार प्रमाणित किया जाता है। नर्सरी–कर्मी अपने मातृपौध एवं ग्राफटस विभाग द्वारा प्रमाणित करने हेतु उचित आवेदन, आवेदन शुल्क के साथ तमा करते हैं।
8.	हरियाणा	उद्यान विभाग तीन वर्ष की अवधि के लिए लाईसेन्स (अनुज्ञप्ति) जारी करती है, जिसके आग्रह पर नवीनीकरण (Renewal) किया जा सकता है। प्रमाणीकरण शुल्क नए प्रमाणीकरण हेतु 2000 रु0 तथा तीन वर्ष के लिए नवीकरण हेतु 1500 रु0 है। निर्धारित मापदंडों का पालन नहीं किए जाने पर किसी भी समय सक्षम पदाधिकारी द्वारा लाईसेन्स को रद्ध किया जा सकता है। नर्सरी के भौतिक सत्यापन जिसे संतति उद्यान (Progeny garden), रोग एवं कीट व्याधि नियंत्रण, मिट्टी की अनुरुपता, नर्सरी कर्मी की क्षमता इत्यादि के अनुसार किए जाते हैं। यदि कोई अन्य नए प्रकार के फलवृक्ष के पौधों को प्रवर्धन हेतु पहले के आवेदन में जोड़ना है तब नर्सरी कर्मी को इसके लिए अलग से आवेदन देना होगा। यदि किसी पौध सामग्री में संक्रमण पाया जाता है अथवा उसके वंशज (Pedigree) की जानकारी प्राप्त नहीं हो पाए तब संरक्षण अधिकारी वैसे पौधों को नष्ट कर सकते हैं। वर्ष 1961 की पंजाब फल नर्सरी अधिनियम (Punjanb Fruit Nursery Act,

Contd...

		1961) में सूक्ष्म बदलाच करने के पश्चात हरियाणा प्रदेश में पंजीकरण, प्रमाणीकरण एवं फलवृक्ष पौधशाला के विनियमन हेतु लागू है।
9.	हिमाचल प्रदेश	हिमाचल प्रदेश फल नर्सरी पंजीकरण अधिकनयम 1973 के अन्तर्गत पंजीकृत नर्सरी का निरीक्षण समय–समय पर किया जा रहा है ताकि पौध सामग्री रोग रहित एवं सत्य अनुरुपता दर्शाए। जिन नर्सरी में उचित मात्रा में संतति वृक्ष (Progeny trees) मौजूद है जिनसे आगे भी प्रर्वधन समाग्री उत्पन्न किए जा सकते हैं उन्हें इस अधिनियम के अन्तर्गत पंजीकृत किया जाता है। राज्य में एक राज्य स्तरीय समिति का गठन किया जाता है जिसके सदस्य प्रत्येक जिला में पदस्थापित जिला उद्यान पदाधिकारी, विषय वस्तु विशेषज्ञ, उद्यान विकास पदाधिकारी (पादप संरक्षण) हैं। ये सदस्य वर्षा ऋतु में पौध रोपण के पूर्व प्रत्येक नर्सरी का जून मध्य से लेकर सितंबर माह के मध्य तक तथा शीत ऋतु के फलवृक्ष के पौधों को दिसम्बर माह के प्रथम सप्ताह से लेकर फरवरी माह के अंत तक प्रत्येक वर्ष निरीक्षण करते हैं तथा वर्णित नर्सरी इस समिति से स्वीकृति (Approval) लेने के पश्चात ही पौध सामग्री की बिक्री कर सकते हैं।
10.	जम्मू एवं कश्मीर	नर्सरी में फलवृक्षों की गुणवतता को विनियमित करने एवं परीक्षण (Monitor) हेतु उद्यान विभाग में फलवृक्ष पंजीकरण भाग को बनाया गया है जिसकी अध्यक्षता नर्सरी पंजीकरण पदाधिकारी करते हैं। जम्मू कश्मीर राज्य वर्ष 1987 का फलवृक्ष नर्सरी पंजीकरण अधिनियम है परन्तु इसका अभी तक क्रियान्वयन नहीं किया गया है, चूंकि अभी कोई कानून नहीं बना हैं, परन्तु राज्य सरकार ने यह बताया है कि इस अधिनियम के अन्तर्गत कानून अब बनने शुरु हो गए हैं।
11.	झारखण्ड	किसी भी खास प्रकार की प्रमाणीकरण प्रक्रिया अभी तक अपनाई नहीं गई है। वर्तमान में राज्य में कोई सरकारी नर्सरी अधिनियम लागू नहीं है परन्तु राज्य सरकार अन्य

Contd...

		राज्यों की तरह नर्सरी अधिनियम बना रही है, जैसा अन्य राज्यों में अपनाया गया है।
12.	कर्नाटक	राज्य के पास पौधशालाओं को संचालित करने के लिए कानून नहीं होता है, लेकिन यहाँ पक्रिया को बनाने के लिए पौध सामग्री का प्रमाणीकरण होता है, जिनमें एक जिला स्तरीय समिति जो उपनिदेशक उद्यान द्वारा संचालित होता है, यहाँ एक वैज्ञानिक से UAS बैंगलुर, धारवाड़ और एक प्रतिनिधित्व से पौधशाला संगठन किसान के लोग सदस्य होते हैं।
13.	केरल	राज्य के पास पौधशालाओं को संचालित करने के लिए कानून नहीं होता है, लेकिन यहाँ पक्रिया को बनाने के लिए पोध सामग्री का प्रमाणीकरण होता है, जिनमें एक जिला स्तरीय समिति जो जिला अधिकारी, सहायक मुख्य कृषि अधिकारी, उपनिदेशक (प्रक्षेत्र प्रमुख), द्वारा होता है और केरल कृषि विश्वविद्यालय प्रमाणीकरण के पहले पौध सामग्री परिक्षण जो वैज्ञानिक से होता है।,
14	महाराष्ट्र	उद्यान राज्य विभाग पंजीकरण और प्रमाणित पौधशालाओं के लिए पौध सामग्री के उत्पादन को पारित करता है जो महाराष्ट्र फल पौधशालाओं के कानून 1969 के अन्तर्गत होता है। मातृ वृंत का प्रयोग किया जाता है और पूरी दशा में पहचाना जाता है, कलिकायन (Budding) और जोड़ (Grafting) जो गुणवत्ता युक्त विधि के अनुसार व्यक्ति विशेष पौधशालाओं/राज्य कृषि विश्वविद्यालय में किया जाता है और राज्य विभाग के उद्यान अधिकारी द्वारा दिया जाता है। वानिकी सामग्री को पौधशालाओं में ठेकेदारी के आधार पर दिया जाता है जो बेरोजगार स्नातक द्वारा सम्मिलित और बिक्री के आधार पर भुगतान किया जाता है। कठोर करने वाले कक्ष (Hardening chamber), ग्रीन हाउस, छायाकृत जाल इत्यादि को नियमित रुप से पौधशालाओं के स्थान को सुरक्षित किया जाता है। विभाग के द्वारा सभी वानिकी सामग्रीयों स्लिप (Slip) के आधार पर उठाकर जारी किया जाता है। आवश्यकता से अधिक

Contd...

		वानिकी सामग्रीयों को को अन्य राज्यों को भेज दिया जाता है। राज्य कृषि विश्वविद्यालय के द्वारा वायरस इंडेक्सिंग सिस्टम के अन्तर्गत स्थानान्तरित किया जाता है जोकि पौधशालाओं को सुरक्षित रखने के लिए होता है।
15	मध्य प्रदेश	पौधशालाओं को संचालित करने के लिए कोई कानून बनाने वाली धारा में नहीं पौधशाला कानूनी रुप में नहीं है, फिर भी धारा को कानून बनाकर कार्य शुरु किया जा चुका है।
16	मणिपुर	राज्य में पौध सामग्रियों को उत्पन्न करने के लिए कोई प्रमाणीकरण मानक नहीं है।
17	मेघालय	राज्य में प्रमाणीकरण का माध्यम सुचारु रुप से नहीं है। वर्तमान समय में पौधशाला कानून जीवित रुप में नहीं है, लेकिन राज्य में पौधशाला कानून कार्यरत है।
18	मिजोरम	वर्तमान समय में वानिकी समागियों का प्रमाणीकरण का कोई विशेष विधि नहीं है।
19	नागालैंड	प्रमाणीकरण के लिए कोई विधि नहीं है, फिर भी पौधशालाओं के लिए विभिाग से कुछ विधि को विशेषीकरण और संकेतीकरण किया है।
20	उड़ीसा	उड़ीसा फल पौधशाला कानून के अन्तर्गत (Orrisa Fruit Nursery Act, OFNA, 2001) फल वृक्ष का पौध सामग्री को प्रमाणीकरण की विधि इस प्रकार के अन्दर जैसे काजू को राज्य कृषि विश्वविद्यालय, ICAR और राज्य उद्याग विभाग के द्वारा किया जाता है। फिर भी वानिकी सामग्री के लिए जैसे मसाले वाली फसलें, औषधीय, सुगंधित और सौंदर्णीय एवं फूलों वाली पौध सामग्रियों को कानून के अन्दर नहीं रखा गया है।
21	पंजाब	पंजाब राज्य के पास पंजाब फल पौधशाला अधिनियम 1961 के अन्तर्गत प्रमाणीकरण, पंजीकरण एवं संचालित करने के लिए फल पौधशालाओं को पंजाब में दिया गया है। फल पौधशाला अधिनियम 1961 के अन्तर्गत कृषि विभाग के द्वारा लाईसेन्स जारी करने के लिए 3 वर्ष

Contd...

		अवधि के लिए जिसके आग्रह पर नवीनीकरण (Renewal) किया जा सकता है। सक्षम प्राधिकारी लाईसेन्स को व्यक्ति की दशा के अन्तर्गत रद्ध किया जा सकता है। लाईसेन्स को जारी करने के लिए उसके भौतिक जांच के अनुसार पौधशाला संतति बागवनी, रोग एवं कीट नियंत्रण, मिट्टी की सुलभता, सक्षम पौधशाला कर्मी इत्यादि। पौधशाला कर्मी के आवश्यकता एवं वांछित नवीन प्रकार के फल वृक्ष के रोपण हेतु एक अलग से आवेदन पत्र जमा किया जाता है। किसी भी वानिकी सामग्री को सक्षम अधिकारी जब्त या नष्ट कर सकता है, यदि अपरिचित प्रजाति एवं संतति तथा किसी रोग से ग्रसित हों।
22	राजस्थान	राजस्थान राज्य में पौधाशालाओं को संचालित करने हेतु पंजीकरण एवं प्रमाणीकरण अधिनियम नहीं हैं फिर भी उद्यान विभाग पौधशाला को निम्न विचारों द्वारा प्रमाण करता है (1) मातृ पौध खंड की उपलब्ध्ता (2) मातृ पौध की उम्र (3) कीट रोधी और कीट नियंत्रण विधि (4) सिंचाई की उपलब्ध्ता विभागीय अधिकारी द्वारा पौधशालाओं को 3 संदर्भों एवं प्रमाणीकरण के अनुसार परिक्षण किया जाता है यदि ये सभी संतोषजनक पाया जाता है।
23	सिक्कीम	राज्य उद्यान विभाग के पास किसानों को गुणवत्तायुक्त पौध सामग्री देने के लिए जांच एवं प्रमाण की कोई विधि नहीं है।
24	तमिलनाडु	बीज प्रमाणीकरण विभाग के द्वारा पौधशालाओं को लाइसेन्स प्राप्त करने की आवश्यकता होती है जो बीज नियंत्रण आदेश 1983 के अन्तर्गत आते हैं जिसे 1994 में लागू किया गया। बील प्रारुप का नाम तमिलनाडु उद्यान पौधशाला विनियमन अधिनियम 2006 जो तमिलनाडु सरकार के अन्तर्गत है

Contd...

		तथा यह विधायिका (legislature) में प्रस्तुत की जा रही है।
25	त्रिपुरा	पौध सामग्री के प्रमाणीकरण के लिए कोई विधि नहीं अपनाई गई है तथा राज्य के पास कोई पौधशाला अधिनियम नहीं है।
26	उत्तर प्रदेश	राज्य उद्यान विभाग के पास किसानों को गुणवत्तायुक्त पौध सामग्री देने के लिए जांच एवं प्रमाण की कोई विधि नहीं है। यद्यपि फल पौधशाला अधिनियम राज्य में 1976 से जारी है, अधिनियम के पत्र एवं भावना के प्रावधानों को लागू करने लिए उनके पास कोई गंभीर प्रयास नहीं दिख रहा है। निजी पौधशाला से पौध समाग्री क्रय हेतु ठेकेदारी व्यवस्था अपनाया जाता है, जिसे जिले में राष्ट्रीय बागवानी मिशन के अन्तर्गत लगाया जाता है।
27	उत्तरांचल	पौध सामग्री के प्रमाणीकरण और पौधशालाओं के पंजीकरण के लिए निदेशक, उद्यान सक्षम अधिकारी होते हैं। राज्य स्तरीय पौधशाला प्रमाणीकरण समिति बनाई जा चुकी है तथा इस राज्य में उत्तर प्रदेश फल पौधशाला अधिनियम 1976 को अपनाया गया है।
28	पश्चिम बंगाल	पौधशालओं के गुणवत्ता नियंत्रण एवं पंजीकरण हेतु राज्य सरकार के पास अभी तक कोई विधि नहीं है। लगभग 2000 निजी पौधशालाएं राज्य में कार्यरत हैं लेकिन उनमें से मात्र 88 भारतीय पौधशाला व्यक्ति संगठन के द्वारा पंजीकृत हैं। इनमें से अधिकांश पौधशालाओं के पास अपने निजी कुटीर उद्योग कार्यरत हैं।

स्रोत: Planning Commission Report, Govt of India (Jan. 2007)

राष्ट्रीय उद्यानिक पौधशालाओं की स्थापना

फल वृक्षों की गुणवत्ता युक्त पौध संवर्धन सामग्री किसानों को सही समय पर समूचित मात्रा में उचित मूल्यों पर सुनिश्चित कराने हेतु राष्ट्रीय बागवानी मिशन के अंतर्गत विभिन्न स्थानों पर विभिन्न फल वृक्ष हेतु मातृ वृक्ष पौधशाला की स्थापना की गई है, जिसका विवरण इस प्रकार है:

क्र. सं.	फल वृक्ष	राष्ट्रीय स्थान	टिप्पणी
1	आम (Mango)	1. केन्द्रीय उपोषण बागवानी संसथान (CISH), लखनउ 2. गोविन्द बल्लभ पंत कृषि एवं प्रौद्योगिकी विश्वविद्यालय (GBPU&AT) पंतनगर 3. भारतीय कृषि अनुसंधान संस्थान (IARI), करनाल 4. बालासाहब सावन्त कोंकण कृषि विद्यापीठ (BSKVV), डपोली, बैंगुर्ला 5. गुजरात कृषि विश्वविद्यालय (GAU) पारीया 6. भारतीय उद्यान अनुसंधान संस्थान (IIHR), बंगलुर 7. आन्ध्र प्रदेश कृषि विश्वविद्यालय (APAU), सांगारेडी 8. राजेन्द्र कृषि विश्वविद्यालय (RAU), समस्तीपुर (बिहार) 9. बिधान चन्द्र कृषि विश्वविद्यालय (BCKV) मालदा	मुवान्दन (Muvandan), वेल्लाइाकोलुम्बर (Vellaikolumban) (दक्षिणी राज्य), एच–13–1 एवं कुरुक्कन (केन्द्रीय एवं उत्तरी भारत)
2	अंगूर (Grape)	1. राष्ट्रीय अनुसंधान केन्द्र, अंगूर (NRC on Graspe) पुणे 2. भारतीय उद्यान अनुसंधान संस्थान (IIHR), बंगलुर 3. आन्ध्र प्रदेश कृषि विश्वविद्यालय (APAU), हैदराबाद	मूलवृंत पर प्रत्यारोपण (Grafted), प्रचलित राज्य कर्नाटक एवं महाराष्ट्र
3	केला (Banana)	1. राष्ट्रीय अनुसंधान केन्द्र, केला (NRC on Banana) त्रिची 2. महात्मा फुले कृषि विद्यापीठ (MPKVV) राहुरी 3. कृषि विज्ञान विश्वविद्यालय (UAS), बंगलुर 4. क्षेत्रीय संयंत्र संसाधन केन्द्र RP (RC), भुनेश्वर	बहुतायत मात्रा में सूक्ष्म ऊत्तक कोशिका संवर्धन पौध, अधिक घनत्व में पौध रोपण एवं सूक्ष्म सिंचाई एवं उर्वरक देना
4	अनार (Pomegranate)	1. महात्मा फुले कृषि विद्यापीठ (MPKVV) राहोरी 2. कृषि विज्ञान विश्वविद्यालय (UAS), बंगलुर	देश में दो राष्ट्रीय पौधशालाओं की आवश्यकता
5	लीची (Litchi)	1. राजेन्द्र कृषि विश्वविद्यालय (RAU), समस्तीपुर (बिहार) 2. गोविन्द बल्लभ पंत कृषि एवं प्रौद्योगिकी विश्वविद्यालय (GBPU&AT) पंतनगर 3. बागवानी कृषि वानिकी शोध कार्यक्रम (HARP), रांची	अधिक मात्रा में गुटी पौधों का उत्पादन

Contd...

6	अमरुद (Guava)	1. राजेन्द्र कृषि विश्वविद्यालय (RAU), समस्तीपुर (बिहार) 2. महात्मा फुले कृषि विद्यापीठ (MPKVV) राहोरी 3. केन्द्रीय उपोषण बागवानी संसथान (CISH), लखनउ	गुणवत्ता युक्त अमरुद पौध का उत्पादन
7	अखरोट (Walnut)	1. शेरे काश्मीर कृषि एवं प्रौद्योगिकी विश्वविद्यालय (SKUAS&T) श्रीनगर 2. यशवन्त सिँह परमार बागवानी एवं वानिकी विश्वविद्यालय (YSP UH&F), सोलन	
8	सेब (Apple)	1. शेरे काश्मीर कृषि एवं प्रौद्योगिकी विश्वविद्यालय (SKUAS&T) श्रीनगर 2. वाई. एस. परमार बागवानी एवं वानिकी विश्वविद्यालय (YSP UH&F) सोलन 3. एच. ई. टी. सी., चौबटिया (उत्तराखंड)	मूल वृंत मानक – अधिक गणत्व में पौध रोपण, वूली माहु (Wooly aphid) से प्रतिरोध, सूखारोधि
9	पपीता (Papaya)	1. भारतीय कृषि अनुसंधान संस्थान (IARI), समस्तीपुर 2. केन्द्रीय बागवानी प्रायोगिक स्टेशन (CHES), चेताली	शुद्ध बीज उत्पादन, सिब मैटिंग (Sib mating) द्वारा उच्च गुणवत्ता युक्त पौध उत्पादन
10	पैशन फ्रूट (passion fruit)	उत्तरी पूर्वी क्षेत्र हेतु भारतीय कृषि अनुसंधान परिषद (ICAR) मेघालय	तना द्वारा पौध विस्तार
11	किवी फ्रूट (Kiwifruit)	हिमालयन राज्य, YSP विश्वविद्यालय	
12	बेर (Ber)	केन्द्रीय शुष्क क्षेत्र अनुसंधान संस्थान (CAZRI), जोधपुर, राजस्थान हरियाणा कृषि विश्वविद्यालय (HAU), हिसार	विकसित छल्ला कलिकायन द्वारा पौध उत्पादन

सारणी 13.4: ग्यारहवीं पंचवर्षीय योजना अवधि के दौरान फल वृक्षों हेतु पौध सामग्री की अनुमानित मांग (000')

फसल	2007–08	2008–09	2009–10	2010–11	2011–12
सेब (Apple)	4990	5188	5395	5610	5834
केला (Banana)	1483450	1542788	1604500	1668680	1735428
नींबु (Citrus)	33894	35251	36660	38127	39652
अंगूर (Grapes)	390	4056	4218	4388	4563

Contd...

अमरुद (Guava)	1403	1459	1517	1578	1641
लीची (Litchi)	521	542	563	586	609
आम (Mango)	135758	141189	146830	152710	158819
पपीता (Papaya)	20160	20966	21805	2675	23584
अनन्नास (Pineapple)	5454600	5672760	5899680	6135660	6381120
अनार (Pomegranate)	4867	5062	5264	5475	5694
चीकू (Sapota)	2298	2390	2486	2585	2688
कुल	**71,45,841**	**74,31,651**	**77,28,918**	**80,38,074**	**83,59,632**

स्रोत: Planning Commission Report, Govt of India (Jan. 2007)

सारणी 13.5: ग्यारहवीं पंचवर्षीय योजना के अंतर्गत स्थापित होने वाली क्षेत्रीय फलवृक्ष पौधशालाओं की सूची

क्र. सं.	विवरण	क्र. सं.	विवरण
(क) भारतीय कृषि अनुसंधान परिषद (ICAR), राज्य कृषि विश्वविद्यालय (SAUs), वैज्ञानिक एवं औद्योगिक अनुसंधान परिषद (CSIR)			
1	फल अनुसंधान केन्द्र (FRS), रेवा	6	आसाम कृषि विश्वविद्यालय (AAU), जोरहाट
2	बनारस हिन्दु विश्वविद्यालय (BHU) वाराणसी	7	बिरसा कृषि विश्वविद्यालय (BAU), राँची
3	पंजाब कृषि विश्वविद्यालय (PAU), लुधियाना	8	केन्द्रीय फसलोपरांत इंजीनियरिंग एवं प्रौद्योगिकी संस्थान (CIPHET), अबोहर
4	उड़ीसा कृषि एवं प्रौद्योगिकी विश्वविद्यालय (OUAT), भुनेश्वर	9	इंदिरा गाँधी कृषि विश्वविद्यालय (IGAU), रायपुर
5	केन्द्रीय कृषि विश्वविद्यालय (CAU), इम्फाल	10	केन्द्रीय शुष्क बागवानी संस्थान (CIAH), बीकानेर

Contd...

11 राजस्थान कृषि विश्वविद्यालय (RAU), उदयपुर

12 गुजरात कृषि विश्वविद्यालय (GAU),आनन्द

13 भारतीय कृषि अनुसंधान संस्थान, क्षेत्रीय केन्द्र, (IARI) शिमला

14 नरेन्द्र देव कृषि एवं प्रौद्योगिकी विश्वविद्यालय (NDUA&T), फैजाबाद

15 केन्द्रीय बागवानी फसल अनुसंधान संस्थान (CPCRI), केसरगोड

16 हरियाणा कृषि विश्वविद्यालय (HAU), हिसार

17 बागवानी कृषि वानिकी शोध कार्यक्रम (HARP)

18 शेरे कश्मीर कृषि एवं प्रौद्योगिकी विश्वविद्यालय (SKUAS&T) श्रीनगर

19 केन्द्रीय औषधीय एवं सुगंधित पौध संस्थान (CIMAP), लखनऊ

20 हिमालय जैवसंसाधन प्रौद्योगिकी संस्थान (IHBT), पालमपुर

21 क्षेत्रीय अनुसंधान प्रयोगशाला (RRL) जोरहाट

22 कृषि महाविद्यालय, पुणे

23 उद्यान महाविद्यालय, मंडसौर (महाराष्ट्र)

24 बिधान चन्द्र कृषि विश्वविद्यालय (BCKV) नादिया, प० बंगाल

25 कृषि विज्ञान विश्वविद्यालय (UAS), धारवाड़

26 कर्नाटक कृषि विश्वविद्यालय (KAU), वेलाइनीक्कारा

27 पी.डी.के.वी. डपोली

28 आन्ध्र प्रदेश कृषि विश्वविद्यालय (APAU), हैदराबाद

29 भारतीय कृषि अनुसंधान संस्थान, क्षेत्रीय केन्द्र, (IARI) इंदौर

(ख) विशेष मसाले, चाय/कॉफी, रबर इत्यादि की पौध सामग्री हेतु बीज प्रक्षेत्र (Commodity Boards Seed Farms)

नारियल (संख्या 5)
कॉफी (संख्या 2)
मसाले (संख्या 3)
रबर (संख्या 5)
चाय (संख्या 5)

स्रोत : Planning Commission Report, Govt of India (Jan. 2007)

ऊत्तक संवर्धित पौध सामग्री हेतु प्रमाणीकरण मानक (Certification Standards of Crops Propagated through Tissue Culture Technique)

कृषि मंत्रालय, भारत सरकार के कृषि एवं सहकारिता विभाग के अधीन 21 मार्च 2006 को हैदराबाद (आन्ध्र प्रदेश) में तकनीकी समिति की 13वीं बैठक कृषि

आयुक्त की अध्यक्षता में समपन्न हुई। इस बैढक में लिये गये निर्णयों में ऊत्तक सवंर्धित फसलें एवं अलैंगिक प्रवर्धित फसलों के प्रमाणीकरण मानक भी निर्धारित किए गये, जो निम्न हैं–

केला – मानक दिशा निर्देश/निर्धारण

साधारणतया पादप ऊत्तक कोशिका संवर्धन (Plant Tissue Culture) या सूक्ष्म प्रवर्धन (Micropropagation) का तात्पर्य पादप कोशिकाओं, ऊत्तकों तथा अंगों के पात्रे (In-vitro) कल्चर से होता है तथा इनमें आनुवांशिक शुद्धता बनी रहती है। इस तकनीक के द्वारा नए पौधे को पुनर्जनित किया जाता है। छोटे–छोटे पादप ऊत्तकों से भी पुनर्जनन संभव है, चूंकि पौधे की हर कोशिकाओं का आनुवांशिक गठन समान होता है तथा उनमें सम्पूर्ण पौधे बनने की क्षमता होती है। ऐसा देखा गया है कि यदि पौध सामग्री के छोटे टुकड़ों को यदि पोषणपदार्थ (Nutrient Media) में सही मात्रा में हारमोन तथा अन्य सामग्री जो पौधों के बढ़वार में सहायक है, उसमें कल्चर किया जाये तो उससे सम्पूर्ण पौधा विकसित हो सकता है। सूक्ष्म प्रवर्धन विधि से एक पौधे से सैकड़ों पौधों का निमार्ण संभव है। सूक्ष्म प्रवर्धन के मेरिस्टेम संवर्धन (Meristem Culture) विधि द्वारा विषाणु मुक्त (Virus Free) पौधे के स्टॉक की स्थापना तथा उनको अनुरक्षित रखा जा सकता है। **जब पौधों में विषाणु का संक्रमण होता है तब भी पौधों के मेरिस्टेम उस विषाणु से मुक्त रहते हैं, जब अग्र मेरिस्टेम (Apical Meristem) से नए पौधों का विकास होता है तब उन्हें अनुरक्षित (Maintain) कर विषाणु–मुक्त पौधों को वितरित किया जा सकता है।**

सारणी 13.6: विषाणु रहित नींबू वर्गीय पौध सामग्री उत्पादन हेतु प्रस्तावित केन्द्रों की सूची

क्र सं.	संस्थान	फसल/प्रजाति
1	राष्ट्रीय अनुसंधान केन्द्र, नींबू (NRC on Citrus) नागपुर	मौसम्बी (Sweet orange)
2	पंजाब कृषि विश्वविद्यालय (PAU), लुधियाना/अबोहर	मौसम्बी (Sweet orange), किन्नो संतरा (Kinnow mandarin)
3	आन्ध्र प्रदेश कृषि विश्वविद्यालय (APAU), तीरुपति	कागजी नींबू (Kagzi lime), सतगुठी संतरा
4	आसाम कृषि विश्वविद्यालय (AAU), जोरहाट	खासी संतरा एवं असाम नींबू
5	भारतीय उद्यान अनुसंधान संस्थान (IIHR), बंगलुर/केन्द्रीय प्रौधोगिक उद्यान केन्द्र (CHES), चेथाली	कुर्ग संतरा, कागजी नींबू

गुणवत्ता पौध सामग्री उत्पादन की प्रक्रिया

1. विशिष्ट (Elite) प्रमाणित मातृ वृक्ष पौधशाला की स्थापना तथा अनुरक्षण
2. मातृ वृक्षों का वरण– विषाणु तथा जनकों से सत्य अनुरुपता (True to Type) दर्शाने वाले मातृ पौधों परीक्षण (क्लोनल मूल Clonal Fidelity)
3. कर्तोत्क (Explant)
4. अग्र मेरिस्टेम/मेरिस्टेम कल्चर द्वारा गुणन
5. मूलोत्पत्ति (Rooting) प्राथमिक, माध्यमिक दृढ़ीकरण (Hardening) एवं अपवांछन (Roguing)
6. समय–समय पर कायकियक्लोनीय परिवर्तनों (Somaclonal Variations) एवं निष्फल प्रकार (Off Type) के पौधों की पहचान
7. पौधशाला वाटिकाः विषाणु तथा जनकों से सत्य अनुरुपता दर्शाने वाले मातृ पौधों का परीक्षण (Test for Virus and Truness to Type; Clonal Fidelity)
8. प्रक्षेत्र/खेत में स्थानांतरण– जनकों से सत्य अनुरुपता दर्शाने वाले मातृ पौधो, विषाणु सूचीबद्धता की जांच तथा प्रमाणीकरण

गुणवत्ता पौध सामग्री उत्पादन हेतु मापदण्ड

(I) ऊत्तकं संवर्धन प्रयोगशालाओं का मूल्यांकन

ऊत्तक संवर्धित प्रयोगशाला (Infrastructure Facility) आधारभूत संरचनाओं की सुविधा, गुणता नियंत्रण प्रक्रिया (Mechanism) एवं तकनीकी निरीक्षण की कुशतला पर परिचालित हैं जो उच्च गुणवत्ता वाले पौध सामग्री तैयार करने में अहम भूमिका निभाते हैं।

ऊत्तक संवर्धित इकाईयों के मूल्यांकन का अंकपत्र (Score Card)

क्र. सं.	विवरण	अंक
1.	**आधारभूत संरचना एवं प्रयोगशाला सुविधायें**	
	धुलाई कक्ष	5
	पोषकदार्थ उत्पादन कक्ष	10
	टीकाकरण कक्ष	10
	वृद्धिकरण कक्ष	10
2.	**गुणवत्ता नियंत्रण**	
	प्रमाणित मातृ पौधशाला खण्ड का अनुरक्षण	
	मातृ पौधों का चयन	10
	मातृ पौधशाला खण्ड का समय–समय पर विषाणु परीक्षण	10
	कर्तोत्क चयन एवं कल्चर आरंभन	5
	कर्तोत्कों की विषाणु परीक्षण	5
	क्लोनीय विश्वस्तता (clonal fidelity) एवं गुणन की संख्या	10
	कायिकक्लोनीय परिवर्तन एवं निष्फल प्रकार का पहचान	
	पौधों की सम्पूर्ण गुणता	5
3.	**दृढ़ीकरण सुविधायें**	
	स्थानान्तरण क्षेत्र, ग्रीन हाउस/छायादार क्षेत्र, पौधशाला	10
4.	**तकनीकी निरीक्षण एवं संचालन**	10
	कर्मचारियों एवं उत्पादन प्रक्रियों का प्रबोधन	
	उत्पादन में लगे कर्मचारियों की तकनीकी कुशलता	
	परिचालक	
	कुल	**100**

स्रोत: Proceedings of the 13th Meeting of the Technical Committee of the Central Seed Certification Board, 21st March 2006, held at APSSDC Hyderabad. Govt. of India, Ministry of Agriculture (Department of Agriculture & Cooperation). 2006 Letter No. 18-3/2005/SD I, Dated 18.4.2006.

(II) विषाणु तथा जनकों से सत्य अनुरुपता दर्शाने का परीक्षण

ऊत्तक संवर्धन एक उपयोगी तकनीक है जिसके द्वारा विषाणु–मुक्त सामग्री तैयार की जा सकती है। पोलीमिरेज चेन रियेक्शन (PCR) तकनीक पर अधारित AFLP/SCAR तकनीक के द्वारा जनकों से सत्य अनुरुपता दर्शाने की जांच की जा सकती है तथा जीनप्ररुप (Genotype) की पहचान एवं आनुवांशिक विविधता को ज्ञात करने का यह बहुत विश्वसनीय तकनीक है।

विषाणु परीक्षण

विषाणु संक्रमण के निदान के लिए विभिन्न प्रतिरक्षात्मक (Immunological) एवं आणविक (Molecular) तकनीक जैसे– ELISA, DIBA, वेस्टर्न ब्लोटिंग, इम्यूनोफ्लोरेसेन्स (Immunoflorescence), नाभिक अम्ल संकरण जिनमें रेडियोधर्मी अन्वेषण (Radioactive Probes) सहित अर्थात सदर्न संकरण इत्यादि उपलब्ध हैं जो विभिन्न पौधों की प्रजातियों में विषाणु संक्रमण की जांच के लिए उपयोगी हैं।

गुणवत्ता नियंत्रण

हाल के वर्षो में PCR तकनीक तथा DNA आधारित आणविक चिन्हक के आने से भारत में भी कई प्रयोगशालाओं में इन क्रियाओं को अधिक उपयोग में लाया जा रहा है तथा इनका उपयोग आनुवांशिक विविधता, वानस्पतिक विकास सम्बंधी (Phytogenetic) विश्लेषण जिससे ऊत्तक सवंर्धित पौधों के सत्य प्रारुप (True to Type Nature) की परीक्षण में लाया जा रहा है। परन्तु सूक्ष्म प्रवर्धित पौधों में आणविक चिन्हक के उपयोग का प्रतिकुलात्मक प्रतिवेदन प्राप्त है, इसलिए यह जरुरी है कि जो सबसे अनुकूल आणविक चिन्हक है, उसे प्रयोग में लाया जाये।

उपरोक्त दिशा निर्देश जातिगत (Generic) है तथा व्यक्तिगत उपजाति (Species) के मूल्यांकन के लिए इनके निर्धारित चरण भिन्न होंगे। कुछ उपजाति–विशिष्ट दिशा निर्देश वर्णित है।

ऊत्तक सवंर्धित केलों के प्ररोहों के गुणन में शोधकर्ता तथा उत्पादन प्रयोगशाला के अलग–अलग विचार हैं कि कितने प्ररोह गुणन का गुजरना सुरक्षित है ताकि पौधों की क्लोनीय समरुपता बनी रहे। ऊत्तक संवर्धन तकनीक में यह जानी हुई बात है कि जितने कम उपकल्चर होंगे उतना ही कम कायिक विविधता होगी। किंतु यह भी ध्यान देना चाहिए कि यदि प्ररोह गुणन बहुत कम प्रक्रिया से गुजरता है तब पूरी उत्पादन प्रक्रिया आर्थिक रुप से अक्षम हो जाएगी। इसलिए प्रयासरत रहना चाहिए कि प्ररोह गुणन अनुकूलतम रहे तथा संतति की क्लोनीय समरुपता स्थायी नहीं हो जाती है उतने ही उपकल्चर संख्या से गुजरना चाहिए। यह तभी संभव हो सकता है जब

- प्ररोहों के गुणन प्रक्रिया का नियमित निरीक्षण हो ताकि अपस्थानिक प्ररोहों (Adventitious Shoots) का गुणन नहीं हो, तथा

- आणविक चिन्हकों द्वारा ऊत्तक सवंर्धित पौधों के क्लोन विश्वस्तता के अनुसार या नहीं (Clonal Fidelity) की अभिपुष्टि उपकल्चर विभिन्न चरणों से गुजरता है तब करें। लेकिन यह हमेशा ध्यान में रखें कि केला के ऊत्तक संवर्धन में कभी भी प्ररोहों को 8 से ज्यादा बार उपकल्चर न करें।

ऊत्तक संवर्धन केले की उत्तम गुणवत्ता वाले पौध सामग्री तैयार करने का प्रवाह सचित्र (Flow chart for production of quality planting material of banana through tissue culture)

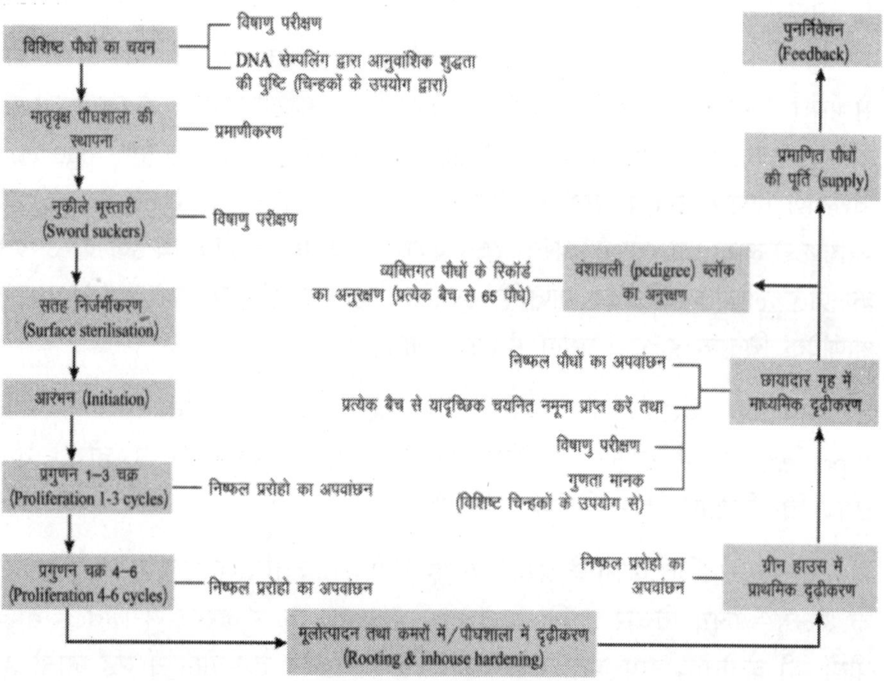

Source: Proceedings of the 13th Meeting of the Technical Committee of the Central Seed Certification Board, 21st March 2006, held at APSSDC Hyderabad. Govt. of India, Ministry of Agriculture (Department of Agriculture & Cooperation). 2006 Letter No. 18-3/2005/SD I, Dated 18.4.2006.

ऊत्तक संवर्धन द्वारा उत्पादन हेतु गुणवत्ता मानक

प्रयोगशाला तथा ग्रीनहाउस सुविधाओ के मानक

1. सक्षम अधिकारी द्वारा दिये गए मानकों पर सूक्ष्म प्रवर्धन तथा ग्रीन हाउस की सारी सुविधाओं को पूरा करना चाहिए।

2. प्रयोगशाला तथ ग्रीनहाउस जिनमें केले के पादपों का उत्पादन होता है उन्हें जीवाणु तथा रोग वाहकों से मुक्त रखना चाहिए। यदि ऐसा नहीं किया जाता है तो पूरे लॉट में संक्रमण हो सकता है और उत्पादित पादपों को अस्वीकृत किया जा सकता है। गमलों के मिश्रण (Potting Mixture) तथा वृद्धि पदार्थ (Growth Media) को निर्जमित रखना चाहिए। ग्रीन हाउस में जल स्रोतों को व्यवहारित अथवा विभिन्न रोगाणुओं से मुक्त रखना चाहिए।

3. सही देख–रेख तथा सफाई में ही केलों का सूक्ष्म प्रवर्धन करना चाहिए। प्रयोगशाला में उपयोग किये जा रहे विभिन्न उपकरणों का बीच–बीच में सफाई करते रहाने से भी रोग के फैलाव से बचा जा सकता है।

ग्रीनहाउस/पॉलीहाउस में पौधों को उगाने हेतु न्यूनतम गुणवत्ता मानक पादपकों (Plantlets) के उत्पादन हेतु मानक निम्न वर्णित हैं:

1. विशिष्ट मातृ पौधशाला ब्लॉक एवं मातृ पौधों का चयन

- मातृ पौधों को स्वस्थ जनक पौधों से सत्य अनुरुपता (True to Type) विभिन्न रोगों एवं कीटाणुओं से मुक्त उसमें से विषाणु (Virus) से मुक्त होना चाहिए। अभिलक्षित लक्षणें के लिए प्रमाणीकरण अभिकर्ता द्वारा प्रमाणित होना चाहिए तथा पौधाशाला के पास प्रमाणित घोषणा पत्र होना चाहिए। प्रमाणीकरण के दौरान कम से कम दो निरीक्षण होना अतिआवश्यक है एक वानस्पतिक विकास (6 माह में) तथा दूसरा पुष्पण तथा फल लगने के समय।
- ऐसे मातृ पोधे जिसकी प्रभद शुद्धता की पुष्टि आणविक चिन्हकों द्वारा की गई हो उन्हें ही स्रोत (Source) पौधों के लिए उपयोग में लायें।
- नर पुष्पों के आंख (Bud) को रखें जिससे विषाणु रोग के बारे में पता चल सके। नर पुष्प की आंख (Bud) में देर से होने वाले विषाणु संक्रमण जैसे (Banana Bucchy Top Virus, BBTV) के लक्षण दिखते हैं।
- मातृ वृक्षों को ऐसे कीट रहित (Insect Proof) छायादार कक्ष (Shade Net) जो उंचे तथा सिर्फ चारों तरफ से घिरे हों तथा उपर से खाली हों।
- पृथक्करण दूरी– मातृवृक्ष पौधाशाला की बाकि केलों के वृक्ष वाटिका से कम से कम 500 मी0 की दूरी होनी चाहिए ताकि शुद्धता एवं विषाणु रोगों के सक्रमण से बचाव संभव हो सके।

- मातृवृक्ष पौधाशाला में बाकि कृषि कार्य सुचारु रुप से प्रबंध होते रहने चाहिए ताकि सम्पूर्ण लक्षणों की अभिव्यक्ति हो सके।
- हर व्यक्तिगत मातृवृक्षों की "मास्टर कोडिंग" की जानी चाहिए ताकि उनमें से जो पादपकों का निर्माण होगा उनके पूर्वजों की पहचान आसानी से की जा सकेगी।
- वंशावली रिकार्ड तथा हर मातृवृक्ष के श्रोतों का रख–रखाव उच्छे से सूचीबद्ध होना चाहिए।
- प्रभेदों को भौतिक अवरोध (Physical Barrier) से अलग–अलग करें ताकि प्रभेदों के मिश्रण होने में बचाव संभव हो सके।

2. मातृवृक्ष पौधाशाला का विषाणु के लिए सूचिवद्ध (Virus Indexing of Mother Plants)

- फसल अवधि में इस क्रिया को दो बार करें,

  1. 6 माह होने पर

  2. फल लगने पर

- सूची अधिकतर चार विषाणुओं के लिये करें जैसेः केला की बंची टॉप वाइरस (BBTV), केला के ब्रेक्ट मोस्क वाइरस (BMV), केला के स्ट्रीक वाइरस (SV) तथा खीरा के मोसेक वाइरस।
- ऐसे मातृवृक्ष तथा भूस्तरीय तने संक्रमण ग्रसित हो उन्हें उखाड़ कर अलग कर देना चाहिए।
- इससे सारे मातृवृक्ष पौधे
  - विषाणु के लिए सूचीबद्ध (Virus Indexed) हो जायेंगे
  - प्रमाणित हो जायेगा (जिनकी गुणवत्ता को आणविक चिन्हकों जैसे AFLP/ICAR द्वारा मंजूरी दी जाएगी।

3. कर्तोत्को का चयन तथा संवर्धन आरंभन (Explant Selection and Culture Initiation)

कर्तोत्कों का चयन अत्यावश्यक हैः

- ऐसे मातृवृक्ष का चयन करें जिनका रख–रखाव अच्छा हो।
- स्वस्थ एवं 60–80 दिनों की आयु वाले अन्तः भूस्तरी का चयन करें।
- वृद्धि वाले मेरिस्टम का आकार 1.0 घन से0मी0 होना चाहिए।
- कार्तोत्कों को काटना नहीं चाहिए अन्यथा वृद्धि कर रहे मेरिस्टम को क्षति पहुँचाने की संभावना बढ़ जाती है।

4. उपकल्चर चक्र की संख्या तथा अपवांछन

- उपकल्चर चक्र की संख्या
  उपकल्चर चक्र की अधिकतम संख्या छः (6) होनी चाहिए
- प्रगुणन/प्राक्कलन के विभिन्न चरणों में अपवांछन (Roguing at Various Stages of Proliferation)
- सिर्फ उन्हीं प्राक्कलन आंखों (Buds) का चयन अगले उपकल्चर चक्र के लिए करें जो जनकों से सत्य अनुरुपता (True to Type) दर्शाते हों।
- विभेदित पौध जो कल्चर डब्बों में है उन्हें भी जनकों से सत्य अनुरुपता (True to Type) के विशिष्ट गुणों को दर्शाना चाहिए जिन पौधों में यह गुण दिख रहे हों उन्हें ही चयनित करे बाकि जिनमें असमान्य (Abnormal) वृद्धि हो रही है उन्हें निष्कासित करें।

5. मूलोत्पादन, प्राथमिक दृष्ढ़ीकरण एवं अपवांछन (Rooting, Primary Hardening and Rouging) एगार रहित प्रबंधन तथा सही पात्र एवं गमलों के मिश्रण का उचित चयन (Ex-Agar Management and Selection of Proper Container and Potting Mixtures)

- मूलोत्पादन हेतु पोषक पदार्थ को शत प्रतिशत रोगाणु मुक्त होना चाहिए।
- सिंचाई के लिए जल श्रोतों को भी रोगाणु तथा कृमि मुक्त होना चाहिए।
- प्रशिक्षित एवं अनुभवी कर्मचारी द्वारा अपवांछन कराना चाहिए तथा निष्फल पौधों को हर सप्ताह हटाते रहना चाहिए।

- प्रत्येक बैच के प्रतिदर्श पौधों का यादृच्छिक विधि से विषाणु परीक्षण करना चाहिए (हर बैच से कम से कम 10 पौधे प्रति कर्तोंत्क लें)
- जब पौधों को प्राथमिक दृढ़ीकरण स्थान से स्थानान्तरित किया जाता तब नेट गमलों को लंबाई में दो जगहों पर कांटा जाता है जिससे घनकंद वृद्धि में सुविधा होगी।
- **नर्सरी स्तर पर पौधों का अनुक्रमण (Indexing)** – प्रत्येक बैच से 1 प्रतिशत पौधों का अनुक्रमण।
- **जनकों से सत्य अनुरुपता के गुणों का मूल्यांकन AFLP/SCAR चिन्हकों द्वारा कराए @ यादृच्छिक रुप से चयनित 1 प्रतिशत प्रतिदर्श का मूल्यांकन करें।**

6. वंशावली ब्लॉक का अनुरक्षण (Maintenance of Pedigree Block)

- प्रत्येक बैच से लगभग 5 पौधों को 1 वर्ष तक अच्छे अनुरक्षित करें ताकि उन्हें पुष्टि के लिए प्रति सन्दर्भ (Cross) के रुप में प्रयोग किया जा सके।

7. ऊत्तक सवंर्धित पौधों के आदर्श गुण

- पौधे सभी विषाणु रोगों से मुक्त हों तथा उनकी पुष्टि विषाणु सूचीबद्धता (Virus Indexing) द्वारा की गई हो।
- पौधों के जनकों से सत्य अनुरुपता की अभिपुष्टि की गई हो।
- सुदृढ़ (Hardened) पौधों की उंचाई 60 से0मी0 होनी चाहिए तथा सुदृढ़ीकरण के 60 दिनों के पश्चात उसके मिथ्या तने (Pseudostem) की परिधि (Circumference) 5.0–6.0 से.मी. होनी चाहिए।
- पौधे में कम से कम 5 प्रकाश संश्लेषित क्रियाशील हरी पत्तियां (Photosynthetically Active Leaves) होनी चाहिए तथा अन्तर पात्रे स्थान (Interfoliar Spaces) 5.0 से.मी. से कम नहीं होने चाहिए।
- माध्यमिक सुदृढ़ीकरण चरण के पश्चात पौघों में करीब 25–30 क्रियाशील मूलों का होना आवश्यक है।
- क्रियाशील मूल की लंबाई 15 से.मी. से अधिक होनी चाहिए तथा उनमें अच्छी संख्या में माध्यमिक मूलों (Secondary Roots) का होना भी अनिवार्य है।

- पॉलीथिन थैले 20 से.मी. लम्बाई x 10 से.मी. व्यास के होने चाहिए तथा उनमें तीन चौथाई गमला मिश्रण (Potting Mixture) भरा होना चाहिए।
- पोषक पदार्थ/गमला मिश्रण का भार लगभग 750–800 ग्राम सूखे भार (Dry Weight Basis) के रुप में होना चाहिए।
- पादपकों को पर्ण धब्बा (Leaf Sport), मिथ्या तना गलन (Pseudo Stem Rot) एवं अन्य शारीरिक विकृति (Physical Deformity) के लक्षणों से मुक्त होना चाहिए।
- पादपकों मूल के रोगाणु जैसे इरविनिया गलन (Erwinia Rot), कृमि तथा मूल गांठों (Root Knot) के लक्षणों से मुक्त होना चाहिए। अधिप्राप्ति के समय मूलों की यादृच्छिक जांच कर लेना आवश्यक है।
- ऐसे पौधे जिनमें असमान्य वृद्धि हो रही हो उन्हें निष्कासित करें।

प्रमाणित श्रेणी

कारक (Factor)	**अधिकतम अनुमेय (Maximum permissible) प्रतिशत में**
निष्फल प्रकार (Off type)	<1%
विषाणु रोग ग्रसित पौधे (Viral disease infected)	None
कृमि ग्रसित पौधे (Nematode infected plants)	None
कवक ग्रसित रोगयुक्त पौधे (Fungal disease infected plants)	None

स्रोत : Proceedings of the 13th Meeting of the Technical Committee of the Central Seed Certification Board, 21st March 2006, held at APSSDC Hyderabad. Govt. of India, Ministry of Agriculture (Department of Agriculture & Cooperation). 2006 Letter No. 18-3/2005/SD I, Dated 18.4.2006.

ऊत्तक सवंर्धित केला, ऊत्तक संवर्धन द्वारा प्रेरित कायकीय विविधता दर्शाने में अतिसंवेदनशील होता है तथा यह लगभग 4–40 प्रतिशत तक अलग–अलग प्रभेदों पर निर्भर करता है। सारे केवेन्डिश क्लोन जैसे ग्रैण्ड नैने, रोबस्टा, ड्वार्फ

केवेन्डिश, श्रीमन्ती विलयम्स इत्यादि अति संवेदनशील हैं। इनके बाद प्लान्टेन श्रेणी हैं जैसे नेनड्रन एवं उसके जीवप्रारुप (Ecotype)। मैसूर एवं पूवन श्रेणी विविधता के लिए मध्यम संवेदनशील श्रेणी में आते हैं। **सभी प्रभेदों की संवेदनशीलता को ध्यान में रखते हुए 1 प्रतिशत से कम कायकीय विविधता की अधिकतम सीमा को स्वीकृत किया जा सकता है।**

अलैंगिक प्रवर्धित फसलों की प्रमाणीकरण मानक

(Certification Standards of Asexually Reproduced Crops)

(1) आम (*Mangifera indica* L.)

(I) सामान्य वंशक्रम (क्लोन) प्रमाणीकरण मानकों के अनुप्रयोग एवं आवर्धन (Application and Amplification of General Clone Certification Standards)

- सामान्य वंशक्रम (क्लोन) प्रमाणीकरण मानक आधारभूत एवं सरल हैं तथा निम्न वर्णित विशेष मानकों के साथ ये आम के क्लोन की प्रमाणीकरण मानक बन जाते हैं।
- सामान्य मानकों को निम्नलिखित रुप से अवधारित किया जाता है जोकि विशेषकर आम के अनुप्रयोग में सम्मिलित किया जा सके।
- सामान्य मानकों के सारे प्रमाणित क्लोन को अलैंगिक प्रजनन विधि जैसे वीनियर उपरोपण (Veneer Grafting), कोमल लकड़ी उपरोपण (Softwood Grafting), पत्रोपकरिक उपरोपण (Epicotyle Grafting) अथवा भेट उपरोपण (Inarching Grafting) द्वारा उत्पादित किया जाता है।

(II) **भूमि** – आम के अलैंगिक प्रवर्धन हेतु भूमि को स्वैच्छिक (Volunteer) पौधों से मुक्त होना चाहिए।

(III) प्रक्षेत्र निरीक्षण

- **मूल वृंत (Root Stock)**– मूल वृंत उपरोपण चरण के पूर्व एक निरीक्षण अतिआवश्यक है।
- **मातृ पौध/सांकुरडाली (Scion)** – मातृपौध स्वस्थ, जनकों के सत्य अनुरुपता दर्शाने वाले तथा रोगाणु एवं कीटाणु मुक्त होने चाहिए। वृक्षों को प्रमाणीकरण अभिकर्ता द्वारा प्रमाणित होना चाहिए तथा पौधशाला अधिकारी के पास उसका प्रमाण पत्र होना चाहिए। फल के परिपक्व होने के समय कम

से कम एक निरीक्षण आवश्यक है जिससे मातृवृक्षों के फलों की गुणवत्ता तथा स्वास्थ्य के बारे में जानकारी प्राप्त होती है।

- **उपरोपित क्लोनस्–** जब क्लोन विशिष्ट आकार एवं आयु के हो जाते हैं तब उनकी बिक्री से पूर्व एक निरीक्षण जरुरी है ताकि संबद्ध कारकों की अभिपुष्टि की जा सके। स्टोन उपरोपण विधि में निरीक्षण 45–60 दिन पहले की जाती है, नरम लकड़ी उपरोपण (Soft Wood Grafting) विधि में 6 माह में तथा विनीयर एवं एपरोच (Approach) विधि में 1 वर्ष की अवधि में निरीक्षण आवश्यक है।

(IV) प्रक्षेत्र मानक (Field Standards)

- **सामान्य मांग (General Requirement)**

1. **पृथक्कीकरण:** क्लोनीय प्रवर्धित प्लॉट को बाकि संदूषित कारकों (Contaminants) से अलग रखना चाहिए।

(2) नींबू वर्गीय (Citrus Group)

(A) **स्वीट ऑरेन्ज (*Citrus sinensis* Osbeck)**

(I) सामान्य क्लोन प्रमाणीकरण मानकों के अनुप्रयोग एवं आवर्धन (Application and Amplification of General Clone Certification Standards)

- सामान्य वंशक्रम (क्लोन) प्रमाणीकरण मानक बुनयादी एवं सरल हैं तथा अधोलिखित मानकों के साथ ये स्वीट ऑरेन्ज के क्लोन की प्रमाणीकरण मानक बन जाते हैं।

- सामान्य मानकों को निम्नलिखित रुप से अवधारित किया जाता है ताकि विशेषकर स्वीट ऑरेन्ज के अनुप्रयोग में लाया जा सके।

- सभी प्रमाणित क्लोन अलैंगिक जनन विधि जैसे ढाल कलिकायन (Shield Budding) अथवा पैबन्दि कलिकायन (Patch Budding) द्वारा तैयार किये जाते हैं।

(II) **भूमि** – स्वीट ऑरेन्ज के क्लोनीय प्रवर्धन हेतु भूमि को स्वैच्छिक (Volunteer) पौधों से मुक्त होना चाहिए।

(III) प्रक्षेत्र निरीक्षण (Field Inspection)

- **मूल वृंत (Root Stock)**– मूल वृंत ''रंगपूरी लाईम'' अथवा ''रफ लेमन'' प्रजाति के होने चाहिए। कलिकायन (Budding) के पूर्व जब मूलवृंत कलिका लगाने के चरण (Stage) में पहुँच जाये तब एक निरीक्षण आवश्यक है।
- **मातृ पौध (Mother Plant)/शाख (Scion)** – मातृपौध स्वस्थ, जनकों से सत्य अनुरुपता दर्शाने वाले तथा रोगाणु एवं कीटाणु मुक्त होने चाहिए। वृक्षों का प्रमाणीकरण अभिकर्ता द्वारा प्रमाणित होना चाहिए। कम से कम एक निरीक्षण फल के परिपक्व के समय जरुर होना चाहिए इससे मातृवृक्षों के फलों की गुणवत्ता तथा स्वास्थ्य के बारे में जानकारी प्राप्त हो जाती है।
- **कलिका क्लोन**– जब क्लोन निर्दिष्ट आकार को सत्यापित करने के लिए विशिष्ट कारकों को दर्शाये तब विक्रय से पूर्व दो निरीक्षण आवश्यक हैं।

(IV) प्रक्षेत्र मानक (Field Standards)

(A) सामान्य मांग (General Requirements)

1. **पृथक्कीकरण**: क्लोनीय प्रवर्धित प्लॉट को बाकि संदूषित कारकों (Contaminants) से अलग रखना चाहिए।

संदूषित कारक (Contaminants)	न्यूनतम दूरी (मीटर में)	
	आधार	प्रमाणित
अन्य प्रभेदों के प्रक्षेत्र	3	3
सम प्रभेदों के प्रक्षेत्र किंतु जो प्रमाणीकरण के लिए प्रभेद शुद्धता की मांग की पुष्टि न कर रहे हों	3	3

स्रोत: Proceedings of the 13th Meeting of the Technical Committee of the Central Seed Certification Board, 21st March 2006, held at APSSDC Hyderabad. Govt. of India, Ministry of Agriculture (Department of Agriculture & Cooperation). 2006 Letter No. 18-3/2005/SD I, Dated 18.4.2006.

2. **दूरी**: पौधों से पौधों की दूरी 25 से.मी. तथा कतार से कतार की दूरी 40 से.मी.
3. **खेत चक्र (Field Rotation)**: लगातार दो वर्ष स्वीट ऑरेन्ज लगाने के पश्चात पौधशाला को दूसरे प्रक्षेत्र में परिभ्रमित करना चाहिए।

(B) विशिष्ट मानक (Specific Standards)

कारक	अधिकतम अनुमेय (प्रतिशत)*	
	आधार	प्रमाणित
निष्फल प्रकार	कोई नहीं	0.10
विषाणु ग्रसित पौधे	कोई नहीं	कोई नहीं

* निष्फल प्रकार के पौधों का मानक अंतिम निरीक्षण के समय निर्धारित करें

स्रोत : Proceedings of the 13th Meeting of the Technical Committee of the Central Seed Certification Board, 21st March 2006, held at APSSDC Hyderabad. Govt. of India, Ministry of Agriculture (Department of Agriculture & Cooperation). 2006 Letter No. 18-3/2005/SD I, Dated 18.4.2006.

(IV) क्लोन की विशेषताएँ (Characteristic of Clone)

आधार एवं प्रमाणित श्रेणी के क्लोन का विशिष्ट आकार निम्न प्रकार के होने चाहिए

- मूल वृंत का व्यास 0.6–1.0 से.मी. होना चाहिए
- कलिकायन की उंचाई 15–20 से.मी. पर होनी चाहिए
- कलिका संयोजन के 10 से. मी. उपर कलिकायन का व्यास 1.0–1.25 से.मी. तक होना चाहिए तथा कलिका की उंचाई 30–50 से.मी. होनी चाहिए
- कलिकायन क्लोन को भूस्तरी मुक्त होना चाहिए
- क्लोन लॉट में ऐसे क्लोन जो विशिष्ट आकार की अभिपुष्टि न कर रहे हों, उनकी संख्या 5.0 प्रतिशत से अधिक नहीं होनी चाहिए

(V) क्लोन मानक (Clone Standards)

कारक	मानक	
	आधार	प्रमाणित
शुद्ध जीवित क्लोन (न्यूनतम)	99.5 प्रतिशत (संख्या में)	98.0 प्रतिशत (संख्या में)
अन्य जीवित पौधे मूल वृंत सम्मिलित (अधिकतम)	0.5 प्रतिशत (संख्या में)	2 प्रतिशत (संख्या में)
विषाणु ग्रसित पौधे	कोई नहीं	कोई नहीं
जीवित रहने की न्यूनतम सीमा	90 प्रतिशत	90 प्रतिशत

स्रोत : Proceedings of the 13th Meeting of the Technical Committee of the Central Seed Certification Board, 21st March 2006, held at APSSDC Hyderabad. Govt. of India, Ministry of Agriculture (Department of Agriculture & Cooperation). 2006 Letter No. 18-3/2005/SD I, Dated 18.4.2006.

संतरा (Mandarin) (*Citrus reticulata* Blanco)

(I) सामान्य क्लोन प्रमाणीकरण मानकों के अनुप्रयोग एवं आवर्धन (Application and Amplification of General Clone Certification Standards)

- सामान्य क्लोन प्रमाणीकरण मानक बुनयादी एवं सरल हैं तथा अधोलिखित विशेष मानकों के साथ ये संतरा के क्लोन के प्रमाणीकरण मानक बन जाते हैं।

- सामान्य मानकों को निम्नलिखित रुप से अवधारित किया जाता है ताकि विशेषकर संतरा के अनुप्रयोग में लाया जा सके।

- सारे प्रमाणित क्लोन अलैंगिक जनन विधि जैसे ढाल कलिकायन (Shield Budding) अथवा पैबन्दि कलिकायन (Patch Budding) द्वारा तैयार किये जाते हैं।

(II) **भूमि** – संतरा के क्लोनीय प्रवर्धन हेतु भूमि को स्वयंसेवक (Volunteer) पौधों से मुक्त होना चाहिए।

(III) **प्रक्षेत्र निरीक्षण (Field Inspection)**

- **मूल वृंत (Root Stock)**– मूल वृंत को "रंगपूरी लाईम" अथवा "रफ लेमन" प्रजाति का होना चाहिए। कलिकायन (budding) के पूर्व जब मूलवृंत कलिका लगाने के चरण में पहुँच जाये तब एक निरीक्षण आवश्यक है।

- **मातृपौध (Mother Plant)/शाख (Scion)** – मातृपौध स्वस्थ, जनकों से सत्य अनुरुपता दर्शाने वाला तथा रोगाणु एवं कीटाणु मुक्त होने चाहिए। वृक्षों को प्रमाणीकरण अभिकर्ता द्वारा प्रमाणित होना चाहिए। कम से कम एक निरीक्षण फल के परिपक्व होने समय जरुर होना चाहिए इससे मातृवृक्षों के फलों की गुणवत्ता तथा स्वास्थ्य के बारे में जानकारी प्राप्त हो जाती है।

- **कलिकायन क्लोन (Budded Clone)**– जब क्लोन निर्दिष्ट आकार को सत्यापित करने के लिए विशिष्ट कारकों को दर्शाये तब विक्रय से पूर्व दो निरीक्षण आवश्यक हैं।

(IV) **प्रक्षेत्र मानक (Field Standards)**

सामान्य मांग (General Requirements)

1. **पृथक्कीकरण**: क्लोनीय प्रवर्धित प्लॉट को बाकि संदूषित कारकों (Contaminants) से अलग रखना चाहिए।

संदूषित कारक (contaminants)	न्यूनतम दूरी (मीटर में)	
	आधार	प्रमाणित
अन्य प्रभेदों के प्रक्षेत्र	3	3
सम प्रभेदों के प्रक्षेत्र किंतु जो प्रमाणीकरण के लिए प्रभेद शुद्धता की मांग की पुष्टि न कर रहे हों	3	3

स्रोत : Proceedings of the 13th Meeting of the Technical Committee of the Central Seed Certification Board, 21st March 2006, held at APSSDC Hyderabad. Govt. of India, Ministry of Agriculture (Department of Agriculture & Cooperation). 2006 Letter No. 18-3/2005/SD I, Dated 18.4.2006.

2. **दूरी (Distance)**: पौधों से पौधों की दूरी 25 से.मी. तथा कतार से कतार की दूरी 40 से.मी.
3. **खेत चक्र (Field Rotation)**: लगातार दो वर्ष स्वीट संतरा लगाने के पश्चात पौधशाला को दूसरे प्रक्षेत्र में परिभ्रमित करना चाहिए।

(C) विशिष्ट मानक (Specific Standards)

कारक	अधिकतम अनुमेय (प्रतिशत)*	
	आधार	प्रमाणित
निष्फल प्रकार	कोई नहीं	0.10
विषाणु ग्रसित पौधे	कोई नहीं	कोई नहीं

* निष्फल प्रकार के पौधों का मानक अंतिम निरीक्षण के समय निर्धारित करें

स्रोत : Proceedings of the 13th Meeting of the Technical Committee of the Central Seed Certification Board, 21st March 2006, held at APSSDC Hyderabad. Govt. of India, Ministry of Agriculture (Department of Agriculture & Cooperation). 2006 Letter No. 18-3/2005/SD I, Dated 18.4.2006.

(V) क्लोन की विशेषताएँ (Characteristic of Clone)

आधार एवं प्रमाणित श्रेणी के क्लोन का विशिष्ट आकार निम्न प्रकार के होने चाहिए

- मूल वृंत का व्यास 0.6–1.0 से.मी. होना चाहिए
- कलिकायन की उंचाई 15–20 से.मी होनी चाहिए
- कलिका संयोजन के 10 से. मी. ऊपर कलिकायन का व्यास 1.0–1.25 से. मी. तक होना चाहिए तथा कलिका की ऊंचाई 40–60 से.मी. होनी चाहिए
- कलिकायन क्लोन को भूस्तरी मुक्त होना चाहिए
- क्लोन लॉट में ऐसे क्लोन जो विशिष्ट आकार की अभिपुष्टि न कर रहे हों, उनकी संख्या 5.0 प्रतिशत से अधिक नहीं होनी चाहिए।

(VI) **क्लोन मानक (Clone Standards)**

कारक	मानक	
	आधार	प्रमाणित
शुद्ध जीवित क्लोन (न्यूनतम)	99.5 प्रतिशत (संख्या में)	98.0 प्रतिशत (संख्या में)
अन्य जीवित पौधे मूल वृंत सम्मिलित (अधिकतम)	0.5 प्रतिशत (संख्या में)	2 प्रतिशत (संख्या में)
विषाणु ग्रसित पौधे	कोई नहीं	कोई नहीं
जीवित रहने की न्यूनतम सीमा	90 प्रतिशत	90 प्रतिशत

स्रोत : Proceedings of the 13th Meeting of the Technical Committee of the Central Seed Certification Board, 21st March 2006, held at APSSDC Hyderabad. Govt. of India, Ministry of Agriculture (Department of Agriculture & Cooperation). 2006 Letter No. 18-3/2005/SD I, Dated 18.4.2006.

(C) खट्टी नारंगी (Acid lime) (*Citrus aurantium* Sweingle)

(I) **सामान्य क्लोन प्रमाणीकरण मानकों के अनुप्रयोग एवं आवर्धन (Application and Amplification of General Clone Certification Standards)**

- सामान्य क्लोन प्रमाणीकरण मानक बुनयादी एवं सरल हैं तथा अधोलिखित विशेष मानकों के साथ ये खट्टी नारंगी के क्लोन के प्रमाणीकरण मानक बन जाते हैं।
- सामान्य मानकों को निम्नलिखित रुप से अवधारित किया जाता है ताकि विशेषकर खट्टी नारंगी के अनुप्रयोग में लाया जा सके।

- सारे प्रमाणित क्लोन अलैंगिक जनन विधि जैसे दाब कलम (Layering) अथवा नाभकिय बीज (Nucellar Seeds) द्वारा तैयार किये जाते हैं।

(II) **भूमि** – खट्टी नारंगी के क्लोनीय प्रवर्धन हेतु भूमि को स्वैच्छिक (Volunteer) पौधों से मुक्त होना चाहिए।

(III) **प्रक्षेत्र निरीक्षण**

- **मूल वृंत (Root Stock)**– मूल वृंत को ''रंगपूरी लाईम'' अथवा ''रफ लेमन'' प्रजाति का होना चाहिए। कलिकायन (budding) के पूर्व जब मूलवृंत कलिका लगाने के चरण में पहुँच जाये तब एक निरीक्षण आवश्यक है।
- **क्लोन– कलम/नाभिकीय पौध (Layers/Nucellar Seedlings)**– जब क्लोन निर्दिष्ट आकार को सत्यापित करने के लिए विशिष्ट कारकों को दर्शायें तब विक्रय से पूर्व दो निरीक्षण आवश्यक हैं।

(IV) **प्रक्षेत्र मानक (Field Standards)**

- **सामान्य मांग (General Requirements)**

1. पृथक्कीकरण: क्लोनीय प्रवर्धित प्लॉट को बाकि संदूषित कारकों (Contaminants) से अलग रखना चाहिए।

संदूषित कारक (Contaminants)	**न्यूनतम दूरी (मीटर में)**	
	आधार	**प्रमाणित**
अन्य प्रभेदों के प्रक्षेत्र	3	3
सम प्रभेदों के प्रक्षेत्र किंतु जो प्रमाणीकरण के लिए प्रभेद शुद्धता की मांग की पुष्टि न कर रहे हों	3	3

स्रोत : Proceedings of the 13th Meeting of the Technical Committee of the Central Seed Certification Board, 21st March 2006, held at APSSDC Hyderabad. Govt. of India, Ministry of Agriculture (Department of Agriculture & Cooperation). 2006 Letter No. 18-3/2005/SD I, Dated 18.4.2006.

2. **दूरी (Distance)**: पौधों से पौधों की दूरी 25 से.मी. तथा कतार से कतार की दूरी 30 से.मी.

3. **खेत चक्र (Field Rotation)**: लगातार दो वर्ष खट्टी नारंगी लगाने के पश्चात पौधशाला को दूसरे प्रक्षेत्र में परिभ्रमित करना चाहिए।

(B) विशिष्ट मानक (Specific Standard)

कारक	अधिकतम अनुमेय (प्रतिशत)*	
	आधार	प्रमाणित
निष्फल प्रकार	कोई नहीं	0.10
विषाणु ग्रसित, कैन्कर एवं ग्रीनिंग पौधे	कोई नहीं	कोई नहीं

* निष्फल प्रकार के पौधों का मानक अंतिम निरीक्षण के समय निर्धारित करें

स्रोत : Proceedings of the 13th Meeting of the Technical Committee of the Central Seed Certification Board, 21st March 2006, held at APSSDC Hyderabad. Govt. of India, Ministry of Agriculture (Department of Agriculture & Cooperation). 2006 Letter No. 18-3/2005/SD I, Dated 18.4.2006.

(V) क्लोन की विशेषताएँ (Characteristic of Clone)

आधार एवं प्रमाणित श्रेणी के क्लोन का विशिष्ट आकार निम्न प्रकार के होने चाहिए

- मूल वृंत का व्यास 0.6–1.0 से.मी. होना चाहिए
- क्लोन की उंचाई 20–40 से.मी. होनी चाहिए
- क्लोन लॉट में ऐसे क्लोन जो विशिष्ट आकार की अभिपुष्टि न कर रहे हों, उनकी संख्या 5.0 प्रतिशत से अधिक नहीं होनी चाहिए

(VI) क्लोन मानक (Clone Standards)

कारक	मानक	
	आधार	प्रमाणित
शुद्ध जीवित क्लोन (न्यूनतम)	99.5 प्रतिशत (संख्या में)	98.0 प्रतिशत (संख्या में)
अन्य जीवित पौधे मूल वृंत सम्मिलित (अधिकतम)	0.5 प्रतिशत (संख्या में)	2 प्रतिशत (संख्या में)
विषाणु ग्रसित पौधे	कोई नहीं	कोई नहीं
जीवित रहने की न्यूनतम सीमा	90 प्रतिशत	90 प्रतिशत

Source: Proceedings of the 13th Meeting of the Technical Committee of the Central Seed Certification Board, 21st March 2006, held at APSSDC Hyderabad. Govt. of India, Ministry of Agriculture (Department of Agriculture & Cooperation). 2006 Letter No. 18-3/2005/SD I, Dated 18.4.2006.

(3) अमरुद (Guava) (*Psidium guava* L.)

(I) **सामान्य क्लोन प्रमाणीकरण मानकों के अनुप्रयोग एवं आवर्धन (Application and Amplification of General Clone Certification Standards)**

- सामान्य क्लोन प्रमाणीकरण मानक बुनयादी एवं सरल हैं तथा अधोलिखित विशेष मानकों के साथ ये अमरुद के क्लोन के प्रमाणीकरण मानक बन जाते हैं।
- सामान्य मानकों को निम्नलिखित रुप से अवधारित किया जाता है ताकि विशेषकर अमरुद के अनुप्रयोग में लाया जा सके।
- सारे प्रमाणित क्लोन अलैंगिक जनन विधि जैसे पैबन्दि कलिकायन (Pach Budding) अथवा छल्ला कलिकायन (Ring Budding), स्टूलिंग, चापी या दाब कलम, गुटी द्वारा तैयार किये जाते हैं।

(II) **भूमि** – अमरुद के क्लोनीय प्रवर्धन हेतु भूमि को स्वैच्छिक (Volunteer) पौधों से मुक्त होना चाहिए।

(III) **प्रक्षेत्र निरीक्षण (Field Inspection)**

- **मूल वृंत (Root Stock)**– मूल वृंत को रंगपूरी लाईम अथवा रफ लेमन प्रजाति का होना चाहिए। कलिकायन (budding) के पूर्व जब मूलवृंत कलिका लगाने के चरण में पहुँच जाये तब एक निरीक्षण आवश्यक है।
- **मातृ पौधे (Mother Plant)/शाख (Scion)** – मातृपौध स्वस्थ, जनकों से सत्य अनुरुपता दर्शाने वाला तथा रोगाणु एवं कीटाणु मुक्त होने चाहिए। वृक्षों को प्रमाणीकरण अभिकर्ता द्वारा प्रमाणित होना चाहिए। कम से कम एक निरीक्षण फल के परीपक्व होने समय जरुर होना चाहिए इससे मातृवृक्षों के फलों की गुणवत्ता तथा स्वास्थ्य के बारे में जानकारी प्राप्त हा जाती है।
- **क्लोन (Budded/Grafted/Stool layers/Air layers)**– जब क्लोन निर्दिष्ट आकार को सत्यापित करने के लिए विशिष्ट कारकों को दर्शायें तब विक्रय से पूर्व दो निरीक्षण आवश्यक हैं।

(IV) प्रक्षेत्र मानक (Field Standards)

सामान्य मांग (General Requirements)

1. **पृथक्कीकरण:** क्लोनीय प्रवर्धित प्लॉट को बाकि संदूषित कारकों (Contaminants) से अलग रखना चाहिए।

संदूषित कारक (contaminants)	न्यूनतम दूरी (मीटर में)	
	आधार	प्रमाणित
अन्य प्रभेदों के प्रक्षेत्र	3	3
सम प्रभेदों के प्रक्षेत्र किंतु जो प्रमाणीकरण के लिए प्रभेद शुद्धता की मांग की पुष्टि न कर रहे हों	3	3

Source: Proceedings of the 13th Meeting of the Technical Committee of the Central Seed Certification Board, 21st March 2006, held at APSSDC Hyderabad. Govt. of India, Ministry of Agriculture (Department of Agriculture & Cooperation). 2006 Letter No. 18-3/2005/SD I, Dated 18.4.2006.

2. **दूरी (Distance):** पौधों से पौधों की दूरी 20 से.मी. तथा कतार से कतार की दूरी 30 से.मी.
3. **खेत चक्र (Field Rotation):** लगातार तीन वर्ष अमरुद लगाने के पश्चात पौधशाला को दूसरे प्रक्षेत्र में परिभ्रमित करना चाहिए।

(B) विशिष्ट मानक (Specific Standards)

कारक	अधिकतम अनुमेय (प्रतिशत)*	
	आधार	प्रमाणित
निष्फल प्रकार	कोई नहीं	0.10
विषाणु ग्रसित, कैन्कर एवं ग्रीनिंग पौधे	कोई नहीं	कोई नहीं

* निष्फल प्रकार के पौधों का मानक अंतिम निरीक्षण के समय निर्धारित करें

Source: Proceedings of the 13th Meeting of the Technical Committee of the Central Seed Certification Board, 21st March 2006, held at APSSDC Hyderabad. Govt. of India, Ministry of Agriculture (Department of Agriculture & Cooperation). 2006 Letter No. 18-3/2005/SD I, Dated 18.4.2006.

(V) क्लोन की विशेषताएँ (Characteristic of Clone)

आधार एवं प्रमाणित श्रेणी के क्लोन का विशिष्ट आकार निम्न प्रकार के होने चाहिए

- मूल वृंत का व्यास 0.75–1.0 से.मी. होना चाहिए
- उपरोपण की उंचाई 10–15 से.मी. होनी चाहिए
- उपरोपण संयोजन (Graft Union) 10 से.मी. से उपर व्यास के पैबन्दि तथा भूमि से 10 से.मी. उपर स्वमूल पौधों को 1.00–1.25 से.मी. तथा उंचाई 50–75 से.मी. की होनी चाहिए
- उपरोपित क्लोन को अंतः भूस्तरी मुक्त होना चाहिए
- क्लोन लॉट में ऐसे क्लोन जो विशिष्ट आकार की अभिपुष्टि न कर रहे हों, उनकी संख्या 5.0 प्रतिशत से अधिक नहीं होनी चाहिए

(VI) क्लोन मानक (Clone Standards)

कारक	मानक	
	आधार	प्रमाणित
शुद्ध जीवित क्लोन (न्यूनतम)	99.5 प्रतिशत (संख्या में)	98.0 प्रतिशत (संख्या में)
अन्य जीविज पौधे मूल वृंत सम्मिलित (अधिकतम)	0.5 प्रतिशत (संख्या में)	2 प्रतिशत (संख्या में)
विषाणु ग्रसित पौधो	कोई नहीं	कोई नहीं
जीवित रहने की न्यूनतम सीमा	90 प्रतिशत	90 प्रतिशत

स्रोत : Proceedings of the 13th Meeting of the Technical Committee of the Central Seed Certification Board, 21st March 2006, held at APSSDC Hyderabad. Govt. of India, Ministry of Agriculture (Department of Agriculture & Cooperation). 2006 Letter No. 18-3/2005/SD I, Dated 18.4.2006.

मूल वृंतों का मानकीकरण (Standardization of Rootstocks)

1. आम की पौधशाला हेतु **कुरुकन (Kurukkan)** प्रजाति जोकि लवण के लिए सहनशील है तथा **वेलाईकोलम्बन (Vellaikolumban)** जोकि फल वृक्ष को छोटा करने हेतु (Inducing dwarfing) की पहचान की गई है

2. नींबू वर्गीय प्रजातियों में **संतरा (Sweet orange)** के लिए उन्नत मूल वृंत (Improved rootstock) जैसे कि **क्लेयोपैटरा मैंडरीन (Cleopatra mandarin)** लाल रक्त (Blood red) के लिए, **पैक्टिनीफेरा (Pectinifera)** मौसंबी के लिए तथा **ट्रायर सिटरेंज (Troyer citrange)** किनो मेंडरीन (Kinnow mandarin) के लिए संस्तुति की गई है।

3. अमरुद की पौधशाला हेतु पूसा सृजन (Pusa Srijan) तथा पीसीडीयम फ्रेडरिकथेलिएनम (Psidium friedrichthalianum) जोकि उक्टा रोग (Wilt) के लिए सहनशील है तथा छोटे फल वृक्षों हेतु, की संस्तुति की गई है।

4. अंगूर की पौधशाला हेतु डौगरिज ए तथा बी (Dogridge A and B) तथा साल्ट क्रीक इत्यादि की संस्तुति लवण तथा सूत्रकर्मी प्रभावित क्षेत्रों के लिए की गई है।

—xxx—

14

बीज विपणन (Seed Marketing)

गेहूँ व धान की बौनी किस्मों व मक्का, ज्वार तथा बाजरे की संकर किस्मों के प्रादुर्भाव के परिणामस्वरुप भारतीय कृषि में बीसवीं शताब्दी के सातवें दशक में हरित–क्रान्ति का जन्म हुआ, जिससे किसानों में उन्नत किस्मों के बीजों के प्रयोग के प्रति जागरुकता पैदा हुई। लेकिन आज भी उन्नत किस्मों के बीजों की पूर्ति माँग की अपेक्षा बहुत कम है। हाल ही में कृषि अनुसंधान एवं कृषि शिक्षा विभाग (DARE-ICAR) की कृषि सम्बन्धी स्थायी समिति ने कहा है कि देश के कई भागों में उच्च गुणवत्तायुक्त बीजों की कमी है एवं उनके उत्पादन तथा वितरण/विपणन के बीज व्यापक असंतुलन है। अच्छे बीजों की उपलब्धता और विपणन उन्हीं क्षेत्रों तक सीमित है जोकि हरित–क्रन्ति से प्रभावित क्षेत्र रहे हैं। समिति ने यह भी कहा है कि कृषि अनुसंधानों को खेत तक पहुँचाने में भारी समायान्तराल (Time gap) है।यद्यपि राष्ट्रीय बीज निगम ने इस दिशा में अभूतपूर्व कार्य किया है, फिर भी बीजोत्पादन, प्रसंस्करण एवं विपणन के रुप में व्यवसाय के लिये विशाल एवं व्यापक क्षेत्र विद्यमान है।

बीजों का उत्पादन विशेष फसल/प्रजाति/क्षेत्र की मांग के अनुसार तथा उसकी आवश्यकता के स्थान पर होना आवश्यक है। इसके लिये ऐसी व्यवस्था होनी चाहिए, जिससे प्रत्येक किसान को आवश्यकतानुसार उच्च गुणवत्ता–सम्पन्न बीज उचित समय एवं उचित मूल्य पर सुलभ हों। इसके लिये पूरे क्षेत्र की आवश्यकता, बाजार की स्थिति और विपणन तथा वितरण की व्यवस्था पर पूरा–पूरा ध्यान देना आवश्यक है, जो विभिन्न स्तरों पर स्थापित समितियों या इकाइयों के माध्यम से किया जाना चाहिये। निजी बीज वितरकों व विक्रेताओं की नियुक्ति भी बीजों के वितरण के लिये एक प्रभावशाली माध्यम है। हर समय, हर मौसम में, दूर–दूर तक बीजों को बड़े पैमाने पर भेजने के लिये सुदृढ़ परिवहन की व्यवस्था भी अतिआवश्यक है। इस प्रकार बीज विपणन, बीज उद्योग का एक महत्वपूर्ण अंग है। बीज विपणन में बीज उत्पादन का मांग और पूर्ति से सम्बन्ध, विपणन के अभिकरणों (Agencies) एवं वितरण के माध्यमों का अध्ययन किया जाता है।

बीज विपणन के प्रमुख घटक (Major Components of Seed Marketing)

(1) बीज की मांग का पूर्वानुमान (Forecasting of Seed Demand)

योजनाबद्ध कृषि उत्पादन के लिये बीज की मांग का पूर्वानुमान बहुत ही महत्वपूर्ण है। बीज की आपूर्ति, उसकी किस्म, मात्रा, गुणता, मूल्य, स्थान तथा समय की दृष्टि से वर्तमान तथा भविष्य की संभावित मांग के अनुसार होनी आवश्यक है। इससे उत्पादन तथा वितरण की योजना बनाने में सहायता मिलती है, जिससे बीजों की कमी का समाना न करना पड़े तथा मूल्य एवं लाभ स्थिर रहें। अल्पकालीन पूर्वानुमान विक्रेताओं के लिये कोटा निर्धारित करने तथा मूल्य एवं अल्पकालिक नितीयों में संशोधन करने में सहायक होते हैं, जबकि दीर्घकालिक पूर्वानुमान पूंजी निवेश सम्बन्धी निर्णय करने तथा उत्पादन एवं भंडारण इकाइयों के लिये स्थान के सम्बन्ध में योजना बनाने तथा विपणन की आधारभूत संरचना (Infrastructure) को विकसित करने के लिये महत्वपूर्ण होती है। किस्मों के बीज की अल्पकालिक मांग और उत्पादन की परियोजना केन्द्रीय कृषि मंत्रालय में राज्य सरकारों के बीज की अल्पकालिक मांग और उत्पादन की योजना केन्द्रीय कृषि मंत्रालय में राज्य सरकारों के सहयोग से तैयार की जाती है। राज्य सरकारों के कृषि विभागों को बीज की मांग का अनुमान लगाना पड़ता है और उसके अनुसार प्रजनक आदि को आधार बीजों लिये योजनाएँ तैयार करनी पड़ती हैं। दीर्घकालीन मांग का पूर्वानुमान करने में सांख्यिकीय तकनीकों (Statistical Techniques), जैसे–

कालश्रेणी विश्लेषण (Time Series Analysis) तथा समयश्रयण विश्लेषण (Regression Analysis) का प्रयोग किया जाता है।

मांग का पूर्वानुमान लगाने की मुख्य बातें

(क) प्रमुख फसलों में प्रत्येक का कुल क्षेत्र, बीज दर, बीजनवीकरण अवधि तथा बीज की कुल संभाव आवश्यकता का आकलन (Total Cultivated Acreage, Seed Rate, Seed Replacement Period and Assessment of Total Potential Seed Requirement of Each of the Important Crops)।

(ख) उत्पादन की उन्नत तकनीकों के प्रचार हेतु किये गये प्रसार प्रयासों का प्रभाव तथा प्रोत्साहन के लिये भावी योजनाएँ (Impact of Extention Efforts on the Introduction of Improved Production Techniques and Future Plans for Promotion)।

(ग) अधिक उपज देने वाली किस्मों के अन्तर्गत चालू क्षेत्रफल तथा पिछले वर्ष बेचे गये बीज की मात्रा (Current Average under High Yielding Varieties and Amount of Seed Sold in the Preceding Year)।

(घ) बीज की किस्म, पैकेट का आकार, पैकिंग का प्रकार, गुणता तथा मूल्य के लिये किसान की प्राथमिकताएँ (Cultivator's Preferences for Varieties, Packet Size, Kind of Packing, Quality and Price of Seeds)।

(ड.) प्रतियोगियों की संख्या और आकार (Number and Size of Competitors)।

(च) अधिक प्रभावी प्रचार तथा बिक्री प्रोत्साहन के माध्यम (Most Effective Media of Publicity and Sales Promotion)।

किसी भी फसल के बीजों की संभाव मांग का आकलन करने के लिये फसल के अन्तर्गत वर्षिक क्षेत्रफल में उस फसल की बीज दर से गुणा करने पर फसल के बीज की सकल आवश्यकता (Gross Requirement) का पता चल जाता है जिसे बीज नवीकरण अवधि से भाग देने पर शुद्ध (Net) वार्षिक आवश्यकता प्राप्त की जा सकती है। संकर बीजों की बाजार मांग का आकलन स्वयं–परागित फसलों से सरल है, क्योंकि संकर बीज प्रत्येक वर्ष बदले जाते हैं। स्वयं–परागित फसलों में प्रचलित बीजों की किस्मों को उसी प्रकार के बीजों को बदलने की संस्तुति करते हैं, परन्तु व्यवहार में ऐसा नहीं है। उन क्षेत्रों में, जहाँ बीज का उत्पादन आसान

होता है और फसल का मूल्य कम होता है, वहाँ के किसान विस्थापन (Replacement) उतनी आसानी से नहीं करते, जितना कि कमी वाले क्षेत्रों के किसान करते हैं। किसान नई किस्मों को थोड़े क्षेत्र में प्रयास करके धीरे–धीरे क्षेत्रफल बढ़ाते हैं।

बीज की मांग; बीज के मूल्य और गुणता से निर्धारित होती है। यदि बीज के मूल्य और वाणिज्यिक फसल के मूल्य में अंतर कम है तो बीज की बाजार मांग अधिक होती है, यदि अंतर अधिक है तो बाजार मांग कम होती है। अधिक उपज देने वाले बीजों को किसानों तक पहुँचाने तथा उनकी मांग को प्रभावित करने में बीज विक्रेता, प्रसार कार्यकर्ता तथा अन्य कृषि विकास संस्थाओं का बहुत योगदान होता है, जो नई प्रौद्योगिकी से किसानों को अवगत कराते हैं तथा बीज बदलने की भावना उत्पन्न करते हैं। इसके लिये वे प्रचार माध्यमों तथा प्रोत्साहन सामग्रियों; जैसे– समाचार पत्र, सूचना पत्र (News letters) पट विज्ञापन (Hoardings), सिनेमा स्लाइड, रेडियो एवं टी. वी. मेले व क्षेत्र प्रदर्शनों (Field Demonstrations) आदि का सहारा लेते हैं।

(2) बीज की पूर्ति (Supply of Seed)

भारत में बीज की पूर्ति निजी उत्पादकों, बीज निगमों तथा सहाकरी समितियों के द्वारा की जाती है।

(क) **बीज का उत्पादन (Production of Seeds)**– किसी फसल/प्रजाति के बीज की पूर्ति पर उस बीज के उत्पादन का मुख्य रुप से प्रभाव पड़ता है। यदि बीज का उत्पादन अधिक है, तो बीज की पूर्ति अच्छी तरह और पूर्ण रुप से होगी। बीज उत्पादन अत्यंत ही जटिल कार्य है। इसके लिये उच्च तकनीकी जानकारी एवं अत्याधिक वित्तीय उपलब्धता आवश्यक है, जिसके कारण यह व्यवसाय बहुत ही जोखिम भरा है। बीजोत्पादन यदि संस्तुत विधियों से किया जाये तो काफी लाभकारी सिद्ध हो सकता है। प्रायः बीज उत्पादक गुणता नियंत्रण मानकों को ठीक से पूरा नहीं करते, जिसके कारण बीज प्रमाणित नहीं होने की दशा में, उन्हें हानि उठानी पड़ती है। बीज को उत्पन्न तथा विपणन करने में लगभग 18 माह लग जाते हैं, इस अवधि में यदि प्रजनक कोई और नई किस्म का बीज निकाल देते हैं, तो उत्पादित बीज के बीज का स्थान नये बीज के द्वारा ले लिये जाने का भय रहता है।

(ख) **आधार बीज के अन्तर्गत क्षेत्र (Area under Foundation Seed)**– आधार बीजों को उत्पन्न करने का कार्य प्रारम्भ से ही राष्ट्रीय बीज निगम

के अधीन है, जो प्रारम्भ में बीज केवल केन्द्रीय फार्मों पर तैयार करता था। बाद में अनुबंधित (Sponsored) उत्पादकों के फार्मों तथा राज्य फार्मों पर भी आधार बीज तैयार किया जाने लगा।

(ग) **क्षेत्रीय भंडारण सुविधा (Regional Storage Facilities)**– किसी क्षेत्र विशेष में बीज भंडारण के उचित सुविधा न होने के कारण बीज की पूर्ति सही समय पर नहीं हो पाती है। राष्ट्रीय बीज निगम, राजकीय फार्म निगम तथा तराई बीज निगमों ने कई स्थानों पर क्षेत्रीय बीज भंडार बनाये हैं। इसके अतिरिक्त कई राज्य सरकारों ने भी बीज निगमों की स्थापना की दी है और वह अपने राज्यों में भंडारण की सुविधाएँ बना रहे हैं। एक अच्छे बीज विपणन कार्यक्रम में आंतरिक क्षेत्रों में आपातकालीन भंडारण की सुविधाएँ होना अतिआवश्यक है, जिससे आवश्यकता के समय बीज उपलब्ध कराया जा सके।

(घ) **बीज वितरण व्यवस्था (Seed Distribution System)**– बीज वितरण व्यवस्था का बीज की पूर्ति पर प्रत्यक्ष प्रभाव पड़ता है, यदि किसानों को समय पर उन्नत किस्म अथवा संकर का बीज नहीं पहुँच पाता, तो वे अपने फार्म पर उपलब्ध पुराने बीज का प्रयोग करने को विवश होते हैं। बीज के वितरण का कार्य प्रारम्भ में राज्य सरकारों के कृषि विभाग तथा सहकारी समितियाँ करती थीं, लकिन अब विभिन्न बीज निगमों ने कई प्रमुख स्थानों पर अपने वितरक नियुक्त किये हैं जहाँ बीज सुलभ हो जाता है। लेकिन इस विपणन तंत्र को अभी और विस्तृत करने की आवश्यकता है, जिससे किसी भी किसान को उन्नतशील बीजों को प्राप्त करने के लिये 15–20 किलोमीटर से अधिक न जाना पड़े।

(ङ.) **बीज विशेष का मूल्य और माँग (Price and Demand of Particular Seed)**– बीज के मूल्य और माँग का उसकी पूर्ति पर सीधा प्रभाव पड़ता है। उन्नत बीजों को लोकप्रिय बनाने के लिये यह आवश्यक है कि बीज का मूल्य न्यायसंगत हो। बीज का मूल्य अधिक होने पर सीमांत किसान वाणिज्यिक उत्पाद को बीज के रुप में प्रयोग करेंगे। साथ ही बीज–उतपादकों के हितों का भी ध्यान रखा जाना चाहिए। बीज का मूल्य वाणिज्यिक उत्पादन से अधिक ही होना चाहिये, क्योंकि उनका उत्पादन व्यय, वाणिज्यिक फसल उत्पादन से कहीं अधिक होता है। दूसरे, बीज का मूल्य वाणिज्यिक उत्पाद के समान अथवा उससे कम होने पर बीज का उपयोग वाणिज्यिक रुप में

होने लगता है। जहाँ तक बीज की माँग का प्रश्न है, किसानों की बीज की माँग प्रसुप्त (Dormant) होती है, उसको सक्रिय करने के लिये कृषि प्रसार, प्रचार तथा प्रदर्शन महत्वपूर्ण होते हैं।

(3) बीज बाजार संरचना (Seed Marketing Structure)

प्रभावी बीज वितरण व्यवस्था, बीज विपणन की सफलता की कुंजी है। बीज वितरण की कई विधियाँ देश में प्रचलित हैं–

(क) **किसान से किसान को वितरण (Farmer to Farmer Distribution)–** यह पारंपरिक प्रथा है, जिसमें किसान अपने पड़ोसियों से आवश्यक बीज की मात्रा नकद भुगतान अथवा विनिमय (Exchange) के द्वारा प्राप्त कर लेते हैं, जिसके लिये किसी औपचारिक बाजार व्यवस्था की आवश्यकता नहीं है।

(ख) **पंजीकृत उत्पादकों द्वारा वितरण (Distribution by Registered Growers)–** कुछ राज्य सरकारें बीज पंजीकृत उत्पादकों को इस अपेक्षा के साथ वितरित करती हैं, कि वे किसानों को बीज नकद अथवा विनिमय के आधार पर उपलब्ध करायेंगे। यह भी किसान वाली व्यवसथा के समान हैं।

(ग) **सहकारी समितियों के द्वारा वितरण (Distribution by Cooperatives)–** सहकारी समितियाँ किसानों को सीधे अथवा सवाई (वापसी) के आधार पर वितरित करती हैं, जिसमें सरकार भी सहायता करती है।

(घ) **कृषि विभागों द्वारा वितरण (Distribution by Departments of Agriculture)–** इस विधि में सरकार बीज खरीदकर जिला कृषि अधिकारी तथा क्षेत्र विकास अधिकारी के माध्यम से किसानों को वितरित करती है।

(ड.) **गैर–सरकारी अथवा अर्ध–सरकारी अभिकरणों द्वारा वितरण (Distribution by Non-Government or Quasi-Government Agencies)–** इस विधि में बीज वितरकों एवं बीज विक्रेताओं के फैले जाल (Network) के द्वारा बीज वितरण किया जाता है।

बीज समीक्षा दल (Seed Review Team), 1968 तथा राष्ट्रीय कृषि आयोग, 1976 ने सिफारिश की है कि राज्य सरकारों को बीज वितरण का कार्य छोड़कर, किसानों को कृषि की उन्नत विधियों द्वारा गुणता सम्पन्न बीजों के उत्पादन के

विषय में शिक्षित करने की ओर ध्यान देना चाहिये तथा राष्ट्रीय बीज निगम एवं अन्य बीज निगमों को बीज वितरण का एक जाल पूरे देश में बनाना चाहिये, जिसमें बीज के थोक एवं फुटकर विक्रेता भी सम्मिलित हों। एक प्रभावी विपणन संगठन में एक केन्द्रीय प्रकोष्ठ (Central Cell) हो तथा उसकी क्षेत्रीय इकाइयाँ प्रमुख खपत केन्द्रों में हों, जिनमें न्यूनतम संसाधन व भंडारण सुविधाएँ हों और वे संसाधन तथा थोक बिक्री के घटक के रुप में कार्य कर सकें। फुटकर बिक्री हेतु वितरक अथवा विक्रेता नियुक्त किये जा सकते हैं, जो निजी विक्रेता, सहकारी संस्थाएँ अथवा कृषि विक्रय केन्द्र आदि हो सकते हैं। केन्द्रीय प्रकोष्ठ का कार्य बीजों को संगृहीत करके, उनका संसाधन करना, पैकिंग करना तथा फुटकर विक्रेताओं को बीज का हस्तांतरण होने तक भंडारित करना है। साथ ही फुटकर विक्रेताओं की नियुक्ति, बिक्री प्रोत्साहन तथा मूल्य निर्धारण कार्य भी केन्द्रीय प्रकोष्ठ ही करता है। यह कार्य निजी फार्म भी कर सकते हैं। क्षेत्रीय इकाइयों का कार्य फुटकर विक्रेताओं को बीज तथा प्रोत्साहन की आपूर्ति करने के साथ–साथ उनका प्रशिक्षण तथा प्रचार एवं प्रोत्साहन कार्यक्रमों को चलाना है।

(4) बीज विक्रय प्रोत्साहन (Seed Sales Promotion)

बीज विक्रेता का एक महत्वपूर्ण कार्य बीजों के प्रकार के लिये माँग का निर्माण एवं वृद्धि भी है। अच्छे बीज के लिये किसान की माँग को जगाने एवं उत्तेजित करने की आवश्यकता होती है। इस कार्य में बीज फर्म/निगम तथा विक्रेता, दोनों की भगीदारी आवश्यक है। वितरक किसानों को नये जारी किये गये बीजों के गुणों को प्रदर्शित करने तथा बीज क्रय हेतु उकसाने के लिये विभिन्न प्रचार सामग्रियों का प्रयोग करते हैं। इसके अतिरिक्त, वे इन बीजों की उत्पादन संभावना को समझाने के लिये किसानों से मिलते हैं, सार्वजनिक सभाओं का आयोजन करते हैं, बीज के नमूने दिखाते हैं तथा बीज के असफल होने पर उनका पूरा धन वापस करने की गारंटी देते हैं।

बीज विक्रेताओं को क्षेत्र के मौसम, भूमि, वर्षा, सिंचाई के साधनों, उपयुक्त किस्म/किस्मों, बीज प्राप्ति के परंपरागत श्रोत किसान की वित्तीय स्थिति एवं वित्त प्राप्ति के श्रोतों आदि के विषय में ज्ञान भी, बीज की बिक्री बढ़ाने में सहायक होते हैं। इसके अतिरिक्त किसानों को समय–समय पर आवश्यक जानकारी देना व उनकी समस्याओं का निराकरण करना, उनका विश्वास प्राप्त करने के लिये आवश्यक है।

बीज मूल्य निर्धारण

बीजों के मूल्य निर्धारण करने में अन्य लागत भी संगठित होते हैं, जैसे उसके शोध एवं विकास, उत्पादन प्रसंस्करण, विपणन एवं वितरण। यह मूल्य आगे चलकर, किसानों द्वारा खरीदने की इच्छा के उत्तरदायी हैं तथा बीज कम्पनी को अच्छा लाभ भी देने के योग्य होना चाहिए। मूल्य का निर्धारण उस बाजार में अन्य प्रतियोगी पर भी निर्भर करता है। संकर किस्म तथा पारजीनी (Transgenic) बीजों में शोध एवं विकास का कार्य बीज के मूल्य निर्धारण में अहम भूमिका निभाता है, चूँकि अभी तक निजी कम्पनियाँ ही ज्यादातर इन्हें एकान्तिक मिल्कियत से उत्पादित करती है। बीज उत्पादन में लागत का भी बहुत महत्व है, जो लभग एक चौथाई बीज मूल्य का हिस्सा है, जिसमें विज्ञापन, पदोन्नति तथा वितरण साझेदार खेती जो किसानों से कराते है, लागत भी संयुक्त है जो बीज मूल्य का लगभग 20 प्रतिशत है। बीज मूल्य पर बीज को वातानुकूलित करना, बीजों को व्यवहारित करने में लागत भी संयुक्त है। राष्ट्रीय स्तर पर भारतीय बीज निगम ही बीजों के मूल्य थोक एवं खुदरा स्तर पर निर्धारित करता है।

— xxx —

15

बीज ग्राम योजना

वैकल्पिक बीज आपूर्ति प्रणाली के सुदृढ़ीकरण की प्रक्रिया के अन्तर्गत कृषि विश्वविद्यालयों, भारतीय कृषि अनुसंधान परिषद के अन्तर्गत संस्थानों, तथा कृषि विज्ञान केन्द्रों में प्रजनक/आधार बीजोत्पादन, वितरण तथा बीज उद्यमिता के विकास के कार्यक्रम का विस्तार किया गया है।

इसके अतिरिक्त बीज ग्राम योजना का वृहत स्तर पर कार्यक्रम सम्पूर्ण भारतवर्ष में लागू किया गया है। इस दिशा में बीज उत्पादन में लिप्त किसानों के प्रशिक्षण की व्यवस्था भी की गई है जिसके द्वारा वैज्ञानिक रिति से बीजोत्पादन, प्रसंस्करण, भंडारण किया जा सके। इस प्रक्रिया के परिणामस्वरुप बीज की आपूर्ति से विशेष सुधार की आशा बंधी है तथा किसानों को उचित मूल्य एवं स्थानीय स्तर पर उचित मात्रा में बीज की आपूर्ति की जा सकेगी। बीज ग्राम योजना या सघन क्षेत्रफल योजना एक दूसरे के पर्यायवाची हैं जिसके द्वारा प्रमाणीकृत बीजों का उत्पादन किया जाता है। बीज ग्राम योजना हरियाणा राज्य के **ज्योन्ती** गांव से उत्पन्न हुई। हरित क्रांति के समय वैज्ञानिकों तथा प्रशासकों के द्वारा वृहद स्तर पर छोटे कद वाली मैक्सिकन गेहूँ की प्रजातियों के बीजोत्पादन हेतु बीज गुणन की

आवश्यकता महसूस हुई। छोटे–छोटे खेतों में कम पैमाने पर बीजोत्पादन करना न तो वैज्ञानिक दृष्टिकोण से उचित था और न ही व्यवहारिक स्तर पर संभव था। परिणामस्वरुप वैज्ञानिकों ने एक ही गांव में सभी खेतों पर केवल एक ही प्रजाति के बीजोत्पादन करने हेतु किसानों को इसके लाभ समझाये। इसके मुख्य लाभों में वृहद स्तर पर एक ही गांव में बीजोत्पादन हेतु खेतों का समय–समय पर अवलोकन किया जा सके तथा पृथक्करण दूरी को भी बनाये रखा जा सके तथा इस विधि से बीज ग्राम योजना का उदय हुआ है। इस बीज ग्राम योजना योजना के निम्नलिखित लाभ हैः

1. अनावश्यक परागकणों को रोकने हेतु उचित पृथक्करण दूरी को बनाये रखा जा सकता है, इस प्रक्रिया के द्वारा वाह्य परागण को रोका जा सकता है तथा यांत्रिक रुप से विभिन्न बीजों के मिश्रण को भी कम किया जा सकता है।

2. छोट–छोटे खेतों को मिला कर एवं किसान समूह बना कर आर्थिक दृष्टिकोण से भी बीजोत्पादन करने से उचित आमदनी प्राप्त हो सकती है।

3. तकनिकी ज्ञान, फसल का अवलोकन तथा देख–रेख करने, प्रशिक्षण देने हेतु, एवं प्रत्यक्षण कार्यक्रम करने पर कम से कम आदमियों की आवश्यकता होती है।

4. आर्थिक रुप से लागत कारकों तथा कटाई उपरान्त उपज को लाने ले जाने में सुविधा होती है।

5. यदि आवश्यकता हो तो शाकनाशी, कीटनाशी, कवकनाशी, जिवाणुनाशी दवाईयों का छिड़काव वृहद स्तर पर पावर स्प्रेयर बहुत कम समय में कम लागत पर किया जा सकता है।

6. राष्ट्रीय/राजकीय स्तर पर मुलभूत सुविधाओं का विकास उदाहरणतया पानी एवं बिजली की आपूर्ति, सड़कों का निमार्ण, प्रसंस्करण एवं भंडारण इकाईयों की स्थापना तथा विपणन सुविधाओं का विकास सफलतापूर्वक किया जा सकता है।

7. बीज ग्राम योजना के द्वारा जोकि राष्ट्रीय/राजकीय स्तर पर वृहद पैमाने से लागू की गई हैं जिसका उद्देश्य बीज आवश्यकता का 15–20 प्रतिशत बीज का विस्थापन किया जा सके।

बीज ग्राम योजना का कार्यान्वयन

1. इस योजना के अर्न्तगत एक गांव के किसानों के समूह बनाये जाते हैं जिसके द्वारा कम से कम 10 हेक्टेयर क्षेत्रफल पर, कम से कम 50 किसानों का समूह एक ही सघन क्षेत्र में एक ही प्रजाति का बीजोत्पादन कर सके। एक समूह में किसानों की संख्या कम से कम 50 तथा 150 से अधिक नहीं होनी चाहिए।
2. इस योजना के अन्तर्गत आधार बीज 50 प्रतिशत अनुदान राशि पर आपूर्ति की जाती है। इस बीज की खरीददारी NSC/SSC/SFCI/Seed Cooperatives/राज्य का कृषि विभाग/राज्य के कृषि विश्वविद्यालय से की जा सकती है।
3. प्रति किसान को आधा एकड़ खेत के लिए आधार बीज की आपूर्ति सरकार द्वारा की जाती है।
4. इस योजना के अर्न्तगत एक गांव के किसानों के समूह को प्रक्षेत्र कृषि यंत्र तथा अन्य उत्पादन कारकों की आपूर्ति वरीयता के आधार पर करने की योजना।
5. इस योजना के अन्तर्गत फसल की विभिन्न अवस्थाओं में तीन प्रशिक्षण, पहला प्रशिक्षण बुआई के समय, दूसरा प्रशिक्षण पुष्प बनने की अवस्था में तथा तीसरा प्रशिक्षण फसल कटाई के उपरान्त तथा बीज प्रसंस्करण के समय ग्राम स्तर दिया जाता है।
6. इस योजना के अर्न्तगत चालित बीज प्रसंस्करण इकाईयों की आपूर्ति का भी अनुदान पर प्रावधान है।
7. इस योजना के अन्तर्गत उत्पन्न बीजों के विपणन विकास हेतु योजनाओं का क्रियान्वयन करना शामिल है।
8. इस योजना के अन्तर्गत उत्पन्न बीजों के भंडारण हेतु भंडारण सीड बीन को अनुदान राशि पर आपूर्ति कराने का भी प्रावधान है।

बीज ग्राम योजना हेतु दिशा निर्देश

परिचय

भारत में बीज ग्राम योजना सन् 1960 ई0 के मध्य से शुरु हुआ इसके बावजूद बीज विस्थापन दर सिर्फ 15 प्रतिशत तक ही पहुँच पाया है। 85 प्रतिशत बीज जो

उपयोग में लाए जा रहे हैं वो किसानों के द्वारा बचाई गई बीजें ही हैं, इसलिए यह आवश्यक हो गया है कि किसानों द्वारा संरक्षित बीजों में सुधार लाया जाये तथा उन्हें उन्नत बनाया जाये, ताकि फसल उत्पादन/उत्पादकता में यथा संभव सुधार लाया जा सके साथ ही किसानों के आत्मनिर्भता के लिए बीज उत्पादन, बीज वितरण इत्यादि पहलुओं पर विशिष्ट ध्यान देना अतिआवश्यक है। इस योजना के अन्तर्गत प्रमाणित/गुणवत्ता बीजोत्पादन हेतु पूर्ण बीज लागत की 50 प्रतिशत वित्तीय सहायता किसानों को दी जा रही है तथा आधार/प्रमाणित बीजों का वितरण किया जा रहा है एवं उन्हें बीजोत्पादन प्रौद्योगिकी का प्रशिक्षण भी दिया जा रहा है।

बीज ग्रामों में उत्पादित बीजों को अगले बिजाई के समय तक सुरक्षित रखा जाता है। किसानों को अपने प्रक्षेत्र में पूसा बीन/मिट्टी के बीन/पेपर पल्प द्वारा उत्पादति बीनों में अपने बीजों को सूरक्षित रखने के लिए भी वित्तीय सहायता दी जाती है।

कार्यान्वित अभिकर्ताएं (Implementing Agency)

बीज ग्राम योजना को विभिन्न राज्यों के कृषि विभाग (Department of Agriculture), कृषि विश्वविद्यालय (SAU's), कृषि विज्ञान केन्द्र (KVKs), राज्य बीज निगम (SSC), राष्ट्रीय बीज निगम (NSC), राज्य बीज प्रमाणीकरण अभिकर्ताएं (SSCA), बीज प्रमाणीकरण विभाग (Department of Seed Certification), राज्य कृषि निगम (SFCI) द्वारा कार्यान्वित किया जाता है।

पद्धति (Approach)

राज्य सरकार एवं कार्यान्वयन अभिकर्ता पूरे राज्य में ऐसे क्षेत्रों का चिन्हन करते हैं जहाँ उन्नत बीज उत्पादन कार्यक्रम किया जा सके तथा इस कार्याक्रम के अन्तर्गत झूंड पद्धति (Compact Area Approach) को चलाना चाहिए जिसमें लगभग 50 ऐसे किसानों का चुनाव किया जाता है जो एक ही फसल के बीजोत्पादन में इच्छुक होते हैं। यह कार्य कार्यान्वयन अभिकर्ता एवं सम्बन्धित राज्य के कृषि विभाग के अधिकारी/पदाधिकारियों के परामर्श द्वारा किया जाता है। झूंड पद्धति में किसानों की संख्या 50 से अधिक किन्तु 150 तक भी हो सकती है।

राज्य सरकार को यह ध्यान देना चहिए कि विभिन्न कार्यान्वयन अभिकर्ताओं के परियोजना क्षेत्र स्पष्ट एवं अलग–अलग हो ताकि जो वित्तीय सहायता दी जा

रही है उसका सदोपयोग हो सके एवं यह भी सुनिश्चत करना चाहिए कि एक जैसे ही परियोजना क्षेत्र (Duplication) न हो तथा धनराशि की भी दुर्विनियोजन न होने पाये।

कुछ कार्यान्वयन अभिकर्ताएं जैसे बीज निगम वाणिज्यिक बीज उत्पादन में भी शामिल होते हैं और यह आशा की जाती है कि वे बीज ग्राम योजना की धनराशि का उपयोग अपने समान्य वाणिज्यिक बीज उत्पादन में कार्यक्रम में नहीं कर रहे हों। इस आशय का एक प्रमाण पत्र आरंभिक प्रस्ताव में निर्धारित प्रोफॉर्मा में प्रदान करना आवश्यक होता है।

बीज ग्रामों में लगाए जानेवाले विभिन्न फसलों के प्रभेदों का चयन किसानों के सहमति से ही होता है।

हर परियोजना क्षेत्र को अधिकतम दो वर्षों तक वित्तीय सहायता दी जाती है ताकि चयनित किसान उस समय तक बीज उत्पादन प्रौद्योगिकी से परिचित हो जाएं एवं दो वर्षों के पश्चात बीज उत्पादन कार्यक्रम को स्वतंत्र रुप से ले सकें। एक क्षेत्र में परियोजना के अगर दो वर्ष पश्चात भी कार्यान्वयन अभिकर्ता कार्यक्रम को चलाए रखना चाहते हैं तो उन्हें नए झूंड क्षेत्रों (Compact area) को चयनित करना होगा ।

बीजों की आपूर्ति (Supply of Seeds)

क्षेत्र के कार्यान्वयन अभिकर्ता चयनित किसानों को 50 प्रतिशत लागत पर आधार/प्रमाणित बीज वितरित करते हैं। प्रत्येक किसान को आधे एकड़ भूमि के लिए बीज उपलब्ध कराया जाता है। राज्य में जो बीज की मांग है उसकी आपूर्ति NSC/SFCI/SAUs/SDAC इत्यादि द्वारा किया जाता है। इस परियोजना में बीजों का मूल्य निर्धारण NSC के मूल्यों पर आधारित है जो पूरे देश में एक समान ही होता है, 50 प्रतिशत की सहायता उसी के आधार पर दी जाती है।

प्रशिक्षण (Training)

बीज ग्राम में जो फसल उगाए जायेंगे सम्बन्धित कार्यान्वयन अभिकर्ता किसानों के बीच आधार/प्रमाणित बीज वितरित करते हैं, वे किसानों को बीजोत्पादन, प्रौद्योगिकी का तीन दिवसीय प्रशिक्षण चयनित किसानों को देते हैं। जिसमें से पहले दिन का प्रशिक्षण किसानों के प्रक्षेत्र में बीज बोआई के समय में

दिया जाता है। प्रशिक्षण में जो फसल किसान लगाएंगे उसके उत्पादन तकनीक, पृथक्कीकरण दूरी, प्रबन्धन कार्यक्रम आदि का प्रशिक्षण दिया जाता है।

प्रशिक्षण कार्यक्रम का दूसरा दिवस बीज फसल के पुष्प आरभंन चरण (Flower Initiation Stage) में आयोजित किया जाता है। इसमें उन्हें निष्फल प्रकार के पौधों का चयन अपवांछन विधि, पादप संरक्षण एवं कटाई इत्यादि के बारे में जानकारी दी जाती है ताकि बीज फसल की गुणता को अनुरक्षित रखा जा सके। प्रशिक्षण का तृतीय दिन कटाई के उपरान्त बीज प्रसंस्करण पर दिया जाता है, जिसके अन्तर्गत किसानों को बीजों की सफाईकरण (Seed Cleaning), बीजों की श्रेणीकरण (Seed Grading), बीजोपचार (Seed Treatment), बीज भंडारण (Seed Storage), बीज डिब्बाबंदी (Seed Packaging) इत्यादि पर दी जाती है। इसके उपरान्त उन्हें बीजों में से बीज परीक्षण हेतु कैसे प्रतिनिधि बीज प्रतिदर्श (Representative Seed Sample) लिया जाता है, वह सिखाया जाता है ताकि बीजों की अंकुरण क्षमता की जांच एवं अन्य जांच की जा सके, उनके बारे में भी जानकारी दी जाती है।

यदि कार्यान्वयन अभिकर्ता ये देखे कि उनके समूह के किसान बीजोत्पादन में बहुत ज्यादा इच्छुक है तो वे किसानों का स्वयं सहायता समूह (S.H.G.) बनावाए तथा बीज प्रसंस्करण इकाई की सुविधा कि लिए बैक एण्डेड क्रेडिट लिंक्ड स्कीम (Back Ended Credit Linked Scheme) के तहत 25 प्रतिशत अनुदान दिया जाता है।

भंडारण पात्र की आपूर्ति (Supply of Storage Bin)

बीज ग्राम में 20 कि.ग्रा. के बीज भंडारण पात्र के लिए सामान्य किसानों को @ 25 प्रतिशत जिसमें अधिकतम 2000 रु0 तक तथा SC/ST वर्ग के किसानों को @ 33 प्रतिशत जिसमें अधिकतम 3000 रु0 तक की सहायता प्रदान की जाती है तथा 10 कि.ग्रा. भार के बीज भंडारण पात्र के लिए सामान्य किसानों को @ 25 प्रतिशत जिसमें अधिकतम 1000 रु0 तक तथा SC/ST वर्ग के किसानों को @ 33 प्रतिशत जिसमें अधिकतम 1500 रु0 की धन राशि की वित्तीय सुविधा उपलब्ध कराई जाती है।

कार्यान्वयन अभिकर्ता को यह ध्यान देना होगा कि लाभ प्राप्तकर्ताओं (Beneficiaries) के पास अपने बीजों को भंडारित रखने के लिए पर्याप्त भंडारण सुविधा उपलब्ध है। लाभ प्राप्तकर्ता की मांग के अनुसार सिर्फ एक ही भंडारण पात्र

बनाने की सुविधा को उपलब्ध कराना चाहिए, किसी भी हाल में एक से अधिक भंडारण पात्र बनाने की अनुमति नहीं दी जानी चाहिए तथा उन्हीं की मांग पर कार्यान्वयन अभिकर्ताओं को राशि दी जाती है।

प्रस्ताव को स्वीकृति के लिए प्रेषित (Submission of Proposals)

सभी कार्यान्वयन अभिकर्ता जैसे NSC/SFCI अपने प्रस्ताव को सही प्रारुप (Proforma) में राज्य को प्रेषित करेंगे (Annexure I) तत्पश्चात् राज्य सरकार सभी प्रस्तावों को DAC को स्वीकृति के लिए भेजेंगे तथा सभी प्रस्तावों में राज्य सरकार के कृषि निदेशक (Director of Agriculture) की अनुमति होनी चाहिए। प्रस्तावों को बिजाई समय से कम से कम दो माह पूर्व भेजना चाहिए ताकि DAC को उन्हें कार्यान्वित करने के लिए समय मिल सके। खरीफ एवं रबी की फसलों के प्रस्तावों का क्षेत्रीय बीज निरीक्षण सभा (Zonal Seed Review Meetings) में विचार–विमर्श भी किया जाता है।

योजना निष्पादन (Monitoring of Scheme)

बीज ग्राम योजना का संचालन कृषि एवं सहकारिता विभाग का बीज खण्ड (Seed Division) द्वारा किया जाता है। कार्यान्वयन अभिकर्ताओं को त्रैमासिक प्रगति रिपोर्ट, स्पष्ट प्रोफार्मा (Annexure-II) में भेजना चाहिए।

संलग्नक – 1 (Annexure I)

क्र0 सं0	नाम एवं पता
1	कार्यान्वयन अभिकर्ता का नाम एवं पता
2	ग्रामों एवं पंचायतों के नाम एवं पता (पिन कोड सहित)
3	चिन्हित किसानों की संख्या
4	चिन्हित किसानों का नाम एवं पता तथा बीज उत्पादन का क्षेत्रफल (पूरा विवरण संलग्न करें)
5	बीज ग्राम कार्यक्रम में लिए गए फसल एवं उसके प्रभेद

Contd...

6	कुल क्षेत्रफल
7	प्रति एकड़ बीज दर
8	आधार/प्रमाणित बीज की कुल मांग
9	आधार बीज का श्रोत
10	बीज मूल्य/प्रति किलोग्राम बीज मूल्य
11	बीज लागत का 50 प्रतिशत
12	बीज ग्रामों में प्रशिक्षण हेतु धन को ा की मांग
13	बीज भंडारण पात्र को बनाने/खरीदने के लिए धन राशि सहायता की मांग
14	जिन किसानों को बीज भंडारण पात्र देने हैं, उनकी सूची
15	यदि पर्याप्त जगह नहीं है तो अन्य तथ्यों के बारे में जानकारी देने के लिए अलग कागज/पेपर का प्रयोग करें

स्थान एवं दिनांक

ह0/–
कार्यान्वयन पदाधिकारी
मुहरबंद के साथ

राज्य सरकार के उपयोग हेतु

यह प्रमाणित किया जाता है कि उपरोक्त कार्यान्वयन अभिकर्ता द्वारा प्रस्तावित बीज ग्राम कार्यक्रम की अनुमति/स्वीकृति दी जा रही है।

स्थान एवं दिनांक

ह0/–
कृषि निदेशक/उनके प्रतिनिधि/
संयुक्त कृषि निदेशक (बीज)
मुहरबंद के साथ

सेवा में,
संयुक्त सचिव (बीज)
DAC, कृषि भवन, नई दिल्ली

संलग्नक – 2 (Annexure II)

त्रैमासिक रिपोर्ट भेजने का प्रोफार्मा (Performa for Submission of Quarterly Report)

क्र0 सं0	नाम एवं पता
1	कार्यान्वयन अभिकर्ता का नाम एवं पता
2	ग्रामों एवं पंचायतों के नाम एवं पता (पिन कोड सहित)
3	चिन्हित किसानों की संख्या
4	चिन्हित किसानों का नाम एवं पता तथा बीज उत्पादन का क्षेत्रफल (पूरा विवरण संलग्न करें)
5	बीज ग्राम कार्यक्रम में लिए गए फसल एवं उसके प्रभेद
6	कुल क्षेत्रफल
7	प्रति एकड़ बीज दर
8	आधार/प्रमाणित बीज की कुल मांग
9	आधार बीज का श्रोत
10	बीज मूल्य/प्रति किलोग्राम बीज मूल्य
11	बीज लागत का 50 प्रतिशत
12	DAC द्वारा प्राप्त हुए 50 प्रतिशत बीज लागत का धन को ा (आधार/प्रमाणित)
13	बीज उपयोग (utilized) में वास्तविक धन राशि
14	कार्यक्रम में वास्तविक लागाये हुऐ बीज फसल/प्रभेद
15	तत्कालीन बीज फसल की स्थिति, दिनांक................................

Contd...

16	बीज उत्पादन की अनुमानित मात्रा
17	DAC द्वारा प्राप्त हुए धन राशि भंडारण पात्र बनाने/क्रय हेतु किसानों की सूची तथा भंडारण पात्र/बीन के लिए उपलब्ध सहायता राशि
18	अन्य जानकारी

स्थान एवं दिनांक

ह0/–
कार्यान्वयन पदाधिकारी
मुहरबंद के साथ

प्रतिलिपिः निदेशक कृषि/संयुक्त निदेशक, कृषि (बीज)
उपायुक्त (बीज), DAC, शास्त्री भवन, नई दिल्ली

— xxx —

16

बीजों से सम्बन्धित प्रायः पूछे जाने वाले कुछ प्रश्न एवं उनके उत्तर

1. बीज एवं अनाज में अन्तर

बीज एक जीवित पौध सामग्री है। जबकि अनाज (Grain) जीवित या अजीवित दोनों प्रकार का हो सकता है। कोई भी बीज न्यनूतम बीज प्रमाणीकरण मानकों (भौतिक शुद्धता, आनुवांशिक शुद्धता, अंकुरण क्षमता तथा बीमारियों एवं कीट पतंगों से मुक्त हो) को पूरा करने पर ही बीज कहलाता है। जबकि अनाज के विषय में ये मानक लागू नहीं होते। उपचार रहित बीजों को हम अनाज के रुप में प्रयोग कर सकते हैं, परन्तु अनाज को बीज के रुप में प्रयोग करने से अंकुरण क्षमता तथा उपज पर विपरीत प्रभाव पड़ सकता है।

2. अच्छे बीज की क्या विशेषताएं हैं ?

उच्च गुणवत्ता युक्त बीजों में निम्नलिखित विशेषताएं होनी चाहिए।

(i) आनुवांशिक रुप से शुद्ध (Genetic Purity)

(ii) उच्च अंकुरण क्षमता (High Germination Percentage)

(iii) भौतिक रुप से शुद्ध (Physical Purity) तथा समरुपित (Uniformity)

(iv) बीज व्याधियों से मुक्त (Free From Seed Diseases and Insect Pests)

(v) उचित बीज स्वास्थ्य (Proper Seed Health)

3. उच्च गुणवत्ता युक्त बीज का कृषि में क्या योगदान है?

उच्च गुणवत्ता युक्त बीज कृ ा का मूल आधार है। इसके अतिरिक्त बीज खाद्य कड़ी का प्रथम एवं शुरुआती बिन्दु है तथा उच्च कोटि के बीज नई तकनीकियों के संवाहक का कार्य करते हैं। अच्छे बीजों में विपरीत वातावरणीय प्रतिरोधक क्षमता के अतिरिक्त रोग एवं कीट प्रतिरोधी क्षमता का समावेश भी किया जाता है जिसके कारण उच्च कोटि के बीज किसान द्वारा अपने खेतों से बचा बीज के रुप में प्रयोग करने की तुलना में 15--20 प्रतिशत तक अधिक उपज की प्राप्ति सम्भव है। उन्नत प्रजाति के गुणवत्ता युक्त बीजों को उन्नत कृ ा प्रणाली के साथ प्रयोग करने से उपज में 45–50 प्रतिशत तक की वृद्धि संभव है। प्राकृतिक आपदा प्रबंधन की स्थिति में भी बीजों के माध्यम से ही कृषि में पुनर्वास सम्भव हो पाता है। इसके उपयोग से पौधों में बीजजनित रोग कम होते हैं तथा किसान अच्छी उपज के साथ अधिक लाभ प्राप्त कर सकते हैं।

4. प्रजनक (Breeder), आधार (Foundation) एवं प्रमाणित (Certified) बीज क्या है?

किसी भी फसल की प्रजाति जो सेन्ट्रल वेराइटी रिलीज कमिटी (CVRC) द्वारा अधिसूचित की गई हो, को बीज श्रृंखला के अन्तर्गत समावेशित कर विभिन्न सन्ततियों (प्रजनक, आधार एवं प्रमाणित बीज) के द्वारा इसका बीज गुणन करते हैं।

प्रजनक बीज (Breeder Seed)

किसी भी किस्म का प्रजनक बीज (Breeder Seed) उस किस्म को विकसित करने वाले प्रजनक (Breeder) या संस्थान द्वारा (अथवा, आवश्यक होने पर, अन्य कृषि विश्वविद्यालयों द्वारा) उत्पादित किया जाता है। इसकी आनुवांशिक शुद्धता (Genetic Purity) शत–प्रतिशत होती है। स्वपरागित फसलों की किस्मों की शुद्धता बनाए रखने के लिए उनमें प्रत्येक वर्ष या प्रत्येक कुछ वर्षों बाद समूह वरण (Mass Selection), संतक्रम परीक्षण (Progeny Test) के साथ, किया जाता है। इस प्रकार के समूह वरण से प्राप्त शुद्ध बीज को प्राथमिक बीज (Basic Seed) कहते हैं।

प्राथमिक बीज सम्बन्धित प्रजनक द्वारा उत्पन्न किया जाता है, और यह किसी भी किस्म के अन्य सभी प्रकार के बीजों का श्रोत होता है। प्रजनक बीज से आधार बीज (Foundation Seed) का उत्पादन किया जाता है।

आधार बीज (Foundation Seed)

यह प्रजनक बीज (Breeder Seed) के गुणन (Multiplication) से प्राप्त होता है। इसका उत्पादन राष्ट्रीय बीज निगम (National Seeds Corporation) के निरीक्षण में कृषि विश्वविद्यालयों, सरकारी फार्मों तथा प्रगतिशील किसानों के खेतों पर किया जाता है। इसकी आनुवांशिक शुद्धता (Genetic Purity) लगभग शत–प्रतिशत होती है।

प्रमाणित बीज (Certified Seed)

प्रमाणित बीज (certified Seed) का उत्पादन आधार, पंजीकरण या प्रमाणित बीज के गुणन द्वारा होता है। इसका उत्पादन प्रादेशिक बीज निगम (State Seeds Corporation) के निरीक्षण में प्रगतिशील किसानों के खेतों पर होता है। *इनकी गुणवत्ता की जाँच प्रमाणीकरण (certification) द्वारा की जाती है। इसीलिए इसे प्रमाणित बीज कहते हैं।* **बीज की यही श्रेणी किसानों को फसल उगाने के लिए उपलब्ध होती है।** भारतवर्ष में सामान्यता प्रमाणित बीज सीधे आधार बीज के गुणन से प्राप्त होता है।

5. सत्यापित बीज (Truthfully Labelled Seed) क्या है?

यदि किसी प्रजाति की अधिसूचना केन्द्रीय किस्म विमोचन समिति (CVRC) के द्वारा न की गई हो या जिस बीज का प्रमाणीकरण संस्था द्वारा प्रमाणीकरण नहीं किया गया हो, किन्तु वह बीज अंकुरण, उपयुक्त प्रजातिगत शुद्धता आदि की दृष्टि से प्रमाणित बीज के समतुल्य हो तथा कृषकों द्वारा प्रमाणित एवं टैगयुक्त उपयुक्त प्रजाति का उत्पादन रौगिंग कर शुद्धता, विधान/ग्रेडिंग के उपरान्त परीक्षण कर उपयुक्त अंकुरण क्षमता सुनिश्चित की गयी हो वह सत्यापित बीज की श्रेणी में आता है। इस बीज की अधिसूचना बीज अधिनियम 1966 की धारा 5 के अन्तर्गत आती है, जिसको विपणन के पहले बीज अधिनियम की धारा 6(a) एवं (b) निर्धारित रुप से चिन्हित किया जाता है।

6. प्रमाणित बीज तथा सत्यापित बीज में क्या अंतर है?

जिस बीज का प्रमाणीकरण अधिसूचित संस्था द्वारा प्रमाणीकरण नहीं किया गया हो, किन्तु वह बीज अंकुरण, उपयुक्त प्रजातिगत शुद्धता आदि की दृष्टि से प्रमाणित बीज के समतुल्य हो तथा कृषकों द्वारा प्रमाणित एवं टैगयुक्त उपयुक्त प्रजाति का उत्पादन अवांछित/व्याधिग्रस्त पौधों को निकालकर विधान/ग्रेडिंग के उपरान्त परीक्षण कर निर्धारित अंकुरण क्षमता सुनिश्चित की गयी हो वह सत्यापित बीज की श्रेणी में आता है।

प्रमाणित एवं सत्यापित बीज में अन्तर

प्रमाणित बीज	**सत्यापित बीज**
प्रमाणित बीजों की गुणवत्ता को अधिसूचित प्रमाणीकरण संस्था द्वारा सुनिश्चित किया जाता है।	सत्यापित बीजों की गुणवत्ता उत्पादक/संस्था द्वारा स्वयं सुनिश्चित किया जाता है।
प्रमाणित बीजों को न्यूनतम प्रक्षेत्र एवं बीज मानकों को संतुष्ट करना होता है।	भौतिक शुद्धता (Physical Purity) तथा अंकुरण की जाँच की जाती है।
बीज प्रमाणीकरण केवल अधिसूचित प्रभेदों/प्रकारों के लिए ही अनिवार्य है।	अधिसूचित एवं विमोचित इत्यादि प्रभेदों के लिए उपयुक्त है।
बीज प्रमाणीकरण अधिकारी एवं बीज निरीक्षक, निरीक्षण के लिए नमूना ले सकते हैं।	बीज गुणवत्ता की जांच के लिए नमूना केवल बीज निरीक्षक द्वारा ही लिया जा सकता है

स्रोत: http://seednet.gov.in/Material/Release_Notification.pdf (Translated in Hindi)

7. संकर (Hybrid) प्रभेद क्या है?

जब दो या दो से अधिक अंतः प्रजातों (inbreds)/शुद्ध वंशक्रमों के संकरण से प्राप्त F_1 पीढ़ी का फसल उगाने के लिए उपयोग किया जाता है, तो उसे संकर किस्म कहते हैं। संकर (प्रमाणित बीज) दो अंतः प्रजात क्रमों/जनकों जिसमें नर बांझ हो, के संकरण से उत्पादित पहली पीढ़ी के बीज को प्रमाणित संकर बीज कहा जाता है।

8. बौद्धिक सम्पदा अधिकार (Intellectual Property Rights-IPR) क्या है?

मनुष्यों के द्वारा की गई विभिन्न खोज एवं आविष्कार को सुरक्षा अधिकार प्रदान करने की दृष्टि से बौद्धिक सम्पदा अधिकारों का जन्म हुआ है। इस प्रकार के अधिकारों के अन्तर्गत पेटेन्ट, प्रजनक अधिकार (कृषि के क्षेत्र में), ट्रेड मार्क,

कापी राइट्स तथा सम्बन्धित डिजाइन आते हैं। इस प्रकार के प्रदत्त अधिकार साधारणतया एकाधिकार (Monopolistic rights) या विशेषाधिकार (Exclusive Rights) के द्वारा अन्य मनुष्यों को इन अधिकारों के अन्तर्गत आने वाली प्रजातियों/नस्लों/अनवेशण इत्यादि के अत्पादन, विपणन के अतिरिक्त कभी–कभी अधिकार प्रदत्त उत्पाद या प्रक्रिया के प्रयोग को रोकना शामिल है। ये अधिकार एक निश्चित अवधि के लिए प्रदान किये जाते हैं। तदोपरान्त यह उत्पाद/प्रक्रिया सार्वजनिक किये जाते हैं। इस प्रकार के अधिकार देने का उद्देश्य अन्वेषण को पुरस्कृत करना या प्रोत्साहन देना होता है।

विश्व व्यापार संगठन (WTO) के पूर्व बौद्धिक सम्पदा अधिकार (IPRs) किसी भी देश की आन्तरिक निती के अन्तर्गत समावेशित होते थे। परन्तु युरुग्वे दौर में विभिन्न वार्ताओं के पश्चात बहुपक्षीय व्यापार, 1986–94 (Multilateral Trade Negotiation-MTN's) वार्ता अप्रैल 1994 को 125 देशों की सरकार के मंत्रियों ने मार्कश (मोरक्को) में इस समझौते पर हस्ताक्षर किये, जिसके द्वारा प्रशुल्क एवं वाणिज्य पर आम सहमति (GATT) का प्रतिस्थापन विश्व व्यापार संगठन (WTO) के द्वारा हुआ। सहमती बनने के पश्चात वाणिज्य सम्बन्धित बौद्धिक संपदा अधिकार (Trade Related Intellectual Property Rights, TRIPs) को प्रभावी बनाने की दिशा में इन अधिकारों का प्रादुर्भाव हुआ। वर्तमान में सम्पूर्ण विश्व व्यापार का 92 प्रतिशत हिस्सा विश्व व्यापार संगठन (WTO) के सदस्य देशों के मध्य में होता है। 1 जनवरी 1995 से प्रशुल्क एवं वाणिज्य पर आम सहमति (GATT), व्यापार संगठन (WTO) के अन्तर्गत विलि होकर नये वाणिज्य सम्बन्धित बौद्धिक संपदा अधिकार (TRIPs) के रुप में बने समझौते तथा बाद में विश्व व्यापार संगठन (WTO) की सम्बन्धित बौद्धिक संपदा अधिकार (TRIPs) परिषद द्वारा नियंत्रित होने लगा। परम्परागत रुप में बौद्धिक सम्पदा अधिकारों को दे धाराओं (Streams) में विभाजित किया गया है। प्रथम धारा में कॉपी राईटस तथा सम्बन्धित अधिकार शामिल किये गये हैं। जोकि साहित्यकारों तथा कला के क्षेत्र में (किताबे या अन्य लेख, संगीत, कलाकृति, शिल्पकारी, चलचित्र तथा कम्प्यूटर के कार्यक्रम इत्यादि) अन्य अधिकार जोकि कॉपी राईटस अधिकारों के साथ सम्बंधित है। उदाहरणतया कलाकार, गायक, संगीतज्ञ इत्यादि जोकि प्रर्दयान करने का अधिकार है। पड़ोसी अधिकार (Neighbouring rights) की श्रेणी में आते हैं। IPR's द्वितीय धारा (Second Stream) के अन्तर्गत औद्योगिक सम्पदा की श्रेणी से सम्बंधित है। उदाहरणतया भिन्न प्रकार के चिन्ह (Sign) जोकि एक फर्म (Company) से सम्बंधित उत्पादों पर

या सेवा (Service) के लिए चिन्हित है जोकि इस प्रकार के कार्यों में संलग्न अन्य कम्पनी या फर्म के चिन्ह से अलग होते हैं 'ट्रेडमार्क' कहलाते हैं। विशेष रुप से वाणिज्य सम्बन्धित बौद्धिक संपदा अधिकार (TRIPs) के अन्तर्गत अद्योलिखित विभिन्न प्रकार के बौद्धिक सम्पदा अधिकार (TRIPs) सम्मिलित हैं।

i. कॉपी राईट्स तथा सम्बंधित अधिकार
ii. ट्रेडमार्क (Trade Mark)
iii. भौगोलिक सूचक (Geographical Indications) (Art 22 of TRIPs)
iv. औद्योगिक प्रारुप (Industrial designs)
v. पेटेन्टस (Patents)
vi. इन्टिग्रेटेड सर्किटस (Integrated Circuits)
vii. अधोषित सूचना (Undisclosed informations)

साधारणतया इसके अन्तर्गत व्यापार के रहस्य (Trade Secrets) तथा प्रायोगिक आंकड़े (Test data) सम्मिलित है। इस श्रेणी के अधिकार अन्य छः प्रकार के अधिकारों से इस आधार पर भिन्न है कि इन अधिकारों के अन्तर्गत सूचना सार्वजनिक स्तर पर उपलब्ध होती है। जबकि अधोषित सूचना के अन्तर्गत, सूचना सार्वजनिक स्तर पर उपलब्ध नहीं है।

वाणिज्य सम्बन्धित बौद्धिक संपदा अधिकार (TRIPs) लागु होने के पूर्व बौद्धिक सम्पदा अधिकारों (IPRs) का प्रयोग पेरिस परिपाटी संधि (PCT 1883–1967) के अन्तर्गत समझौते के आधार पर होता था तथा वाणिज्य सम्बन्धित बौद्धिक संपदा अधिकार (TRIPs) परिषद बौद्धिक संपदा अधिकारों को निजी अधिकारों के रुप में मान्यता देती है।

9. बौद्धिक सम्पदा अधिकारों का भारतीय कृषि पर तथा विशेष रुप से भारतीय बीज उद्योग पर क्या प्रभाव पड़ेगा

वाणिज्य सम्बन्धित बौद्धिक संपदा अधिकार (TRIPs), 1994 के अन्तर्गत प्रत्येक सदस्य देश में न्यूनतम मानकों का स्थापित करने की दिशा में तथा तथा विभिन्न देशों में बौद्धिक सम्पदा अधिकारों में "समानता" तथा एकरुपता लाने की दिशा में प्रयासों के फलस्वरुप विभिन्न संधियों का प्रादुर्भाव हुआ है जोकि अन्तर्राष्ट्रीय स्तर पर मान्य (वैध) है। इसके अतिरिक्त निम्नलिखित अन्तर्राष्ट्रीय संधियों की कृषि के क्षेत्र को प्रभावित करती हैं।

i) जैव विविधता के लिए संयुक्त राष्ट्र परिपाटी (Convention on Biological Diversity, CBD) 1992

ii) पौध आनुवांशिक संसाधन (Plant Genetic Resouce) की अन्तर्राष्ट्रीय संधि IIPGR (विश्व खाद्य एवं कृषि संगठन 2001)

iii) सेनेटरी एवं फाइट्रो सनेटेरी एग्रीमेन्ट (1994)

iv) टी. बी. टी. एग्रीमेन्ट (1994)

v) ए. ओ. ए. 1994 (Agreement on Agricultur, 1994)

vi) भौगोलिक सूचक अधिनियम 1999 (Geographical Indications Act, 1999)

भारतीय बीज उद्योग जोकि वर्तमान में लगभग 30 अधिनियम के द्वारा बीज अधिनियम नियंत्रित होता है। मुख्य रुप में अधोलिखित अधिनियम भी बीज उद्योग को प्रभावित करते हैं जिनमें प्रमुख हैं:

i) बीज अधिनियम (1966) तथा बीज नियमावली (1968)

ii) पौध प्रभेद संरक्षण एवं कृषक अधिकार अधिनियम (PPV & FR Act) 2001 तथा नियमावली (2003)

iii) राष्ट्रीय बीज नीती 2002

iv) बीज नियंत्रण आदेश 1983 (आवश्यक वस्तु अधिनियम 1955 के अन्तर्गत)

v) बीज विधेयक 2004

vi) पेटेन्ट अधिनियम (1970) तथा पेटेन्ट सुधार अधिनियम 2002, 2005

vii) पर्यावरण सुरक्षा अधिनियम 1986 (Rules Reltated to GOM's in 1989)

viii) उपभोक्ता सुरक्षा अधिनियम 1986

ix) कीट पतंगों का विनाशीकरण अधिनियम 1914 तथा पौध फल तथा बीज (आयात नियंत्रक) आदेश 1989

x) प्रदूषण रोकथाम एवं नियंत्रण अधिनियम 1981

xi) कान्ट्रेक्ट लेबर (नियंत्रक तथा उन्मुलन) अधिनियम 1970

उपरोक्त लिखित अधिनियमों के अतिरिक्त कुछ अधिनियम जोकि सार्व भौतिक स्तर पर कम्पनी, बीमा, नियोजकता, मजदूरी, ग्रेचुएटी, इत्यादि पर भी लागू होते हैं।

वाणिज्य सम्बन्धित बौद्धिक संपदा अधिकार (TRIPs) जो पहले से विकसित देशों के द्वारा ही तैयार ऐजेण्डा था, को युरुग्वे दौर की व्यापार वर्ताओं में शामिल कर विवाद को जन्म दिया गया। वास्टन में वाणिज्य सम्बन्धित बौद्धिक संपदा अधिकार (TRIPs), विश्व व्यापार संगठन (WTO) की एक पैकेज डील का हिस्सा बनाकर प्रस्तुत किया गया जिसके ऊपर विकसित एवं विकासशील देशों के बीच विवाद बढ़ा लेकिन सतत रुप से विकासशील देशों के द्वारा अन्तर्राष्ट्रीय स्तर पर प्रभाव डालने के फलस्वरुप दोहा में ' वाणिज्य सम्बन्धित बौद्धिक संपदा अधिकार (TRIPs)' तथा जन स्वास्थ के ऊपर एक समझौता हुआ। कृषि के क्षेत्र में वाणिज्य सम्बन्धित बौद्धिक संपदा अधिकार (TRIPs) के अन्तर्गत विभन्न विषयों उदाहरणतया, बीजों के लिए कृषक अधिकार, पारम्परिक ज्ञान का संरक्षण, तकनीकी स्थानान्तरण इत्यादि गम्भीर विषयों पर विकासशील देशों की चिन्ता बढ़ी है। विश्व व्यापार संगठन (WTO) के अन्तर्गत वाणिज्य सम्बन्धित बौद्धिक संपदा अधिकार (TRIPs) का प्रावधान प्रत्येक सदस्य देश द्वारा केवल न्यूनतम मानक स्तर पर बौद्धिक सम्पदा अधिकारों का संरक्षण प्रदान करना शामिल है। परन्तु कुछ विकसित सदस्य देशों द्वारा उच्चतम अन्तर्राष्ट्रीय मानकों का द्विपक्षीय व्यापार (विकसित–विकासशील देशों के मध्य) समझौता में लागु कराया जो ''TRIPs-Plus'' के नाम से जाने जाते हैं। विकसित देशों में मुख्य रुप से संयुक्त राज्य अमेरिका (USA) युरोपियन युनियन (EU) तथा जापान सम्मिलित है, जोकि TRIPs-PLUS के पक्षधर रहे हैं। युरोपियन युनियन के द्वारा TRIPs-PLUS समझौते को 90 विभिन्न विकासशील देयाों में लागु किया गया जिनमें अफ्रीकी–कैरेबियन–प्रशान्त देशों ([Africa-Caribbean-Pacific (ACP) grouping)] का समुद्र भी शामिल है। द्विपक्षीय मुक्त व्यापार समझौतों के अन्तर्गत भी वाणिज्य सम्बन्धित बौद्धिक संपदा अधिकार (TRIPs) के अन्तर्गत 'छूट' के प्रावधान को भी कर दिया जा रहा है।

बौद्धिक सम्पदा अधिकारों के द्वारा बहुराष्ट्रीय बीज कम्पनियाँ विश्व स्तर पर छोटी–छोटी कम्पनी को खरीद कर तथा बड़ी कम्पनियों को मिला कर बड़े–बड़े बहुराष्ट्रीय निगमों की स्थापना कर रही है जो विश्व स्तर पर बीज उद्योग को प्रभावित कर रहे हैं। उदाहरणतया वर्ष 2007 में मोन्सेन्टो अमेरिकी कम्पनी विश्व स्तर पर 33 प्रतशित बीज विपणन को निर्गत किया तथा 10 कम्पनियों ने 67

प्रतिशत विश्व बीज व्यापार जो लगभग 22 बिलियन यु. एस. डॉलर का था को प्रभावित किया इसके अतिरिक्त बीज–कृषि रसायन–खाद्य पदार्थ तथा फार्मेसीटिकल्स कम्पनियों को विलयकरण भी विश्व खाद्य सुरक्षा को प्रभावित कर सकता है। हाल ही में Monsanto तथा BASF ने 1.5 बिलियन डॉलर के अनुसंधान एवं विकास के सहयोग पर समझौता किया। वर्तमान में 500 से अधिक पेटेन्टस Monsanto, BASF, DuPoint, Syngenta तथा Bayer के द्वारा फाईल किये गये हैं।

10. बीज प्रमाणीकरण (Seed Certification) की प्रक्रिया क्या है?

- आधार, प्रमाणित एवं उन्नत बीज उत्पादन हेतु राज्य या जिला कृषि पदाधिकारी को आवेदन देना।
- आधार बीज उत्पादन हेतु प्रजनक अथवा आधार बीज लगाना, प्रमाणित बीज के उत्पादन हेतु आधार बीज लगाया जाता है एवं उन्नत बीज के उत्पादन हेतु उच्च गुणवत्ता वाले शुद्ध एवं चिन्हित प्रभेदों को लगायें।
- टैग को संभाल कर रखें ताकि बीज का उद्गम स्थान एवं श्रेणी का प्रमाण रहे तथा आवेदन करने के समय उस प्रभेद का उद्गम स्थान एवं पूर्ण विवरण साथ में संलग्न करें।
- साफ एवं खर–पतवार रहित स्थान का चयन करें। प्रक्षेत्र प्रमाणीकरण मानकों की पुर्ति करता हो उसका चयन करें, जैसे– अन्य प्रभेदों से पार्थक्कीय दूरी एवं विगत वर्ष में उस क्षेत्र का फसल इतिहास ।
- बीजाई से पूर्व बीजाई उपकरणों की सफाई आवश्यक है।
- सही आवेदन तथा शुल्क जमा करें।
- प्रक्षेत्र को अन्य फसल, प्रभेद एवं खर–पतवारों से मुक्त रखें।
- कटाई के पूर्व प्रक्षेत्र का निरीक्षण राज्य बीज प्रमाणीकरण संस्था के निरीक्षक द्वारा अवश्य करायें।
- कटाई एवं ढुलाई के उपकरण तथा भंडार गृह को कटाई से पूर्व साफ–सफाई करें।
- बीज परीक्षण हेतु बीज नमूने को राज्य बीज परीक्षण प्रयोगशाला में भेजें।
- बीज परीक्षण के पश्चात् टैग हेतु राज्य बीज प्रमाणीकरण संस्था से सम्पर्क करें।

- प्रयोगशाला द्वारा पूर्ण परीक्षण के अनुपालन एवं बोरों में टैग के लग जाने के उपरान्त सभी बीज श्रेणियों की प्रमाणीकरण प्रक्रिया "सम्पूर्ण" मानी जाती है।

11. कौन सी एजेंसियां बीज प्रमाणीकरण के लिए अधिकृत हैं?

ऐसी एजेंसियां जो राज्य सरकार या स्वायत्त निकाय हैं जो बीज अधिनियम की धारा 8 के तहत सूचित हैं उन्हें बीज प्रमाणन के लिए अधिकृत किया गया है। इस समय 21 राज्यों में राज्य बीज प्रमाणीकरण एजेंसियां हैं।

12. कौन सी एजेंसियां प्रमाणित बीज उत्पन्न कर सकती हैं?

कोई भी प्रमाणित बीज का उत्पादन कर सकता है। वर्तमान में राज्य बीज निगम, राष्ट्रीय बीज निगम, भारत के राज्य प्रक्षेत्र निगम, राज्य के कृषि विभाग, निजी कंपनियां, सहकारी संस्थायें एवं प्रगतिशील व्यक्तिगत किसान या किसानों के समूह भी प्रमाणित बीज उत्पादन कर सकते हैं।

13. बीज विस्थापन दर (Seed Replacement Rate - SRR) क्या है?

बीज विस्थापन दर की गणना फसल विशेष के अन्तर्गत कुल क्षेत्रफल के द्वारा की जाती है उदाहरणतयः झारखण्ड राज्य में धान के अन्तर्गत कुल क्षेत्रफल 15 लाख हे0 है, जिसके लिए शतप्रतिशत बीज विस्थापन दर हेतु 50 कि.ग्रा. की प्रति हे0 की दर से 7.5 लाख टन बीज की आवश्यकता होगी, जबकि सभी स्रोतों द्वारा प्रतिवर्ष लगभग 75,000 क्वि0 की ही आपूर्ति हो पाती है। इस आधार पर धान फसल में बीज विस्थापन दर मात्र 10 प्रतिशत हुआ। यदि 'X' किसी फसल प्रभेद की गुणवत्ता बीज की प्रतिवर्ष उपयेग में लाये जाने की मात्रा है एवं 'Y' बीज की वास्तव में पूरे क्षेत्र में लगाने की मात्रा है तो प्रतिशत बीज विस्थापन दर (SRR%) की गणना इस प्रकार की जायेगी: $SRR (\%) = (X / Y) * 100$

14. भारत में बीज विस्थापन दर (SRR) का क्या लक्ष्य निर्धारित किया गया है?

राष्ट्रीय बीज योजना (2005): इस योजना का मुख्य उद्देश्य है कि बीज विस्थापन दर स्व परागित फसलों में 25 प्रतिशत हो तथा पर–परागित फसलों में यह 35 प्रतिशत एवं संकर के लिए 100 प्रतिशत की हो ताकि उच्च उत्पादकता की

प्राप्ति हो सके। बीज विस्थापन के इन निर्धारित लक्ष्यों की पूर्ति हेतु वर्ष 2012 तक 254 लाख कुन्टल गुणवत्तायुक्त बीज की आवश्यकता होगी।

15. प्रजाति विस्थापन दर (Varietal Replacement Rate-VRR) क्या है?

चुंकि भारतीय कृषि प्रणाली में परंपरागत रुप से पुरानी प्रजातियों का ही प्रचलन अधिक है जिनकी उपज नई विकसित प्रजातियों (varieties) की तुलना में बहुत कम है, इस दिशा में राष्ट्रीय खाद्य सुरक्षा मिशन (National food security mission) के परियोजना के अन्तर्गत हाल ही में/विगत पांच वर्षों में अधिसूचित प्रजातियों को ही प्रचलन में लाने की दिशा में जोर दिया गया है। परिणामस्वरुप पुरानी प्रजातियों को नई प्रजातियों द्वारा विस्थापित करने को प्रजाति विस्थापन दर कहते हैं।

16. बीज उपचार/टीकाकरण क्या है?

बीज उपचार एक ऐसी प्रक्रिया है जिसके द्वारा उत्पाद (Product) तथा विधि (Process) दोनों की ही व्याख्या की जाती है। बीज जनित कीड़ों व रोगों से भंडारण के समय बीज को होने वाली क्षति और खेत में इनके प्रसार से बचाव के लिये बीजों को विभिन्न कीट–नाशकों व कवक–नाशकों से उपचारित किया जाता है, इसके अतिरिक्त विभिन्न प्रक्षेत्र/शाकीय वर्गीय फसलों में बुआई के समय विभिन्न जीवाणुओं (राइजोबीयम/एजोटोबैक्टर इत्यादि) से बीजों को उपचारित किया जाता है जिसके कारण नत्रजन की कम मात्रा में फसल प्रबंधन में आवश्यकता होती है।

17. बीज क्षेत्र में भारत सरकार की मुख्य योजनायें क्या हैं?

- पूर्वोत्तर राज्यों के लिए बीजों के स्थानान्तरण पर परिवहन सब्सिडी
- बीज बैंक की स्थापना एवं उसका अनुरक्षण
- पौधा किस्म और कृषक अधिकार संरक्षण प्राधिकरण (PVP & FR) की स्थापना एवं कानून का कार्यान्वयन
- बीज अनुसंधान निदेशालय (मऊ) और राष्ट्रीय बीज अनुसंधान एवं प्रशिक्षण केन्द्र, वाराणसी की स्थापना एवं गुणवत्ता नियंत्रण।
- बीज ग्रामों की स्थापना
- राष्ट्रीय बीज परियोजना (NSP)

18. पराजीनी फसलें (Transgenic Crops) क्या हैं?

जिन पौधों में आनुवांशिक अभियंत्रिकी (Genetic Engineering) द्वारा कोई जीन स्थानांतरित किया गया हो, यह जीन इन पौधों के क्रोमोसोमों में समाकलित (integrated)होता है। यह कीट प्रतिरोध की तरह कुछ विशेषताओं के खिलाफ प्रतिरोधी है, उदाहरण के लिए Bt कपास में Cry 1 AC जीन को स्थानान्तरित किया गया जो विभिन्न प्रकार की सुंडियां जैसे अमेरिकन बॉल वर्म के विरुद्व पौधे में लगातार विषैली प्रोटीन उत्पन्न करता है तथा प्रतिरोधी बनाने के लिए मिटटी से बैक्टीरीया (*Bacillus thirugenesis*) को शामिल किया गया है।

19. कौन–कौन से GM फसलों को भारत में अनुमोदित किया गया है?

अब तक Bt कपास की संकर किस्मों को GEAC, MOEF द्वारा व्यावसायिक खेती के लिए अनुमोदित किया गया है तथा Rasi Seed Pvt. Ltd. का एक प्रभेद RCH 2 Bt है। पराजीनी सरसों, बैंगन, मक्का एवं टमाटर का परीक्षण भी विभिन्न चरणों में चल रहा है।

20. बीज के क्षेत्र में भारत में बौद्धिक संपदा अधिकारों के मुद्दों पर किस तरह के कार्य किये जा रहे हैं?

वर्तमान में भारत सरकार द्वारा पौध प्रभेद संरक्षण एवं कृषक अधिकार अधिनियम (PVP & FR Act) वर्ष 2001 में लागू किया गया जो पौध प्रजनक/प्रजननकर्ता तथा कृषकों के अधिकारों को संरक्षित करती है। इसके मुख्य उद्देश्य हैं: (1) जनता में और इस तरह के निवेश पर समुचित लाभांश सुनिश्चित करने के नए पादप किस्मों के विकास के लिए निजी क्षेत्रों में अनुसंधान और विकास दोनों के लिए निवेश करना (2) बीज उद्योग के विकास के लिए देश में उच्च गुणवत्ता वाले बीजों की उपलब्धता सुनिश्चित कराने के लिए सुविधा देना एवं बीज उद्योग के विकास हेतु भारतीय किसानों को घरेलू और विदेशी निवेश के माध्यम से पौध सामग्री उपलब्ध कराना।

21. कृषि में जैव प्रौद्योगिकी के अनुप्रयोग के क्षेत्र क्या हैं?

जैव प्रौद्योगिकी के द्वारा फसलों में विभिन्न सुधार किये गये हैं:

- कीट एवं रोग प्रतिरोध
- सूखा, शीत एवं लवणता की स्थिति में सहिष्णुता प्रदान करना

- पोषण वृद्धि
- कटाई उपरान्त गुणवत्ता नियंत्रण
- पादप उत्तक संवर्धन

22. क्या नए बीज अधिनियिम बनाने का प्रस्ताव है?

वर्तमान में बीज अधिनियम, 1966 में कुछ कमियों को दूर करने के लिए तथा बीज स्रोत एवं भारतीय अर्थव्यवस्था में हुए परिवर्तनों को देखते हुए वर्ष 2004 में बीज विधेयक की प्रविष्टि भारतीय संसद में की गई है जिसका उद्देश्य बिक्री हेतु बीजों की गुणवत्ता का नियंत्रण करना, आयात एवं निर्यात को बढ़ावा देना तथा बीजोत्पादन एवं बीज की आपूर्ति की उपलब्धता को सुनिश्चित करना है। इस विधेयक का मुख्य उद्देश्य बीज से सम्बन्धित सभी गतिविधियों (उत्पादक से विक्रेता तक) को प्रभावी रुप से नियंत्रित करना है जिसमें बीज का उत्पादन, आपूर्ति तथा वितरण भी सम्मिलित है।

23. नकली बीजों की बिक्री के लिए दंड प्रावधान क्या है?

भारतीय बीज अधिनियम 1966 तथा नियम 1968 के अनुसार यदि कोई भी व्यक्ति बीज अधिनियम/प्रावधान/नियम के साथ विश्वासघात किया हो, तो वह दंडनीय है:

- पहले अपराध के लिए पाँच सौ रुपये तक तथा
- ऐसे व्यक्ति जो पहले एक अपराध के पश्चात् दोबारा अपराध इस खंड के अन्तर्गत करता है, तो उसे छः महीने तक का कारावास अथवा 1000 रुपए तक का जुर्माना अथवा दोनों की सजा सुनाई गई है।

भारतीय बीज विधेयक 2004 जोकि अभी अधिनियम के रुप में प्रवर्तित होने की प्रत्याशा में इन दंड प्रावधानों को और भी कठोर बनाया गया है। भारतीय बीज विधेयक 2004 के अन्तर्गत यदि कोई भी व्यक्ति अधिनियम के किसी भी प्रावधान का उल्लंघन करता है या ऐसे बीज जो मिसब्रांडेड या जिनका पंजीकरण नहीं किया गया हो, आयात करता है अथवा भंडारण करता है, उन्हें 5000 से 25000 रु० तक का जुर्माना दंड के रुप में देय है तथा यदि गलत जानकारी दी जाएगी तब छः महीने तक का कारावास एवं/अथवा 50,000 रु० तक का जुर्माना देना होगा। इसके अतिरिक्त पौध प्रभेद संरक्षण एवं कृषक अधिकार अधिनियम (PVP & FR

Act) के अन्तर्गत भी इस विषय पर नियम बनाए गए हैं। इस कानून के अन्तर्गत यदि कोई व्यक्ति प्रभेद का गलत नाम दे (Demoniation) रहा है तब दो वर्ष तक का कारावास और/अथवा 50000 रु0 से लेकर 5 लाख रु0 तक का जुर्माना होगा। यदि किसी प्रभेद को पंजीकरण में गलत रुप से दर्शाया जाए, तब 3 वर्ष तक का कारावास और/अथवा 1 लाख से 5 लाख रु0 तक या दोनों, का जुर्माना देश होगा। यदि वह गलती फिर से करेगा तब 3 वर्ष तक का कारावास एवं/अथवा 2 लाख से लेकर 20 लाख रु0 तक का जुर्माना दंड के रुप में देय होगा।

24. बीज विफल होने पर या अंकुरण के कम होने की स्थिति में किसानों के लिए क्षति पूर्ति का क्या प्रावधान है?

भारतीय बीज विधेयक 2004 जोकि अभी अधिनियम के रुप में प्रवर्तित होने की प्रत्याशा में इन दंड प्रावधानों को और भी कठोर बनाया गया है। भारतीय बीज विधेयक 2004 के अन्तर्गत किसानों को क्षतिपूर्ति हेतु किसी वातावरण में उस प्रभेद का कैसा प्रदर्शन होगा इस बीज उत्पादक, वितरणकर्ता या क्रेता (Vendor) को बताना होगा। उपभोक्ता संरक्षण अधिनियम 1966 के अन्तर्गत यदि बीज अपने अनुमानित मानकों से खराब प्रदर्शन करेगा तब कृषक डीलर से क्षतिपूर्ति का दावा कर सकता है। इसके अतिरिक्त पौध प्रभेद संरक्षण एवं कृषक अधिकार अधिनियम (PVP & FR Act) के अन्तर्गत भी जब कोई प्रजननकर्ता ऐसे प्रभेद को कृषक को बेचता है जिसमें उसने संवर्धन सामग्री उपयोग किया है और वह अधिनियम के अन्तर्गत पंजीकॉत है तब यह उसके लिए आवश्यक है कि वह कृषक को उस प्रभेद को उस वातावरण में जो अनुमानित प्रदर्शन होगा उसे बताए तथा यदि वह संवर्धन सामग्री निर्दिष्ट प्रदर्शन नहीं कर पाता है, तब कृषक PPVFR प्राधिकरण के समक्ष अपनी क्षतिपूर्ति का दावा निर्दिष्ट तरीके से कर सकता है।

25. बीज के निर्यात और आयात के लिए क्या नियम हैं?

आयात/निर्यात, एक्जिम नीति जो 2002–07 वाणिज्य मंत्रालय द्वारा जारी की गई है उसके द्वारा नियंत्रित है। एक्जिम नीति अन्तर्गत ऐसे प्रावधान हैं जिसके द्वारा बीज का निर्यात किया जा सके जो बीज विकास की नई नीति 1988 तथा जिसे पादप संगरोध ओदश 2003 एवं उसके संशोधनों के साथ पढ़ा जा सके। प्रतिबंधित बीजों (items) के आयात/निर्यात के लिए एक्जिम समिति की कृषि एवं सहकारिता विभाग (DAC) को अधिकार दिया गया है।

26. राष्ट्रीय बीज निगम (NSC) क्या है?

राष्ट्रीय बीज निगम लिमिटेड (NSC) कृषि एवं सहकारिता विभाग के प्रशासनिक नियंत्रण के अधीन एक सार्वजनिक क्षेत्र का उपक्रम है। वर्ष 1963 में कंपनी अधिनियम 1956 के अन्तर्गत इसकी स्थापना गुणवत्ता बीजों के उत्पादन कर, किसानों के बीच वितरण के लिए किया गया है। निगम अनुबंध उत्पादकों के माध्यम से बीजों के उत्पादन के कार्य को चलाती है। वर्तमान में राष्ट्रीय बीज निगम फसल उत्पादकों के साथ समझौते के अंतर्गत 79 फसलों की 560 प्रजातियों का बीज उत्पादन कर रहा है। जिनमें शाकीय फसलें तथा पपीता बीज शामिल है।

27. क्या भारत सरकार के पास बीज उत्पादन के लिए स्वयं के प्रक्षेत्र हैं?

भारत सरकार के पास बीज उत्पादन के लिय स्वयं के खेत नहीं हैं, तथापि विभिन्न राज्यों में भारत सरकार का उपक्रम राजकीय प्रक्षेत्र निगम में फार्म चल रही है। वर्ष 1969 में भारतीय राज्य फार्म निगम (SFCI) की स्थापना की गई जिसका कार्य गुणवत्ता बीजों का उत्पादन का था। किन्तु आर्थिक व्यवहार्यता को हुए अब सिर्फ ऐसे 6 प्रक्षेत्रों को रखा गया है तथा अन्य बचे हुए प्रक्षेत्रों का संचालन विभिन्न राज्य सरकारें करती हैं। प्रक्षेत्र फसलों के बीजोत्पादन के अतिरिक्त भारतीय राज्य फार्म निगम (SFCI) वृहत स्तर पर शाकीय फसलों/उद्यानिक फसलों की संवर्धन सामग्री का गुणन तथा बीज वितरण का कार्य भी सुचारु रुप से कर रहा है।

28. बीज बैंक (Seed Bank) योजना क्या है?

बीज बैंक की स्थापना एवं अनुरक्षण एक आपात योजना है जो प्राकृतिक आपादाओं जैसे– सुखा, बाढ़, वर्षा इत्यादि के कारण NSC, SFCI एवं 13 राज्य बीज निगम के माध्यम से कार्यान्वित किया जा रहा है।

29. क्या PPV एवं FR अधिनियम लागू हो गया है? PPV एवं FR अधिनियम के अन्तर्गत किन फसलों को पंजीकृत किया गया है?

30 अक्टूबर 2001 के भारत के राजपत्र में PPV एवं FR नियमावली जो वर्ष 2003 के सितम्बर माह में विभाग द्वारा अधिसूचित हुई तथा आंशिक रुप से भारत सरकार द्वारा वर्ष 2005 में खंड 2–13 (दोनों समावेषित) तथा खंड 95–97 (दोनों समावेषित) की अधिसूचना जारी की गई। इस अधिसूचना के द्वारा पौध प्रभेद संरक्षण एवं कृषक अधिकार प्राधिकरण (PVP & FR Authority) का गठन किया

गया। इस प्राधिकरण के द्वारा प्रजातियों के पंजीकरण हेतु नियमन 7 दिसंम्बर 2006 को स्थापित किये गए तथा पौध प्रजाति के पंजीकरण की प्रक्रिया वास्तव में 20 फरवरी 2007 को प्रारम्भ की गई, परिणास्वरुप पौध प्रभेद संरक्षण एवं कृषक अधिकार अधिनियम (PVP & FR Act) पूरी तरह से 2007 से ही प्रभावी हुआ। प्रारम्भ में 23 फसलों चावल, गेहूँ, मक्का, ज्वार, बाजरा, चना, मूंग, उरद, मटर, फ्रेन्चबीन, मसूर, अरहर, राई/तोरी, मूंगफली, सोयाबीन, सूर्यमुखी, कुसुम, अरंडी, तिल, अलसी, कपास, जूट, गन्ना, लूर्सन, बरसीम, टमाटर, बैंगन, भिंडी, फूलगोभी, आलू, प्याज, लहसुन, गुलाब एवं गुलदाउदी है।

30. क्या किसानों कि लिये बीज परीक्षण की सुविधा उपलब्ध है?

हाँ, प्रत्येक राज्य में कृषि विभाग में बीज परीक्षण प्रयोगशाला है जहाँ न्यूनतम शुल्क पर परिणाम प्राप्त किया सकता है। इसके अतिरिक्त अधिकतर कृषि विश्वविद्यालयों में भी बीज परीक्षण की सुविधा उपलब्ध है। वर्तमान में 103 राजकीय बीज गुणवत्ता प्रयोगशालाएं विभिन्न राज्यों/केन्द्रशासित प्रदेशों में कार्यरत है, इसके अतिरिक्त राष्ट्रीय स्तर पर, राष्ट्रीय बीज अनुसंधान एवं प्रशिक्षण केन्द्र (NSRTC) वाराणसी एक अलग राष्ट्रीय बीज गुणवत्ता नियंत्रण प्रयोगशाला जिसमें केन्द्रीय बीज परीक्षण प्रयोगशाला (CSTL) भी शामिल है, इन सभी के द्वारा भी बीज परीक्षण का कार्य संपादित किया जाता है।

31. DUS परीक्षण क्या है?

DUS का तात्पर्य है अन्य प्रजाति से विशिष्टता (Distinctiveness), समरुपता (Uniformity) और स्थिरता (Stability)। इसी के मापदंड के आधार पर पादप प्रजननकर्ता अधिकार, प्रजननकर्ता को अपने प्रभेदों पर अधिकारी द्वारा प्राधिकरण प्रदान किया जाता है। DUS के परीक्षण के लिए राष्ट्रीय परीक्षण दिशा निर्देश का सूत्रीकरण ICAR द्वारा किया जा रहा है।

विश्व व्यापार संगठन (WTO) की पुष्टि करते हुए भारत ने वाणिज्य सम्बन्धित बौद्धिक संपदा अधिकार (TRIPs) के समझौते की पुष्टि की है और इसके अन्तर्गत कृषि एवं सहकारिता विभाग ने पादप किस्मों के संरक्षण एवं कृषक अधिकार (PPV & FR Act) का एक कानून बनाया है। इस कानून को आवश्यक समर्थन/सहायकता प्रदान करने हेतु एक केन्द्रीय योजना को भी लागू किया जा रहा है। PPV & FR Act के अन्तर्गत आवश्यक नियमों और विनियमों को वर्ष 2003

में अधिसूचित किया गया है। इस अधिनियम के अन्तर्गत 14 नवम्बर 2005 को पादप किस्मों के संरक्षण एवं कृषक अधिकार प्राधिकरण, नई दिल्ली का गठन किया गया। विश्व व्यापार संगठन (W.T.O.) के प्रावधानों के अन्तर्गत राष्ट्रीय बौद्धिक संपदा, जैसे पादप प्रजनक अधिकार एवं कृषकों के बीज सम्बन्धी अधिकार की संरक्षा के लिए देश में विकसित की जा रही पादप किस्मों के वाह्य गुणों का पंजीकरण अनिवार्य है। इस दिशा में समस्त प्रचलित किस्मों के स्पष्ट, विशिष्ट एवं स्थिरता सम्बंधी गुणों के चिन्हांकन के लिए इस परियोजना के तहत 53 शोध केन्द्रों पर कार्य सम्पादित किया जा रहा है। अब तक 35 फसलों की किस्मों के 'राष्ट्रीय परीक्षण निर्देशिका' विकसित की जा चुकी है।

32. क्या बीज को किसी भी दुकान/जगह से खरीदा जा सकता है?

नहीं, चूंकि बीज एक जीवित सामग्री है जो बहुत ही सूक्ष्म स्तर पर क्रियाशील रहते हैं। बीजों का जीवन कुछ निर्धारित समय के लिए होता है वह भी जब उन्हें अनुकूल परिस्थिति में रखा जाता है। आम तौर पर ठंडी और शुष्क जगहों पर बीजों को लंबे समय तक रखा जा सकता है। गुणवत्ता बीज कंपनियों में सूव्यवस्थित भंडारगृह होते हैं जिनमें बीजों को लगभग 50^0F एवं 50 प्रतिशत की सापेक्षित आर्द्रता पर रखा जाता है। परन्तु कई कंपनियां इस खर्च से बचने के लिए बीजों को किसी विशेष भंडारगृहों में नहीं रखते हैं।

33. बीज कब तक जीवित रहते हैं?

यदि बीज को ठंडे एवं शुष्क स्थान पर रखा जाए तो लंबे समय तक जीवित रहेते हैं। लंबी अवधिवाले बीज हैं (5 वर्ष या अधिक): चुकंदर, गोभीवर्गीय आदि, खीरा, खरबूज, सरसों, मिर्च, मूली, सूर्यमुखी, टमाटर, शलगम। मध्यवर्गीय अवधि (लगभग 3 वर्ष): बीन, गाजर, बैंगन, मटर, कद्दू वर्गीय आदि। कम अवधि वाले बीज (1 वर्ष): मक्का, प्याज, पालक बीज आदि ये बीज एक से अधिक मौसम के लिए प्रयोग करने के लिए अनुशंसित नहीं हैं।

सुरक्षित आर्द्रता मात्रा, बीज के प्रकार, भंडारण के प्रकार, भंडारण काल तथा क्षेत्र की जलवायु आदि पर निर्भर करती है। विभिन्न फसलों के लिए सुरक्षित आर्द्रता (नमी) की मात्रा अलग-अलग है। उदाहरणतया धान्य फसलों के बीजों के लिए 11–12 प्रतिशत, कपास व सोयाबीन के बीजों के लिए 10 प्रतिशत, दलहनी फसलों के बीजों के लिए 8–9 प्रतिशत एवं सब्जियों की फसलों के बीजों के लिए

8 प्रतिशत खुले भंडारण में एक वर्ष तक भंडारण के लिए नमी की मात्रा 11–13 प्रतिशत और अधिक समय के लिए 8–10 प्रतिशत तथा वायुरोधी भंडारण में खुले भंडारण से 2–3 प्रतिशत कम नमी की मात्रा रखी जाती है। कवक (Fungi) बीज में 12–14 प्रतिशत से अधिक नमी तथा विभिन्न कीट 8–9 प्रतिशत से अधिक नमी होने पर क्रियाशील हो जाते हैं।

34. कृषक अधिकार (Farmers Right) तथा पादप प्रजनक अधिकारों में क्या अन्तर है?

पौधा प्रजाति एवं कृषक अधिकार संरक्षण अधिनियम (PPV&FR Act), 2001 के नाम से जाना जाता है। इस अधिनियम के द्वारा व्यावसायिक पौध प्रजनकों एवं किसानों को उनके द्वारा विकसित एवं संरक्षित पौध प्रभेदों पर सामान्य अधिकार दिए गए हैं। इस अधिनियम के अर्न्तगत पौध प्रभेदों के संरक्षण के उद्देश्य से एक राष्ट्रीय जीन (अनुवंश) कोष की स्थापना की गई है। इस कोष के माध्यम से व्यक्तियों एवं समुदायों को पौध प्रभेदों के संरक्षण हेतु प्रोत्साहित करने एवं लाभ में हिस्सेदारी तथा विवाद की स्थिति में सहायता दिए जाने का प्रावधान है।

कृभाक अधिकार तथा पादप प्रजनक अधिकारों के अन्तर को निम्नलिखित तालिका में दर्शाया गया है।

विषय	कृषक अधिकार	पादप प्रजनक अधिकार
अधिकारो का प्रकृति (Nature of Rights)	सामुहिक अधिकार, जोकि सम्पदा अधिकार नहीं हैं।	पेटेन्ट/अन्य बौद्धिक सम्पदा अधिकार
अधिकारों का मालिकाना हक (Ownership of Rights)	ये अधिकार समुदाय में संहित है जोकि सदियों से विभिन्न संततियों में एक सामुदायिक हेरीटेज के रुप में विद्यमान है।	व्यक्तिगत/कारपोरेट
अधिकारों की व्यापकता (Extent of such Rights)	कृषक अधिकारों की व्यापकता भमि जीवन मापन तथा जैव संसाधानों का रख रखाव व संरक्षण शामिल है।	ये अधिकार आनुवांशिक संसाधनों तथा बौद्धिक सम्पदा तक ही सिमित हैं।
अधिकारों के लिए योग्यता (Entitlement of Rights)	जुड़ने वाले बौद्धिक योगदान जोकि पूर्व की पीढ़ियों द्वारा किये गये हैं, को भी मान्यता देता है।	एक अविष्कारक चरण भी पर्याप्त है।

स्रोत:: Sreenath & Sreenath

— xxx —

शब्दावली (Glossary)

एकलिंगाश्रयी	Dioecious	मृत बीज	Dead seed
एकल संकर	Monohybrid	मांग–पत्र	Indent
धूमन	Fumigation	मौलिक प्रमाणित	First Generation
यादृच्छिक संगम	Random mating	मुक्त परागण	Open pollinated
घनकंद	Corm	मेरिस्टेम संवर्धन	Meristem culture
खरपतवार	Weed	मूल्य	Value, Price
खेत निरीक्षण	Field inspection	मूल्य निर्धारण	Pricing
क्षय	Decay	मूलांकुर	Radicle
क्षैतिज	Horizontal	द्विभाजन	Bisection
ऊत्तक	Tissue	द्विगुणित	Diploid
बहु संकाय	Multi Disciplinary	किस्म, प्रभेद	Variety
बहुधा स्वपरागित	Often Cross-Pollinated	भिन्न पौधे	Off types

बहुभ्रूणता	Polyembryony	विषम जननांशी	Heterozygous
बहुक्रम किस्में	Multiline varieties	विधान	Seed Legislation
बीज	Seed	विविधता	Variation
बीज समूह	Seed lot	विविधता केन्द्र	Centres of diversity
बीज की आनुवांशिक शुद्धता	Genetic purity of seed	विनिमय	Crossing over
बीज का वास्तविक मूल्य	Real value of seed	विभेद	Strain
बीज मानक	Seed standard	विपुंसन	Emasculation
बीज विसंक्रमण	Seed disinfection	विलगन	Deviation
बीज विग्रसन	Seed disinfestations	फिल्टर पत्र	Filter paper
बीज विश्लेषण	Seed analysis	निषेचन	Fertilization
बीज नियम	Seed Rule	निष्फल प्रकार	Off Type
बीज निरीक्षक	Seed inspector	निर्जीव पदार्थ	Inert matter
बीज परीक्षण	Seed test	निर्जमीकरण	Sterilization
बीज प्रमाणीकरण	Seed certification	हानिकारक खरपतवार बीज	Harmful weed seed
बीज प्रमाणीकरण संस्था	Seed certification	भंडारण क्षमता	Storability
बीज प्रौद्योगिकी	Seed Technology	भौतिक शुद्धता	Physical purity
बीज संसाधन	Seed processing	भूस्तरी	Stolon
बीज समिति	Central Seed Committee	भूस्तारिका	Offset
बीज स्वास्थ्य	Seed health	भूस्तारी	Stolon
बीज वर्द्धन की पीढ़ी पद्धति	Generation system	भ्रूण	Embryo
बीज अधिनियम	Seeds Act	भ्रूण संवर्धन	Embryo culture
बीज ओज	Seed vigour	भ्रूणको ा	Endosperm
बीज–जन्य रोग	Seed born disease		
बीजधानी	Seed hooper	पृथक्करण	Isolation

बीजपत्र	Cotyledons	पृथक्करण करते हुए	Segregation
बीजाण्ड	Micropyle	पृथक्करण दूरी	Isolation distance
बीजांकुर, पौध	Seedling	पृथक्कारी	Separator
बीजावरण, बीज चोल	Seed coat	पत्र प्रकलिका	Bulbils
कृत्रिम सुखाई	Artifical drying	परिवर्तित पुंजवरण	Modified Mass Selection
कंद	Tuber	पत्तियाँ	Leaves
कठोर बीज	Hard seed	पीढ़ी पद्धति	Generation System
कवकनाशी	Fungicide	पर–निषेचन	Allogamy
कुण्ठित, कुण्ठाग्र	Obtuse	पर–परागण	Cross-pollinated
कुल प्रजनन	Family breeding	परपरागित	Cross-Pollinated
केन्द्रक बीज	Nucleus Seed	पराजीनी पौधे	Transgenic plants
कलम बंधन	Grafting	पराग वितरक	Pollen shedders
क्लोन	Clone	पराग संवर्धन	Pollen culture
क्लोनीय गुणन	Clonal multiplication	संकर	Cross/Hybrid
मध्यम आयुजीवी बीज	Mesobiotic Seeds	संकर किस्म	Hybrid variety
पराग नलिका	Pollen tube	संकर ओज	Heterosis
परागण	Pollination	संकरण	Hybridization
परागको ा	Anther		
परागको ा संवर्धन	Anther culture	संकुल किस्म	Composite variety
परागक्रम	Pollen grain	संदूषण	Contamination
परजीन	Transgene	संवेदनशील	Responsiveness
पात्रे तकनीक	*In Vitro* Technique	संतक्रम परीक्षण	Progeny Test
पार्थक्य	Isolation	संतुलन सापेक्षिक आर्द्रता	Equilibrium relative humidity
पादप प्रजनन	Plant breeding	संतुलन आर्द्रता अंश	Equilibirium moisture content
पादप उत्तक संवर्धनन	Plant tissue culture	संगरोध	Quarantine

पुष्पक्रम	Inflorescence	समरुपता	Uniformity
पुष्पण	Anthesis	समन्वित	Integrated
पुंज विधि	Bulk method	समूह वरण	Mass selection
पुंजवरण चयन	Bulk Selection	सहिष्णुता	Tolerance
पुनः संयोजन	Recombinations	सहलग्नता	Linkage
पुनर्योजन DNA	Recombinant DNA	स्पेसीज	Species
पुनर्योजन DNA टेक्नालोजी	Recombination DNA technology	सरल बीज	Orthodox seeds
पुनर्योगजकों	Recombinants	सामान्य पौध	Normal seedlings
पूर्ति	Supply	सापेक्षिक आर्द्रता	Relative humidity
पूर्व–शीतन	Pre-chilling	स्वःअनिषेचनS	elf-incompatibility
पूर्व–उपचार	Pre-treatment	स्वयं–परागण	Self-pollination
प्रकंद	Rhizome	स्वनिषेच्यता	Self-fertility
प्रमाणीकरण अंकन पत्र	Certification tag	स्वनिषेचन	Self-fertilization, Autogamy, Selfing
प्रमाणित बीज	Certified seed	स्वपरागित	Self-Pollinated
प्रतिदर्श	Sample	स्वैच्छिक पौधे	Voluteer plant
प्रांकुर–चोल	Coleoptile	स्वअनिषेच्यता	Self-incompatibility
प्राकृतिक सुखाई	Natural drying	सचोल भित्ति	Caryopsis
प्राकृतिक वरण	Ntural selection	सुषुप्त	Dormant
प्राथमिक बीज	Basic Seed	स्फुटन	Anthesis
प्राथमिक मूल	Primary root	उष्मायन	Incubation
प्रसरण	Variance	उपकरण	Equipment
प्रसुप्ति	Dormancy	उपरिभूस्तारी	Runner
प्रवर्धन सामग्री	Planting Material	उपज परीक्षण	Yield Trial
प्रजीकृत बीज	Registered seed	उद्गम स्थान	Provenance
प्रजाति	Species	उदासीन मिट्टी	Neutral soil
प्रजनक बीज	Breeder Seed	उत्तरोत्तर पीढ़ी	Successive Generation
प्रजनक बीज उत्पादन	Breeder Seed Production	उन्नत बीज	Improved seed

रोधिता	Resistance	दीर्घायुजीवी बीज	Macrobiotic Seeds
रोग	Disease	दाब लगाना	Layering
रोगजनक	Pathogen	वरण	Selection
शोषक	Drier	वायु रोधी भण्डारण	Air tight storage
शुष्क भार	Dry weight	वायु चालनी मशीन	Air screen machine
शुद्ध वंशक्रम	Pureline	वायुभट्टी विधि	Air over method
शुद्ध वंशक्रम वरण	Pureline selection	वाहक	Vactor
शुद्धता कार्यपट्ट	Purity work board	वास्तविक प्रकार/ सत्य अनुरुपता	True to Type
शुद्धता परीक्षण	Purity testing	वातावरण	Environment
शु	Shoe	आमान्य पौध	Abnormal seed lings
शल्क कंद	Bulb	आपत्तिजनक	Obnoxious weed
अनावृत कंड	Loose smut	आपत्तिजनक खरपतवार	Objectionable weed
संयुक्त पत्ती	Compound leaf	आर्द्र–पतन	Damping off
फलभित्ति	Pericarp	आर्द्रताग्राही	Hygroscopic
फली	Pod	आवर्धक लेन्स	Magnifying lens
फलांशक	Mericarp	ओज	Vigour
तृप्त वायु सुखाई	Heated air drying	आनुवंशिक स्थिरता	Genetic stability
तना कलमें	Stem Cuttings	आनुवंशिक शुद्धता	Genetic Purity
जीवन क्षमता	Viability		
जीवनक्षम	Viable	असंग जनित बीज	Apomictic Seeds
जीनप्ररुप	Genotype	अवशीतन	Freezing
जड़ कलमें	Root Cuttings	वानस्पतिक जनन	Vegetative reproduction
जैविकता	Viability	चालनी	Sieve, screen
जनक	Parents	फसल समन्व्यकों	Crop Co-ordinator
जनन	Reproduction	फल	Fruit
जननद्रव्य	Germplasm	अवशेषण	Absorption

नमीमापी	Moisture meter	अवलोकन	Observation
नर बंध्यता	Male sterility	अनभिरंजन	Unstaining
नाभिकीय बीज	Nucleus seed	अनुकूलन	Conditioning
नाभिकीय बीज की बुवाई	Sowing of Nucleus Seed	अनुरक्षक वंशक्रम	Maintainer line, B-line
अंकुरित बीज	Non-germinated	अनुदैर्ध्य	Longitudinal
अंकुरण	Germination	अन्तः प्रजात वंशक्रमों	Inbred Lines
अधिक अनुकूलता	Wider adaptability	अन्तःभूस्तारी	Sucker
अधिक त नमूना	Official sample	अर्गट	Ergot
अभिरंजन	Staining	अल्पायुजीवी बीज	Microbiotic Seeds
अड़ियल बीज	Recalcitrant seeds	संतति कतारें	Progeny rows
अपमिश्रण	Admixture	गूटी	Gootee
अपरिपक्व बीज	Immature seeds	उगाकर वृद्धि परीक्षण	Grow out test
अपारगम्यता	Impermeability	लक्षण	Character
आधार बीज	Foundation seed	लक्षणप्ररुप	Phenotype
आकारिकी	Morphology	लाभ	Profit

— xxx —

साहित्य संदर्भ (References)

अज्ञात (2007) विशिष्टता, एकरुपता तथा स्थायित्व की परीक्षा के लिए सामान्य दिशानिर्देश और पादप किस्मों के समांगी विवरणों का विकास, सा.दि./1/2007। 32 pp प्रकाशित पी पी वी एफ आर, नई दिल्ली।

अज्ञात (2008) निदेशालय बीज अनुसंधान–भारतीय कृषि अनुसंधान परिषद। वार्षिक प्रतिवेदन 2006–2007.

आवश्यक व्युत्पन्न किस्म http:business.gov.in/legal_aspects/plant_varieties.php

तोमर, एच. एस. बीज प्रौद्योगिकी। अमन पब्लिशिंग हाउस, मधु मार्केट, मेरठ–2 (उ0 प्र0)।

शर्मा आर. के., भट्टी, डी. एस. एवं भट्ट, बी. एन. (2001) मसालों की खेती। कृषि सूचना एवं प्रकाशन निदेशालय, भारतीय कृषि अनुसंधान परिषद्, कृषि अनुसंधान भवन, पूसा, नई दिल्ली–12

सिंह, बी. डी. (2002) पादप प्रजनन। कल्याणी पब्लिशर्स, नई दिल्ली–2।

सिंह, पी. बी. एवं सिन्हा, एस. एन (2007) बीज फसलों में परागण एवं उसके लिए मौन पालन। भारतीय कृषि अनुसंधान संस्थान, क्षेत्रिय स्टेशन करनाल।

सिंह, पी. बी. एवं सिन्हा, एस. एन (2007) बीज भंडार में कीट एवं चूहा नियंत्रण। कृषक प्रशिक्षण व्याख्यान पत्रावली। भारतीय कृषि अनुसंधान संस्थान, क्षेत्रिय स्टेशन करनाल।

डेफरा (2008) "प्लान्ट हेल्थ" बी हेल्थ cited in डेफरा, यू.के.–बी हेल्थ–इन्ट्रोडक्शन।

लाल, एस. एवं त्यागी, आर. पी. एस. (2005) बीज भण्डारण एवं संसाधन। कृषि सूचना एवं प्रकाशन निदेशालय, भारतीय कृषि अनुसंधान परिषद्, कृषि अनुसंधान भवन, पूसा, नई दिल्ली–110012 द्वारा प्रकाशित।

रतन लाल अग्रवाल (1999) बीज परीक्षण। प्रकाशन निदेशालय, गो. ब. पंत कृषि एवं प्रौद्योगिकी विश्वविद्यालय, पंतनगर।

गिल, एच. एस. एवं कटारीया, ए. एस. (1998) सब्जियों का बीजोत्पादन। कृषि सूचना एवं प्रकाशन निदेशालय, भारतीय कृषि अनुसंधान परिषद्, कृषि अनुसंधान भवन, पूसा, नई दिल्ली–12

Anderson, E. and Curler, H.C. (1942). Ann. Missouri Bio. Grd, 29: 69-89.

Anonymous (1989). A Glossary of Plant Genetic Resources Terms, IBPGR Secretariat, Rome, p. 54.

Anonymous (1999). FIS. Seed Treatment: A tool for sustainable agriculture. Avaiable on website of ISF.

Anonymous (2002). Seed Business. Indian Scenario Spice, Vol. 1, No. 2.

Anonymous (2006) New Horizon. Birsa Agricultural University, Kanke, Ranchi.

Anonymous (2006). Farmer's Seed Guide. National Seeds Coorporation Limited (A Govt. of India Undertaking) Beej Bhawan, Pusa Complex, New Delhi.

Anonymous (2006). Final Report on study relating to formulating long trem mechanization strategy for each agro-climatic zone/state India. IASRI, IARI, New Delhi.

Anonymous (2006). Proceedings of the 13th Meeting of the Technical Committee of the Central Seed Certification Board, 21st March 2006,

APSSDC Hyderabad. Govt. of India, Ministry of Agriculture (Department of Agriculture & Cooperation). Letter No. 18-3/2005/ SD I.

Anonymous (2007). General guidelines for the examination of distinctiveness, uniformity and stability and the development of harmonized descriptions of plant varieties. Plant Variety Journal of India, 1(1).

Anonymous (2007). Report of the working group on horticulture, plantation crops and organic for the XI five year plan (2007-12). Published by Planning Commission, Govt. of India.

Anonymous (2008). Newsletter: The world vegetable centre. Published by Communications. Availale at www.avrdc.com. Source "Urban Indian appetite boosts fruit, vegetable aceage reuters.

Anonymous (2008). Seeds must feed. Gubba Seed Update. vol. 9, pp. 7.

Anonymous (2009). Colony Collapse Disorder Retrieved from http:// enwikipedia.org/ wiki/colony-disorder.

Anonymous. Vegetable Seed Industry. Current Indian Seed Industry as matured and vibrant as that of any developed countries... Intellectual propety Rights, Farmers and Breeders Rights. Available at http:// www.scribd.com/doc/5463820/VEGETABLE-SEED-INDUSTRY.

Argade, A. and Kakni, R.K. (2008). Evolution of seeds commerce: Deregulation, Technology and Local Practices. Available at http:// ssrn.com/ abstract=1409044.

Agrawal, P.K. (2006). Principles of seed technology. In: Seed storage and packaging. Published by Directore of Information and Publication of Agriculture, ICAR, Pusa, New Delhi, pp. 91.

Agrawal, P.K. (1981). Viability of stored seeds and magnitude of seed storage in India. *Seed Technology News*, 12 (1): 47.

Buanec, B.L. (2008). Evolution of the seed industry during the past 40 years. *Seed News Magazine*, XII n. 4.

Chahal, G.S. and Ghoshal, S.S. (2002). Principles and procedures of plant breeding. Narosa Publishing House, New Delhi. pp. 26-27.

Crissman, C. (1989). Seed potato system in Phillippines: A case study. *International Potato Centre*, Lima.

Cromwell, E. (1990). Seed diffusion mechanisms in small farmer communities: Lessons from Asia, Africa and Latin America. ODI Agriculutral Administration Network Paper 21. Overseas Development Institute, London.

Dadlani, M. The Seed Supply System in India. Available at www.sathguru.com/absp2/.

Das, P.C. (1997). Oilseed crops of India. Kalyani Publishers, New Delhi.

DeGrandi-Hoffman, G. and Chambers, M. (2006). Effects of honey bee (Hymenoptera: Apidae) In: Foraging on Seed Set in Self-fertile Sunflowers (*Helianthus annuus* L.). *Environ. Entomol.* 35 (4): 103-1108.

Delaplane, K.S. and Mayer, D.F. Crop pollination by bees. Availabel at http://ag/udel.edu/enwc/ faculty/dmcaron/Pollination/ gourds.html.

Friis-Hansen, E. and Sthapit, B. (2000). Participatory approaches to the conservation and use of plant genetic resources. International Plant Genetic Resources Institute, Rome, Italy, p. 199.

Gill, K.S. (1992). Zonalisation vis-à-vis Varietal Evaluation. In: Proceedings of the group dscussion on management in All India Co-ordinated Crop Improvement Projects, Hyderbad, Indian Council of Agricultural Research, New Delhi, p. 101-110.

Gupta, H.S., Dadlani, M. & Prabhu, K.V. (2009). The seed that changed the face of Indian Agriculture: Contributions of the public research Institutions. Agriculture Year Book, 2009, pp. 88-91.

Harlan, J.R. (1975). Science, 174: 468-474.

Harris, D. *et al.* (1998). On farm seed priming in semi-arid agriculture. In: Development and evaluation in maize, rice and chickpea in India using participatory methods. *Expl Agric*, 35: 15-29.

Harris, D. *et al.* (2001). On farm seed priming. In: using participatory methods to revive and refine a key technology. *Agricultural System*, 69: 151-164.

Harris, D. *et al.* (2007). On farm seed priming with zinc sulphate solution. In: A cost effective way to increase the maize yields of resource-poor farmers. *Field Crops Research*, 102: 119-127.

http://planningcommission.nic.in/plants/planrel/fiveyr/11th/11_v3/1v3_ch1.pdf.

Huck, P. (2007). The strange case of vanishing bees. Published in the Guardian. Cited in http://www.guardian.co.uk/ environment/2007/june/27/ society. conservation 1.

India.gov.in/sectors/agriculture/horticulture.php.

Isaacs, R., Huang, Z., and Iezzoni, A. (2005). Optimizing pollination of fruit crops with bees. Reprinted New York Berry News, Vol. 4 (5).

Kulkarni, G.N. (2002). Principles of seed technology. Kalyani Publishers, New Delhi.

Kuruganti, K. (2005). The seed sector in Andhra Pradesh. Centre for Sustainable Agriculture.

Lal, B. (2008). Technology transfer and the seed innovation system in India. http://www.mbs.ac.uk/research/engineeringpolicy/researchprojectr/prime/documents/StructureofTheSeedSectorwente.pdf.

Latsch, G. Are GM crops killing bees. Available at http://www.democraticunderground.com/discuss/duboard.php?az

Najam, A. Halle, M. and Melendez-Ortiz, R. (2007). Trade and environment. *In*: A Resource Book. Published by Internal Institute for Sustainable Development (IISD).

Pal, S. Tripp, R. and Louwaars, N.P. (2007). Intellectual property rights in plant breeding and biotechnology. Assessing Impact on the Indian Seed Industry. *Economic and Political Weekly*, pp. 231-240.

Pistorius, R. (1997). Scientist, Plants and Politics - A History of the Plant Genetic Resources Movement, International Plant Genetic Resources Institute, Rome, Italy, p. 113.

Prasad, R. (2002). Textbook of field crops production. Published by DIPA, ICAR, Krishi Anusandhan Bhavan, Pusa, New Delhi-12.

Pray, C.E. and Ramaswami, B. (1991). A framework for seed policy analysis in developing countries. International Food Policy Research Institute, Washington-DC, USA, pp. 42.

Robert, E.H. (1972). Viability of Seeds, Chapman and Hall, London, pp 448.

Sastry, M.V.S., Muralidharan and Prasad, G.S.V. (2004). Production and marketing of seed and seed material. Published by Padma Publishers, Hyderabad.

Saxena, S. and Singh, A.K. (2006). Revisit to definitions and need for inventorization or registration of land race, fold, farmers' and traditional varieties. *Current Science*, 91 (11): 1451-1454.

Sen, S. and Ghosh, N. (1999). Seed Science and Technology. Kalyani Publisher, New Delhi-2.

Singhal, N.C. (2003). Hybrid seed production in field crops. Published by Kalyani Publishers, New Delhi-02.

Sinha, S.N. (1999). Safe storage of seeds. In: Insect pest management. IARI, Regional Station, Karnal (Haryana). Publised by Venus Printers and Publisheds, New Delhi.

Sreenath, L. and Sreenath, M.R. available at http://ssrn./com/abstract=976571

Stored-Grain Insects. United States Department of Agriculture. Agricutlural Research Service. Agriculture Handbook Number 500.

Tandon, J.P. and Sharma, S.P. (2002). Guidelines for crop variety testing under All India Coordinated Crop Improvement Projects. Seed Science and Technology Division, IARI, New Delhi, India.

Tansey, G. and Rajotte, T. (2008). The future control of food. Published by Earthscan in the UK and USA.

The Gazette of India. Extraordinary, Part II- Section 1. No. 64, New Delhi, Registered No. DL-33004/2001, Tuesday, October, 30, 2001/Kartika 8, 1923.

Tripp, R. (2001). Seed provision and agricultural development. *In:* The institutions of rural change. ISBN 0-85255-420-6.

Ustimenko, B.G.V. (1982). Plant growing in the tropics and subtropics. English translation from Russian by Viktorova. MIR Publishers, Mascow.

van Wikj, J. and Ramanna, A. (2007). Global convergence meets local divergence. In: intellectual property in Indian seed market. *International Journal Technology Management*, 39 (3/4).

Vanangamudi, K. *et al.* (2006). Recent techniques and participatory approaches on quality seed production. Kalyani Publishers, New Delhi.

Verma, S. and Sidhu, M.S. (2009). Impact of intellectual propery rights on the indian seed industry. *Man & Development*, 31 (1): 67-82.

Virk, D.S. (1998). The regulatory framework for varietal testing and release in india. www.research4development.info/PDF/.../RLPSRbookchap 6.pdf

www.fao.org/ag/agp/default.htm Global action on Pollination Services for sustainable agriculture.

Zych, M. and Jakubieca, A. (2005). How much bee is a worth. Economic aspects of pollination of selected crops in Poland. *Acta Agrobotanica*, 59, (1) 289-299.

— xxx —

लेखकों के विषय में

डॉ0 ऋषि पाल सिंह

वर्तमान में निदेशक पद पर बिरसा कृषि विश्वविद्यालय, राँची (झारखण्ड) के अन्तर्गत निदेशालय बीज एवं प्रक्षेत्र में पदस्थापित हैं। सन् 1990 ई0 में पंजाब कृषि विश्वविद्यालय, लुधियाना से डॉक्टरेट की उपाधि प्राप्त की। डॉ0 सिंह ने विभिन्न राजकीय कृषि विश्वविद्यालयों तथा भारतीय कृषि अनुसंधान संस्थान, नई दिल्ली में सेवा करने के अतिरिक्त बहुराष्ट्रीय बीज कम्पनी की सेवा करते हुए देश–विदेश में पादप प्रजनन तथा बीज से सम्बन्धित सभी गतिविधियों में प्रशासनिक, अनुसंधान एवं प्रबंधन स्तर पर लगभग 20 वर्षों का अनुभव प्राप्त है। इनके द्वारा लगभग 40 शोध पत्र विभिन्न राष्ट्रीय एवं अन्तर्राष्ट्रीय ख्यातिप्राप्त शोध पत्रिकाओं में प्रकाशित हैं। डॉ0 सिंह ने विकसित देशों के अन्तर्राष्ट्रीय ख्यातिप्राप्त बीज उद्योगों (निजी एवं सार्वजनिक उपक्रमों) में पादप प्रजनन एवं बीज से सम्बन्धित प्रशिक्षण प्राप्त किया है। इसके अतिरिक्त डॉ0 सिंह द्वारा कृषक प्रशिक्षण एवं प्रशिक्षक प्रशिक्षण कार्यो में बहुमूल्य योगदान निरंतर दे रहे हैं।

श्रीमती सुप्रिया सिंह

सन् 1996 में कृषि स्नातक की उपाधि इलाहाबाद कृषि संस्थान, उ0प्र0 से प्राप्त की तथा स्नातकोत्तर (सब्जी विज्ञान, उद्यान) की उपाधि सन् 1999 में विधानचन्द्र कृषि विश्वविद्यालय (प0 बंगाल) से प्राप्त की। इन्हें लगभग 10 वर्षों का शोध एवं प्रसार का अनुभव प्राप्त है तथा ये वर्तमान में बिरसा कृषि विश्वविद्यालय, राँची के अन्तर्गत निदेशालय बीज एवं प्रक्षेत्र में बीज परीक्षण प्रयोगशाला में वैज्ञानिक के पद पर कार्यरत हैं जिसके अन्तर्गत बीज की विभिन्न श्रेणियों का परीक्षण का कार्य किया जा रहा है।

श्री श्रीनिवास गिरी

सन् 1987 में स्नातकोत्तर (कृषि वानस्पति विज्ञान, आनुवांशिकी एवं पादप प्रजनन) की उपाधि मेरठ विश्वविद्यालय, उ0प्र0 से प्राप्त की। इन्हें कृषि के क्षेत्र में लगभग 19 वर्षों का अनुभव प्राप्त है जिसके अन्तर्गत ये आइ.ए.आर.आइ. एवं अन्तर्राष्ट्रीय बीज कम्पनी में तथा वर्तमान में उपनिदेशक के पद पर बिरसा कृषि विश्वविद्यालय, राँची के अन्तर्गत बीज उत्पादन, अनुसंधान एवं प्रशिक्षण केन्द्र, हजारीबाग में पदस्थापित हैं जिसके अन्तर्गत श्री गिरी विभिन्न फसलों के बीज उत्पादन, प्रसंस्करण, भंडारण एवं विपणन को कार्यान्वित कर रहे हैं।